中华伦理

源远流长

车方古琴

泽让万方

时年九十有六

丙戌夏

# 《中华伦理范畴丛书》总序

张立文

"内修则外理，形端则影直"。由山东曲阜孔子研究院发起编纂《中华伦理范畴》丛书，准备从中华民族传统伦理道德中撷取60个重要德目，并对每个德目自甲骨金文以至现代进行全面系统研究，以凸显集文本之梳理、明演变之理路、辑现代之意义、立撰者之诠释的价值。撰写者探赜索隐、钩深致远，编纂者孜孜矻矻，兀兀穷年，为弘扬中华伦理精神和道德建设做出了贡献。

一、

何谓伦理？何谓道德？讲中华伦理不能不明乎此。从词源涵义来看，伦的本义是辈、类的意思。《说文》："伦，辈也。从人，侖声。一曰道也。"段玉裁注："伦，引申之谓'同类之次曰辈'。"《礼记·曲礼下》："儗人必于其伦。"郑玄注："伦，犹类也。"理的本意是条理，引申为道理。《说文》："理，治玉也。从玉，里声。"《说文解字系传校勘记》引徐锴说："物之脉理惟玉最密，故从玉。"理的本义是指玉、石的纹理。工匠依玉石的固有纹理，加以剖析雕琢，便是治玉，或曰理玉。天有天理，地有地理，人有人理，社会有条理，人事有事理，各有其理，便引申为原理。伦理的义蕴便是指事物的道理。《礼记·乐记》："乐者通伦理者也。"郑玄注："伦犹类也，理分也。"①即为伦

# 《中华伦理范畴》丛书编委会

主　任：傅永聚
副主任：孙文亮　张洪海
编　委：成积春　陈　东　马士远　任怀国　修建军
　　　　曹　莉　王东波　李　建　王幕东　周海生
　　　　滕新才　曾　超　曾　毅　曾振宇　傅礼白
　　　　仝晰纲　查昌国　于云翰　张　涛　项永琴
　　　　李玉洁　任亮直　柴洪全　董　伟　孔繁岭
　　　　陈新钢　李秀英　郑治文　刘厚琴　李绍强
　　　　张亚宁　陈紫天　刘　智　朱爱军　赵东玉
　　　　李健胜　冀运鲁　邱仁富　齐金江　王汉苗
　　　　王　苏　张　淼　刘振佳　冯宗国　孔德立
　　　　刘　伟　孔祥安　魏衍华　王淑琴　王曰美
　　　　何爱霞　李方安　孙俊才　张生珍　赵　华
　　　　赵溢阳　张纹华
总　编：傅永聚　韩钟文　曾振宇
副总编：胡钦晓　成积春　陈　东

第二函主编：傅永聚　成积春　齐金江

国家社会科学基金项目
《中华伦理智慧与当代心态伦理研究》(07BZX048)
结题成果之一

# 《中华伦理范畴》丛书总序

## 张立文

"内修则外理,形端则影直。"由山东曲阜孔子研究院发起编纂《中华伦理范畴》丛书,准备从中华民族传统伦理道德中撷取60个重要德目,并对每个德目自甲骨金文以至现代,进行全面系统研究,以凸显集文本之梳理、明演变之理路、辨现代之意义、立撰者之诠释的价值。撰写者探赜索隐,钩深致远,编纂者孜孜矻矻,兀兀穷年,为弘扬中华伦理精神和道德建设作出了贡献。

一

何谓伦理?何谓道德?讲中华伦理不能不明乎此。从词源涵义来看,伦的本义是辈、类的意思。《说文》:"伦,辈也。从人,仑声。一曰道也。"段玉裁注:伦,引申之谓"同类之次曰辈"。《礼记·曲礼下》:"儗人必于其伦。"郑玄注:"伦,犹类也。"理的本义是条理,引申为道理。《说文》:"理,治玉也。从玉,里声。"《说文解字系传校勘记》引徐锴说:"物之脉理唯玉最密,故从玉。"理的本义是指玉、石的纹理。工匠依玉石的固有纹理,加以剖析雕琢,便是治玉,或曰理玉。天有天理,地有地理,人有人理,社会有条理,人事有事理,各有其理,便引申为原理。伦理的义蕴便是指人、事、物的道理。《礼记·乐记》："乐者通伦理者也。"郑玄注："伦犹类也，理分也。"① 即为伦类理分。

在一般意义上，伦理与道德紧密联系，伦理以道德为自己的研究对象，道德通过伦理而呈现，道的初义是指道路，《说文》："道，所行道也……一达谓之道。"道是人所经行的通达一定目的地的道路。道既是主体实存的人行走出来的，也是指引主体实存要到达一定地方而不发生偏差的必经之路，由此而引申为一种必然趋势，或人们必须遵守的原则和原理；道有起点和终点，其间有一定距离的路程，而引申为事物变化运动的过程。道的这种隐然的可被引申的可能性，随着人们在社会实践中对主体和客体体认的加深，道的隐然的内涵亦渐渐显示出来，而成为中华民族哲学思想的最重要的范畴。

道无见于甲骨文而见于金文，德有见于甲骨。② 金文《毛公鼎》在甲骨文"㣋"（郭沫若：《殷契粹编》八六四，1937年拓本）的基础上加"心"字，作"𢛳"。假如说甲骨文德意蕴着循行而前视，或行走而上视，那么，金文德字意味着人对自身行为和视觉认知的深入，譬如视什么？如何走？到那里？都与能想能思的心相联系，古人以心为五官之君，受心的支配，故演为《毛公鼎》的字形，于是《秦公钟》便作"德"，即为德字；又舍"彳"，《侯马盟书》作"𢛳"，《令狐君壶》作"𢛳"，"悳"或"惪"字，即古之德字。由"德"与"悳"的分别，《说文》训德为"升"，属彳部。段玉裁《说文解字注》："升当作登。《辵部》曰：'迁，登也。'此当同之……今俗谓用力徙前曰德，古语也。"又《说

---

① 《乐记》，《礼记正义》卷37，《十三经注疏》，中华书局1980年版，第1528页。

② 参见拙著《和合学概论——21世纪文化战略的构想》，首都师范大学出版社1996年版，第684页。

文·心部》训"惪,外得于人,内得于己也。从直从心。"德与惪同。《礼记·曲礼上》:"道德仁义,非礼不成。"《韩非子·五蠹》:"上古竞于道德,中世出于智谋,当今争于气力。"既有通物得理之意,又有协调人间修德的竞争之意。

追究伦理道德之词源含义,是为了明伦理道德意义之真。然由于时代的差异,价值观念的不同,各理解者、诠释者见仁见智,各说齐陈。或谓道德是指"人类现实生活中由经济关系所决定,用善恶标准去评价,依靠社会舆论、内心信念和传统习惯来维持的一类社会现象"①;或谓"道德是行为原则及其具体运用的总称"②;或谓"道德则就个人体现伦理规范的主体与精神意义而言","道德则重个人意志的选择","道德可视为社会伦理的个体化与人格化"③;或谓道德是"一种社会意识形式,是规定人们的共同生活和行为、调整人际之间和个人与社会之间的关系的原则、规范的总和"④。各人依据自己的体认,而有其合理性和时代的需要,但都就人与人、人与社会的关系来规定道德的内涵。

就伦理而言,或谓伦理是表示有关道德的理论,伦理学是以道德作为自己的研究对象的科学。⑤或谓"伦理学(ethǒs)是哲学的一个分支。它研究什么是道德上的善与恶、是与非。伦理学的同义语是道德哲学。它的任务是分析、评价并发展规范的道德标准,以处理各种道德问题"⑥;或谓伦理就人类社会中人际关

---

① 罗国杰主编《伦理学》,人民出版社1989年版,第7页。
② 张岱年:《中国伦理思想研究》,上海人民出版社1989年版,第3页。
③ 成中英:《中国伦理精神的历史建构序》,江苏人民出版社1992年版,第2页。
④ 黄楠森、夏甄陶主编《人学词典》,中国国际广播出版社1990年版,第423页。
⑤ 罗国杰主编《伦理学》,人民出版社1989年版,第4页。
⑥ 《简明不列颠百科全书》第五卷,中国大百科全书出版社1986年版,第456页。

系的内在秩序而言，它侧重社会秩序的规范，可视为个体道德的社会化与共识化；① 或谓伦理学是哲学的一个分支学科，即关于道德的科学。伦理是中国古代用以概括人与人之间的道德原则和规范的。② 这些规定涉及社会秩序的规范和人与人之间的道德原则，以及善与恶、是与非的道德标准等问题，有其合理性；又以伦理学是哲学的分支学科，乃是根据学科分类来规定，它不属于伦理学内涵的表述。

现代西方伦理学，学派纷呈。如胡塞尔、舍勒、哈特曼的现象学价值伦理学；海德格尔、萨特的存在主义伦理学；弗洛伊德的精神分析伦理学；詹姆士、杜威的实用主义伦理学；鲍恩、弗留耶林、布莱特曼、霍金的人格主义伦理学；马里坦的新托马斯主义伦理学；弗罗姆的人道主义伦理学；弗莱彻尔的境遇伦理学；斯金纳的行为技术伦理学；马斯洛的自我实现伦理学。③ 就伦理学的方法而言，自英国亨利·西季威克1874年出版《伦理学方法》以来，它作为确证和建构伦理精神的价值合理性方法，说明伦理精神价值合理性方法的核心是价值选择和主体行为的程序合理性，是人们据以确定"应当"做什么或什么为"正当"的合理程序。西季威克所阐述的"自我本位"的价值合理性方法曾是英语世界中影响最大的道德哲学文献。然而，马克斯·韦伯《新教伦理与资本主义精神》的出版，却为确证伦理精神的价值合理性提供一种超越西季威克的新视野、新方法。韦伯认为，确证伦理精神价值合理性的标准和方法，是伦理与经济、社会发展的关系，以及主体所遵循的普遍的行为准则。这样便转西

---

① 成中英：《中国伦理精神的历史建构序》，江苏人民出版社1992年版，第2页。

② 《中国大百科全书·哲学卷》，中国大百科全书出版社1987年版，第515页。

③ 参见万俊人《现代西方伦理学史》，北京大学出版社1992年版。

季威克式行为的目的或效果的合理性为韦伯式的主体所遵循的行为准则的普遍性及其合理性,即转"伦理本位"为"关系本位"。被称为第二次世界大战后伦理学、政治哲学领域中最重要的理论著作的约翰·罗尔斯的《正义论》,他要在伦理与政治、伦理与经济等关系中建构"正义",作为社会的共同准则的普遍价值合理性。由于规则的普遍性与合理性,都必须在"关系"中确立,使罗尔斯陷入了两难;他在价值合理性的确证上超越了自我本位的抽象,却陷入了关系本位的抽象;他追求某种现实的具体,却陷入历史的抽象。这种"关系抽象",也是现代西方伦理学的价值方法内在的局限。针对这种局限,阿拉斯戴尔·麦金太尔诘难:"谁之正义?何种合理性?"麦金太尔认为,在历史传统和现实生活中,存在多种对立的正义和互竞的合理性,正义和合理性是一个历史的概念,没有超越一定历史传统的正义和共同体的普遍价值。伦理价值及其合理性,关键是主体的道德品质(美德),否则一定价值都不能成为行为准则。麦金太尔认为,罗尔斯的正义论缺乏人格或品质的解释力,传统的多样性使正义和价值合理性也具有多样性。尽管麦氏试图解构罗氏以正义为一种伦理价值的普遍性和合理性,即现实的合理性,而寻求真正的合理性,但麦氏自己却从罗氏的现实的"关系抽象"走入了历史的"关系抽象",最后回归亚里士多德以"美德"确证价值的合理性和现实性。[①]

21世纪的伦理学和伦理精神的价值合理性,应度越人类本位主义的存在主义的、精神分析的、实用主义的、人格主义的、新托马斯主义的、人道主义的、行为技术的、自我实现的伦理学,这种伦理学是在人类中心主义的观照下,把人与政治、经济、宗

---

[①] 参见樊浩《伦理精神的价值生态》,中国社会科学出版社2001年版,第2—7页。

教、人际的关系合理性作为伦理精神价值；也要度越伦理精神的价值合理性的利己主义、直觉主义、功利主义的"自我本位"，以及"关系本位"的伦理学方法。之所以要度越，是因为其"天地万物与吾一体"的观念的缺失，是"天地之塞，吾其体；天地之帅，吾其性。民吾同胞，物吾与也"①伦理价值合理性的丧失，而要建构"天人和合"，"天人共和乐"的伦理精神的价值合理性。

笔者曾在《和合学概论——21世纪文化战略的构想》一书中，提出道德和合与和合伦理学，便是企图弥补这些缺失，建构自然、社会、人际、心灵、文明间融突的和合伦理精神的价值合理性。在道德和合与和合伦理学的视阈中，道德不仅是人与人、人与社会、人的心灵及文明间关系伦理精神原则和行为规范，而且是人与宇宙自然间关系的伦理精神原则和行为规范。基于此，笔者规定道德是指协调、和谐人与自然、人与社会、人与人、人的心灵、不同文明间融突而和合的总和。

道德与伦理，两者不离不杂。伦理是指人与自然、人与社会、人与人、人的心灵、各文明间关系的伦辈差分中而成的次序和谐的道理、理则价值的合理性的和合。如孟子说："人吃饱了，穿暖了，住得安逸了，如果没有教育，就与禽兽差不多。"圣人为此而忧虑，便派契做司徒的官，来管理教育，用人之所以为人的伦理价值合理性和行为规范来教化人民。"教以人伦：父子有亲，君臣有义，夫妇有别，长幼有序，朋友有信。"②父子、君臣、夫妇、长幼、朋友的辈分及其之间的差分，这便是伦辈或"名分"；亲、义、别、序、信，这就是伦辈之间关系的理则、道理或规范，它体现了伦理关系及其行为的价值合理性和中华民族的伦理精神。

---

① 《正蒙·乾称篇》，《张载集》，中华书局1978年版，第62页。
② 《滕文公上》，《孟子集注》卷五，世界书局1936年版，第39页。

# 二

中华民族伦理精神的价值合理性的合理性，就在于与时偕行的社会历史发展中，以其伦理精神价值的具体合理性适应现实社会的伦理道德的需要。现实应然需要的，就是合理的；但合理的，不一定就是现实需要的。中华伦理精神的价值合理性是在现实社会不断发展中不断丰富完善的。

（一）道废与伦理

伦理道德是现实社会政治、经济、文化精神之本，本立则道生；现实社会政治、经济、文化精神废，即断裂，则"道"亦废。由于其道废，使社会政治、经济、文化破缺和动乱，社会失序、政治失衡、伦理失理、道德失德，便要求建设伦理精神和行为规范。老子说："大道废，有仁义。""六亲不和，有孝慈，国家昏乱，有忠臣。"① 大道被废弃，才有仁义道德的建构；父子、兄弟、夫妇的不和睦，才要求孝慈道德的建构；国家陷于动乱，就需要有忠臣的道德。这里仁义、孝慈、忠是为了化解大道废、六亲不和、国家昏乱的道德伦理缺失和紧张的需要，这种需要是伦理精神的价值合理性应有之义。所以老子表述为"失道而后德，失德而后仁，失仁而后义，失义而后礼"②。这个失道、失德、失仁、失义的次序，不一定合理，但由其缺失而需要弥补、重建，这是与价值合理性相符合的。

孔老时处"礼崩乐坏"的时代，社会无序，伦理错位，臣弑其君，子弑其父，重利轻义。孔子对于这种违反伦理道德和礼

---

① 《老子》第18章。
② 《老子》第38章。

乐典章的事件，非常气愤：是可忍，孰不可忍！他要求做君主的要像君主的样子，做臣子的要像做臣子样子，做父亲的要像做父亲的样子，做儿子的要像做儿子的样子。这就是说君君、臣臣、父父、子子，各行其道，各尽其责，各安其位，各守其礼，这便是其伦辈名分的价值合理性。孔子对于传统伦理道德的破坏、断裂，既表示了强烈的不满，又显示了严重的忧患。作为当时维护国家秩序的典章制度的礼乐，既是社会伦理精神的体现，亦是人们行为规范。鲁大夫季孙氏僭用天子的礼乐。按当时的规定奏乐舞蹈，天子为八佾64人，诸侯六佾48人，大夫四佾32人（佾，朱熹注："舞列也，天子八，诸侯六，大夫四，士二。每佾人数，如其佾数，或曰每佾八人，未详孰是。"一是每佾人数与佾数相等；二是每佾人数固定为八人，不受佾数而变化。现一般采用后说，并以服虔《左传解谊》："天子八人，诸侯六八，大夫四八，士二八"为是）。季氏作为大夫只能用四佾，而他"八佾舞于庭"，是严重违制的行为。同时仲孙、叔孙、季孙三家，在祭祀祖先时僭用天子的礼，唱着只有天子祭祀时才能唱的《雍》这篇诗来撤除祭品。这是违反伦理精神和行为规范的非合理性的活动，孔子对此持严肃的批判态度，而试图重建伦理精神和道德价值的合理性。为此，孔子重视"正名"，他在回答子路治国以什么为先时说，要以纠正名分上的不合理为先，这是因为"名不正，则言不顺；言不顺，则事不成；事不成；则礼乐不兴；礼乐不兴，则刑罚不中；刑罚不中，则民无所措手足"[1]。名分上的不合理性就是指当时"礼崩乐坏"的季氏八佾舞于庭、觚不觚、君臣父子等违戾礼乐价值的不合理性的行为活动，这就造成了言语不顺理、事业不成功、礼乐不兴盛、刑罚不得当、人民的手足无所措的情境，社会就不会和谐安定。

---

[1] 《子路》，《论语集注》卷七，世界书局1936年版，第54页。

(二) 治心与治身

老子、孔子用正、负不同的方面批判"礼崩乐坏"的典章制度和伦理道德的价值不合理性，并从不同方面试图建构伦理精神和行为规范的价值合理性。尽管他们各自作出了努力和贡献，但无能为力作出超越时代情势的改变，因而当时收效甚微。然而随着时代的发展，孔子儒家的伦理精神和行为规范逐渐显现其价值的合理性。

就德礼教化与法律刑政而言，孔子做了一个诠释："子曰：道之以政，齐之以刑，民免而无耻；道之以德，齐之以礼，有耻且格"①。"道"作"导"，引导；政指法制禁令；礼指制度品节。《礼记·缁衣篇》载，子曰："夫民，教之以德，齐之以礼，则民有格心；教之以政，齐之以刑，则民有遁心。"管理国家和人民，以政法来引导，用刑罚来齐一，人民只是避免罪恶，而没有廉耻心；用道德来教导，以礼乐来齐一，人民不但有廉耻心，而且人心归服。"为政以德，譬如北辰，居其所而众星共之。"②以道德来管理国政，就好像北斗星一样，众星都围绕着它，归顺它。意谓用道德价值力量来感化人民，而不用繁刑重罚，人民自然归顺。

政刑是外在法制禁令和刑罚，属于他律，是对于人民违犯法制禁令行为的处理，刑罚加诸身，要受皮肉之苦，人们不再受牢狱之苦而逃避犯罪，可能起到治身的功效，但不能治心，没有道德的廉耻心，就没有道德礼教的自觉，还可能重新犯罪或作出违反典章制度、伦理道德的事。德礼的教化和引导，是培养人民道德操行品节的自觉性，使其自觉向善，自然不会作出触犯法制禁

---

① 《为政》，《论语集注》卷一，世界书局1936年版，第4—5页。
② 同上。

令和违戾礼乐制度的行为，自觉做到非礼勿视，非礼勿听，非礼勿言，非礼勿动，便能"克己复礼为仁"①。克制自己，使自己的视听言动都符合礼，就是仁。克制自己就属于自律，自律依靠道德自觉，而不靠他律法制禁令；克制自己是治心，树立善的道德伦理价值观，法制禁令只能治身，治身并不能辨别善恶是非，而不能不作出违反礼乐的行为；治心是治内，心是视听言动行为活动的支配者，有仁爱之心，有"己所不欲，勿施于人"的善心，这是根本、大本。治身是治外，外受制于内，所以治身相对治心而言是枝叶，根深叶茂，根固枝壮。这就是为什么需要培育伦理精神、行为规范的价值合理性的所在。

（三）民族与世界

在当前经济全球化，技术一体化、网络普及化的情境下，西方强势文化以各种形式、无孔不入地横扫全球，东方及其他地区在西方强势文化的冲击下，逐渐被边缘化，乃至丧失了本民族传统文字语言，一些国家、民族在实行言语文字改革的旗号下，走向西化，造成本民族传统文化的断裂，年青一代根本看不懂本国、本民族古代语言文字、经典文本、史事记载。一个民族、国家的思想灵魂的载体，民族精神的传承，自立的根本，是与这个国家、民族的固有传统文化分不开的。民族传统文化载体的丧失和断裂，随之而来的是这个民族的民族精神和民族之魂的沦丧，民族之根的枯萎。一个无根的民族，无民族精神的民族，无民族之魂的民族，只能成为强势民族的附庸，其民族精神、民族之魂也会被强势民族精神、民族之魂所代替。从世界多元文化而言，这种趋势的持续，是可悲的。

一个无文化之根的民族，其价值观念、伦理道德、思维方

---

① 《颜渊》，《论语集注》卷六，世界书局1936年版，第49页。

式，乃至风俗习惯（包括传统节日）都可能被强势文化的价值观念、伦理道德、思维方式、风俗习惯所代替。当下所说的与世界接轨，实乃与西方强势文化接轨，这种接轨的结果，若按西方二元对立的思维定势来观照，必然导致非此即彼、你死我活的格局，强势文化要吃掉、消灭弱势文化，名之曰生存竞争，适者生存，为其强食弱肉的合理性作论证。民族精神、民族之魂，是这个民族之所以成为这个民族的根本标志，是这个民族主体性的凸显。世界是多元的，民族文化是多彩的。在世界文化的百花园中，多元民族文化竞放异彩，构成了绚丽多姿、生气盎然境域。这就是说，各民族文化思想、价值观念、伦理道德、思维方式、风俗习惯都是世界百花园中的一员或一份子，尽管当前有大小、强弱、盛衰之别，但应该互相尊重、谅解、友好、帮助，做到和生和长、和立和达。假如世界文化百花园中只有一花独放，只有一种文化思想、价值观念、伦理道德、思维方式、风俗习惯，那么，这个世界就是"声一无听，色一无文，味一无果，物一不讲"[①]的世界，不仅是可悲的，而且必走向毁灭。从这个意义上说，民族的即是合理的，多元的即是合法的。换言之，民族的即是世界的，世界的即是民族的，若无民族的也即无世界的。这就是民族精神和行为规范的价值合理性。

（四）传统与现代

自近代以降，西方列强疯狂地、卑鄙地侵略中华民族。中华民族出于人道主义的要求而抵制鸦片毒品贸易，西方列强竟然发动鸦片战争，中国被迫签订丧权辱国的不平等条约。此后各西方列强纷纷发动侵略战争，迫使清政府签订一个又一个丧权辱国的不平等条约，这就极大地刺痛中华民族，一批具有"国家兴亡，

---

[①] 《郑语》，《国语集解》卷十六，北京，中华书局2002年版，第472页。

匹夫有责"的使命感和担当感的有识之士,为救国救民,由君主立宪的变法而转为推翻君主专制的革命,他们的思想武器既有"中体西用"的,也有"西体中用"的。到了五四运动,他们在西方科学和民主的旗帜下,提出了"打倒孔家店"和"文学革命"、"道德革命"的口号,激烈地批判和打倒孔子和传统文化,这样便掀起了古今、中西、新旧之辩,实即传统与现代的论争。

陈独秀以非此即彼、二元对立的思维,提出:"要拥护那德先生,便不得不反对孔教、礼法、贞节、旧伦理、旧政治;要拥护那赛先生,就不得不反对旧艺术、旧宗教;要拥护德先生又要拥护赛先生,便不得不反对国粹和旧文学。"[1] 在左拥护、右拥护西方科学和民主的同时,便已承诺了西方科学和民主伦理精神和行为规范的价值合理性和合法性,否定了中华民族传统文化思想、伦理道德、文学艺术、政治礼法的价值合理性。在西方科学和民主的热潮中,中华民族的传统文化,特别是儒学面临着情感化的无情的打倒和批判。鲁迅在《狂人日记》中说:我翻开历史一查,"每页上都写着'仁义道德'几个字。我横竖睡不着,仔细看了半夜,才从字缝里看出字来,满本都写着两个字是'吃人'!"为此,打"孔家店"的老英雄吴虞便说:"孔二先生的礼教讲到极点,就非杀人吃人不成功,真是惨酷极了!一部历史里面,讲道德说仁义的人,时机一到,他就直接间接的都会吃起人肉来了。"[2] 中华民族传统的"仁义道德",不仅不具有价值合理性,而且是杀人吃人的"软刀子"和凶手!

在这种情境下,人们不可避免地把中华民族传统的"仁义道德"与西方现代的科学民主对立起来,在此两者之间,只能

---

[1] 陈独秀:《陈独秀文章选编》,三联书店1984年版,第317页。
[2] 《对于礼孔问题之我见》、《吴虞集》,四川人民出版社1985年版,第241页。

采取拥护一方而反对另一方的立场，而不能有其他选择，这就使中华民族自身的主体文化受到无情的炮轰。然而破了所谓"旧伦理"、"旧文学"、"国粹"、"旧艺术"，由什么新伦理、新国粹、新艺术等来代替？其实文化、伦理、礼乐、文学、艺术就像黄河之水，大化流行，生生不息。传统文化的破坏，就像黄河的断流，不流的黄河就不成为黄河，中华民族丧失了传统文化，亦即不成为中华民族。民族文化是一个民族的标志和符号，是这个民族的民族精神的表现，是这个民族的民族之魂的载体。中华民族与其自身传统文化、伦理道德、价值观念、行为方式、风俗习惯等的关系，犹如人自身与其影子的关系，我们不能做"出卖影子的人"。德国一个年青人为了从魔术师那里换取"福神的钱袋"，他出卖了自身无价之宝的影子，他虽然得到了用之不竭的钱袋，在金榻上睡觉，人们称他为伯爵先生，挽着美人的手臂散步，但他见不得阳光、月光乃至灯光，当人们发现他没有影子时，就会离开他，孩子们非难他，把他看成是没有影子的怪物。他终日忧心忡忡，毫无快乐可言，也失去了一切幸福，最后他宁愿放弃一切，不惜任何代价也要把影子赎回来。[1] 我出生在浙江温州，少时候大人告诉我们小孩，千万不要丢掉自己的影子，若丢了影子，就是给魔鬼摄去了，人就死了。所以小孩们在有光地方走路，总要回头看看自己的影子在还不在。这个"故事"启示我们：人不能为了钱财而出卖影子，换言之，一个民族也不能为了某种利益的需要而丢掉传统文化、民族之魂。

其实，一个民族的传统文化、民族精神、民族之魂已潜移默化地渗透到这个民族大众的血液里、行为中。它像孔子所说的

---

[1] ［德］阿德贝尔特·封·沙米索（1781—1838）是德国浪漫主义作家。《出卖影子的人》（原名《彼得·史勒密的奇怪故事》），人民文学出版社1987年版。

"不舍昼夜"地与时偕行，不断地吮吸中外古今的文化资源，融突而和合为新思想、新观念或新儒学等。从"逝者如斯夫"来观照，每个阶段、时期的文化，都既是传统的又是现代的，至今概莫能外。因此，传统与现代决非断裂的两橛，亦非无关联的两极。传统与现代的核心及其关节点是人，"人是会自我创造的和合存在"。当现代人在体认传统文化、解读传统文本、诠释话题故事时，就赋予了传统文化、传统文本、话题故事现代性，从这个意义上说，传统的即是现代的，传统的伦理精神和行为规范便蕴涵着现代的价值合理性。

在道废与伦理、治心与治身、民族与世界、传统与现代的相对相关、冲突融合中，显示了中华民族伦理精神和行为规范价值的现代性、合理性和适应性。这就是说，虽然为道屡迁，但能唯变所适。中华民族的伦理精神和行为规范在与时偕行的诠释中，不断地开出新意蕴、新内涵，而成为当今需弘扬的伦理精神和行为规范。

## 三

中华民族伦理精神和行为规范既在现代理性法庭上宣布了自己价值的合理性，那么，价值合理性必须在伦理精神和行为规范中寻找自己适当的或应有的位置，以表现自己的内涵、性质、价值和功能。山东曲阜孔子研究院发起编纂《中华伦理范畴》丛书，从中华民族伦理道德中撷取仁爱忠恕礼义、廉耻中信和合、善勇敬慈诚德、孝悌勤俭修志、圣公洁贞敏惠、乐毅庄正平温、友强容智道顺、良格省新恭直、博节健实恒明、忧质行美刚气等60个德目进行探讨研究，有致广大而尽精微之志，求弘道统而高素质之效，其志其效可敬可佩。

作为总序，不可能简述此60个德目，而只能从中华民族伦理范畴的"竖观"、"横观"、"合观"的"三观"中,呈现中华民族伦理精神和60个德目的特质:即伦理范畴的逻辑结构性,范畴的思维整体性,范畴的形态动静性,范畴历时同时的融合性,范畴的内涵生生性,构成了中华民族伦理精神和行为规范价值合理性的谱系和血脉。

(一) 伦理范畴的逻辑结构性

伦理范畴的逻辑结构,并非是观念、心意识或瞬间的杜撰,也非凭空的想象,而是中华民族长期对于人与自然(宇宙)、人与社会、人与人、人的心灵之间融突以及其互相交往活动的协调、和谐的体认,是对于国与国、民族与民族、文明与文明之间交往活动融突而后和合、平衡协调处置的体悟,而后提升为伦理概念范畴。

中华民族伦理范畴尽管多元多样,但有其一定的逻辑结构。所谓逻辑结构是指中华民族概念范畴的逻辑发展及诸范畴间内在的联系,是在一定社会经济、政治、文化、思维结构中,所构建的相对稳定的结构方式。① 伦理作为一种理论思维形态和行为交往规范,是凭借概念、范畴、模型等逻辑结构形式,有序地整合各信息的智能过程。伦理概念既显现了生存世界事物元素的类别形态,又体现了意义世界意义主体的价值追求,这才是合理的,才能在逻辑世界(可能世界)中现实地存在着,并释放其虚拟功能。范畴是概念的类,它间接地显现生存世界事物类别之间的关系,体现意义世界中的价值追求,呈现逻辑世界中的合用原则。伦理范畴只有满足两方面需求,才是合用的:一是在体认上显现了事物类别形态间的关系网络;二是在践行上体现了意义主体对价值的追求。否则范畴将被主体从智能活动中淘汰出去,成

---

① 参见拙著《中国哲学逻辑结构论》,中国社会科学出版社1989年版,2002年修订版,第1—57页。

为纯粹的、历史的文字形式。

中华民族伦理精神和行为规范价值合理性宗旨,是止于和合、和谐。和合、和谐是伦理精神的价值核心。由此核心而展开伦理范畴的逻辑次序,按照和合学的"三观"法,伦理范畴是遵循人心——家庭——人际——社会——世界——自然的顺序逻辑系统。《大学》"在明明德,在亲民,在止于至善"三纲领和格物、致知、诚意、正心、修身、齐家、治国、平天下八条目中,其修身以上属内圣修养功夫,正心以上又可作为所以修身的内容和根据,修身以下是外王功夫,是可践履的措施。修身是从内圣至外王的中介,它把内圣与外王"直通"起来,而没有"曲成"的意蕴。诚意、正心是修心的伦理范畴。

人心是中华民族伦理范畴逻辑结构顺序的起点、关键点。朱熹认为君主正心就能正朝廷,朝廷正就能正百官,百官正就能正万民,万民正就能正天下。淳熙十五年(1188),朱熹借"入对"之机,要讲"正心诚意",朋友们劝戒说"'正心诚意'之论,上所厌闻,戒勿以为言,先生曰:'吾生平所学,惟此四字,岂可隐默以欺吾君乎!'"① 朱熹认为帝王的心术是天下万事的大根本,国家盛衰、政治好坏、社会邪正均取决于帝王的心术。他说:"人主之心一正,则天下之事无有不正,人主之心一邪,则天下之事无有不邪。如表端而影直,源浊而流污,其理必然者。"② 又说:"故人主之心正,则天下之事无一不出于正,人主之心不正,则天下之事无一得由于正。"③ 朱熹出于忧患意识,而直指正君心,以此为大根本。对于每个人来说,心也是自己为人处事的大根本,心的邪正、善恶是支配自己行为活动的原动

---

① 黄宗羲:《晦翁学案》,《宋元学案》卷四十八,第1498页。
② 《己酉拟上封事》、《朱熹集》卷十二,四川教育出版社1996年版,第490—491页。
③ 《戊申封事》、《朱熹集》卷十一,第462页。

力，心善而行善，心正而行正，心邪而行邪，心恶而行恶。

孟子从性善出发，主张"人皆有不忍人之心，先王有不忍人之心，斯有不忍人之政"①。什么是不忍人之心？孟子举例说，有人突然看见一个小孩要跌到井里去，人人都会有同情心，这种怵惕恻隐的心，不是为了与小孩的父母结交，也不是为了在乡里朋友中博取名誉，亦不是厌恶小孩的哭声，而是出于每个人都普遍具有的怜恤别人的心情。这样看来，如果一个人没有同情心、羞耻心、辞让心、是非心，简直不是个人。此四心依次便是仁、义、礼、智的萌芽。这是从尽心知性、存心养性的视阈来讲心的。心应具有仁、义、礼、智、正、诚、爱、志、善的伦理道德范畴。这些范畴既是人的心性修养，也是处理人与自然、社会、人际、心灵、文明间交往的原则、规范。

仁与义，是指族类情感与合宜理性。中华民族生存方式是在族类群体性交往活动中实现族类亲情或泛爱众，"人皆有不忍人之心"，便是仁者爱人的世俗族类情感的内在心性根据。人从自我主体或类主体出发，施爱于他者或天地万物，构成他者和天地万物一体之仁的系统。在人类仁爱的情感中，蕴涵着人在天地万物中主体伦理价值的实现。义是指个体和类主体施爱于自我、他人、自然、社会、文明的"合当如此"和有序有度的合宜，是伦理价值的合理性。此其一。其二，仁与义是指为人的价值取向与为我的价值取向。仁为爱人、爱他人、他家、他国。义是端正自我，注重自我道德、人格、情操的修养。从伦理精神来观，仁是由内在心性外推，由己及人及物，义是由外在需求而内化端正自我。其三，仁与义是指理想人格与价值标准。作为仁人在任何情况下都不违仁，乃至"杀身成仁"。义是当个体利益与整体利益发生冲突时，为实现伦理价值理想，而"舍生取义"。

---

① 《公孙丑上》，《孟子集注》卷三，世界书局1936年版，第24页。

诚，《大学》讲诚意、意诚。朱熹注："诚，实也。意者，心之所发也。"他在《中庸》注中说："诚者，真实无忘之谓。"人之伦理道德意识应是诚实不欺之心，即真心，从真心出发而有真言、真行，而无谎言、欺诈。无论是程颐说诚应"实有是心"，还是王守仁说的"此心真切"，都是指真心实意。

真诚的伦理精神是止于善。朱熹说："实于为善，实于不为恶，便是诚。"① 真实无妄的心，即是善心。孔子讲"己所不欲，勿施于人"的心，孟子讲的四端之心，皆为善心，而与邪恶之心相冲突。而需改恶从善，"化性起伪"，以达人心和善。

人生于父母，与父母有着不可分的血缘基因的关系，便构成一个家庭。家庭内父母、兄弟、姐妹、夫妇、子女的交往是最频繁的、最亲密的，因为人一生下来，便首先面对家庭成员，并成为家庭中的一员，形成家庭成员间的伦理关系。一个人的意诚、心正、身修的道德节操品行，首先便体现在家庭伦理的行为规范之中。"商契能和合五教，以保于百姓者也。"② 契是商的始祖，帝喾的儿子，舜时佐禹治水有功，封为司徒。五教是指"父义、母慈、兄友、弟恭、子孝，内平外成"，"舜臣尧……举八元，使布五教于四方，父义、母慈、兄友、弟恭、子孝"③。于是孝、悌、恭、慈、友、贞等，意蕴着家庭伦理精神和行为规范的价值合理性。

伦理范畴的逻辑结构由人心和善到家庭和睦，推演到人际和顺。孟子讲："人之有道也，饱食暖衣，逸居而无教，则近于禽兽。圣人忧之，使契为司徒，教以人伦：父子有亲，君臣有义，夫妇有别，长幼有序，朋友有信。"④ 此意蕴亦见于《尚书·舜

---

① 《朱子语类》卷六十九。
② 《郑语》，《国语集解》卷十六，中华书局2002年版，第466页。
③ 、《左传》文公十八年，《春秋左传注》，中华书局2002年版，第638页。
④ 《滕文公上》，《孟子集注》卷五，世界书局1936年版，第39页。

18

典》："契，百姓不亲，五品不逊，汝作司徒，敬敷五教，在宽。"这样便从家庭的父子、兄弟、夫妇关系扩大为君臣、朋友、老幼的人际交往活动的伦理关系及其道德原则和行为规范，君臣关系是父子关系的扩展，所以父、君对子、臣是义，子、臣对父、君是孝、忠。在家为孝子，在国为忠臣，"孝子出忠臣"。在这里仁义礼智既是心的修养，也体现为人际关系的行为规范。"子张问仁于孔子。孔子曰：'能行五者于天下为仁矣。''请问之。'曰：'恭、宽、信、敏、惠。恭则不侮，宽则得众，信则人任焉，敏则有功，惠则足以使人。'"[1] 此五德目作为仁的伦理精神和道德规范的体现，仁由心的修养，行之家庭，进而人际之仁；孝由家庭的伦理行为规范，而推之敬的人际伦理；孝若作为能养父母来理解，就与犬马无别，其别在于孝敬。敬作为伦理道德规范，既是对父母的，也是对他人的、社会的。

人际的伦理道德关系，构成一个社会的基本关系，仁、义、礼、智、信伦理道德进入社会，也成为社会的伦理原则和行为规范。孔子和孟子都认为治理国家社会最佳选择是德治。"以德服人者，中心悦而诚服也。"[2] 德治的核心是"仁政"，孟子认为，如果"以不忍人之心，行不忍人之政，治天下可运之掌上"。[3] "仁政"根本措施是"制民之产"，使民有恒产而有恒心，即给人民五亩之宅，种桑树，养家畜，50和70岁就可以衣帛食肉了，物质生活就有了保障，此其一；其二，"王如施仁政于民，省刑罚，薄税敛，深耕易耨"[4]；其三，如行仁政，便会成为世人所归，"今王发政施仁，使天下仕者皆欲立于王之朝，耕者皆欲耕于王之野，商贾皆欲藏于王之市，行旅者皆欲出于王之涂，

---

[1] 《阳货》，《论语集注》卷九，世界书局1936，第74页。
[2] 《公孙丑上》，《孟子集注》卷三，第23页。
[3] 同上书，第25页。
[4] 《梁惠王上》，《孟子集注》卷一，第4页。

天下之欲疾其君者皆欲赴愬于王。其若是，孰能御之！"① 仕者、耕者、商贾、行旅等都到齐国发展，齐国便可迅速强大起来；其四，加强伦理道德教化。"谨庠序之教，申之以孝悌之义，颁白者不负于戴于道路矣"②，"壮者以暇日修其孝悌忠信，入以事其父兄，出以事其长上"③。这样，人民安居乐业，遵道守礼，社会安定和谐。

《管子》认为，国家社会的倾与正、危与安、灭与复同伦理道德有重要关系，被视为国之四维。"国有四维，一维绝则倾，二维绝则危，三维绝则覆，四维绝则灭……何谓四维，一曰礼，二曰义，三曰廉，四曰耻。"④ "四维张，则君令行"，"四维不张，国乃灭亡"⑤。四维乃国家命运所系，所以"守国之度，在饰四维"⑥。这是国家社会和谐稳定、长治久安的保证。

伦理的范畴逻辑结构由治国而进入平天下。"天下"观念，可理解为当今的"世界"。汉语世界是从佛教语汇中吸收来的，梵文为 loka，音译"路迦"。《楞严经》四，"何名为众生世界？世为迁流，界为方位。"世即为过去、未来、现在三世，界为东南西北、东南、西南、东北、西北、上下，是时间和空间的概念，相当于宇宙的概念；后汉语习用为空间的概念，相当于天下。世界（天下）是由各地区、各国、各民族、各种族组成的，它们之间尽管存在强弱贫富、社会制度、价值观念、宗教信仰、风俗习惯等的差分和冲突，而需要遵循国际道义规范。得道多助，失道寡助。国际道义即国际伦理要公平、正义、和平、合

---

① 《梁惠王上》，《孟子集注》卷一，第 7 页。
② 同上书，第 8 页。
③ 同上书，第 4 页。
④ 《牧民》，《管子校正》卷一，世界书局 1936 年版，第 1 页。
⑤ 同上。
⑥ 同上。

作。不杀人的仁恕伦理，不偷盗的公平伦理，不说谎的诚信伦理，不奸淫的平等伦理，以建构和谐世界。

人类世界和谐的和，即口吃粟，"民以食为天"，人人有饭吃，天下就太平；谐，从言皆声，可理解为人人能发声讲话，天下就安定。前者是人的生存权，后者是言论自由权。两者具备，在古代就可谓和谐世界。然而近代以来，人类对宇宙自然征伐加剧，使自然天地不堪重负，生态失去了平衡，造成环境污染，资源匮乏，土地沙化，疾病肆虐，天灾频发，人与自然的冲突愈来愈尖锐。人与宇宙自然应该建构道德的、中庸的、仁爱的、和美的伦理规范，在天地万物与吾一体的视阈中，"仁民爱物"，"民吾同胞，物吾与也"①。天为父，地为母，天地宇宙自然是养育人类的父母，人类也应以对待自己的父母一样对待宇宙自然，在自然伦理、环境伦理、生态伦理中，规范人类行为，建构天人共和共乐的和美天地自然。

伦理范畴的各德目，可按其性质、内涵、特点、功能，依逻辑层次安置。在整个逻辑结构层次间可以交叉互通；在一个逻辑结构层次内既有中华伦理精神德目，也有伦理行为规范德目，以及道德节操、品格、修养等德目。

(二) 伦理范畴的思维整体性

中华伦理范畴的思维整体性是指以某个范畴为核心，以表现思维主体与思维对象内在整体或外在整体的概念范畴群或概念范畴之网，进而凸显思维主体与思维对象内在和外在的规定、关系以及其间的互相联系、渗透、会通、融突等形式。由于伦理范畴的性质、功能的差分，可以构成几个概念范畴群，诸概念范畴群的殊途同归，分殊而理一，构成中华伦理范畴的整体性。

---

① 《正蒙·乾称篇》，《张载集》，中华书局1978年版，第62页。

中华伦理范畴思维整体性的根据，是天地万物与吾一体的整体性思维模型，它纵贯、横摄、和合由人心到自然六个逻辑结构层次；它沉潜于中华民族心灵结构、价值观念、伦理道德、审美意识、行为规范、风俗习惯之内，表现在主体的对象化与对象的主体化之中。这种伦理范畴的整体性的思维模式，在伦理主体的客体化与客体的伦理主体化，人的对象化、物化与对象、物的人化，即在人化与物化中，把伦理主体与客体、对象、自然圆融起来，使客体、对象、自然具有了人的形式，于是天地自然便是人化了的天地自然，从而使中华伦理范畴具有天地万物与吾一体的整体性，因此，中华伦理范畴能贯通、圆融为整体。

范畴的思维整体性，并非排斥思维差分性，物以类聚，人以群分，群分才有类聚，群分是类聚的体现，类聚是群分的归宿。60德目可分为六个逻辑结构层次，此六个逻辑结构层次即构成六个群。如人心伦理范畴目群的爱、良（知）、耻、善、志、毅、格、省、正（心）、省、诚、乐、圣、忧等；家庭伦理范畴德目群的孝、悌、慈、敬、勤、俭、友、贞、温等；人际伦理范畴德目群的仁、义、礼、智、信、恭、宽、敏、惠、恕、直、中、宽等；社会伦理范畴德目群的忠、廉、德、公、洁、庄、勇、节、健、实、恒、明、质、行、刚、气等；世界伦理范畴德目群的和、合、强、美等；自然伦理范畴德目群的顺、道、和等。这种德目群的划分是相对的，而非绝对，其间许多伦理范畴德目是互渗、互补、互换、互转的，譬如善作为善心、善意、善良、善动机是心的伦理范畴，作为善行、善处、善举、善事便是家庭、人际、社会、世界的伦理范畴；又譬如和，作为人心伦理范畴为和善，作为家庭伦理范畴要和睦，作为人际伦理范畴为和顺，作为社会伦理范畴为和谐，作为世界伦理范畴为和平，作为自然宇宙伦理范畴为和美。和美即是各美其美，美人之美，美美与共，天人和美的境界，这是和的终极价值和终极境界。

由此群分伦理范畴，方聚为整体性的类的伦理范畴系统，这种系统的思维形式，彰显了中华伦理范畴的思维整体性。

（三）伦理范畴的形态动静性

如果说中华伦理范畴的逻辑结构性，揭示了伦理范畴之间的关系、性质及其逻辑次序、结构方式，直面逻辑意蕴；伦理范畴的思维整体性，呈现伦理范畴内在与外在德目群以及其间的互相联系、渗透、会通、融突的形式，直面思维模式，那么，伦理范畴的形态动静性，是指伦理范畴一种存有的状态，它直面状态形式。

中华伦理范畴随着历史时代的发展，变动不居，为道屡迁，呈显为四种形态：动态形式，静态形式，内动外静形式，内静外动形式。

就"气"伦理范畴而言，殷商至春秋，气是云气、阴阳之气、冲气，具有自然性，伦理性缺失。因而许慎《说文解字》释为："气，云气也，象形。"云气之形较云轻微，其流动如野马流水，多层重叠。甲骨文气亦可训为乞求、迄至、终迄等意思。气后来作氣，《说文》释："氣，馈客刍米也，从米气声。"馈客刍米，是天子待诸侯之礼。《左传》认为气导致其他事物的变化，分为阴、阳、风、雨、晦、明六气，过了便生寒、热、末、腹、惑、心疾病，以六气解释自然、社会、人生各种现象产生的原因，从中寻求其间联系的秩序，避免失序。《国语》认为阴阳二气失序，就会发生地震等灾异，乃至亡国。战国时，气由自然性向伦理性转变，如果说儒家孔子以气为血气、气息的话，那么，孟子提出"浩然之气"，它与"义"、"道"相配合，它集义所生，具有伦理道德意蕴，主体通过"善养"的道德修养，来充实扩充，以塞于天地之间。它既是动态形成，亦是内动外动形式。

秦汉时期，《黄帝内经》、《淮南子》、扬雄、张衡、王充等继承先秦气的自然性，而发为元气、精气，探索阴阳调和的原理，基本属内静外动形式。《淮南子》认为阴阳、天地及人的形、气、神的合和协调是万物和人发展变化的原因。"执中含和"是社会稳定、人民和谐的原则。董仲舒认为气既具有自然性，亦具有情感性、道德性，"阴阳之气，在上天，亦在人。在人者为好恶喜怒，在天者为暖清寒暑。"① 从人体结构看，腰之上下分阳阴；从伦理精神言，阳气"博爱而容众"，阴气"立严而成功"。"君臣、父子、夫妇之义，皆取诸阴阳之道。"② 其间虽有阳贵阴贱、阳尊阴卑之别，但最终要达到阴阳"中和"的境界。"中和"是天地间终极的伦理精神。扬雄认为人性善恶混，修善为善人，修恶为恶人，"气也者，所以适善恶之马也与？"③。去恶从善，要依阴阳之气的变化而修身养性。

魏晋南北朝时期，气继续沿着自然性和伦理性演化外，由于受玄学、佛教、道教的横向影响，气的涵义向生命本原、物的实质、行气养生、道德修养乃至入禅工夫开展。隋唐时，佛道日盛，儒教渐衰。然而从王通到韩愈、柳宗元、刘禹锡，他们把气纳入伦理道德领域，凸显"和气"、"灵气"、"正气"、刚健纯粹之气的伦理精神。

宋元明时，是中国学术思想的"造极期"。理既是天地万物的终极根据，又是人类社会的终极伦理。程（颐）朱（熹）虽以理先气后，但气是理的挂搭处、安顿处。二程（程颢、程颐）认为，气有清浊、善恶、纯繁之分，"唯人气最清"，但人的气

---

① 《如天之为》，《春秋繁露义证》卷十七，中华书局1992年版，第463页。
② 《基义》，《春秋繁露义证》卷十二，中华书局1992年版，第350页。
③ 《修身》，《法言义疏》五，中华书局1987年版，第85页。

质有柔刚。由于"气有善、不善"①。不善的就是恶气。人的道德品质的善恶便来源于气禀，禀得至清之气为圣人，禀得至浊之气为愚人。但人可以通过学习，改变气质，复性为善。朱熹绍承二程，认为阴阳之气，变化无穷，其动静、屈伸、往来、升降、浮沉之性未尝一日相无。气蕴含著清浊、昏明、纯驳的成分，禀清明之气而无物欲之累为圣人，禀清明之气而未纯全而微有物欲之累为贤人，禀昏浊之气而又为物欲所蔽为愚、为不肖。圣贤愚之分决定于禀气不同，人之伦理精神、道德行为规范亦来自先验的禀气。元代许衡学本程朱，他认为阴阳之气表现为五行之气，体现天地之德，五行之性。天地阴阳五行之气有仁义礼智信五德、五性，人相应地有五德和君臣、父子、夫妇、长幼、朋友五伦：仁是温和慈爱，义是决断合宜，礼是敬重为长，智是分辨是非，信是诚实无欺。人的伦理道德品格来自气禀。吴澄学本程朱，他认为人因阴阳五行之气而有形，形之中具有"阴阳五行之理，以为健顺五常之性"（《答田副使二书》,《吴文正公集》）。五常指仁义礼智信道德规范，以及君臣、父子、兄弟、夫妇、朋友五行之理。五常中仁、礼为健、为阳，义、智为顺、为阴，信兼两者之性。五行之理中君、父、兄、夫为尊、为阳，臣、子、弟、妇为卑、为阴，朋友兼两者之理。以阴阳五行之气探究五常五伦道德精神及其行为规范。

明清时，程朱道学来自心学和气学两方面的挑战。湛若水批评朱熹把道心与人心二分的观点，认为"人心道心，只是一心"，那种把道心说成出乎天理之正，人心出乎形气之私是不对的。论心，是就心与气不离而言，道心是指形气之心得其正而已，不是别有一心。王守仁集两宋以来心学之大成，以"良知"为心之本体，以心的良知论气，认为"元

---

① 《河南程氏遗书》卷二十一下，中华书局1981年版，第274页。

气、元精、元神"三位一体,构成气为良知流行动静的思想,良知是一种伦理精神和道德意识,良知只是一种未发之中的状态,静而生阴,动而生阳,阴阳一气也,动静一理也,良知蕴含动静阴阳,元气作为良知的流行,或为善,或为恶,受志的制约,志立气和,养育灵明之气,去昏浊习气,便能神气清明,心与万物同体,良知湛然灵觉,而达仁人圣人道德终极价值境界。

王廷相继承张载"太虚即气"的思想,批评程朱理本论。他认为气为造化的宗枢,气有阴阳动静,它是万物的根源,有气有天地,有天地而有夫妇、父子、君臣,然后才有名教道德的建立。吴廷翰批评程朱陆王,认为人为气化所生,气凝为体质为人形,凝为条理为人性,"性之为气,则仁义礼知之灵觉精纯者是已"①。仁义礼智的灵觉既是阴阳之气,亦是道德精神,所以他说:"天为阴阳,则地为柔刚,人为仁义,本一气也。"② 天地人三才为气,阴阳、柔刚、仁义本于气。王夫之集气学之大成,"理即是气之理,气当得如此便是理,理不先而气不后,天之道惟其气之善,是以理之善"③。气是根源范畴,源枯河干,无气即无心性天理。阴阳浑合、交感,合为一气,气有动静,动静为气之几,方动而静,方静而动,静者静动,非不动。气处于变化日新之中,"气日新,故性亦日新"④。气规定着人性的善恶价值。人性即气质之性,气是人的生命之源,质是气在人身的凝结,气无不善,性无不善;质有清浊厚薄不同,所以有性善与不

---

① 《吉斋漫录》卷上,《吴廷翰集》,中华书局1984年版,第24页。
② 同上书,第17页。
③ 《读四书大全说》卷十,《船山全书》第六册,岳麓书社1991年版,第1052页。
④ 《读四书大全说》卷七,《船山全书》第六册,岳麓书社1991年版,第860页。

善之别。王夫之以气为核心,诠释人性的伦理道德之理。戴震接着王夫之讲:"气化流行,生生不息,仁也。"[①] 气化生人物以后,而各有其性,并有偏全、厚薄、清浊、昏明之别,气是人性的来源和根据,有仁的伦理精神,便互涵为义、礼、智、诚伦理道德和行为规范。这便是戴震所说的以"理言"与以"德言",前者指仁义礼之仁,后者指智仁勇之仁,其实为一。

中华伦理范畴是动中有静,静中有动,动为静动,静为动静,动静互涵、互渗、互补、互济,而使中华伦理范畴结构、内涵、形态通达完满境界。

(四) 伦理范畴历时同时的融合性

中华伦理范畴的形态动静性,侧重于范畴历时态的演化,其纵观与横观、历时态与同时态是互相融合、互相促进,而达相得益彰的状态。伦理各范畴之间上下左右、纵横异同,错综复杂,构成一网状形态,网上的每个纽结,都是上下左右的凝聚点、联络点、驿站,再由此凝聚点、联络点、驿站向四周辐射、扩散,构成一畅通无阻、四通八达的范畴逻辑之网。从这个意义上说,伦理范畴是人们对于宇宙、社会、人际、心灵之间关系长期生命体认的结晶,是对于个人、家庭、国家、民族之间关系深沉智慧洞见的提升。

每个伦理范畴的形态动静运动,都处于历时态和同时态之中。历时态和同时态可以养育、发展、丰富伦理范畴,也可以使其破坏、废弃、断裂。因而协调、融突好伦理与政治、经济、文化的关系,理性地调整、平衡好伦理范畴之网各方面关系,是使伦理范畴在历时和同时态中不遭破坏、废弃、断裂的措施。在这里,协调、融突、调整、平衡、蕴含价值观念、思维方法,由于

---

① 《仁义礼智》,《孟子字义疏证》卷下,中华书局1961年版,第48页。

价值观念和思维方法的偏激，亦会造成伦理道德范畴被批判、扔掉、打倒，导致中华伦理精神沦丧、行为规范迷失，乃至人们手足无所措，礼仪之邦而无礼仪的状况。

礼作为伦理范畴，是在历时性和同时性中得以体现的，礼的起源，历来众说纷纭：一是事神致福说。许慎《说文解字》："礼，履也，所以事神致福也。"《礼记·礼运》认为礼之初是致其敬于鬼神，王国维诠释为"奉神之酒醴谓之醴"，"奉神人之事通谓之礼"[①]。礼是奉神致福的祭祀行为，祭祀鬼神的仪式，有一定礼仪之规，后便约定俗成为礼。二是礼尚往来说。《礼记·曲礼》："礼尚往来，往而不来非礼也，来而不往亦非礼也。人有礼则安，无礼则危。"[②] 礼尚往来包含"礼物"和"礼仪"两个层面，礼物往来是物品交易活动，礼仪是交往规范。三是周公制礼作乐说。孔子说，殷因于夏礼，周因于殷礼，可见夏商已有其礼，周公在损益夏商之礼后而作周礼。四是礼皆出于性。栗谷（李珥）在《圣学辑要》中引周行己的话："礼经三百，威仪三千，皆出于性。"[③] 礼出于本真的人性，而非出于伪装饰情或礼品交换行为。礼在历时性和同时性中都有不同的体认，但一般都把它作为礼仪行为规范。

孔子处"礼崩乐坏"的时代，礼仪行为规范遭严重破坏，不仅礼乐征伐自诸侯出，而且子弑父、弟弑兄等违礼的行为层出不穷，致使孔子是可忍，孰不可忍！在这个同时态中，本来作为"天之经也，地之义也，民之行也"，"上下之纪，天地之经纬

---

① 王国维：《释礼》，《观堂集林》卷六，《王国维遗书》（一），上海古籍书店1983年版，第15页。

② 《曲礼上》，《礼记正义》卷一，中华书局1980年版，第1231—1232页。

③ 《圣学辑要》（二），《栗谷全书》（一）卷二十，韩国成均馆大学校大东文化研究院1985年版，第442页。

也，民之所以生也"的礼，已与揖让、周旋之礼有别。前者已超越礼的形式，即仪的揖让、周旋的层次，而提升为天经地义、民之所以生的形而上的终极层次，赋予礼以终极价值。孔子是在这样的时态中，体认礼的价值，呼喊不可"违礼"。然而，礼作为"国之干"也好，"身之干"也好，"所以正民"也好，都是主体人外在的东西，是以外在的力量规定礼的性质、作用、功能，以及主体人应如何的行为规范，并非出于主体人自身的自觉。为了使外在的礼的行为规范成为主体人的自觉的行为活动，必须获得内在伦理精神、道德意识的支撑，于是孔子援入仁的伦理道德范畴，并以仁为礼的本质的体现。"子曰：'人而不仁，如礼何？'"[①] 无仁，如何来对待礼仪制度，这是化解外在违礼行为与内在道德意识分裂、紧张的一种选择，只有把道德意识与行为规范、内与外、仁与礼融合起来，置于同时态的状态中，礼才能转化为一种主体自觉的道德行为。孔子说："克己复礼为仁，一日克己复礼，天下归仁焉。为仁由己，而由人乎哉？"[②] 一切违礼的行为都出于某种私利、权力、功利的欲望，克制自己的欲望，使自己的行为自觉地符合礼，凡非礼的都不去视听言动，就是仁，这样仁与礼圆融。既然实践仁的道德全凭自己的自觉，那么，实践礼的道德规范也出于自己的自觉。这样，外在礼的他律性同时也具有了内在的道德自律性。

　　仁与礼在同时态的互渗、互补中，又在历时态的演变中，获得了丰富和发展。孟子绍承孔子，他把仁义礼智都纳入伦理精神、道德意识中。他认为"人皆有不忍人之心"，所谓不忍人之心是指人人皆有怵惕恻隐的心。由此看来如果一个人没有恻隐心、羞恶心、辞让心、是非心，简直就不像个人，"恻隐

---

[①]《八佾》，《论语集注》卷二，世界书局1936年版，第9页。
[②]《颜渊》，《论语集注》卷六，第49页。

之心，仁之端也；羞恶之心，义之端也；辞让之心，礼之端也；是非之心，智之端也"[1]。礼作为辞让之心，是人作为一个人所不能欠缺的，否则就是"非人也"，这就是说，礼的伦理精神是"人皆有"的道德心，是人性所本有的。礼的辞让之心的自然流出，即是主体道德心自觉又自然的表现。这样孔子的"仁者爱人"和孟子的"人皆有不忍人之心"，在"礼崩乐坏"、天下无道的情境下，为"复礼"的合法性、合理性作了理论的诠释。

如果说孟子从人性善的价值观出发，导向内律与外律、仁与礼的圆融，那么，荀子从人性恶的价值观出发，导向外律的礼与法的圆融。这种圆融，孟子实以仁节礼，仁体礼用；荀子援法入儒，以儒为宗，以礼统法。荀子认为礼有五方面的性质和功能：（1）作为行为规范而言，礼是衡量人之好坏的标准，国家有道无道的尺度，治国的规矩。他说："礼者，人主之所以为群臣寸、尺、寻、丈检式也。"[2] "礼之所以正国也，譬之犹衡之于轻重，犹绳墨之于曲直也，犹规矩之于方圆也，既错之而人莫之能诬也。"[3] "隆礼贵义者其国治，简礼贱义者其国乱。"[4] 这是国家强弱的根本；从这个意义上说，礼是政事的指导，是处理国政的指导原则："礼者，政之挽也。为政不以礼，政不行矣。"[5] （2）作为伦理道德而言，礼体现了伦理精神和道德行为。"礼也者，贵者敬焉，老者孝焉，长者弟焉，幼者慈焉，贱者惠焉。"[6] 在人伦关系上，对贵、老、长、幼、贱者，要尊敬、孝顺、敬

---

[1] 《公孙丑上》，《孟子集注》卷三，世界书局1936年版，第25页。
[2] 《儒效》，《荀子新注》，第111页。
[3] 《王霸》，《荀子新注》，第171页。
[4] 《议兵》，《荀子新注》，第233页。
[5] 《大略》，《荀子新注》，第445页。
[6] 同上书，第442页。

爱、慈爱、恩惠,体现了忠孝仁义的道德原则,并使之定位,"礼以定伦"①,即指君臣、父子、兄弟、夫妇之伦,都能遵守符合其伦的道德规范;(3)作为礼的性质来看,"礼有三本,天地者,生之本也。先祖者,类之本也。君师者,治之本也。"② 三者是生存、人类、治国的根本。礼有三本而有分与别,"辨莫大于分,分莫大于礼,礼莫大于圣王"③。人与人之间的分别,最重要的是礼,即等级名分。"礼也者,理之不可易者也。乐合同,礼别异。"④ 礼体现着贵贱上下的等级差分,这是其不可改变的原则。这个不可易者,便是终极之道。"礼者,人道之极也。"⑤ (4)作为可操作的礼仪制度,包括婚、葬、祭等各种礼仪,如"亲近之礼",男子亲自到女方迎娶的礼节。"丧礼者,以生者饰死者也。"⑥ 但"五十不成丧,七十唯衰存"⑦。(5)作为礼与法的关系来看,"礼义生而制法度"⑧。"明礼义以化之,起法正以治之。"⑨ 以礼义变化本性的恶,兴起人为的善,并以法度来治理。治国的根本原则,在礼与法,"明德慎罚,国家既治四海平"⑩。礼法兼施,"隆礼尊贤而王,重法爱民而霸"⑪。前者可以称王于天下,后者可以称霸于诸侯。这种礼法融合的礼治模式,开出汉代"霸王道杂之"的"汉家制度",凸显了中华

---

① 《致士》,《荀子新注》,第 226 页。
② 《礼论》,《荀子新注》,第 310 页。
③ 《非相》,《荀子新注》,第 56 页。
④ 《乐论》,《荀子新注》,第 338 页。
⑤ 《礼论》,《荀子新注》,第 314 页。
⑥ 同上书,第 322 页。
⑦ 《大略》,《荀子新注》,第 442 页。
⑧ 《性恶》,《荀子新注》,第 393 页。
⑨ 《性恶》,《荀子新注》,第 395 页。
⑩ 《成相》,《荀子新注》,第 416 页。
⑪ 《天论》,《荀子新注》,第 277 页。

伦理范畴历时态与同时态的融合性。

（五）伦理范畴的内涵生生性

中华伦理范畴大化流行，生生不息。"天地之大德曰生"，"生生之谓易"。天地间最根本、最伟大的德性，就是生生。生生是为变易，生生的变易是新事物、新生命不断的化生。换言之，即是中华伦理新范畴的化生和范畴新内涵的开出。

从孔子"仁"的伦理范畴新内涵的开出表层结构的具体意义，深层结构的义理意义及整体结构的真实意义来看仁内涵的生生性。就表层结构而言，仁是爱人，《论语》"爱人"三见，讲治国要爱护百姓，君子学道则爱人，其基本语义是人与人之间关系的一种行为规范或道德标准。进而如何实践"仁者爱人"，孔子要求从自己做起，"为仁由己"，从正面说自己"欲立"、"欲达"，也使别人"立"和"达"；从负面说，"己所不欲，勿施于人"。"己欲"与"己所不欲"，"立人达人"与"勿施于人"，从正负两个方面说明实践"仁者爱人"的要求。

"为仁由己"，要求每个人要"克己"，即约束自己，使自己的视听言动合乎礼，这便是仁，如何进行仁的道德修养？从正面说"刚毅木讷近仁"[①]，是正面的应然价值判断，从负面说"巧言令色，鲜矣仁"[②]，这是负面的不应然价值判断。由自己的道德修养"仁"，推致家庭的父子、兄弟、夫妇之间，便是"孝弟也者，其为仁之本与"[③]，再由家庭推致天下，"能行五者于天下为仁矣"[④]。此五者便是指恭、宽、信、敏、惠。构成了从约束自我—家庭—社会—天下的道德行为规范。仁便从内在的道德意

---

① 《子路》，《论语集注》卷七，世界书局1936年版，第58页。
② 《学而》，《论语集注》卷一，第1页。
③ 同上。
④ 《阳货》，《论语集注》卷九，第74页。

识和伦理精神转化为伦理道德行为规范，这是一个从内到外的化生过程。

"仁"从表层结构的具体意义而开出深层结构的义理意义，是把孔子仁的伦理精神和行为规范从句法和语义层面超越出来，置于宏观的时代思潮之中，来透视微观伦理范畴义理。仁是孔子思想的核心范畴，它与各伦理范畴联结，由各纽结而构成网状形式，抓住网上的纲领，便可把孔子思想提摄起来，也可以进一步体认仁的伦理价值。譬如说仁与礼融合渗透，礼的尚别尊分、亲亲贵贵的意蕴作用于仁，使仁在处理人与人之间关系，便不能普遍地、无差等地贯彻"仁者爱人"的"泛爱众"的伦理精神，而受到墨子的批评。从范畴的联系中，反求伦理范畴的涵义，更能体贴伦理范畴真义。

从伦理范畴的网状结构贴近其真义，开展为从时代思潮的整体联系中体贴其意蕴，体现伦理范畴内涵的吐故纳新，新意蕴化生。譬如《国语》讲："杀身以成志，仁也。"① 孔子说："志士仁人，无求生以害仁，有杀身以成仁。"② 又《左传》僖公三十三年载："德以治民，君请用之；臣闻之：'出门如宾，承事如祭，仁之则也'。"③ 孔子说："出门如见大宾，使民如承大祭。"④ 再《国语》载："重耳告舅犯。舅犯曰：'不可，亡人无亲，信仁以为亲……'"⑤ 孔子说："君子笃于亲，则民兴于仁。"⑥ 由此可见，孔子"仁"的学说是与时代政治、经济、礼乐制度相联系，是当时一种社会思潮的呈现；是在"礼崩乐坏"

---

① 《晋语二》，《国语集解》卷八，中华书局2002年版，第280页。
② 《卫灵公》，《论语集注》卷八，世界书局1936年版，第66页。
③ 《春秋左传注》，中华书局1981年版，第1108页。
④ 《颜渊》，《论语集注》卷六，世界书局1936年版，第49页。
⑤ 《晋语二》，《国语集解》卷八，中华书局2002年版，第295页。
⑥ 《泰伯》，《论语集注》卷四，世界书局1936年版，第32页。

的冲突中，企图援仁复礼，重建伦理精神、礼乐制度的努力；孔子仁的义理智慧在时代的振荡中获得新生命。

"仁"再由深层结构的义理意义而开出整体结构的真实意义。"仁"作为伦理范畴，在与时偕行的大浪中，被冲刷、淘尽了一切外在的面具和装饰，而显露出真实的相貌。战国初，墨子从两个方面批评孔子"仁"的思想。《墨子·非儒下》载："儒者曰：'亲亲有术，尊贤有等，言亲疏尊卑之异也。'"[①]施仁有此异，则爱人有差等。结果是"各爱其家，不爱异家"，"各爱其国，不爱异国"。这种异，便是有别，别则"相恶"，故此，墨子主张"兼相爱"，"兼即仁矣，义矣"[②]。"别"与"兼"，为孔墨仁学之分。另墨子认为，儒者以古言古服合乎礼，然后仁。他主张"仁人之事者，必务求兴天下之利，除天下之害"[③]。礼之道义与兴利除害的功利之分。在这里，墨子所批评的是孔子仁的深层结构的义理意义，但从表层结构的具体意义来看，孔子的"泛爱从"与墨子的"兼相爱"并无语义上的差别。

孟子对墨子的批评提出反批评："杨氏为我，是无君也；墨氏兼爱，是无父也。无父无君，是禽兽也。"[④]说明为什么爱有差等亲疏之别。荀子亦认为，"贵贱有等，则令行而不流；亲疏有分，则施行而不悖……故仁者仁此者也"[⑤]。批评墨子"有见于齐，无见于畸"[⑥]之失。秦之速亡，仁的伦理精神获得了价值合理性的论证。两宋时，伦理精神和道德规范提升为道德形而上

---

① 《晋语二》，《国语集解》卷八，中华书局2002年版，第295页。
② 《兼爱下》，《墨子校注》卷四，中华书局1993年版，第178页。
③ 《非乐上》，《墨子校注》卷八，第379页。
④ 《滕文公下》，《孟子集注》卷六，世界书局1936年版，第48页。
⑤ 《君子》，《荀子新注》，中华书局1979年版，第408页。
⑥ 《天论》，《荀子新注》，第280页。

学，仁在生生不息中获得新义。理学的开山周敦颐说："天以阳生万物，以阴成万物。生，仁也；成，义也。"① 仁育万物，而有生意。程颢说："万物之生意最可观，此元者善之长也，斯所谓仁也。"② 仁所体现的万物生命的生意，是天地生生之理的所以然，于是他把仁放大，以体验仁者以天地万物为一体的境界。朱熹集周敦颐、张载、二程道学之大成，发为"仁也者，天地所以生物之心，而人物之所得以为心者也"③。如桃仁、杏仁，此仁即为桃、杏生命之源，亦是桃、杏之所以为桃、杏的根据。这种伦理范畴生生不息的新意，是伦理精神和道德价值合理性生命力的体现，是伦理范畴的内涵生生性呈现。

中华伦理范畴在和合学"竖观"、"横观"、"合观"的视野下，其逻辑的结构性、思维的整体性、形态的动静性、历时同时态的融合性、内涵的生生性都得到了充分的展示，中华民族伦理精神和道德行为规范的价值合理性也得到了完善的说明。《中华伦理范畴》丛书的出版，将为弘扬中华民族传统文化，实现中华民族伟大复兴作出贡献，这也是一项利在当代，功在后世的重大文化工程。

是为序。

2006 年 8 月 30 日<br>于中国人民大学孔子研究院

---

① 《顺化》，《周敦颐集》卷二，中华书局 1984 年版，第 22 页。
② 《河南程氏遗书》卷十一，《二程集》，中华书局 1981 年版，第 120 页。
③ 《克斋记》，《朱文公文集》卷七十七。

# 《中华伦理范畴》第二函前言

傅永聚　齐金江

中华文化是伦理型文化。以儒家伦理道德为显著特色的中华伦理是中华民族文化和精神的内核与载体，是中华民族五千年生生不息、绵延峥嵘的源头活水；在建设有中国特色的社会主义事业进程中，继承和弘扬中华民族优秀的伦理道德，是建设中华民族共有精神家园的重要切入点，是全面实现社会和谐的重要保障；从当代中华民族生存的国际环境看，中华伦理是东方文化和智慧的杰出代表，是在多元文化相互激荡、多元思想猛烈交锋的新的历史条件下，保持中华民族强大竞争力和凝聚力，促进中华民族和平发展，实现中华民族伟大复兴的强大思想武器和坚实基础。

一，以儒家伦理道德为显著特色的中华伦理是中华民族文化与精神的内核与载体，是中华民族五千年生生不息、绵延峥嵘的源头活水。

中国是世界文明古国之一，且是文明唯一不曾中断者。中华民族从诞生之日起就十分注重伦理道德建设，使民族文化具有伦理型的典型特征。先秦时期伟大的思想家老子、孔子、孟子、荀子等都曾为中华伦理的价值体系构建作出了重大贡献。尤其是孔子，其思想积极入世，以仁为核心，以和为贵，以礼为约束，以道德高尚的君子人格为楷模，其影响跨越时空，成为中华礼乐文化的重要根据、价值观念的是非标准和伦理道德的规范所在。孔子是当之无愧的中华文化符号，他的一系列思想构成中华文化的基本精神。汉代以来，孔子为代表的儒家思想成为中华主流文化，儒家的伦理道德遂成为中华民族传统文化的主干。中国统一稳定、疆域辽阔、经济发达、文明先进，曾领先世界文明两千年。中华影响远播海外。受中华伦理道德熏陶培育成长起来的政治家、文学家、军事家、思想家、教育家如群星璀璨，民族英雄凛然千古，成为炎黄子孙千秋万代的丰碑。只是在近代，由于资本主义和帝国主义列强的侵略，民族灾难深重，我们才暂时落伍了。19—20世纪中叶中华民族所受的苦难和耻辱，在世界民族史上是罕见的。但中华民族一直在反抗、在斗争。历经磨难而不亡，说明我们的民族有一种坚韧不拔、自强不息的精神。

人类历史的发展是不平衡的，跳跃性的，先进变落后，落后变先进也是一种历史规律。"雄鸡一唱天下白"。中国共产党领导新中国成立，中国人民站起来了！尤其是改革开放以来，在邓小平理论指引下中国发展迅速，综合国力增强，政治、经济地位发生了翻天覆地的变化，中国人民正在信心百倍地建设现代化社会主义。强大的政治、经济呼吁强大的文化，呼吁人的高尚道德的养成。通过弘扬中华民族优秀的伦理道德，提升国人素质，优化国人形象，确立优秀伦理道德在华人文化中的特色地位，可以得到不同文化背景、不同宗教信仰的群体的共同认可。这对于发扬光大中华文化、实现祖国统一大业、实现中华民族的伟大复兴都具有重要的现实意义和深远的历史意义。

二、在建设有中国特色的社会主义事业进程中，继承和弘扬中华民族优秀的伦理道德，是建设中华民族共有精神家园的重要切入点，是全面实现社会和谐的重要保障。

近代以来，中国饱受西方列强侵凌，经济落后，积贫积弱，传统文化一时成为替罪之羊。在全盘西化、民族虚无主义妖雾迷漫之时，嘲笑、批判、搞倒搞臭传统文化一度成为最革命、最时髦的心态。从盲目不加分析地打倒孔家店，到"文化大革命"破四旧、批林批孔，人们在干着挖掘自己民族文化之根的傻事。"文化大革命"过后，一代人的道德品质沦丧，几代人的道德品质受损，礼仪之邦一时间竟要从礼仪 ABC 起补课。尤其近几十年来，由于西方强势文化携其具有鲜明征服特色的价值观念不断有意识地涌入，中华民族传统的道德伦理受到猛烈的冲击，社会上下思想领域中普遍存在着信仰失范、价值观念扭曲、道德滑坡、精神迷惘和庸俗主义、世俗化盛行、拜金主义泛滥等一系列问题。对此，党和国家领导人一直给予高度重视，屡屡发出警语。

早在改革开放之初，邓小平同志就严厉地指出："一些青年男女盲目地羡慕资本主义国家，有些人在同外国人交往中甚至不顾自己的国格和人格，这种情况必须引起我们的认真注意。我们一定要教育好我们的后一代，一定要从各方面采取有效的措施，搞好我们的社会风气，打击那些严重败坏社会风气的恶劣行为"[1]；"如果中国不尊重自己，中国就站不住，国格没有了，关系太大了"[2]；"中国人要有自信心，自卑没有出路"[3]；他反复强调物质文明与精神文明一起抓，两手都要硬，否则，"风气如果坏下去，经济搞成功又有什么意义？"

江泽民同志十分重视用中华优秀传统道德伦理教育下一代，他说："在抓紧社会主义物质文明建设的同时，必须抓紧社会主义精神文明建设，坚决纠正一手硬、一手软的状况"[4]；"必须继承和发扬民族优秀文化传统而又充分体现社会主义时代精神，立

---

[1] 《邓小平文选》第 2 卷，第 177 页。
[2] 《邓小平文选》第 3 卷，第 332 页。
[3] 同上书，第 326 页。
[4] 《在党的十三届四中全会上的讲话》，载《江泽民文选》第 1 卷，第 61 页。

足本国而又充分吸收世界文化优秀成果,不允许搞民族虚无主义和全盘西化"①;"任何情况下,都不能以牺牲精神文明为代价去换取经济的一时发展"②;"保持和发扬自己民族的文化特色,才能真正立足于世界民族之林。我们能不能继承和发扬中华民族的优秀文化传统,吸收世界各国的优秀文化成果,建设有中国特色的社会主义文化,这是事关中华民族振兴的大问题,事关建设有中国特色社会主义事业取得全面胜利的大问题"③。

胡锦涛总书记更是从中华民族优秀传统文化中汲取营养,提出了科学发展观、以人为本、社会主义和谐社会建设的一系列重要理念,尤其是社会主义荣辱观的提出,在全社会和全体公民中引起强烈反响。以热爱祖国为荣,以危害祖国为耻;以服务人民为荣,以背离人民为耻;以崇尚科学为荣,以愚昧无知为耻;以辛勤劳动为荣,以好逸恶劳为耻;以团结互助为荣,以损人利己为耻;以诚实守信为荣,以见利忘义为耻;以遵纪守法为荣,以违法乱纪为耻;以艰苦奋斗为荣,以骄奢淫逸为耻。"八荣八耻"是中国传统文化价值的进一步发展,现实性和可操作性很强。对于全社会,特别是青少年思想道德教育意义重大。十七大正式提出了建设中华民族共有精神家园的宏伟历史任务,而中华优秀传统伦理道德就是我们的民族之根。

我在8年前写过一篇文章,名字叫"日积一善,渐成圣贤",这句话今天仍不过时。人的潜意识中亦即本性中总有为恶的一面。换句话说,人是既可以为恶也可以为善的。一个人一生当中,一点坏事也没有做过的,可以说没有;但所做的坏事好事

---

① 《当代中国共产党人的庄严使命》,载《江泽民文选》第1卷,第158页。

② 《正确处理社会主义现代化建设中若干重大关系》,载《江泽民文选》第1卷,第74页。

③ 《宣传思想战线的主要任务》,载《江泽民文选》第1卷,第507页。

总有一个比例。就社会上的芸芸众生来说，完完全全的君子可能一个也找不到，但基本上属于君子的或基本上属于小人的有一个明显的界限。人生一世，所做的好事多，就基本上是个好人；而所做的恶事多，就基本上是个坏人。我们每人每天都在做事，为自己，为他人，为社会，为人类。在做每一件事情之前，你是怎么想的？是想做善事还是做恶事？是一种什么心态支配着你去做成善事或者是恶事，这就牵涉一个人的道德修养水平，牵涉人生观、价值观这个根本问题。法律是刚性的他律，舆论监督是柔性的他律，而道德修养属于自律。具体到每一个人，自律永远是道德修养的基础，也是他律的基础。自律受法律的威慑，但更重要的是内里自觉修养的功夫。因此，儒家伦理所揭示的仁义礼智、忠孝廉耻、和合勇毅等一整套人之为人的大道理就成为流传千古的向善弃恶的道德规范。日积一善，慢慢接近于道德高尚的境界；日为一恶，就会不断向小人的队伍靠拢。诚然，让每个人都成为君子是不现实的；但是，通过优秀伦理文化的教育和普及，不断提高绝大多数人的"君子化"水平则是可能的，也是现实的。季羡林先生说过一句非常中肯的话："能为国家、为人民、为他人着想而遏制自己本性的，就是有道德的人。能够百分之六十为他人着想百分之四十为自己着想，就是一个及格的好人。"[①]语重心长，应该引起人们的深思。

三，从当代中华民族生存的国际环境看，中华伦理是东方文化和智慧的杰出代表，是在多元文化相互激荡、多元思想猛烈交锋的新的历史条件下，保持中华民族强大竞争力和凝聚力、促进中华民族和平发展、实现中华民族伟大复兴的强大思想武器和坚实基础。

当今世界，既有多元化、多极化的客观需求，又有强权独

---

① 季羡林：《季羡林谈人生》，当代中国出版社2006年版，第6页。

霸、政治高压、经济封锁和文化扩张的客观现实。这就是中华民族走向现代化所面临的国际生存环境。你必须强大，可人家不愿看到你强大，而压制你强大的武器不仅有政治的、经济的，更有文化的、思想的。在这种环境下，民族精神、民族文化越来越成为一个民族赖以生存和发展的精神支柱。精神颓废、委靡不振的民族必然失去其自主、独立、生存的资格，必然走向衰亡。儒家思想在其2500年的发展中，孕育了中华民族精神，担当了建构民族主题精神的重任，它以和合发展、生生不息的生命与生存智慧维系着中华民族的绵延和发展，影响着东方文化体系的形成壮大，成为东方文化智慧的杰出代表。这是其他三大文明古国的精神传统所不能比拟的。孔子与穆罕默德、耶稣和释迦牟尼一起被称为缔造世界文化的"四圣哲"和世界名人之首。孔子既属于中国，也属于世界，他的思想既是历史的又是跨时代的。在多元文化并行，多种思想激烈交锋的时代背景下，儒家文化就是中华民族的声音，就是文化对话的资格。在文化传播的态度上，既要主张"拿来主义"，又要力行"送去主义"，现在我们国家设立在世界上的250多所孔子学院，就是主动送出去的例证。当然，孔子学院主要发挥的是语言传播的功能，今后应加强孔子思想传播的内容。因为思想传播比语言传播更为深邃。

中华传统伦理思想内涵丰富，包罗万象。我们对前人的研究进行了系统的反思和归纳，将其总结为64个德目，即仁、爱、忠、恕、礼、义、廉、耻、中、信、和、合、诚、德、孝、悌、勤、俭、修、志、圣、公、洁、贞、庄、正、平、温、友、强、容、智、道、顺、良、格、博、节、健、实、恒、明、忧、廉、行、美、刚、气、善、勇、敬、慈、敏、惠、乐、毅、省、新、恭、直、慎、雅、理、利（见《联合日报》2006年8月10日第3版）。首批选取了仁、和、信、孝、廉、耻、义、善、慈、俭等10个德目进行研究，已由中国社会科学出版社于2006年12

月出版发行。

《中华伦理范畴》第一函甫出，学术界给予了鼎力支持和高度评价。著名国学大师季羡林先生在301医院抱病亲笔为之题词：中华伦理，源远流长；东方智慧，泽被万方；并委托秘书打电话给总编，说"感谢你们为中华民族文化复兴事业做了一件大好事"。中国人民大学著名学者张立文先生冒着酷暑、挥汗如雨，一气呵成洋洋两万多字的长文，称"《中华伦理范畴》丛书从中华民族传统伦理道德中撷取六十多个重要德目，并对每个德目自甲骨文以至现代，进行全面系统研究，以凸显集文本之梳理，明演变之理路，辨现代之意义，立撰者之诠释的价值，撰写者探赜索隐，钩沉致远，编纂者孜孜矻矻，兀兀穷年"；"这是一项利在当代、功在后世的文化工程，将对进一步证实中华伦理精神的价值合理性产生深远的影响，并对弘扬中华民族传统文化，实现中华民族伟大复兴作出应有的贡献"。原中共中央政治局委员、国务院副总理谷牧、姜春云和原国务委员王丙乾纷纷致函祝贺，认为"《中华伦理范畴》丛书的出版发行，对于弘扬中华民族精神，提高民族人文素质，全面翔实地展现中华民族的优秀传统伦理道德，积极推进社会主义道德建设具有重要的现实意义"。国际儒联主席叶选平先生慨然为丛书题写了书名。台湾著名学者刘又铭、张丽珠、郭梨华等在《光明日报》上撰写文章，认为："中华传统伦理文化源远流长，《中华伦理范畴》丛书对六十多个范畴进行系统的梳理和研究，气势磅礴，意义深远实乃填补学界空白之作"；"《中华伦理范畴》丛书的第一函出版发行，令人鼓舞"；"《中华伦理范畴》付梓印行，实乃学界盛事，作者打通中西之隔，超越唯物论与唯心论之争，高屋建瓴，条分缕析，用力之勤，令人感佩"。主流媒体分别以《海峡两岸学者笔谈中华伦理范畴》、《人能弘道、非道弘人》、《弘儒学之道、为生民立命》和《人文学者为生民立命的人间情怀》等为题发表了评论。《中华伦理范畴》丛书已经先后获得济宁市2007年社会科学优秀成果一等奖；山东省高校2007年社会科学优秀成果一等奖和山东省2008年哲学社会科学优秀成果一等奖。所有这些荣誉都给我们这个学术团队的辛勤劳动以充分肯定，也坚定了我们迅速编撰第二函的决心。我们接着精选了节、智、明、谦、美、正、中、乐、公等9个基本范畴，按照第一函的体例，对这9个伦理范畴的含义、实质及在历史上的发生、演变进行了系统的介绍、阐述和论证，力求完整地呈现出它们本来的面目、意义和社会价值。

——关于"节"。节可称为节操，包含气节和操守两个方面的内容。在《易·序卦》中，"其于木也，为坚多节"。可见节对于良木的重要作用，它可以连接并加固植物的各个部分，使植物变得更加坚韧，而不易弯曲、折断。由于节的特殊地位，"节"通常用来形容人坚韧不拔、高风亮节、不屈不挠的高贵品格。左思《咏史》中"功成耻受赏，高节卓不群"就反映了人心不为名利、爵位所动的精神品质和道德修养。高尚的节操被历朝历代所肯定和赞赏，载入史册，流芳百世。节操与仁义、信义、忠义、廉耻等伦理概念紧密联系在一起，它们之间的内涵相互渗透、相互补充，为"节"的内容注入了丰富而新鲜的血液和生机。节操作为一种思想观念，在秦统一以后才逐步显现，先秦时期那些为国君、宗族效命的思想如殉君、死节、侠义等意识逐渐扩大为民族主义、爱国主义以及遵纪守法等思想，气节、节操与坚持正义、英勇不屈、洁身自好、品行端正等优秀品格联系在一起。在儒学成为中国主流文化后，在其日益影响下，节操观念不断发展和修缮，成为中华传统伦理范畴之一。节操的思想自古有之，考诸历史典籍，孔子、孟子等先期儒学大师未明确提出"节"的概念，直到北宋时期，程颐开始提出"节"，并对"节"从贞节的角度进行阐述，指出"饿死事小，失节事大"，其中的"节"就包含了人诸多的道德层面。历经宋元理学家的提倡和赞颂,明清时期的贞节观念逐步浓厚,贞节观成为束缚古代妇女自由的枷锁和镣铐,影响深远。各类古籍直接论述气节、操守的相对较少,只散见于典籍中的一些名人笔记,例如苏武:"屈节辱命,虽生,何面目以归汉"[1];颜真卿:"吾守吾节,死而后已"[2];韩愈:"士穷乃见节义"[3];刘禹锡:"烈士之所以异于恒人,以其仗节以死谊也"[4];苏轼:"豪杰之士,必有过人之节"[5];欧阳修:"廉耻,士君子之大节"[6];文天祥:"时穷节乃见,一一垂丹青"[7]。节操包含仁、义、忠、信、廉、耻等诸多内容,它是一个综合性很强的范畴,不成一个完备的系统。概括来讲,节操观念是具有仁、义、忠、信、廉、耻等内容的儒家伦理范畴,它形成于先秦秦汉时期,贯穿于整个中国传统社会,无论治世还是乱世,它拥有强大的张力和表现力,凝聚着中华民族思想文化的精华,涵盖了传统文化最有价值的核心范畴。节操在中国古代法律伦理化的过程中,被吸收融入许多法律规定中,如有人叛国投敌,亲属要受到惩处;贪赃枉法,最高可处以死刑。在传统中国,利用伦理道德约束的氛围和有关法律规定,使人们自觉或不自觉地受到节操观念的影响,保持高尚的气节操守受世人仰慕、失节则受万世万代唾弃的思想深入人们的心灵之中,士大夫对自己的气节与名节尤为爱惜,看得宝贵,认为此"节"关乎当下和身后名,把它看得比性命还要重要。节操观念在现代

---

[1] 《汉书·苏建传附苏武传》。
[2] 《旧唐书·颜真卿传》。
[3] 《柳子厚墓志铭》。
[4] 《上杜司徒书》。
[5] 《留侯论》。
[6] 《廉耻说》。
[7] 《正气歌》。

社会可以发挥它道德约束的巨大作用。在社会舆论方面,坚持爱国主义、民族气节、廉洁奉公可敬,让人人都认同缺乏职业道德、丧失气节可耻,并由此形成浓厚的社会氛围;不仅中国要建设法治化社会,也要以德治为补充和依托,弘扬高尚的道德操守、民族气节与高度的社会责任感。

——关于"智"。其基本的含义是智慧、聪明。《说文》云:"智,识词也。从白,从亏,从知。"《释名》曰:"智,知也,无所不知也。"仁、义、礼、智、信是儒家伦理学说的重要内容,孔子说:"仁者安仁,知者利仁。"子贡说:"学不厌,智也;教不悔,仁也。"《孙子兵法》云:"将言,智、信、仁、勇、严也。"孟子说:"是非之心,智也。"智是社会生产力不断发展的产物,智包含人对是非对错的分辨能力,战争中所表现出的机智和谋略,也是智的一种,智也是"知",知识之意。《论语·子罕》曰:"智者不惑,仁者不忧,勇者不惧。"孟子认为"仁义礼智根于心"。智与仁义、诚信、勇、勤等概念和范畴紧密联系,儒、道、法、兵、名、墨家都在不同程度上分别论述了"智"的内涵和外延。《中庸》云:"好学近乎知(智),力行近乎仁,知耻近乎勇。"认为智、仁、勇是"天下之达德"。在中国古代的兵法中,"智"占据了重要的内容,智对战争的胜负起了决定性作用,"兵不厌诈"与指挥者的智慧是分不开的,兵道即诡道,更充分说明了智的变化性对指导战争的积极作用。战时要把握战争的规律,创造有利于己方的作战阵容,即时掌控敌方的兵事变更,争取战斗的主动权。春秋战国是百家争鸣、众家之智角逐历史舞台的重要时期,从那时起,中国的智谋文化开始萌动,并逐渐成长和发展,智观念的形成与发展,推动了我国思想文化的发展与繁荣,奠定了古代科技的良好基础,对当时社会改革的深入与进步起到了有效且有力的作用。战国时期,养士风气日浓,出现了许多著名的有识之士和纵横家,如惠施、苏秦等。

汉代崇尚智的学者如司马迁、刘向等，他们在书中褒扬了许多智慧之士，三国时期的诸葛亮与周瑜是智慧的使者与化身，明清是充满智慧的时代，当时的文人学者、贤哲仁人、能工巧匠不绝于世，出现了《益智编》、《智品》、《经世奇谋》、《智囊》四大智书，《智囊自叙》认为："人有智犹地有水，地无水则为焦土，人无智则为行只。智用于人，犹水行于地，地势坳则水满之，人事坳则智满之。"到了近代，有识之士为开发民智进行了艰苦卓绝的努力和改革，严复认为鼓民力、开民智、新民德三者为自强之道。维新派与洋务派不断认识到开民智的重要意义，加强学校的教育。新文化运动的倡导者与共产党人更是在开发民智，提高国民文化素质上作出了努力和改革。智对于现代社会的意义不言而喻，人类的智慧在社会生产力的发展中起到了重要作用，智在现代人际交往、现代商战、现代法制建设等诸多方面有其独特的地位和意义。智不是孤立的世界，现代的智要与普遍的社会道德、仁义联系起来，才能发挥它积极的作用，创造出更多的社会价值。

——关于"明"。"明"，由日月二字组成。《易·系辞下》云："日往则月来，月往则日来，日月相推而明生焉。""明"，就是在日月的照耀下，世界一片光明的意思。古人把清楚明白的事物称为"明"，把显著的、一目了然的事物称为"明"，把站高看远之人称为"明"。《尚书·太甲》云："视远惟明。"人们把看透事物的本质称为"明察秋毫"，把能够认识事物本质的人称为"贤明"，或尊称为"明公"，把能够勤于国务、明辨是非的帝王称为"明君"。"明"在社会生活中的引申义就是说，所有的人和事物，都在日月的照耀下，明明白白，一目了然。它是儒家伦理学说的重要内容，是几千年来中国人民的渴望和追求。儒家学说对"明"有深刻的理解和认识，自儒家学说的先驱周公至明清儒家学者，都对"明"做了阐释。儒家的经典《尚书》

中记载了"明德慎罚"、"明四目、达四聪"、"视远惟明"、"圣人不以独见为明"等观念,孔子则提出"举直错诸枉,则民服;举枉错诸直,则民不服",汉代董仲舒,宋代的二程、朱熹,明代的王阳明皆在先秦儒家"明"观念的基础上,对"明"进一步阐述,但总的说来,是希望国家政务都处在光明正大之中。"明"既包括"明德"、"明君",也包括吏治清明、军纪严明等。"明德"就是要修己、正己,"明君"就是要明察狱讼。"明"体现在国家官员的任用方面,就是必须要任人唯贤,以保证吏治的清明。吏治清明、择贤而任,是儒学的重要内容。军纪严明也是古代"明"观念的重要内容,中国最早的兵书《司马法》提出,军中号令要严明,长官要有仁爱之心的兵学原则。《孙子兵法》更是强调了军纪严明的主张。到了近代,当西方资本主义列强用洋枪大炮轰开古老中国的大门时,一部分先知先觉的中国人开始清醒,他们意识到:中国要想富强,必须走西方之路。林则徐、龚自珍、魏源等提出"明耻"观念,康、梁变法提出"君主立宪"的主张,这都体现出近代中国知识分子的"明"的思想,但并未提出以民主制代替专制的主张。中国资产阶级革命运动兴起后,主张以暴力推翻专制,孙中山先生更是提出了"天下为公"、"主权在民"的思想。革命党人的"公理之未明,以革命明之"的理论对几千年封建专制统治下的中国是空前的,想通过"主权在民"实现政府的廉明、官吏的清明、财政的透明,这与封建社会的"明君"、"明臣"是完全不同的概念,他们代表了近代先进中国人的"明"的思想。现代中国在改革开放的大背景下,更需要"明"的观念。特别是对于权钱交易、暗箱操作、"官本位"等社会不良风气的抵制,更是需要树立"明"的观念和"明"的行为,呼唤"明"的思想和作风,这才是建立现代文明社会的途径。

——关于"谦"。其基本的含义是谦让。谦让之德是一种道德自律，是处世原则的重要部分。它要求人们在道德标准上严于律己，宽以待人；在人际交往中要尊重他人，要有卑己尊人的态度和行为。谦让之德不仅是儒家伦理范畴的组成部分，也是中华民族璀璨的传统文化特征之一。《周易·谦卦》以卑释谦："谦谦君子，卑以自牧也。"朱熹释之："大抵人多见得在己则高，在人则卑。谦则抑己之高而卑以下人，便是平也。"[1] 由此可见，谦让可以理解为较低并谦虚地评价自己，同时对别人的心理和行为要较高地看待。《尚书·大禹谟》中说："满招损，谦受益，时乃天道。"其中的"谦"含有谦逊戒盈的内容。"谦"也通"慊"，有满足、满意的意思。《大学》云"所谓诚其意者，毋自欺也，如恶恶臭，如好好色，此之谓自谦"。"谦"不仅是一种伦理范畴，它也是一个哲学概念，中国人历来追求的"谦谦君子"之崇高人格，实际上是积极进取与谦虚自抑的完美结合。《周易》中说："谦：亨，君子有终"，"初六：谦谦君子，用涉大川，吉。"《老子》说："持而盈之，不如其已；揣而锐之，不可长保。金玉满堂，莫之能守；富贵而骄，自遗其咎。功遂身退，天之道也。"[2] 其意是，碗里装满了水，不如停止下来；尖利的金属，难保长久；金玉满堂，没有守得住的；富贵而骄傲，等于自己招灾；功成名就，退位收敛，这是符合自然规律的。他告诫人们要虚己游世，谦虚恭让，方能长久。孔子说："君子有九思；视思明，听思聪，色思温，貌思恭……"[3] 大意是说，君子在修身达己的过程中，常要考虑容貌态度是不是谦虚恭敬，并论证了谦虚恭敬与礼的密切关系，"恭而无礼则劳，慎而无礼则葸，勇而无礼则乱，直而无礼则绞"[4]。《国语》中晋文公说：

---

[1] 《朱子语类》卷七十。
[2] 《老子》第九章。
[3] 《论语·季氏》。
[4] 《论语·泰伯》。

"夫赵衰三让不失义。让，推贤也。义，广德也。德广贤至，又何患矣。请令衰也从子。"赵衰数次谦让不失仁义，且有助于国家选贤任能，是个人美德与魅力的一种彰显形式。孟子说："无恻隐之心，非人也；无羞恶之心，非人也；无辞让之心，非人也；无是非之心，非人也。"① 王符认为谦让的品质是人之安身立命的重要依据，"内不敢傲于室家，外不敢慢于士大夫，见贱如贵，视少如长"②。谦让与个人修身、政治素养方方面面的紧密联系，更说明了其在中华传统文化中的特殊地位和社会价值。谦让的态度有利于冲淡人际交往中的各方面冲突，促进团队精神的形成，进一步增强群体和各阶层间的凝聚力。儒学认为谦让是一切道德观念的基础，"让，德之主也。让之谓懿德"③。谦让之德对推进我国道德环境建设，形成和谐而文明的社会氛围有积极的作用。《菜根谭》认为："处世让一步为高，退步即进步的张本；待人宽一分是福，利人实利己是根基。"可见谦让的美德能构筑起和睦温馨的人际往来之桥，通过对"谦"的体悟，人类必能通向和谐而幸福的家园。

——关于"美"。其基本的含义是"以美立善"的伦理美。作为伦理美的"美"是一种"宜人之美"，即从审美角度出发而阐发出对人的"终极关怀"，它指向人的现实生活，与人的生命、生活休戚相关。"美"成为追求人类合规律的自觉与自由的和谐统一，人的社会活动应是"合乎人性"的，能够充分引起精神愉悦、审美情趣的美好享受与舒适体验。中华民族的"美"、"善"观念是从图腾崇拜以及巫术礼仪与原始歌舞中萌发诞生的。"美"、"善"观念在"以人和神"中萌动，在"神人

---

① 《孟子·公孙丑上》。
② （汉）王符：《潜夫论·交际》。
③ 《左传·昭公十年》。

以和"中孕育,在"以众为观"中萌芽。《论语》中写道:"知者乐水,仁者乐山。知者动,仁者静。知者乐,仁者寿。"在其中孔子充分阐述了一种自然的审美情感,在《论语·八佾》中"子谓韶,'尽美矣,又尽善也。'谓武,'尽美矣,未尽善也。'"子曰:"里仁为美。择不处仁,焉得知?"孟子将性善之美、浩然正气、充实之美和与民同乐等方面归纳阐释,引发了人们对美、善至高境界的追求与向往。道法自然、上善若水、大音希声、虚壹而静的道德修养无一不探到美与善的丰富实质,美的内涵与外延包罗万象,"天地有大美而不言","乐行而志清,礼修而行成,耳目聪明,血气和平,移风易俗,天下皆宁,美善相乐"。董仲舒在《俞序》中引世子的话说:"圣人之德,莫美于恕。"同时他也论及了道德之美:"五帝三皇之治天下……民修德而美好","士者,天之股肱也。其德茂美不可名以一时之事","德不匡运周遍,则美不能黄。美不能黄,则四方不能往","此言德滋美而性滋微也"。董仲舒把德与美联系起来,德之美,即德之善。《淮南子》曰:"当今之世,丑必托善以自解,邪必蒙正以自辟。"因此,书中认为假、丑、恶,应予以揭露,同时在社会上提倡真、善、美,期待建立起真、善、美基础上的伦理美。伦理美的核心是"真"而不是"伪",是"质"而不是"文"。中国传统伦理美思想是以儒、道、墨、法等各家伦理道德传统为主要内容的伦理美思想与行为规范的总和。它不仅影响了中国历代人们的价值观念与行为方式,同时也成为衡量人们行为的准则与分辨德行修养的客观依据。修身内省、完善人格、重视情操的伦理美思想,有利于构建和谐社会和人们自我价值的提升,追求人际关系的和谐和强调人伦关系中的"美",有助于社会良好道德氛围的塑造,"天人合一"的伦理美能够保持人与自然的和谐共存,"贵中尚和"、"协和万邦"的伦理美思想是指导和谐社会、恰当处理各类关系的道德准则,"志存高远"、"自强不息"、"修己以敬"等伦理美观念丰富了人们的思想视野与道德境界。

——关于"正"。"正"与"中"、"直"意义相近,常与"邪"对举。其原初含义为走直路,其基本含义为正中、平正、不偏斜,合规范、合标准,纯正不杂,使端正、治理、修正等。其中正中、平正、不偏斜具有本体意义,治理、修正则具有方法意义。在中华传统伦理道德中,"正"既是个人身心修养的内容与方法,也是处理人与人、人与社会关系的原则和规范,在修身、齐家、治国三个层面有着不同的伦理意蕴。我国先民很早就有"正"的观念,而尧、舜、禹、汤、周文王、周武王自律、躬行、示范、用贤、惩恶的言行可视为"正"范畴的萌芽。"正"的范畴是在殷周之际的社会变革中伴随着西周伦理思想的建立而产生的,西周伦理思想中敬德、克己、用贤等思想可视为"正"范畴的源头。春秋战国时期,百家争鸣,儒、墨、道、法各学派在修身、齐家、治国方面有着不同的见解,从而丰富了正的思想。《大学》从理论上揭示了修身、齐家、治国的内在逻辑联系,使正的思想得以系统化。秦汉以降,"罢黜百家,独尊儒术",赋予先秦儒家正心、正己、正人、正名思想以正统地位,其在修心、修身、齐家、治国方面的作用,被历代思想家所阐发,从而使正的思想得以发展和完善。与此同时,司马迁、诸葛亮、魏征、王安石、岳飞、文天祥、郑成功、谭嗣同、孙中山等志士仁人用自己的正言正行,甚至生命诠释了正的含义。历经变迁,"正"范畴在今天对民众、对国家依然具有重要的现实意义,具体表现在儒家"正己正人"的德治传统与以德治国方略,"正己率民"的官德思想与党员领导干部的思想道德建设,"尚贤"传统与党的干部队伍建设,孔子"正名"思想与社会的可持续发展,传统正气观与新时代的党风建设等方面。

——关于"中"。对于"中"字的含义,学术界有不同的诠释。《说文》曰:"内也。从口、丨,上下通。"王筠《文字蒙求》曰:"中,以口象四方,以丨界其中央。"唐兰《殷墟文字记》说最早的"中"是社会中的徽帜,古代有大事则建"中"以聚众。王国维《观塘集林》释"中"为古代投壶盛筹码的器皿。郭沫若在《金文诂林》中认为"一竖象矢,一圈示的",像射箭中之说。还有人认为是古战场中王公将帅用以指挥作战的旗鼓合体物之象形。可以看出的是,早在原始氏族社会时期就有了"中"的观念,在这种观念中,蕴涵了一种因力而中的价值取向,是部众必须依附听从的权威和统治,具有政治、军事、文化思想上的统率作用,进而意味着一切行为必须依附的标准所在。当然,这种观念仅仅表现为一种传统习惯而已,人们还没有把"中"上升到伦理道德的范畴。后来随着社会的发展,"中"就逐渐用来规范人们的思想行为。到了三代时期,执中的王道思想开始形成。三代相传的要点,就在于"执中"的王道思想。到了商代,"中"已然被作为一种美德要求于民,同时,也预示着后世"忠"字出现的契机。周朝进一步发展了"中"的思想,明确提出了"德中"的概念。周公把"中"纳入"德"作为施政方针,周公的"中德"思想,主要包括明德和慎罚两个方面。在孔子以前,中的观念在中国古代文化中早已形成了传统。虽然他们还没有将"中"和"庸"连缀使用,但我们已可以看出两个字字义的高度契合性。孔子则正式提出了"中庸"的伦理范畴,他视"中庸"为"至德"。这种"至德"首先体现为公允地坚守中正的原则,以无过无不及为特征。纵观中庸问题的发展历史,我们可以对中庸之道作如下概括:中庸之道是儒家的最高哲学范畴,是儒家的道德准则和思想方法。首先,中庸是一种"至德"。中庸的核心是"诚",作为德行规范,广泛作用于社会、思想道德以及自然各领域。其功用则表现为"正己"、"正人"和"成己"、"成物"。"诚"在中庸中有两大特质:一是由

17

下而上，为天人合一之道；一是由内而外，为内圣外王之道。作为德行理论，中庸之道教育人们进行自我修养，把自己培养成至仁、至诚、至善、至德、至道、至圣、合内外之道的理想人格和理想人物，以达到"致中和，天地位焉，万物育焉"天人合一的境界。其次，中庸之道作为一种思想方法，它含有"尚中"、"尚和"两个方面。"尚中"，即崇尚中正不偏之意。它既是一种方法原则，又包含对行为结果的要求。"尚和"，强调矛盾事物的统一、和谐。"尚和"还含有"中和"的意义。其中，"和"是"中"的目标和结果，"中"是"和"的前提和保证；无"中"便无"和"，"中"与"和"互相联系、相互依存。但是，"和"仅体现了事物的表层状态，而"中"则作为事物的本质和精神内藏于事物之中。《中庸》认为："中也者，天下之大本也；和也者，天下之达道也。"又认为："致中和，天地位焉，万物育焉。"由此可知，中庸之道亦是中和之道，然而亦为天地之道，亦为人行事之道。它合一天人，使自然界和人类社会和谐无间，从亲亲之仁出发，以人的道德自律为途径，以"致中和"为其宗旨，最终达到内圣外王的理想境界。中庸之道作为一种政治与道德形态，对于中国社会的和谐和发展以及维系几千年的统一，起到了极其重要的作用。因而，行中庸，执中道，致中和，便成为中国传统文化的核心内容之一，中庸思想、中和情结，时时刻刻地影响着我们个人和社会。今天，我们全面而客观地评价中庸之道，深刻地理解和把握其合理内容及实质，汲取其思想精华，对于推动当今中国现代化的进程和社会主义道德建设有重要的意义。同时，当今世界，在全球一体化的发展趋势之下，中庸思想和价值观对全球化的价值思维也有着指导意义。

——关于"乐"。乐是一种心理状态，包括人的内心、人与人、人与自然和社会的幸福情感交流。如何看待幸福快乐即幸福快乐观是人生观系统中关于幸福快乐的根本观点和看法，也是产生并形成幸福快乐感的关键。迄今虽然中国伦理思想家对幸福快乐的理解见仁见智，但他们对如何达到和实现幸福快乐这种完满状态，却作过大量的思考。他们探讨了义利、理欲、苦乐、荣辱等幸福维度，并由此构成了不同历史时期各具特色的幸福快乐论。先秦时期，既有儒家以道德理性满足为乐的道义幸福快乐论，又有墨家以利他为乐和法家以建功立业为乐的幸福快乐论，还有道家以无为自由为乐的自然幸福快乐论。汉代儒家董仲舒强化了道德理性对于幸福的决定性，强调了以纲常秩序为美的道义幸福快乐论。魏晋玄学家主张以性情自然、精神自由、行为放达为乐的自然幸福快乐论。宋明理学家片面深化了道德理想主义，其幸福内涵的价值取向完全抛弃了感性幸福，走向了纯粹的道德理性单维。晚明时期出现了彰显自我的幸福快乐论。清代思想家在批判宋明理学家极端道义幸福论的基础上，重构了理欲、义利、公私关系，形成了多维度均衡的幸福快乐论。近代，面对救亡图存的历史重任，新学家提倡道德革命，借鉴西方的幸福快乐论和功利主义等思想形成了求乐免苦的幸福快乐论，但并没有从根本上背离传统幸福快乐论的大方向。

儒家所倡导的道义幸福快乐论在中国传统伦理文化中占有统治地位，对中国人追求幸福快乐生活的影响最为深远，并与以苦为人生起点的西方伦理观相判别。从先秦时期的孔子、孟子，到宋明时期的程颐、程颢、朱熹、陆九渊、王阳明，都思考了获得幸福快乐的方式和途径，都认为幸福快乐必须内求于己。除了追问幸福的含义以及实现幸福的方法外，儒家对于德与福之关系的思考也是不绝如缕的。首先，儒家坚持以高尚为乐，认为乐于行道，乐于助人，才能有君子道德的造诣，达到心灵和谐的境界；其次，儒家在强调道德幸福和精神幸福的同时，也特别强调社会的共同幸福，认为自我独乐不如"天下皆悦"，力倡"先天下之忧而忧，后天下之乐而乐"，所谓修身、齐家、治国、平天下之理论，其旨亦在求得普天下人的共同幸福快乐。因而儒家就建立了道德、精神的快乐与普天下人的共同快乐两个方面的幸福快乐标准。儒家强调人如果没有理性和美德就不会有幸福快乐，认为幸福快乐就在于善行，就在于为社会整体利益而行动之同时，又强调为完善德行而"一箪食，一瓢饮"的乐道精神，注重个人德行的完善和人生的不朽以及强调平治天下的大志与追求社会的共同幸福快乐，把个人的幸福快乐包容于普天下民众的幸福快乐之中。儒家传统幸福快乐观在诠释幸福的内涵上不仅仅重视人的主观内在感受，更重视个人幸福同自然、他人、社会的相互关联，这与现代和谐社会思想的理路是基本一致的，对今天的人生和社会依然颇具启迪意义。

——关于"公"。重视"公"是中华伦理的一个重要特征，"先公后私"、"崇公抑私"已经成为中华伦理的基本道德要求。"公"作为一种道德理念，不仅贯穿于中华传统伦理的过去、现在和将来，而且在某种程度上已经内化到中华民族的集体记忆中，成为中华伦理道德的一大特色。正如刘畅先生所说的那样："崇公抑私，是传统文化中最活跃的思想因子，公私观念，是古代思想史中至关重要的论证母题，相对于其他范畴来说，具有提纲挈领的意义，牵一发而动全身。"[①] 因而，探究"公"范畴的内涵及其发展历程对于研究中国伦理思想有重要意义。"公"观念不仅对中国古代社会产生了重要影响，即便在当今社会，"公"观念也没有褪色，反而显示出强大的生命力，获得了新的生长点。"公天下"的理念是中国社会的崇高理想，早在先秦时期"公天下"的观念就已经萌芽，比如《慎子·威德》写道："故立天子以为天下，非立天下以为天子也；立国君以为国，非

---

[①] 刘畅：《中国公私观念研究综述》，《南开学报》（哲社版）2003年第4期。

立国以为君也。"慎子的意思很明白,那就是立君为公,应该以天下为公。这一思想和明末清初思想家王夫之的"不以天下私一人"具有异曲同工之妙。"公天下"的理想被后世思想家不断提及,《礼记·礼运》描绘的那个"天下为公"的大同世界是对"公天下"的最好诠释。唐太宗所说:"故知君人者,以天下为公,无私于物。"①柳宗元认为秦设郡县乃是公天下的行为:"然而公天下之端,自秦始。"②顾炎武强调"合天下之私以成天下之公";王夫之反对"家天下",主张"公天下",认为"天下非一姓之私",应"不以天下私一人"。近代以来,"天下为公"的思想仍然备受推崇,众所周知,"天下为公"是孙中山先生毕生奋斗的最高理想。尽管这些关于"公天下"或"天下为公"的思想论述的角度和具体内涵有差异,但是毫无疑问都表达了对"公天下"的向往。既然公私问题如此重要,历代思想家自然非常重视,几乎历史上重要的思想家都对公私问题发表过自己的看法。也正因为公私问题在漫长的历史中不断被探讨辨析,所以"公"观念的内涵也随着时代发展不断被赋予新的内容,呈现出历史演变的阶段性。可以说,我国社会思想的发展史,就是公私关系的历史,是公、私观念产生、发展、嬗变及辨别的过程。"公"观念的发展大致经历了形成、发展、激荡、转型等几个时期。邓小平继承并发展了马克思主义公私观。为了适应中国国情和时代要求,邓小平突破传统,对公私问题进行了深入思考,开创性地提出了共同富裕的思想。他指出:"社会主义的本质就是解放生产力,发展生产力,消灭剥削,消除两极分化,最终达到共同富裕。"③但是在此过程中又不可能平均发展,所以要一部

---

① (唐)吴兢:《贞观政要·公平第十六》,裴汝诚等译注《贞观政要译注》,上海古籍出版社2007年版,第154页。
② 《封建论》,载《柳河东全集》,中国书店1991年版,第34页。
③ 《邓小平文选》第3卷,人民出版社1993年版,第373页。

分人先富起来，以先富带动后富，他还强调在这一过程中要兼顾公平与效率。江泽民、胡锦涛等对"公"观念也有很多论述。江泽民在继承邓小平的经济共同富裕的基础上，开创性地提出了精神层面的共同富裕。进入21世纪以来，公观念又有进一步的发展，特别是和谐社会思想的提出是对传统公观念的一大突破。党的十六届六中全会提出要"按照民主法治、公平正义、诚信友爱、充满活力、安定有序、人与自然和谐相处"①的原则来建设社会主义和谐社会，民主原则的提出体现了以民为本的思想，"公平正义"则体现了对公平的追求，这标志着从原来注重效率逐渐向注重公平的重大转向，是对"公"思想的又一个重大突破。

到此，《中华伦理范畴》已经相继出版了19个德目，它们之间既是相对独立的，又是紧密联系的，构成一个完整的体系。为了共同的目标，每一卷的作者都勤勤恳恳、呕心沥血，付出了艰辛的劳动，在此谨向他们致以深深的谢意！

正当《中华伦理范畴》第二函杀青之际，世界陷入了次贷危机的泥沼之中。次贷危机，其实是一场信誉危机，本质上仍是伦理道德的危机。惊恐之中，重温1988年1月诺贝尔物理奖获得者、瑞典科学家汉内斯·阿尔文的"人类要生存下去，就应该回到25个世纪前，去汲取孔子的智慧"的演讲和镌刻在联合国大厅里的孔老夫子的"己所不欲，勿施于人"、"己欲立而立人，己欲达而达人"的教诲，应该给人们一些启迪吧！

《中华伦理范畴》总结的是中华民族千百年来所继承和弘扬的做人的大道理。它是每一个想做君子而不想做小人的人的道德约束和修养圭臬。伦理道德虽然并称，但道德主要是每个人内心

---

① 《中共中央关于构建社会主义和谐社会若干重大问题的决定》，人民出版社2006年版，第5页。

的活动，而伦理有为全社会的人规范行为的作用。因此，普及中华民族优秀伦理，对于全社会成员的道德自律既具有普遍的指导作用，又具有某种意义上的他律作用。有自律和他律两个方面的保障，国人的素质才会提高。

让我们每个人都明白做人的道理，用中华民族优秀的传统伦理去规范一言一行，努力去做一个道德高尚的人。每个人都从身边的小事做起，从自身做起；多做善事，少做乃至不做恶事。

愿我们共勉。

戊子隆冬于曲园寒舍

# 目　　录

## 第一章　绪论 …………………………………………（ 1 ）
### 第一节　"美"的语义分析与哲学思考 ……………（ 1 ）
　　一　"美"的词源学考察 ……………………（ 2 ）
　　二　"美"的现代汉语含义 …………………（ 6 ）
　　三　"美"的哲学思考 ………………………（ 7 ）
　　四　"美""善"关系辨析 …………………（ 9 ）
### 第二节　伦理学与美学共同视阈中的伦理美 ………（ 13 ）
　　一　伦理学与美学的视阈互补 ………………（ 14 ）
　　二　作为伦理学和美学共同范畴的"伦理美" ……（ 15 ）
### 第三节　中华民族史前先民"美""善"观念的
　　　　　萌发 …………………………………………（ 17 ）
　　一　图腾崇拜："美""善"观念在"以人和神"
　　　　中萌动 …………………………………………（ 19 ）
　　二　巫术礼仪："美""善"观念在"神人以和"
　　　　中孕育 …………………………………………（ 23 ）
　　三　原始歌舞："美""善"观念在"以众为观"
　　　　中萌芽 …………………………………………（ 26 ）
## 第二章　商周伦理观念中的"美" …………………（ 31 ）
### 第一节　商周社会制度变迁及伦理观念演变 ………（ 31 ）
　　一　商周社会制度变迁 ………………………（ 32 ）
　　二　商周伦理观念演变 ………………………（ 33 ）

1

## 第二节 鼎盛于商的巫术文化 …………………………（33）
  一 饕餮舍人的审美追求 …………………………（34）
  二 敬祖事天的精神寄托 …………………………（35）
## 第三节 形成于周的礼乐文化 …………………………（39）
  一 以德配天——人的地位提升 …………………（41）
  二 制礼作乐——和的精神建构 …………………（43）
  三 德礼自觉——礼的道德自觉 …………………（45）
  四 乐通伦理——乐的伦理教化 …………………（47）
## 第四节 礼乐文化对中国传统伦理美的影响 …………（50）
  一 人伦日用的现实超越 …………………………（51）
  二 尊卑长幼的和谐规范 …………………………（53）

# 第三章 先秦儒家伦理思想中的"美" ……………………（56）
## 第一节 孔子以"仁"为核心的伦理美思想 …………（56）
  一 以物配德 ………………………………………（56）
  二 尽善尽美 ………………………………………（59）
  三 文质彬彬 ………………………………………（60）
  四 仁和之美 ………………………………………（62）
  五 里仁为美 ………………………………………（63）
## 第二节 孟子以"性善论"为基础的伦理美思想 ……（65）
  一 性善之美 ………………………………………（66）
  二 浩然正气 ………………………………………（68）
  三 充实之美 ………………………………………（70）
  四 与民同乐 ………………………………………（72）
## 第三节 荀子"礼乐"视角下的美 ……………………（73）
  一 化性起伪 ………………………………………（74）
  二 虚壹而静 ………………………………………（75）
  三 治气养心 ………………………………………（77）
  四 美善同一 ………………………………………（78）

第四节　其他主要儒家经典中的"美" …………（79）
　一　《易经》中的伦理美思想 ……………………（79）
　二　《礼记》中的伦理美思想 ……………………（84）

第四章　先秦道家伦理思想中的"美" ………………（87）
第一节　老子"无为"之美 ………………………（88）
　一　道法自然 ………………………………………（89）
　二　上善若水 ………………………………………（93）
　三　大音希声 ………………………………………（96）

第二节　庄子"逍遥"之美 ………………………（100）
　一　大美不言 ………………………………………（101）
　二　无待无己 ………………………………………（104）
　三　齐物之美 ………………………………………（109）

第五章　先秦墨家伦理思想中的"美" ………………（114）
第一节　墨子"兼爱"的伦理境界 ………………（114）
　一　爱利尚同——兼爱与大利同举 ………………（114）
　二　先质后文——质朴务实为先 …………………（119）
　三　非乐兴利——悯民忧世情怀 …………………（122）
　四　自苦利他——践行"兼爱"思想 ……………（123）

第二节　后期墨家对伦理美的思考 ………………（124）
　一　以实举名——强调名副其实 …………………（124）
　二　利害相权——以义权衡利害 …………………（126）
　三　兼爱提升——"周爱"与"尽爱" …………（128）

第六章　先秦法家、杂家伦理思想中的"美" ………（131）
第一节　管仲论"美" ……………………………（132）
　一　仓廪实则知礼节，衣食足则知荣辱 …………（133）
　二　礼义廉耻，国之四维 …………………………（134）
　三　令贵于宝，法爱于人 …………………………（136）

第二节　韩非论"美" ……………………………（138）

3

一　好利恶害，夫人之所有也 …………………（139）
　　二　和氏之璧，不饰以五采 ……………………（141）
　　三　宪令著于官府，刑罚必于民心 ……………（143）
第三节　《吕氏春秋》中关于"美"的论述 ………（149）
　　一　声出于和，和出于适 ………………………（149）
　　二　乐有适，心亦有适 …………………………（152）

第七章　秦汉时期伦理美的学说 ……………………（155）
第一节　董仲舒"天人合一"的伦理美思想 ………（155）
　　一　天地之美 ……………………………………（156）
　　二　天人感应 ……………………………………（157）
　　三　天人合一 ……………………………………（160）
　　四　仁德之美 ……………………………………（164）
第二节　扬雄的伦理美思想 …………………………（165）
　　一　言为心声 ……………………………………（166）
　　二　重、光、绝 …………………………………（168）
第三节　王充的伦理美思想 …………………………（174）
　　一　美由真生 ……………………………………（174）
　　二　性情之美 ……………………………………（176）
　　三　雅俗之美 ……………………………………（177）
第四节　《淮南子》的伦理美思想 …………………（180）
　　一　"道"、"气"之美 …………………………（181）
　　二　"顺性"、"因性" …………………………（183）
　　三　"至德之世" ………………………………（183）

第八章　魏晋南北朝伦理美思想的丰富 ……………（185）
第一节　玄学家对伦理美的追求 ……………………（185）
　　一　越名教，任自然 ……………………………（186）
　　二　出入雅俗 ……………………………………（188）
　　三　见佛神悟 ……………………………………（190）

第二节　佛学对传统伦理美的润色 …………………（193）
　　一　人间净土 ………………………………………（193）
　　二　顿悟成佛 ………………………………………（195）
　　三　生佛圆融 ………………………………………（198）
第三节　陶潜及建安诗人的风骨 …………………………（200）
　　一　归去来兮 ………………………………………（201）
　　二　出世心隐 ………………………………………（203）
　　三　人生几何 ………………………………………（205）
　　四　千载风骨 ………………………………………（207）
第四节　颜之推对伦理美的论述 …………………………（209）

第九章　隋唐时期伦理美思想的发展 ………………………（212）
第一节　三教融合对伦理美的充实 ………………………（212）
　　一　宗教伦理对世俗的关怀 ………………………（214）
　　二　儒家伦理对佛道的包容 ………………………（216）
　　三　雍容的盛唐之音 ………………………………（219）
　　四　浪漫、忧世的文士精神 ………………………（222）
第二节　韩愈对伦理美的论述 ……………………………（226）
　　一　道济天下之溺 …………………………………（227）
　　二　文以载道 ………………………………………（229）
第三节　李翱对伦理美的论述 ……………………………（231）

第十章　宋元明时期对伦理美思想的深化 …………………（234）
第一节　程朱理学的伦理美思想 …………………………（234）
　　一　月映万川 ………………………………………（235）
　　二　理欲之间 ………………………………………（237）
　　三　圣贤气象 ………………………………………（240）
　　四　"孔颜乐处" ……………………………………（243）
第二节　陆王心学的伦理美思想 …………………………（245）
　　一　天地一心 ………………………………………（246）

5

二　人心自乐 …………………………………………（248）
　第三节　陈亮、叶适对伦理美的论述 ………………（251）
　　一　义利双行 …………………………………………（252）
　　二　以利和义 …………………………………………（253）
　第四节　王安石的"破""立"之美 …………………（257）
　　一　美在过程 …………………………………………（257）
　　二　博大之美 …………………………………………（260）
　第五节　李贽的"适己"之美 …………………………（262）
　　一　美源于"自我" ……………………………………（263）
　　二　真率即美 …………………………………………（265）

第十一章　明清之际思想家对伦理美的阐释 …………（268）
　第一节　黄宗羲的伦理美思想 …………………………（269）
　　一　道无定体 …………………………………………（269）
　　二　事功节义，理无二致 ……………………………（271）
　　三　天下为主，君为客 ………………………………（272）
　第二节　顾炎武对伦理美的思考 ………………………（274）
　　一　天下兴亡，匹夫有责 ……………………………（274）
　　二　行己有耻 …………………………………………（276）
　第三节　王夫之对伦理美的论说 ………………………（279）
　　一　合阴阳之美而首出于天 …………………………（279）
　　二　命日受，性日生 …………………………………（282）
　　三　惟性生情，情以显性 ……………………………（284）
　　四　壁立万仞，只争一线 ……………………………（286）
　第四节　戴震对伦理美的论述 …………………………（287）
　　一　理存乎欲 …………………………………………（287）
　　二　归于必然，完其自然 ……………………………（290）
　　三　遂己之欲，亦思遂人之欲 ………………………（292）
　第五节　颜元的实学伦理中的美 ………………………（294）

一　义中之利，君子所贵 ……………………………（295）
　　二　身行一理为实 ………………………………………（297）
第十二章　近代伦理美思想的变迁 ……………………………（299）
　第一节　近代思想家对传统伦理美观念的反思 ………（300）
　　一　康有为博爱大同的理想世界 ………………………（300）
　　二　梁启超新民学说的道德审美 ………………………（304）
　　三　严复的进化伦理与美 ………………………………（309）
　第二节　西方伦理美观念的传入 ………………………（314）
　　一　王国维的悲剧精神与道德意境 ……………………（315）
　　二　蔡元培的"美育代宗教"说 ………………………（319）
　　三　孙中山以"自由、平等、博爱"为核心的
　　　　伦理思想体系 ………………………………………（323）
第十三章　新儒家对伦理美的现代诠释 ………………………（329）
　第一节　新儒家及其发展阶段 …………………………（330）
　　一　新儒家的界定 ………………………………………（330）
　　二　新儒家的发展阶段 …………………………………（331）
　第二节　新儒家的代表人物及其伦理学说 ……………（332）
　　一　梁漱溟以"人心"为基础的道德观 ………………（332）
　　二　冯友兰以"新理学"为核心的道德体系 …………（334）
　　三　贺麟以"新心学"为核心的道德体系 ……………（336）
　　四　唐君毅的"道德自我"说 …………………………（339）
　　五　牟宗三的"道德形上学"说 ………………………（340）
　　六　徐复观的"中国道德精神"说 ……………………（343）
　　七　杜维明以"人性自我修养"为核心的道德观 …（344）
　第三节　生活美德建构与道德理想主义 ………………（346）
　　一　生活美德建构 ………………………………………（346）
　　二　道德理想主义 ………………………………………（347）
第十四章　马克思主义伦理学说在中国的传播与发展 …（349）

7

### 第一节　李大钊的伦理美学思想 …………………… (351)
　　一　重视美与丑的界限的区分 …………………… (352)
　　二　对壮美与优美进行了界说 …………………… (353)
　　三　中华民族是"美且高"的民族 ……………… (354)
### 第二节　毛泽东的伦理美思想 ……………………… (355)
　　一　全心全意为人民服务——共产主义道德表现 … (356)
　　二　"五爱"——共产主义道德规范 ……………… (357)
　　三　毛泽东的道德观——共产主义道德境界 …… (358)
### 第三节　刘少奇的集体主义伦理道德思想 ………… (360)
　　一　集体主义伦理道德思想的主要内容 ………… (360)
　　二　正确处理同志之间关系的伦理道德准则 …… (363)

## 第十五章　中国传统伦理美思想的当代价值 ……… (367)
### 第一节　社会转型期伦理美的缺失——"实然" … (367)
　　一　家庭伦理美的缺失 …………………………… (368)
　　二　职业道德伦理美的缺失 ……………………… (371)
　　三　社会公德伦理美的缺失 ……………………… (372)
### 第二节　新时期党的伦理美思想——"应然" …… (374)
　　一　邓小平的伦理美思想 ………………………… (375)
　　二　以江泽民为代表的党的伦理美思想 ………… (383)
　　三　以胡锦涛为代表的党的伦理美思想 ………… (385)
### 第三节　中国传统伦理美的现代启示——"适然" … (396)
　　一　修身内省、完善人格、重视情操的伦理美思想，
　　　　是构建和谐社会，提升人们自我价值的要求 … (396)
　　二　追求人际关系的和谐，强调人伦关系中的
　　　　"美"，是构建和谐社会的道德基础 ………… (398)
　　三　"天人合一"的伦理美思想是保持人与
　　　　自然和谐共存的基本道德准则 ……………… (399)
　　四　"贵中尚和"、"协和万邦"的伦理美思想是构建

　　　　和谐社会，处理好内外关系的道德原则 ………（400）
　　五　"志存高远"、"自强不息"、"为公利"、"为社会"、
　　　　"为民族"、"为国家"的伦理美观念是构建和谐
　　　　社会的强大精神支柱 ……………………………（401）
结束语 ……………………………………………………（402）
主要参考书目 ……………………………………………（404）
后　记 ……………………………………………………（408）

# 第一章 绪 论

注重"中和",追求"天人合一"是中华传统文化的主旨,中国古典哲学以"天人合一"作为思考问题的立足点,关注的是人的生存问题,是伦理性的存在论。儒道互补作为两千多年来中国传统思想的基本线索,儒、道两家虽"尽得风流各不同",具有各自鲜明的品格,但归结到最后,都以"天人合一"为最高境界,都体现出天人合一、整体思维的特征。特别是在中国文化史、哲学史上起主导作用的儒家,更是把人的存在及文化创造作为基本的关注点。而对"天人合一"这一最高境界的追求也正是中国传统伦理思想和美学思想的旨归,奠基于此,始终关注"中和之美"和"美善关系"便也就成为中国传统美学的两大主题,中国传统美学以中正和谐为理想境界,视天地人为统一整体,崇尚人与人、人与社会、人与自然的全方位、多层面的统一,形成"贵和"的理念,高度强调"美""善"同源,强调情与理的统一,强调美与善的统一。因此,中华民族的伦理美思想源远流长、博大精深。可以说,中华民族注重"中和"、追求"天人合一"的旨趣正是通过强调美与善的统一的方式体现出来的。

## 第一节 "美"的语义分析与哲学思考

对中华伦理范畴"美"的探讨,首先应是在文化视野中的一种哲学反思与追问，但这种哲学反思与追问又应该是以对"美"的语义追问为原点的。因为，虽然"哲学的批判不能等同于字源学的分析，甚至也不能建基于字源学分析的基础之上。但字源学的分析能够给予哲学的批判以一定的启示，尤其是提供那些在漫长的历史过程中被遗忘语词的意义"。① 而且，语言分析是一种分析哲学的方法。

一　"美"的词源学考察

自汉代许慎解说"美"字含义至今，有不少学者对此作了注解、论释、探讨，追溯这个字的本源含义。然而，迄今为止，对"美"字的起源和原意的解说并未达成共识。这里我们的主要目的并不在对"美"进行词源学的考证，而在于通过对现有的词源学考证成果和主要观点的梳理与辨析，探寻其中的内在联系与演变进路，进而为探讨"美"的起源、美善关系和伦理美提供一种理路。

"美"既是象形文字，又是表义文字，更是"有意味"的文化符号，其中积淀着丰富的文化内涵。甲骨文"美"字作🐑，金文写作🐑。② 自许慎以来对"美"的词源学考证，主要有"羊大则美"、"羊人为美"、"舞人之形"、"色好为美"四种观点。

1. "羊大则美"：东汉许慎认为："美，甘也，从羊从大，羊在六畜主给膳也。美与膳同意。"③ 在他看来，"美"字是个会意字，跟羊的进膳作用及其味觉有关。其后，宋人徐铉在《说文校注》中谓："羊大则美，故从大"，且言"羊在六畜主给膳也"。在徐铉看来，美之所以"甘也"，跟羊大及其提供给人类

---

① 彭富春：《哲学美学导论》，人民出版社2005年版，第46页。
② 参见李泽厚、刘纲纪《中国美学史》第1卷，中国社会科学出版社1984年版，第80页。
③ （汉）许慎：《说文解字》第4卷，中华书局1963年版，第78页。

2

的主要膳食性质有关。徐铉从羊在六畜中的地位和体形大而美的实用角度对许慎的看法作了诠释。清人段玉裁对许慎的看法的解释是："甘部曰美也。甘者，五味之一，而五味之美皆曰甘。引申之凡好皆谓之美，羊大则肥美。"① 今人臧克和认为，美是一个会意字，其中"大"与"羊"均是取类，象征初民赖以"给膳"、生存的牲畜的丰满甘肥、繁殖旺盛，其取象的深层历史背景当是初民对生殖的渴望、繁衍的崇拜。② 可以看出，臧克和的看法渊源于日本学者笠原仲二关于"美"字派生意义的观点。③

2. "羊人为美"：今人萧兵认为："美的原来含义是冠戴羊形或羊头装饰的'大人'（'大'是正面而立的人，这里指进行图腾扮演、图腾乐舞、图腾巫术的祭司或酋长），最初是'羊人为美'，后来演变为'羊大则美'。"④ 即美的原初含义是冠戴羊形或羊头装饰的"大人"，其源于图腾崇拜过程中狩猎巫术与图腾乐舞、图腾巫术的结合，到了阶级社会之后，"美"字就从"羊人为美"（美中之"大"初为"人"）的象形字衍化成"羊大则美"的会意字，于是图腾祭祀性的意义逐渐隐匿，把饮食性的直接功利意义附注于"美"字之中。⑤

李泽厚、刘纲纪对萧兵的看法进行了阐发：从甲骨文、金文这些最早的文字看，"美"皆由两部分组成，上边作"羊"，下边作"人"，而甲骨文"大"训"人"，像一个人正面而立，摊着双手叉开两腿正面站着，"大"和"羊"结合起来就是

---

① （汉）许慎撰，段玉裁注：《说文解字注·卷四上》，上海古籍出版社1981年版，第146页。
② 臧克和：《汉语文字与审美心理》，学林出版社1990年版，第31页。
③ 参见［日］笠原仲二《古代中国人的美意识》，北京大学出版社1987年版，第1—20页。
④ 参见萧兵《楚辞审美观琐记》，《美学》1981年第3期。
⑤ 参见萧兵《从"羊人为美"到"羊大则美"》，《北方论丛》1980年第2期。

"美"。"美"字，最初是象征头戴羊形装饰的"大人"，同巫术图腾有直接关系。也就是说甲骨文、金文"美"字的字形，都像一个"大人"头上戴着羊头或羊角，这个"大"在原始社会里往往是有权力有地位的巫师或酋长，他执掌种种巫术仪式，把羊头或羊角戴在头上以显示其神秘和权威。"美"字就是这种动物扮演或图腾巫术的文字上的表现。但也认为，至于为什么用羊头而不用别的什么头，则大概与当时特定部族的图腾习惯有关。例如，中国西北部的羌族便一直是顶着羊头的。当然这种解释也具有很大的猜测性，还有待于进一步的考释。在确认了"美最初的含义是'羊人为美'，它不但是个会意字，而且是个象形字"之后，又强调在比较纯粹意义上的"美"的含义，已脱离了图腾巫术，而同味觉的快感相连了。同味觉的快感相连也就是"羊大则美"。进而说明了由"羊人为美"到"羊大则美"的演变过程：由原始社会进入阶级社会，"羊人为美"的图腾扮演仪式也不大举行了，"大"字也从名词"大人"变成了形容词"巨大"、"硕大"、"伟大"之类，"美"字的古义模糊了，泯灭了。于是人们把它当成纯会意字。宋朝的徐铉注《说文》时就说："羊大则美，故从大。"《说文》说"羊在六畜主给膳也"，当然越肥大越甘美。"羊大则美"虽然不是最古老的美的定义，但离最初的健全的审美活动和价值判断还不远。美由羊人到羊大，由巫术歌舞到感官满足，这个词为后世美学范畴（诉诸感性又不止于感性）奠定了词源学的基础。[①]

3. "舞人之形"：继萧兵之后，一些学者采纳了萧兵"羊人为美"的主张，而抛弃了其"羊大则美"的补说。康殷认为，

---

[①] 参见李泽厚、刘纲纪《中国美学史》第 1 卷，中国社会科学出版社 1984 年版，第 79—81 页；李泽厚：《美学三书》，天津社会科学院出版社 2003 年版，第 197—198 页。

"美"字像头上戴羽毛装饰物（如雉尾之类）的舞人之形，饰羽有美观意，"美"是一个象形字，是一个头饰羽毛的舞者，而非一般饰羽的美人。① 这里强调了饰羽毛有美观意义。何新进一步指出，古代"美"与"舞"两字最初乃是同形、同义字的分化，"美"字的本义来自以羽毛为装饰的舞蹈。这种舞蹈在上古的图腾文化中，本来是一种祭祀太阳神的神圣之舞。② 可见，"舞人之形"与"羊大则美"、"羊人为美"相比，感性的形式因素在增强。

4. "色好为美"：近人马叙伦先生认为："徐铉谓羊大则美，亦附会耳，伦谓字盖从大、芊声。芊音微纽，故美音无鄙切。《周礼》美恶皆作媺，本书：媄：色好也。是媄为美之转注异体，媄转注为媺。从女，媺声，亦可证美从芊得声也，芊羊形近，故纳为羊；或羊古音如芊，故美从之得声。当入大部，盖（媄）之初文，从大犹从女也。"③ 也就是认为"色好为美"，美意指美人，容貌美好的女子。这一考证虽是音训视角，但其内涵强调的是感性的形象，凸显了形式因素。

如果我们从历时性角度，把上述四种对"美"的字源解释进行"羊大则美"、"羊人为美"、"舞人之形"、"色好为美"这样一个排序，在汲取它们各自合理内核的基础上，将它们视为一个具有内在逻辑性的演变过程，我们首先会领悟在"羊大则美"与"羊人为美"乃至"舞人之形"中体现的"美""善"同源与"美""善"同义的意味；同时，也会看到一个由感性内容（"羊大则美"和"羊人为美"）向感性形式（"色好为美"）生成的过程，一个感性的实用功利内容逐渐减弱，感性的形式因素

---

① 参见康殷《古文字形发微》，北京出版社1990年版，第87—94页。
② 何新：《说美》，《学习与探索》1992年第4期。
③ 马叙伦：《说文解字六书疏证》（第二册），上海书店1985年版，第119页。

逐渐增强的过程，一个由于"美""善"逐渐分化而"美"不断升成取得独立形态（"色好为美"）的过程；然而，形式之中却积淀着理性内容，体现了感性与理性的统一。这也正是人们的需要由物质（实用目的）需要到精神（实践理性）需要，再到形式（审美感受）需要的不断升华的过程，如果把文字视为积淀着人类活动丰富内容的静态的文化符号，那么，"羊大则美"、"羊人为美"、"舞人之形"、"色好为美"，恰恰积淀着华夏先民图腾崇拜、巫术礼仪与原始歌舞内容，并体现了这些活动的演进历程。

## 二　"美"的现代汉语含义

"美"的现代汉语含义分为日常语义和哲学意义两大类。

1. "美"的日常语义："美"字在今天日常语言中含义丰富，但它的基本意旨是表示人的肯定性的感受、评价、判断，可以概括出生理快适、伦理评价、目的判断、审美感受和审美判断五种主要含义。

第一种，生理快适，是由满足人的某种强烈生理需要而带来的感官愉快，是"羊大则美"原始含义的遗存，具有生理学的意义。

第二种，伦理评价，是对道德伦理领域人的美德和高尚行为赞赏性的品评，是"羊人为美"、"美善同义"含义的引申，具有伦理学意义。

第三种，目的判断，是表示对功利性目的实现的肯定，也就是对合目的性的欣赏性评价，是"美善同义"的沿袭与引申，在价值论意义之中具有某种伦理学和美学的意味。

第四种，审美感受，是人们在审美活动中产生的一种自由的无功利的快感状态，属美学范围，也具有心理学意义。

第五种，审美判断，是对审美对象的确定与肯定，具有

"色好为美"的"意味",纯属美学范围。

2. "美"的哲学意义:也就是在哲学美学视野中"美"这个词的含义。下面对"美"的哲学思考,也就是对"美"的哲学意义的追问与揭示。

三 "美"的哲学思考

对"美"的哲学思考,也就是一种美学思考,最根本性的问题就是对"美"的根源、起源的追溯和对"美"的本质的反思。

1. 对"美"的根源、起源的追溯:根据马克思提出的"劳动创造了美"[①]这一命题,可以说美的根源在人类的物质生产实践的活动之中。实践是沟通人与自然的桥梁,人和自然经过实践的中介,发生双向对应的转化:主客双方,彼此渗透,互相吸引,外在自然变为"人化的自然",显示人的目的意义,人的内在需要目的也相应"人化",获得了客观实在性,都成为对象性的存在。马克思指出:人对现实的两种占有方式,即实践的占有和官能的占有,并把这两种占有称为"人以一种全面的方式""把自己的全面的本质据为己有"[②]。

美诞生于实践,确切地说是诞生于制造工具的活动。因为人类劳动活动成为具有严格意义的实践活动,经历了漫长的历史过程,它开始于使用天然工具的活动,确立于制造工具的活动。马克思说:"动物只是按照它所属的那个物种的尺度和需求来进行塑造,而人则懂得按照任何物种的尺度来进行生产,并且随时随地都能用内在固有的尺度来衡量对象;所以,人也按照美的规律

---

① 马克思:《1844年经济学—哲学手稿》,人民出版社1979年版,第46页。

② 同上书,第77页。

来塑造物体。"① 只有制造工具的活动，才包含着按照"美的规律"来塑造。在物质生产活动中，原始人类按照"美的规律"来制造和使用工具，适应和改造自然界，本质上说就是一种物质生产造型活动。这种造型活动就是美的诞生的直接根源，是美之诞生的一种标志。美是在劳动中以动态形式和工具的静态形式表现出来的。

2. 对"美"的本质的反思："美的规律"就是人类物质生产的造型规律，表现为尺度和形式的统一。合于尺度的形式就是美，美就在形式。人类物质生产活动所达到的合规律性与合目的性的统一是美的内容、本质，达到的尺度与形式的统一乃是美的本质的表现、显现。把这两方面统一起来，可以说，美就是自由的形式。这里讲的自由指的是最根本意义上的实践的自由，意在表明人类社会实践的普遍性与现实性，表明人类社会实践对自然必然的适应、掌握与运用，对自然的改造与征服。人类社会实践为自然所肯定，达到合规律性与合目的性的统一，便取得了自由。人类只有在实践中，在改造世界的活动中才能确立自由，表现自由。也只有实践才是自由的真正形式力量，是人的本质的基础，也是历史的基础。人与自然相统一的物质实践活动，是人类从必然王国走向自由王国，从美学上可以说是走向审美王国的根本途径。

美是自由与形式的融合统一。所以，美作为自由形式，首先存在于主体实践合规律性与合目的性的统一活动中，其次才存在于主体实践的产品中。美的根源和本质在合规律的实践活动本身。

总之，真与善、合规律性和合目的性的这种统一，就是美的本质和根源。美就是自由的形式，而实现或达成这种统一的，呈

---

① 马克思：《1844年经济学—哲学手稿》，人民出版社1979年版，第50、51页。

现为"自由的形式"的根源和力量,就是人类社会历史实践,即外在自然的人化。而"人化的自然"是人类制造和使用工具的劳动生产,即实实在在的物质活动,这才是美的真正根源。①

四 "美""善"关系辨析

从语义上来看,"善"在词源上与"义"、"美"同义,都是"好"的意思。《说文解字》说:"善,吉也,从言从羊,此与义、美同意。"《牛津英语辞典》也认为善就是好:"善(Good)……表示赞扬的最一般的形容词,它意指在很大或至少令人满意的程度上存在这样一些特性,这些特性或者本身值得赞美,或者对于某种目的来说有益"。

罗斯和艾温十分周详地列举了善的含义,可以归结如下:(1)成功或效率; (2)快乐或利益; (3)满足欲望;(4)达到目的;(5)有用或手段善;(6)内在善;(7)至善;(8)道德善。可以看出,一方面,所谓利益无非是能够满足需要、实现欲望、达成目的的东西,而快乐则是对于需要满足、欲望实现、目的达成的心理体验;另一方面,所谓成功无疑是人生目的之实现,而效率则是人的活动实现其目的的程度。所以,善的前四种含义可以归结为:善是满足需要、实现欲望、达成目的的效用性。最后一种含义"道德善",亦即所谓"正当",也是一种对于目的的效用性——不过不是对于某个人的目的的效用性;而是对于社会创造道德的目的的效用性。②

从哲学意义上讲,"美"与"善"同属价值范畴,同为价值判断,同是价值性存在。价值关注的是以人为核心的主客体关系

---

① 参见李泽厚《李泽厚哲学美学文选》,湖南人民出版社1985年版,第464、465页。

② 参见王海明《新伦理学》,商务印书馆2001年版,第32页。

中所体现出的意义,包括人自身、人与人、人与社会、人与自然之间的相互意义。因此,作为价值性存在的"美"与"善"也包括人自身、人与人、人与社会、人与自然之间的相互意义,"美"体现在人自身、人与人及人与社会关系上为人的美与社会美问题,体现在人与自然之间则为自然美问题,而人自身、人与人、人与社会、人与自然之间的相互意义的全部内容则构成艺术美问题;"善"体现在人自身的意义上为道德问题,体现在人与人及人与社会上为伦理问题,体现在人与自然之间则为"自然的人化"意义上的实践问题。

关于这个问题,这里通过对康德这个"典型人物",在他的美学专著《判断力批判》中,对"美的分析"与"理想的美"的"典型论述"的分析,来辨析一下与本书的主旨密切相关的作为"道德的善"与"美"的关系。

黑格尔曾经称赞康德在《判断力批判》中"说出了关于美的第一句合理的话"。黑格尔之所以这样称赞康德,是因为康德美学的创见和贡献在于,第一次严格地、系统地划分了美的独自领域。

康德强调审美判断不是知识判断,而是没有确定概念的情感判断。他认为美感不是快感,美也不是真和善,提出了"美是无目的的合目的性"的最著名论断。然而,又提出了"美是道德的象征"这一颇有"意味"的论断,这的确是一个"典型"的"二律背反",也正是在这一"二律背反"中,我们窥见到康德关于真、善、美的关系论述中的"合理内核"。

康德在"美的分析"中指出了美的四个特点:

从质的方面看,美的第一个特点是:"鉴赏是凭借完全无利害观念的快感和不快感对某一对象或其他表现方法的一种判断力。"[①] 他认为鉴赏判断是审美的,美是超功利的,没有实际利

---

① [德]康德:《判断力批判》上卷,商务印书馆1987年版,第47页。

害关系的,人在审美时也应摒除利害感,以"纯然淡漠"的态度去欣赏美,才能获得真正的美感。这样康德便把美与快感、善区分开来。

从普遍性的方面看,美的第二个特点是:"美是那不凭借概念而普遍令人愉快的。"① 就是说,审美判断不是逻辑判断,美也不是抽象的概念。审美判断是主观的、个别的,但却具有普遍性。这里康德又把美与真区别开来。

从关系上来看,美的第三个特点是:"美是一对象的合目性的形式,在它不具有一个目的的表象而在对象身上被知觉时。"② 就是说,审美对象以它的合目的性形式为审美主体在无目的观念下所知觉,审美对象既无目的又符合目的。一个美的事物只是在形式方面表现了合目的性。人们只需欣赏美的形式上所表现出的合目的性的和谐,而不问对象的存在和它的实际目的。

从情状上来看,美的第四个特点是:"美是不依赖概念而被当做一种必然的愉快的对象。"③ 这是说,在美的形象面前,产生美感是必然的,美与美感之间存在着一种内在的必然的联系。这种审美的必然性与概念无关,而是来自"共通感",是人们一种情感上的赞同。而且,康德把"共通感"与人的社会性相联系,认为这个"共通感"不是一种人的自然心理性质,而是具有社会性内容的东西。并强调一个人美感有无价值,有多大价值,要看这种美感所具有的社会性,它是否能普遍地传达给别人,与别人分享美。④ 康德从哲学的高度把美感的价值归结为社会性。

上述就是康德通过"美的分析"得出的纯而又纯的"美",

---

① [德]康德:《判断力批判》上卷,商务印书馆1987年版,第57页。
② 同上书,第74页。
③ 同上书,第79页。
④ 同上书,第141、142页。

即"纯粹美",意在强调美就是美,它有自己的独特性和独自的领域。

但是康德并不认为世界上只存在着一种美,即"纯粹美",他也不认为只有这种美才是理想的美。他心目中的理想的美是包含有理性内容的"依存美"。而"崇高"和"艺术美"就是属于"依存美"。

康德把崇高与美做了重要的区分,认为两者最主要的区别在于对象的不同。美总是与形式相联系,而崇高则依赖于"非形式"或者说无形式。因为真正的崇高不能含在任何感性的形式里,而只涉及理性的观念,因而崇高比美要求更高,崇高的本质在于它把我们推回到自己身上,它依赖的是我们自身的教养和观念在道德上、精神上取得的胜利。当人们最终发现自己的伦理道德的力量能够与自然威力相抗衡并能战胜、压倒它时,人们就由最初对于自然威力的恐惧、害怕的痛感转为由衷的快感。①

通过对"崇高的分析"康德由审美判断中对对象形式的注重和欣赏,走向了对内容的探索和追求;这一内容就是"人"、人的精神。"而一切事物都应该为之存在的就是人,对于这种行为的意识,在抽象方式下,就是康德哲学。"② 与人相关联的美是"趣味与理性的统一,即美与善的统一"③。"只有人,他本身就具有他的生存目的,他凭借理性规定着自己的目的……所以只有'人'才独能具有美的理想。"④ "美的理想……只能期之于

---

① 参见[德]康德《判断力批判》上卷,商务印书馆1987年版,第97—101页。

② [德]黑格尔:《哲学史讲演录》第4卷,商务印书馆1978年版,第257页。

③ [德]康德:《判断力批判》上卷,商务印书馆1987年版,第69页。

④ 同上书,第71页。

人的形体,这是……在最高目的性的理念中,它与我们理性相结合的道德的善联系着,理想在于道德的表现。"① "美是道德的象征。"② 康德是在申明,他理想中的美并非无内容的形式美,而是包含着道德观念的"依存美",这种美的最高体现是人本身。"崇高的分析"体现了康德思想的要义所在,也是对"美的分析"的发展和补充。

康德认为,艺术作为一种"依存美"是内容与形式的结合,就是要在美的形式中表达出一定的道德内容。但这种内容的表达要不露人为的痕迹,是一种无目的合目的性形式。③

因此,康德美学的创见和贡献不仅在于,在"美的分析"中为了把美与真、与善及快感区分开来,主要地强调了形式,第一次严格地、系统地划分了美的独自领域,而且还在于,在"崇高的分析"中强调了理想的美是包含理性内容的形式,"美"是"道德的象征",从而完成了从直觉到理性,从形式到内容,从纯粹美到依存美的过渡。

## 第二节 伦理学与美学共同视阈中的伦理美

尽管对伦理学和美学的定义还是"见仁见智"、争议很大,但把"善"视为伦理思想的核心内容,把"善"作为伦理学研究的主题,把"美"视为美学思想的核心内容,把"美"作为美学研究的主题,已得到比较广泛的认同。人们至少达成了这样的共识:伦理学研究离不开对"善"的反思,美学研究少不了对"美"的追问。

---

① 康德:《判断力批判》上卷,商务印书馆1987年版,第74页。
② 同上书,第201页。
③ 同上书,第104页。

一　伦理学与美学的视阈互补

作为学科形态伦理学与美学同属哲学门类,这两个学科都是用哲学的方式,通过对同属人的意义世界、价值领域的"善"、"美"的反思、追问,寻求"人的安身立命之本"和对"人的终极关怀"。

伦理学是关于道德的学科,它的基本范畴是善和恶,研究的是人的道德、人们的道德关系及其发展,人的社会行为准则,人与人之间的关系以及人们对社会、国家的义务等问题。美学研究的是人的审美活动,主要包括美、美感、艺术和审美教育,它的基本范畴是美和丑。

尽管美学和伦理学是两门不同的学科,不能把它们混同起来,但是美学同伦理学学科同宗同源、内容交叉互补、发展旨趣趋同,关系是十分密切的。

从学科渊源上看,美学和伦理学最初都包括在哲学之中,它们都是哲学的有机组成部分。后来,随着科学的发展,它们才先后从哲学中分化出来,各自成为独立的学科。所以,它们都是从哲学派生出来的,人们称它们为姊妹学科。

从研究内容上看,美学和伦理学的关系更为密切。这是由美和善的关系决定的。一般来说,美以善为基础,凡是美的事物都应当是善的,恶的东西不可能美。在社会生活领域中,美和善更加不可分割。社会美的内容在实质上来说就是以美的形式表现善,在这种意义上,美和善是重合的。

从达到目的来看,伦理学帮助人们明辨善恶,形成正确的道德观念,规范人们的行为;美学帮助人们分清美丑,培养人们的审美能力,树立高尚的审美理想和正确的审美观念,引导人们按照美的规律去创造、生活,实现人的全面自由发展。

从发展趋势上看,随着社会的发展,人们对美的要求越来越高，并将用美来作为衡量一切事物的重要尺度之一。可以预见，社会生活中的美和善将逐步达到高度的统一，美学和伦理学的联系也将日益加强，"美学是未来的伦理学"。

二 作为伦理学和美学共同范畴的"伦理美"

从内涵上看，伦理美既属于伦理学范畴也属于美学范畴，是美善结合、美善统一，是人们对善的自觉所形成的一种自由，是一种善的最高境界，是人的伦理境界与审美境界的完美融合。伦理美就是使具有深刻的理性与功利目的性的伦理道德的内容在美的形式中得到表现，且这种表现不留任何人为的痕迹，自然而然地流露出来，是一种内在美与美的形式的统一。伦理美包括人格美、精神美、行为美、关系美、社会美。

从形成上看，伦理美不是由纯粹的美感体验或纯粹的形式美与伦理的内容简单相加组合而成的，而是在"美善互补"中生成的，体现为美对善的"升华"与善对美的"充实"。美对善的"升华"，也就是"以美储善"、"以美立善"，由伦理道德走向审美；善对美的"充实"，也就是向美的形式中"注入""善"——伦理、道德意义上的实践理性的"意味"。也可以说，伦理美的形成是一种"无目的的合目的性"的生成过程。

从形态上看，伦理美是以一种美善相融、共生的方式存在的，是伦理规范与审美自由的统一，是实践理性目的与对这种实践理性目的自觉追求而达成的审美体验的统一，是一种规范中的自由与自由中的规范的存在方式，是伦理道德的一种艺术表达方式。伦理美既是善的存在的一种样态，同时也是美的存在的一种样态。从伦理学的角度看，伦理美是善以美的样式存在，是善的存在的一种样态。从美学角度看，美的存在形态包括自然美、人的美与社会美、艺术美、科学美、形式美；审美的形态可分为优美、崇高、滑稽等；审美的感受层次体现出由"悦耳悦目"向

15

"悦情悦意"、"悦志悦神"的审美境界的提升。伦理美是美以体现着实践理性目的的善为"意味",是美的存在的一种样态,属于人的美与社会美形态;伦理美的审美形态主要体现为一种崇高感;伦理美的审美感受体现的是"悦志悦神"的审美境界。

从作用上看,研究伦理美、践行伦理美,就是一方面从人格美、精神美、社会美的审美要求强化伦理道德的美学价值,另一方面从审美的教化功能凸显美的伦理道德价值,将单纯追求善的伦理道德形态升华为"以美立善"的审美境界,使人们克服狭隘的功利态度,将人与人的关系由利益关系变成自由的审美关系,从"利者首选"走向"美者优择",这样就可以促进个人人格的完善,人际关系的和谐,社会秩序的规范,天人关系的合一,人生境界的尽善尽美和人的全面自由发展。特别要强调的是在对人产生作用方式上,法是一种强迫与强制,一般意义上的伦理是一种半强制性的规范与约束,审美是一种自由。因此,伦理美对人的作用的方式也就由一种规范与约束转化为一种自觉与自由。

作为伦理美的"美"是一种"宜人之美",就是以审美维度对人的"终极关怀",它的旨趣是指向人的生活世界,直面现实生活,关怀人的"生命、生活、生存",即对人给予现实性的终极关怀。这里把"美"理解为人类合规律与合目的相统一的自觉的、自由的目的、手段、过程、体验等整体性的和谐统一,一种人类在进行创造的过程中,在充分展示主体的本质力量同时感受到对主体自身关怀的境界。在论及伦理美时谈到的"审美"其实是一种"以美立善",就是把按照美的规律创造与"宜人"——适合人的"生命、生活、生存"的统一,贯穿于人类的理想目的、生存方式、活动方式、活动过程、活动结果之中。本质上就是要求人与自身、人与人、人与社会、人与自然的关系成为一种和谐的审美的感性关系;人的一切活动都应是"合乎人性"的，都能引起精神愉悦，都带有审美性质。①

## 第三节　中华民族史前先民"美"、"善"观念的萌发

"史前"，既是一种以文明国家为分界的社会学概念，也是一个以文字记载为分界的历史概念。如果从文化考察的视阈来看，将后者作为"史前"的下限分界点更有意义。就中华民族而言，夏王朝是历史上第一个具有国家性质的王朝②，商王朝出现了甲古文字（卜辞），而正是甲古文字的出现才应该算是为史前画上了完整的句号，商王朝便成为中华民族"史前"的下限分界点。③ 作为这个分界点之前距今太过遥远的一个时代，史前文化的"真面貌"不可能用文字记载下来，而只能通过史前文化的"遗存物"和远古神话、传说来追踪痕迹，寻觅线索，确认轨迹，甄别出史前文化的"真面貌"。

这里要作一点说明，前面已经谈到"劳动创造了美"，美就诞生于人类物质生产实践，同时也必须承认"使用—制造物质工具以进行生产"这一根本活动在形成人类—文化—人性中的基础位置。但是，也应该看到图腾活动、巫术礼仪和原始歌舞不仅在培育、发展人的心理功能方面，比物质生产劳动更为重要和直接④，而且在培育、发展人的"美"、"善"观念方面也比物

---

① 参见朱爱军《审美范式转换与文化精神建构》，《光明日报》2005年6月14日。
② 据《光明日报》新华社太原2000年6月6日电，考古工作者在山西襄汾县境内被称为"尧都"的陶寺村，首次发现了尧舜时期的古城遗址，有专家据此推测中华民族的国家的起源可能比夏代更早。
③ 参见廖群《中国审美文化史·先秦卷》，山东画报出版社2000年版，第79—81页。
④ 参见李泽厚《美学三书》，天津社会科学院出版社2003年版，第202页。

质生产劳动更为重要和直接。因此，这里选择了从图腾崇拜以及巫术礼仪与原始歌舞演变的角度来考察中华民族史前先民的"美"、"善"观念的生成。

文化是在人类活动的过程中历史地生成的生存方式与思维方式。中华民族史前先民"美"、"善"观念，就蕴涵在"史前"原始文化之中。而中华民族史前文化独特的存在方式、体现形式就是图腾崇拜以及巫术礼仪与原始歌舞，这也就是中华民族史前先民的一种特定的生存方式与思维方式。因此，中华民族史前先民的"美"、"善"观念正是从图腾崇拜以及巫术礼仪与原始歌舞中萌发出来的。

图腾崇拜、巫术礼仪与原始歌舞这三者的关系，可以从整体性和过程性两个维度进行考察。

从整体性与完整性上来看，三者以"祭礼"为核心共同构成"图腾文化"，是三位一体的。但在这一整体中也各有侧重：图腾崇拜关注的是图腾标志，是"祭"的对象，即崇拜什么；巫术礼仪注重的是对图腾标志崇拜的方法，是"祭"的"礼"（规则与规范），即怎样崇拜；原始（图腾）歌舞则是按照"祭"的"礼"（规则与规范）对图腾标志进行崇拜的形式。在整体性中也可以把前者理解为"体"或者是内容，后两者是"用"或者是形式。

从过程性与形态的演变上看，图腾崇拜、巫术礼仪、原始歌舞三者是不断完备与分化的关系。图腾崇拜是"图腾文化"最具根本性的原初性的存在形态，最初以近乎"无规则与无形式"的样式而存在，随着规则与规范和形式因素的不断增强，一方面，使图腾崇拜具有了完整性；另一方面，巫术礼仪和原始（图腾）歌舞在"图腾文化"中也获得了相对独立的意义，特别是随着人与神关系的变化而带来的崇拜对象与主旨的变化和在规则与规范上的不断完备以及在形式上的不断完善，巫术礼仪和原始歌舞逐渐分化成独立的形态。沿着进一步强调规则与规范的进路，随着获得独立形态的巫术礼仪和原始歌舞的不断发展，特别是由于图腾崇拜因素的不断减弱，由巫术礼仪生成出鼎盛于商的"巫术文化"和形成于周的"礼乐文化"。沿着进一步强化形式因素的进路，原始歌舞由"羊人为美"经"舞人之形"形态演化出"夏代乐舞"，并成为后世注重"色好为美"的形式因素，具有真正审美意义的舞蹈艺术之源。当然，在这一分化与分流的过程中，巫术礼仪和原始歌舞又是相互影响、相互渗透的，同时也共同遗存着图腾崇拜的"意味"。下面就是从这一维度考察中华民族史前先民的"美""善"观念的生成。

一　图腾崇拜："美"、"善"观念在"以人和神"中萌动

史前时代是一个神灵隐现的时代，在人类诞生之初的一个相当长的阶段，神灵与不死的灵魂统治着远古人类，"以人和神"就是那时先民的生存方式，而神灵与灵魂则是普遍支配史前人类精神活动的原始宗教观念。图腾崇拜就是这种原始宗教观念的一种体现方式，远古先民最初的"美"、"善"观念正是在"以人和神"中萌动的。

恩格斯指出："一切宗教都不过是支配着人们日常生活的外部力量在人们头脑中的幻想的反映，在这种反映中，人间的力量采取了超人间力量的形式。"[①] 并认为："在远古时代，人们还完全不知道自己身体的构造，并且受梦中景象的影响，于是就产生一种观念：他们的思维和感觉不是他们身体的活动，而是一种独特的、寓于这个身体之中而在人死亡时就离开身体的灵魂的活动……既然灵魂在人死时离开肉体而继续活着，那么就没有任何

---

[①] 《马克思恩格斯选集》第3卷，人民出版社1972年版，第354页。

理由去设想它本身还会死亡；这样就产生了灵魂不死的观念。"①原始人类一方面凭借着原始劳动艰难地适应和改造着自然，不断地正确认知和理解着自然，同时却存在着对自然的极大无知和误解，引起惊恐，如对外在自然中的风雨、雷电，对自身自然中的梦幻、疾病、死亡，把它们看作受一种异己的、神秘的、超自然的力量的支配，从而产生诸如对自然现象的崇拜，对灵魂现象的崇拜。由这种超自然的神秘观念（原始宗教观念）为特征的原始思维方式与"以人和神"的生存方式的结合便构成了原始文化的最初形态，而以"祭礼"为核心的图腾崇拜就是这种原始文化最初形态的体现形式。

"图腾"原为美洲印第安人的方言"totem"，意为"属彼亲族"、"它的标记"。原始人相信每个氏族都与某种动植物或其他自然物有亲属或其他特殊关系，于是某种动植物便成了这个民族最古老的祖先。因此，图腾信仰便与祖先崇拜发生了关系，大多数情况下，认为与某种动物具有亲缘关系。原始人把图腾视为氏族的神圣标志并作为神祇对待，加以神化祭祀举行崇拜仪式，以促其"繁衍"，被称为图腾信仰或图腾崇拜。作为图腾标志，是因生殖的意义才与人类发生关系的，特定图腾标志的产生，是原始人对生殖力强的生物中的某一种作血缘上的始祖认同，是人类诸生活群体分别寻找自己的共同根源的结果，是一种"攀亲""认祖"。因此，图腾崇拜与其说是对动植物的崇拜，还不如说是对祖先的崇拜，这样更准确些。

图腾崇拜作为原始宗教信仰发展到一定历史阶段的产物，是在原始社会后期产生的，它融自然崇拜、动植物崇拜、鬼魂崇拜、祖先崇拜为一体，在世界原始民族中都曾普遍盛行。图腾崇拜是比自然崇拜等较为高级的一种信仰形式，从人类认识发展史

---

① 《马克思恩格斯选集》第4卷，人民出版社1972年版，第219—220页。

的角度来看，它晚于自然崇拜等原始宗教形式，它既是一种原始的认识，又是一种同某种社会进步相适应的认识。图腾崇拜同自然崇拜一样，是原始人"万物有灵"、"物我不分"意识的表现，同时也是原始人在追究人类本身的来源时的产物。

中华民族史前时代图腾现象的产生，图腾活动的历程，我们可以从考古发掘出的史前文化"遗存物"和远古神话、传说中所反映出的图腾标志的演变而窥见一斑。

图腾现象产生于母系氏族社会，是当时以群婚为特征的"只知其母、不知其父"的伴生物。而伴随着母系氏族社会向父系社会的转变，图腾标志也发生着变化，中华民族史前时代图腾标志演变的历程是：母系社会将鱼、蛙、鸟等作为图腾标志并出现了母性崇拜；母系社会向父系社会的转折时期出现了两性同体崇拜；父系社会则形成了男"祖"崇拜，并出现了表现这种崇拜的性爱舞。

母系社会的图腾崇拜首先是对鱼、蛙、鸟等的"认祖"。在以半坡为代表的黄河流域仰韶文化遗迹中，鱼无疑是经常出现的母题。在半坡遗址和临潼姜寨遗址中除出土了有名的人面鱼纹彩陶盆，同时也有大量的单体鱼纹、复体鱼纹和变体鱼纹以及图案化了的鱼纹发现。而与之相邻的庙底沟文化的彩陶纹饰则以蛙纹和鸟纹为主体图案。甘肃、青海的马家窑文化中鸟纹和蛙纹十分发达，尤其是蛙纹。这些彩陶鱼纹、蛙纹和鸟纹呈现的是一种生殖意象，鱼、蛙、鸟都是繁殖力极强的卵生动物，鱼纹、蛙纹和鸟纹"形式"背后的"意味"，就是一种与"攀亲"、"认祖"相关的图腾崇拜，鱼、蛙、鸟就是那个时代具有典型意义的图腾标志。

原始人类在进化的过程中，越来越感到部落繁衍的意义。于是便有了生殖器的图腾崇拜及其舞蹈。其实，根据"简狄吞卵"之类的感生神话，就可以想象出在表现图腾崇拜的歌舞中，应该

21

就混合着对母亲的礼赞；不过史前人类还为我们留下了更明确的崇拜母亲生殖力的证明，这就是在考古发掘中，所有出土的母系社会阶段的文化遗物，凡是人面塑像，乃至器物塑像，几乎全部为女性。如甘肃天水柴家坪出土的陶塑（女性）人面像、甘肃礼县高寺头村出土的饰珠陶塑人头像、辽宁喀左东山嘴出土的红山文化孕妇像，等等。

母系社会向父系社会的转折时期出现了对两性同体的崇拜。青海乐都柳湾村出土的裸体人像壶，是一个裸体两性同体像，他（她）的出现，是一个划时代的标志。这是母系社会时代结束的信号，又是父系社会即将来临的序曲。

父系社会凸显了对男"祖"的崇拜并以性爱舞的形式表现出来。在我国许多史前文化遗址中，都发现有石祖、陶祖，这些遗址除少数为仰韶文化晚期外，大部分相当于龙山文化、齐家文化等新石器时代晚期，也就是已经进入父系社会的时期。这种男"祖"崇拜还活生生地宣泄在奔放的原始歌舞中，如内蒙古阴山崖画男性崇拜图、新疆呼图壁崖画生殖崇拜图，就是性爱舞的再现。①

这里"积淀"着一个"意味"变化的轨迹：体现出人类日益获得自我意识，逐渐能作为自然生物界特殊的族类而存在，同时也体现了伦理中心的转移和今人看来"美"的关注点的转移。

通过"认祖"，部落群体的所有成员，一方面，形成了共同的图腾观念与祖先意识，深信自己是源自相同的祖先图腾并具有血缘关系，分享图腾以增强自己与群体的认同性，从而结成一个强有力的社会群体。在这种情况下，图腾本身就具有一种凝聚力，它既是一种原始的信仰体系，也是维系氏族内部整体力量的

---

① 参见廖群《中国审美文化史·先秦卷》，山东画报出版社2000年版，第25—62页。

社会结构。另一方面,图腾本身是一种形象,原始人在祭祀活动中,通过自己的身体动作(舞蹈)在外表体态上模仿图腾的形态,以一种具体而直接的方式来表达他们的感情和情绪,舞蹈使用人类自身人体这一媒介来表达情感,理所当然地成为这种对话的重要符号。图腾舞蹈显然就是一种"象形性舞蹈",是原始人类对客体的模仿。原始人在图腾舞蹈中得到快感,使得他们获得如同和图腾在一起的精神与感情体验,通过舞蹈,人与图腾之间神秘结合并得以沟通。

总之,图腾崇拜不仅严格组织了人的行为,使之有秩序、有程式、有方向,而且其主观想象的内容中也掺杂着伦理情感和形式感的因素,远古先民最初的"美""善"观念正是在"以人和神"中萌动的。

随着原始部落的进一步社会化和文明化,图腾崇拜活动也开始从内涵到形式发生了变化,巫术礼仪逐渐分化成独立的形态。

二 巫术礼仪:"美"、"善"观念在"神人以和"中孕育

巫术礼仪作为图腾崇拜的仪式活动,是图腾活动的规范化、程式化,是一种组织有序的群体活动。它交织以歌舞形式,表现广泛而复杂的社会生活内容,或敬神驱鬼,或感物咒人,或消灾降福,或祈求丰收,或传技授艺。巫术礼仪,通过又歌又舞的形式,协调组织群体活动,模拟演练各种操作动作,把生产生活中分散的东西集中起来,变得更有秩序,显示出鲜明而强烈的社会功利目的,同时却又节制有序地抒发表达群体那种极为强烈、狂热的情绪,以至达到如醉如痴的迷狂程度。巫术兼有功利目的与"审美意味"双重内涵,对孕育先民的"美""善"观念具有推动作用。

卡西尔认为:"对巫术的信仰是人的觉醒中的自我信赖的最早最鲜明的表现之一。在这里他不再感到自己是听凭自然力量或

超自然力量的摆布了。他开始发挥自己的作用，开始成为自然场景中的一个活动者。每一种巫术的活动都是建立在这种信念上的：自然界的作用在很大程度上依赖于人的行为。自然的生命依赖于人类与超人力量的恰当分布与合作。严格而复杂的仪式调节着这种合作。每一特殊领域都有它自己的巫术规则。农耕、打猎、捕鱼都各有其特殊的规则。在图腾制社会中，不同的氏族具有不同的巫术仪式，这些仪式是他们的特权和秘密。一个特殊的工作越是困难越是危险，这些仪式也就变得越发必要。巫术并不是用于实践的目的，不是为了在日常生活的需要方面来帮助人。它被指定用于更高的目的，用于大胆而冒险的事业。……只有在情感极度紧张的情况下他才诉诸巫术礼仪。但是恰恰正是对这些仪式的履行给他以一种新的他自己的力量感——他的意志力和他的活力。人靠着巫术所赢得的乃是他的一切努力的最高凝聚，而在其他的普通场合这些努力是分散的或松弛的。正是巫术本身的技术要求这样紧张的凝聚。每一件巫术技术都要求最高度的注意力，如果它不是以正确的程序并按照同一不变的规则来履行的话，它就失去了它的效果。在这方面，巫术可以被说成是原始人必须通过的第一个学校。即使它不能达到意欲的实际目的，即使它不能实现人的希求，它也教会了人相信他自己的力量——把他自己看成是这样一个存在物：他不必只是服从于自然的力量，而是能够凭着精神的能力去调节和控制自然力。"[①]

一方面，巫术在一定程度上表现着人的觉醒，人的自我信赖，它作为"支配着人们日常生活的外部力量在人们头脑中的幻想的反映"，将"人间的力量采取了超人间力量的形式"，巫术制定并利用一定规则、仪式，组织和调节"人类与超人力量的恰当分布与合作"，实际体现着"自然界的作用在很大程度上

---

[①] 卡西尔：《人论》，上海译文出版社1988年版，第118—119页。

依赖于人的行为"的信念；巫术礼仪活动给原始人类心理和行为以严肃的培育、陶冶和训练，使他们的意志力和活力由分散和松弛走向最高度的集中和凝聚，锻炼他们履行和遵守巫术规则和程序注意力的能力，并调节他们符合巫术礼仪、目的、信念要求而去表达宣泄那极度紧张的情感。这对培育原始人的"善"的观念具有重要意义。

另一方面，巫术始终具有一种严肃和紧迫的社会目的或动机，尽管这类社会目的或动机是幻想、是迷信，却依然对原始人类的本能情欲、感性生命，以及他们的盲目冲动，给与一种调节、控制，使之走向社会（群体）理性，走向秩序化，意味着一定理性向感性的渗透，与感性的融合，并且往往以原始歌舞、洞穴岩画的形式表现出来；巫术礼仪作为心灵神秘交感活动形式，借助放情而有序的歌舞，按照巫术规则，使原始人类彼此感应，融为一体，使原始人类与自然事物，与祖先神灵，感应融合，共享欢乐；巫术所具有的幻想形式，使日常的、社会的直接目的走向想象、幻想目的，把原始人类引进一个想象的世界。因此，在巫术礼仪中善与美是共存的，通过巫术活动既强化了原始人类伦理意识也助长了审美因素的发展，而且巫术活动在一定程度上也成为个体情感体验走向群体社会共同享受的超个体功利的审美体验、享受的一个必要演习与转化，为审美从对直接功利的依附中分离而走向相对独立发展提供了条件，为以独立的审美动机创造艺术这样的审美形式做了准备。

总之，巫术礼仪提供的理性形式、规范、秩序、目的，约束、节制、陶冶、塑造着原始情欲、感性，通过礼仪活动一再重复，使理性与感性逐渐融合。[①] 这对中华民族史前先民"美"、"善"观念的孕育给予多方面影响。巫术礼仪之中的善的观念与

---

[①] 参见杨恩寰《美学引论》，辽宁大学出版社2002年版，第476—479页。

审美意蕴是和"羊人为美"对应的。这种原始形态巫术礼仪正是鼎盛于商的"巫术文化",形成于周的"礼乐文化"之源。而且,作为巫术礼仪表现形式的巫术歌舞的"审美意味"也得到一定形式上的集中和强调。

三 原始歌舞:"美"、"善"观念在"以众为观"中萌芽

广义的原始歌舞包括图腾歌舞、巫术歌舞和准审美形态的原始歌舞三种形态。这里讲的原始歌舞指的是准审美形态的原始歌舞,这种形态的原始歌舞虽然还不是自觉的审美活动,也不是真正意义上的艺术创作,但是它已减弱了"图腾崇拜"和"巫术礼仪"的"意味",更加凸显了"以众为观"的人间"意味"和"舞人之形"的形式因素,后经"夏代乐舞"成为真正意义上的舞蹈艺术的直接来源。

对于图腾歌舞,时代较晚的典籍文献就有追忆,《吕氏春秋·古乐篇》记载说:"昔葛天氏之民,二人舞牛尾,投足而歌八阙。"而在这八段歌舞中,一曰"载民",二曰"玄鸟",就极有可能是在表演氏族诞生的图腾神话和故事。"在舞蹈的沉迷中,人们跨过了现实世界与另一个世界的鸿沟,走向了魔鬼、精灵与上帝的世界。"① 正是在原始的图腾歌舞中,清楚地显示了感性与理性、自然与社会、个体与群体交叉会合的最初形式。图腾歌舞把各个本来分散的个体的感性存在和感性活动,有意识地紧密连成一片,融为一体,它唤起、培育、训练了集体性、秩序性在行为中和观念中的建立,同时这也就是对个体性的情感、观念等的规范化。而所有这些,又都是与对虚构的神灵世界的巫术支配或崇拜想象连在一起的。这是一个人类自身自然身心的

---

① 苏珊·朗格:《情感与形式》,中国社会科学出版社1986年版,第218页。

"人化"过程和人类的文化心理结构的形成,是一个异常漫长的历史行程。从美学看,这种宇宙(天)—人类(人)统一系统的意义就在于:它强调了自然感官的享受愉快与社会文化的功能作用的交融统一,亦即上述"羊大则美"与"羊人为美"的统一。①

关于巫术歌舞,"舞的初文是巫。在甲骨文中,舞、巫两字都写作'巫',因此知道巫与舞原是同一个字。"②"巫",据《说文》,便是"能事无形,以舞降神也,像人雨褒舞形"。《尚书》有"击石拊石,百兽率舞"(《益稷》)、"敢有恒舞于宫,酣歌于室,时谓巫风"(《伊训》)等记述。这些记载都说明群体性的图腾歌舞、巫术礼仪不但由来古远,而且绵延至久,具有多种具体形式,后来并有专职人员("巫"、"乐师"等)来率领和领导。

这是以祭礼为主要核心的有组织的群体性原始文化活动。那狂热的舞蹈,那神奇的仪容,有着非常强烈的情绪激动;那欢歌、踊跃、狂呼、咒语,有着非常激烈的本能宣泄。它由个体身心来全部参与和承担,具有个体全身心感性的充分展露。远古先民这些图腾歌舞、巫术礼仪是以使用制造工具的物质生产活动为其根本基础,同时也是一种系统性的符号活动。这种符号性的文化活动是现实活动,即群体协同的物质(身体)活动;但它的内容却是观念性的,它不像生产活动那样直接生产物质的产品(猎物、农作物),它客观上主要作用于人们的观念和意识,生产想象的产品(想象猎物的中箭、作物的丰收等等)。这种群体活动作为程式、秩序的规范性、交往性,使参加者的个体在意识

---

① 参见李泽厚《美学三书》,天津社会科学院出版社2003年版,第206页。

② 常任侠:《中国舞蹈史话》,上海文艺出版社1983年版,第12页。

上从而存在上日益被组织在一种超生物族类的文化社会中，使动物性的身体活动（如游戏）和动物性的心理形式（如各种情感）具有了超动物性的"社会"内容，从而使人（人类与个体）作为本体的存在与动物界有了真正的区分，这就是说，在制造、使用工具的工艺—社会结构基础上，形成了"文化心理结构"。

在图腾歌舞与巫术歌舞中，动物性的本能游戏、自然感官和生理感情的兴奋宣泄与社会性的要求、规范、规定开始混同交融，彼此制约，难分难解。这里有着个体身心的自然性、动物性的显示、抒发、宣泄，然而就在同时，这种自然性、动物性却正在开始"人化"：动物性的心理由于社会文化因素的渗入，转化而成为人的心理；各种人的心理功能——想象、认识、理解等智力活动在生产，在萌芽，在发展，并且与原来的动物性的心理功能如感知、情感在联系，在交融，在组成，在混合。而这一切，比在直接的物质生产活动（狩猎、采集、栽培……）中，要远为集中、强烈、充分、自觉。因为巫术图腾活动把在现实生产活动中和生活活动中各种分散的、零碎的、个别的事例、过程、因素集中地组织、构造起来了。这是人类最早的精神文明和符号生产。①

原始歌舞随着人的意识的觉醒，社会结构的变化与阶级的形成而演变。准审美形态的原始歌舞是由反映对自然神灵崇拜如对日、月、风、雨、山、河的祭祀仪式和丧葬等习俗活动中的舞蹈，图腾歌舞与巫术歌舞逐渐演化而来的。中国经夏商到周代，祭祀仪式逐渐与巫术分离。在宫廷形成了体现国家政治礼法并用于贵族教育的祭祀乐舞；在民间，对祖先、神祇的祭祀仪式也渐渐与巫术分离，形成节庆中的群众性歌舞活动。保留在宫廷乐舞

---

① 李泽厚：《美学三书》，天津社会科学院出版社2003年版，第201—202页。

与民间歌舞中的一部分原始舞蹈发生了变化，如单纯的模拟渐由象征性动作取代，形成动作节奏统一的集体歌舞；反映战争的一部分演变成角抵戏，一部分演化为军械舞蹈如弓矢舞、盾牌舞和有队列变化的舞蹈；表现性爱的舞蹈日渐文明，形成宫廷中的女乐舞蹈或民间的婚礼舞蹈；图腾装饰的原始舞蹈也渐渐演化为后世的面具舞蹈和龙舞等道具舞蹈。

对于准审美形态的原始舞蹈《周礼》的记载非常多，如《周礼·春官宗伯》："……以乐舞教国子，舞云门、大卷、大咸、大磬、大厦、大濩、大武。以六律、六同、五声、八音、六舞、大合乐以致鬼神示，以和邦国，以谐万民，以安宾客，以说远人，以作动物。""夏代乐舞"更是凸显"以众为观"的旨趣，是这种舞蹈的比较典型的形态。[①]

总之，由图腾崇拜以及巫术礼仪与原始歌舞共同构成"图腾文化"，给人类的生存、生活、意识以符号的形式，将原始的混沌经验秩序化、形式化，它是集宗教、道德、科学、政治、艺术于一身的整体，尽管"伦理"与"审美"、"善"与"美"的因素仍然混杂在维系人们群体生存的图腾崇拜以及巫术礼仪与原始歌舞的整体之中，但中华民族史前先民的"美""善"观念正是从这里萌发出来的。

前面已经谈到注重"中和"，追求"天人合一"是中华传统文化的主旨，对"天人合一"为最高境界的追求也正是中国传统伦理思想和美学思想的旨归，始终关注"中和之美"和"美善关系"成为中国传统美学的两大主题，中国传统美学以中正和谐为理想境界，视天地人为统一整体，崇尚人与人、人与社会、人与自然的全方位、多层面的统一，形成"贵和"的理念，

---

[①] 廖群：《中国审美文化史·先秦卷》，山东画报出版社2000年版，第85—94页。

高度强调"美""善"同源,强调情与理的统一,强调美与善的统一。而所有这些正是滥觞于由图腾崇拜以及巫术礼仪与原始歌舞共同构成的"图腾文化",只不过是通过"以人和神"、"神人以和"异化的方式表现出来的。尽管"以人和神"、"神人以和"是"天人合一"的异化表达方式,"以众为观"虽然凸显了人间"意味"也只能算一种对原始样态和谐的追求,但这又的确成为中华伦理范畴"美"的生成源头,决定了中国伦理思想与美学思想以及伦理美思想的未来取向。

# 第二章 商周伦理观念中的"美"

商王朝是中国历史上第一个有直接文字记载的朝代,此前的夏朝的历史更多的是神话与传说,那不过是后世人们对于美好希望的憧憬。从 20 世纪初开始,随着内容丰富的甲骨文字的发现和壮丽多姿的殷代青铜器的大量出土,人们对于商王朝的认识才大大地加以丰富。在夏王朝之后的五六百年的时间中,商王朝处于我国历史发展的主导地位。周是继商之后的统治王朝,是上古三代的最后一个王朝。与商王朝尊奉鬼神的巫术文化传统不同,周王朝制礼作乐显现出更为强烈的人文气息,正是在这时形成了中国传统的基础文化——礼乐文化,为之后春秋战国时期的百家争鸣奠定了坚实的文化基础,形成了独具特色的礼乐伦理的美学思想,对中华文明的伦理美学思想产生了深远的影响。

## 第一节 商周社会制度变迁及伦理观念演变

商族是一个古老的民族,具有悠久的历史。根据《史记·殷本纪》记载的商族先公传承的大致脉络,商的始祖契大约与夏禹同时,因为帮助禹治水有功,被舜任命为司徒,封于商。商族和世界上其他民族一样,经历过漫长的母系氏族社会阶段。大概传到契,商族开始向父系氏族社会过渡,契以下的世系就是按父系排列的。商族又是一个常常迁徙的民族,在商汤灭夏建立商王朝之前,不断迁徙,游移不定。《史记·殷本纪》说:"自契至汤八迁。"

一　商周社会制度变迁

商朝（前1600—前1046年）是继夏代之后，中国历史上第二个世袭制王朝，与夏、周并称为中国的"三代"，在中国历史上有着相当重要的地位。自太乙（汤）至帝辛（纣），共传17世31王，前后共555年。商朝最初建都亳（今山东省曹县以南地区），曾多次迁移，后盘庚迁都殷（今河南省安阳小屯村），因此商也被称为殷。商王朝自盘庚迁殷后走向兴盛，特别是武丁时期国力达到顶峰，而到了祖甲在位时王朝开始出现衰败的迹象。商后期统治集团生活糜烂，帝纣更是恃才傲众，"淫乱不止"，"以酒为池，悬肉为林"（《史记·殷本纪》），对内滥施刑罚，横征暴敛，大兴土木，对外则穷兵黩武，滥施征伐，致使"智藏瘝在"（《书·召诰》），统治能力降低，内部矛盾激化。商王朝内部的虚弱给周人造成可乘之机，周族因缘时会，挥戈以向，倒商灭商。《史记·周本纪》载《大誓》之辞说："今殷王纣乃用其妇人之言，自绝于天，毁坏其三正，离逷其王父母弟，乃断弃其先祖之乐，乃为淫声，用变乱正声，怡说妇人。"数商纣其罪：一用妇言，二弃祠祀，三作淫乐，四疏亲族。

周人是活动于中国陕、甘一带的古老部落。《书·召诰》云："我不可不监于有夏，亦不可不监于有殷。我不敢知曰：有夏服天命，惟有历年；我不敢知曰：不其延。惟不敬厥德，乃早坠厥命。"周人以华夏自居，因为周人起于西方（黄河中游），是夏人的后裔，与夏是同一部族。周建国自太王，大约在商王武丁时期商周两大部族开始频繁接触，商代甲骨文中有关"周"、"周侯"的记载都属于武丁时的作品。周是商的附属国，周侯成为商王名义上的属臣。周人向商王长期称臣，但商周关系也随客观形势的变化而发生变化，时而交恶，时而修好。"文丁杀季历"、"纣囚西伯"使商周矛盾加剧。在商王朝走下坡路的情况下，武王承受文王基业，怀着杀祖、囚父辱身的深仇夙怨，利用商王朝日益激化的阶级矛盾和统治阶级的内部矛盾，将各方国、部族力量聚集起来，从而使商王朝中亲周力量与各方国、部族力量汇合成一股强劲的反抗浪潮，伐纣灭商，完成文王未竟之业。商王朝岌岌可危的王权统治就在这种浪潮的冲击下分崩离析，直至灭亡。

二　商周伦理观念演变

商周的社会变迁，不仅是制度的变化，更重要的是文化上的变革。"国之大事，在祀与戎。"（《左传·成公十三年》）祭祀是商国家生活中的重要内容，是维护国家统治的重要手段。由于受到当时整个文化氛围的影响，殷商的伦理思想和审美艺术带有强烈的巫术文化色彩，"神人以和"的文化内涵表现得非常明显，这一充满宗教色彩的文化基因也成为当时伦理思想和审美艺术的自觉追求。周克商之后，周人在许多方面继承了商人的思想，其中也有"天"的思想，周人同时吸取了商亡的教训，突破了商人上帝、天命的宗教观念，开始形成了重德的主导意识。信仰和政治上的这一变化可以概括为从自然宗教到伦理宗教、从神事到人事，是人的自由理性的一次重大超越，人们开始把目光从不可捉摸的神秘力量转移到人自身的道德力量上来。表现在审美文化上，就是从"神人以和"向"礼乐之和"的转变，殷商充满巫术色彩的礼乐文化向周代人文性的礼乐文化发展。

## 第二节　鼎盛于商的巫术文化

殷商时代，中国处于奴隶制的繁荣阶段，巫术文化也在此时达到了鼎盛时期。以血缘亲情为基础的宗法制和以自然崇拜为基础的尊神事鬼的宗教思想,是殷商奴隶制统治的基础。巫术、宗教意识深刻地影响着人们的思维方式和价值取向。以感性直觉为特性的巫术交感思维形式影响着人们的审美思维,形成了早期艺术宗教理念和审美意蕴融为一体的特性。"神人以和"是殷商巫术文化时期伦理审美艺术的显著特性。"神人以和"从本质上讲是媚神和娱人的统一,是宗教理念、伦理观念和审美情感的融合。

### 一 饕餮含人的审美追求

夏末商初,中国开始进入青铜时代,先民创造了令人叹为观止的青铜文化。在强烈的巫术氛围下,青铜器充满了神秘的色彩。青铜纹样的审美意蕴不仅体现在其形式的合规律性,更重要的是观念的合目的性。从抽象与具象相结合的纹样中,人们可以感受到强烈的宗教理念以及追求天人相和("神人以和")的审美意识。商代的青铜器,广泛而集中地反映了当时伦理和审美意识的发展流变,是商代宗教文化和审美风尚最典型的物质载体。青铜器分为礼器和乐器。礼器用来烹煮和盛装祭祀物品奉献给诸神;乐器用来演奏祭祀之乐以娱神。"礼乐器凝聚商代人尊神事鬼的民族特性,也体现了他们对'神人以和'审美境界的追求。"[①] 青铜礼器象征着"神人以和",与整个宗教文化氛围相和谐,既满足了人们宗教情感的需求,又适合审美的需要。可以说,这时期的青铜文化,是宗教化了的艺术或艺术化了的宗教。

商周青铜器的主题纹样大多是图腾的抽象,如饕餮纹、龙纹、凤纹等,既体现了形式美的规律性,又是特殊理念与宗教情感的混合体,成为融巫术、伦理和审美为一体的文化符号。饕餮纹是商代青铜器上纹饰中的最主要类型。饕餮是中国古代传说中

---

[①] 杜道明:《中国古代审美文化考论》,学苑出版社2003年版,第28页。

的神兽,龙生九子之一,它最大的特点就是能吃。《辞海》中记载:饕餮是"传说中的贪食的恶兽。古代钟鼎彝器上多刻其头部形状作为装饰"。饕餮纹也称兽面纹,最早出现在青铜器上是在商朝前期,盛行于商周,在商代晚期和西周早期的青铜器上最多见,亦见于同时期的陶器制品上,成为商周鼎的主要纹饰。最早称其为饕餮纹,乃是宋代的《宣和博古图》,其中曰:"周饕餮尊纯缘与足皆无纹饰,三面状以饕餮,所以示戒也。"以凶猛的饕餮为纹饰作为祭祀的铜鼎,是殷代社会君权神权合一的象征,这便是在"率民以事神"的殷代,被神化的饕餮形象风行的社会根源。《吕氏春秋·先识》云:"周鼎著饕餮,有首无身,食人未咽,害及其身,以言报更也。"在殷商时代人们认为动物是有灵性的,因此动物经常是"巫"沟通人神的伴侣。殷商青铜器上饕餮含人的形象,表示巫借助动物的力量去与神灵沟通,表现了商人对"人神以和"的审美境界的追求。"中国的青铜饕餮也是这样。在那看来狞厉可畏的威吓神秘中,积淀着一股深沉的历史力量。它的神秘恐怖也正只是与这种无可阻挡的巨大历史力量相结合,才成为美——崇高的。……正是这种超人的历史力量才构成了青铜艺术的狞厉的美的本质。"[1]

二 敬祖事天的精神寄托

远古先民"万物有灵"的宗教意识,到了夏、商,发展为对至上的天帝(上帝)、自然神祇和祖先的崇拜,形成了夏商宗教信仰的鲜明特色。自然神的崇拜,多与人们祈求风调雨顺的希冀心理有关。对自然的崇拜,既反映了人们对自然的依赖心理,也表现了人与自然的亲和感。祖先崇拜是由图腾崇拜发展而来的,又是神鬼意识的体现,同时体现了古人英雄崇拜的思想。巫

---

[1] 李泽厚:《美的历程》,文物出版社1981年版,第38—39页。

术文化体系就是在这样一个信仰体系中形成的。无论是祭神（献媚于神），还是占卜（破译天命、神旨），抑或驱邪避鬼（对天命和神意的反抗），其最终的目的还是求"神人以和"。

(一) 商代的祭祀活动

商代的祭祀按主祭者的身份可以分为国祭和族祭两个系统。但在复杂的祭祀卜辞中，有时很难将二者区分开来。国祭是以国家的名义祭神，所有神灵都可以入祭，这时主祭者代表的是国家。其祭祀的目的更侧重于祈福避祸。族祭则是以子孙的名义祭祀祖先，目的更侧重于报本反始，同时也祈求对子孙的庇佑。

1. 国家祭祀。王作为最高统治者，拥有广泛的祭祀权利，《礼记·祭法》云："有天下者祭百神。"《礼记·曲礼下》曰："天子祭天地，祭四方，祭山川，祭五祀，岁遍。诸侯方祀。祭山川，祭五祀，岁遍。大夫祭五祀，岁遍。士祭其先。"天子作为国家的代表，所举行的祭祀不仅限于本族的祖先，而且包括所有被认为与国家有利害关系的神灵都可以进入王的祭祀之列。商王已建立了完备的祭祀机关，形成了一个祭祀群体。在国家祭祀系统中，国家的观念已超越了族的限制。各个姓的人集中于同一祭祀中，此时祭祀者的身份已不是作为祖先的后裔，而是作为国家的代表。"国之大事，在祀与戎"，祭祀在这里已不仅是一种尊亲追孝的仪式，而且是一种现实中的政权组织形式。《国语·周语上》："夫先王之制：邦内甸服，邦外侯服，侯、卫宾服，蛮、夷要服，戎、狄荒服。甸服者祭，侯服者祀，宾服者享，要服者贡，荒服者王。"显然是把治下的所有族群都统一到同一种国家祭祀制度之下。另外，祭祀也走出单纯向神灵献礼的宗教范围，而与国家的行政事务相融合。祭祀不仅是国家政治生活的重要内容，而且是国家组织维系的重要形式，帝、王族祖先、国家功臣、山川自然神组成国家神系统，成为国家的精神表征，君主通过祭祀国家神掌握整个国家的精神资源。

2. 宗族祭祀。宗族在中国国家形成的过程中发挥了巨大的作用，占有重要的地位，导致国家与宗族相表里，王族的政治化与国家的伦理化相融合。祭祀活动是宗族的主要活动，也是宗族得以维系的基础。后世子孙在现世的合法性，通过对祖先的祭祀来体现。古人认为存在着一个鬼神的世界，人死后依然在另一个世界里生活，而这个鬼神世界并不是独立存在的，而是与生人的现实世界息息相关，《史记·三代世表》："鬼神不能自成，须人而生。"而其在人世间的代表正是其宗族与子孙。鬼神的生活须靠本族和子孙供给，不食子孙的贡祭便会成为饿鬼，可见宗族后裔的贡祭是祖先在冥界生活的保证。祖先与后裔子孙的兴衰紧密相关，祖先的祭祀主要靠宗族后裔的祭祀，并且能随着后裔在阳世地位的改变而改变，而且鬼神所具有的权力和能力也与其宗族的实际情况相关。同时，本族子孙的祭祀是不变的，只要宗族存在，祭祀就会进行。而本族之外的祭祀则是变动的和不可靠的，国家祭祀等祭祀会因时因事而变，这就决定鬼神若想享有稳定的祭祀，保证长久的贡养，只能依靠于本族后人的致献。这说明了祖先在祭祀方面没有选择性，只有宗族后裔才是他在冥界生活唯一可靠的保证。祖先对于子孙也具有现实的意义，祖先的功勋是子孙享有现世富贵的依据。宗族祭祀权本身也是宗族存在的象征，一旦失去祭祀权，宗族也就失去了名义上的生存权。如《春秋经·襄公六年》载："莒人灭缯，非灭也，非立异姓以莅祭祀，灭亡之道也。"范宁注："莒是缯甥，立以为后，非其族类，神不欲其祀，故言灭。""立其甥为后，异姓，故言灭也。"缯国并未被灭掉，但因为由外甥继位，所以称缯已灭亡。

从商代的祭祀制度可以看出，国家祭祀更多是一种荣誉祭祀，而且可能会随着时间的变迁而被剔出祭祀；国家之祭能够提高鬼神在冥界的地位，却不能保证鬼神在冥界的一切正常需要，鬼神在冥界的正常需要须由其子孙的致祭提供。同时对于生人来说，祖先提供一种基础性的护佑，如果没有了祖先的护佑，则没有了安宁的保证。祖先与子孙的关系是注定性的，是不可选择的。祖先神和自然的界限并不是不可逾越的，祖先神、先臣神也有的向自然神转变，如商人的祖先、先臣具有影响天气、收成等权能，部分具有自然神的特征。先臣和祖先具有自然神属性后，先臣可以单独祭祀（按常理，先臣之祭应是与祖先神合祭，很少单独受祭），祖先也上升为国家神，已不是王族的保护神。与现实世界的联系也已不是单纯的血缘关系，而是部分取代自然神或最高神的职能。

（二）商人神话意义的世界

尊祖是景仰，祭祖是崇拜，两者都极尽美化祖先、歌功颂德之能事。把祖先神圣化、讴歌氏族英雄、强调君权神授、天命不可违，既体现了崇拜的宗教意识，也融进了人类的伦理观念和审美理想追求。殷商时代，氏族始祖诞生神话这时已经出现。简狄吞玄鸟之卵而生祖契，后代有"天命玄鸟，降而生商"的记述。据说殷商甲骨中也有简狄的名字，是商人祈献的对象。商人祭祀最多的就是自己祖先及功勋旧臣的亡灵，认为他们可以"宾于帝"，传达时王的愿望，是时王联系"帝"的唯一通道，所以当时对"人鬼"的祭祀频繁而又隆重，而且所有的祭祀仪式都大量供奉牺牲，甚至杀人祭神，物质上的浪费惊人。

神话是对神的世界的描述和建构，自然及人事的一切都由此神界（超验世界）来解释，而占卜是人与神界（超验世界）的沟通行为。中国远古神话大多表现人神的亲和。这里，没有普罗米修斯式的反抗，也没有基督式的受难，更没有宙斯式的乖戾，着重表现的是人与神的亲和感以及人与自然的和谐。尽管神话还不能说是人们自觉地思考事物本源的结果，占卜也还不是人们自觉的形而上思考的行为，但形而上的追求和思考已经不自觉地蕴涵其中。所以神话和占卜应该被认为是形上之思的初始形态。这里对"形而上"和"超验"的理解比较宽泛，凡是不同于人之经验世界的都被归为形而上的、超验的。神话世界对一切神灵有着朴素而真诚的信仰，进而相信任何奇迹的实在性。这里不区分"梦"和"醒"，不区分"想象"和"现实"，而是完全自觉地、完全慎重地给予一个知觉范畴和另一个知觉范畴以同样的信任，而不管这个对象是死是活，是动物是植物，是人还是任何其他的东西。这里的一切都不会死亡，神灵可以在相隔无限长的时间内反复出现，也可以在同一时间出现于不同的地方。人永远活着，只是形式不同，人和动物可以相互转化，彼此没有贵贱之分。人兽草木，日月星辰，风雨雷电等一切都有生命，一种强烈的生命一体感沟通了形形色色的事物。在这里，过去从来没有消失过，它永远是此时此地，所有的一切（存在的或不存在的）联系在一起，形成了一个无差别的统一体和无分化的整体，构建了一个根植于现实生活而又永远超越现实生活的伦理与审美相结合的神话意义的世界。

## 第三节 形成于周的礼乐文化

礼、乐源于巫术宗教中的祭祀仪式。礼，繁体字作"禮"，其字始见于卜辞。郭沫若在《十批判书·孔墨的批判》一文中说："礼是后来的字，在金文里面我们偶尔看见有用豊字的，从字的结构上来说，（礼）是在一个器皿里面盛两串玉具以奉事于神。《盘庚篇》里面所说的'具乃贝玉'就是这个意思。大概礼之起源于祀神，故其字后来从示，其后扩展而对人，更其后扩展而为吉、凶、军、宾、嘉的各种仪式。"[①] 任继愈认为，礼起源于原始的巫术礼仪，它是原始氏族向民族过渡中政治、经济、文

---

① 郭沫若：《十批判书·孔墨的批判》，人民出版社1982年版，第91页。

化和心理素质等各方面的文化积淀。关于礼的本质，胡适先生说："礼之进化，凡三个时期：第一，最初的本义是宗教的仪节；第二，礼是一切风俗习惯所承认的规矩；第三，礼是合乎义理可以作为行为规范的规矩。"① 据考证，在甲骨文中"乐"最初是先于礼而出现的，后来春秋时期"礼"成为贵族身份之资，地位就反过来跃居于"乐"之上，但是并没有导致偏废。古代礼仪活动，都须配以乐。"礼非乐不行，乐非礼不举。"（《通典·礼典》）礼乐向来不分，乐是礼的一部分。

殷商时期，"事神致福"之礼是远古尊祖敬天礼仪的延续，是人向神献媚、向神祈求的一种手段。表现人对神的崇拜敬仰，目的是事神，以求"神人以和"，消除灾难，获得幸福。祭典中歌舞伴随着整个仪式的进行，成为祭典的重要组成部分。礼乐一体化，"礼"中有"乐"，"乐"中有"礼"，巫术文化时代就已如此。巫术、宗教、礼仪、征伐等均有"乐"相伴，形成相应的用"乐"规范和等级制。礼乐是人类由野蛮时代进入文明时代的重要标志。随着社会的发展，宗教性的"礼"逐渐发展为包括一整套以血亲家长制为基础的伦理道德观、统治法规、行为准则、社会规范以及相关的礼仪、仪式。西周人文化的"礼"成为维持社会纲理伦常、等级制度和社会秩序的意识形态。"乐"则通过交流情感、愉悦人心的审美效应，起着调节人际关系和教化人伦的作用。在功能和用途上，礼、乐殊途同归。制"乐"辅佐"礼"，礼乐一体，教化人伦，辅佐人生，体现了审美教育在西周的重要地位，标志着"礼乐文化"在周代的形成。自周公"制礼作乐"以来到孔子提倡"克己复礼"，礼乐一直是传统文化价值追求的主流。中国古代文化以礼乐文化为中心，礼乐并举，相得益彰，共同为维护统治阶级利益服务。礼本在德，

---

① 胡适：《中国哲学史大纲》第五篇《孔门弟子》。

乐通伦理，礼乐所体现的是仁德，是文化修养，施礼乐最终要达到为人生而艺术的尽善尽美的理想境界，即道德与艺术（审美）的结合，这正是后来的儒家政治上所向往的境界："兴于诗，立于礼，成于乐。"（《论语·泰伯》）

## 一 以德配天——人的地位提升

商人所祭祀的神灵范围很广，不仅本族祖先、自然神灵接受祭祀，连属于异族的先臣也接受祭祀。殷商祭祀祖先已经是人的力量的最初萌芽，"礼"、"德"等概念虽然在巫术文化不占主导地位，但也不是完全没有。古文字学家多认为甲骨文中的"𢛳"应是德字的初文，表示目光直视，引申义多与行动有关。到周代铭文中才加"心"，成为"悳"或"德"，也有直接从"直"从"心"的，《说文》解释为"外得于人，内得于心"。所以"德"与人心意、动机的关联很可能是在西周以后才出现的。在古代文献中，《尚书·尧典》有尧"克明俊德以柔九族"、"否德忝帝位"等说法；《尚书·皋陶谟》甚至提出人君应以"宽而栗，柔而立，愿而恭，乱而敬，扰而毅，直而温，简而廉，刚而塞，强而义"的"九德"来选拔官吏；《尚书·商书》中还出现"德"字多处，如汤伐夏时说的"夏德若兹，今朕必往"，盘庚迁殷时的"施实德于民"，微子以为"我用沉酗于酒，用乱败厥德于下"（《商书·微子》）。鉴于这些可能经周初史官之手才写定，其中杂有周人的观念，所以尚不能确定殷商时代是否形成完整的"德行"、"德性"等观念。而且就其用法而言，"德"多与形容词连用，"德"本身还没有明确的价值规定，仅仅表示可以从道德角度加以判断的行为状态或意识状态。但即使西周之前这些观念还没有明确形成，其中蕴涵的精神当是有其历史渊源的。由此可以看到"从早期禅让的政治文化传统，到夏商两代，在君权神授观念的同时，也都传留了一种由君主领袖的美德和才智来建立政治合法性的传统"①，只是在周克商之前，德政的传统为神权政治的浓重色彩所遮掩。

武王克商以后，起初基本上还是沿用商朝的信仰体系，吸收了商人至上神和祖先崇拜等观念。周人在许多方面继承了商人的思想，其中也有"天"的思想，为了使人们顺从自己的统治，他们曾多次宣称自己是代殷而治，是奉承上帝的命令来管理的，《周书·康诰》曰："天乃大命文王，殪戎殷、诞命厥命，越厥邦厥民。"《大盂鼎》铭云："丕显文王，受天有大命。"周人自称"天之元子"，即天的嫡长子，而且宣称周是通过占卜得知天不仅立周王为"元子"，还授命周王克商，令有周"弋殷命"（《书·多士》），即"呜呼！皇天上帝，改厥元子兹大国殷之命"（《书·召诰》）。《逸周书·商誓解》也告诫殷贵族，周作为"小国"而克商是出于天命，纣"泯扰天下，弗显上帝，昏虐百姓，弃天之命，上帝弗显，乃命朕文考……'革商国'"。可见殷商君权神授的思想在周初还有很大影响。但是周人继承商人"天"的思想，只是政策上的继承，周朝统治阶层并没有固守传统，而是"监于有夏……监于有殷"（《书·召诰》），不断总结经验，反思历史。在另一种情况下，周人对天又持否定态度，这是周人不同于商人的新思想，它是周人在商政权灭亡的教训中悟出的。他们认为夏人当时也是承天命而有天下，天像保护儿子一样保护夏的统治，"相古先民有夏，天迪从子保，面稽天若"（《书·召诰》）。可是后来天又"刑殄有夏"（《书·多方》），从而夏亡。商人开始也是受天的保护，"何天之休"、"何天之崇"（《诗经》）。商代统治者也大力宣传自己的统治是天的意志，以为这便可以长治久安，但是后来天也"降丧于殷"（《书·多士》），还是为周人所灭，转而授命于周。在事实面前，

---

① 陈来：《古代宗教与伦理》，三联书店1996年版，第293页。

周人对天命产生了怀疑，得出"天命靡常"(《诗经》)、"惟命不于常"(《书·康诰》)的结论，召公甚至认为"天不可信"(《书·君奭》)。要使周的统治臻于巩固，就得从实际出发，周人开始注重德的作用和力量，于是倡导了"以德配天"、"敬德保民"的新思想。这一思想相传为西周初年周公旦提出的政治伦理思想。意为统治者应崇尚道德，以保其民人固其天命。一方面为革商之命作辩护，另一方面又作为统治的手段。这种将"德"作为两个不同世界之间的桥梁，乃是西周时代的新发展，它突破了商人上帝、天命的宗教观念，在神人关系中提升了人的地位，开始形成了重德的主导意识，以至于后来成为儒家思想的精髓所在。

二　制礼作乐——和的精神建构

"礼制的所有部分不是某一个时候一同产生的。每一部分都有自己的起源。当一种礼应运而生之后，它就逐步走向完备。后一个历史时期可能会增加新的内容，创造新的制度；但前一时期的制度如果不是失去意义，不是根本腐败的话，后一时期就不会将它根本抛弃，就会承袭、利用，也许加以改造。人类每一世代总是在既定的条件下生活，不可能把前一世代赖以生存的一切全部推开。人类总要发展，每一世代都要根据自己的认识有所作为。礼制的损益即因革，无疑是一条铁的规律。"[1] 三代时期在承袭前代的基础上建立了自己的礼仪制度，同时又有新的发展。也就是说，夏礼、殷礼、周礼，三礼一脉相承，但又有所损益和发展，其中周礼是夏礼、殷礼的继承和发展，最为全面和典型。正如孔子所说的："殷因于夏礼，所损益可知也。周因于殷礼，

---

[1] 陈戍国：《中国礼制史·先秦卷》，湖南教育出版社2002年版，第66页。

所损益可知也。其或继周者,虽百世可知也。"(《论语·为政》)这是孔子对三代礼制进行比较所得出的结论。礼最初是用来祈福祛灾的,后来才用于治国。周人从商朝灭亡的教训中得到启示:在事神敬天之外,还要注意人民的力量。于是在周礼中,伦理性被强化,这就是为儒家所称道的"制礼作乐"的主题思想。从此,"礼治"成为一种具有中国特色的治国方式。因为"礼治"被认为具有很强的等级性和教化性,"礼者禁于将然之前,而法者断于已然之后"(《史记·太史公自述》)。所以,历代统治者均强调用制度化的伦理道德来治理国家,而把刑法视为维护统治的辅助手段,从而形成所谓"德主刑辅"的治国思想。

所谓"发乎情,止乎礼义",《诗》三百基本都是周代礼乐文化的载体。孔子论诗,曰"一言以蔽之,曰:思无邪"、"乐而不淫,哀而不伤"。到周代时,礼已经发展得相当丰富,在《礼记·礼器》有"经礼三百,曲礼三千"之说。但是这些礼中的大部分是后来发展起来的,比较原始和基本的礼仪只有八类,即《礼记·昏义》所说的:"夫礼,始于冠,本于昏,重于丧、祭,尊于朝、聘,和于乡、射。此礼之大体也。"周代礼制完备而烦琐,仅记载流传下来的就有冠礼、婚礼、相见礼、乡饮酒礼、丧礼、祭礼等等,其中每一种礼又有诸多烦琐的程序和规定,大到尊卑贵贱,小到言行举止都有详细的规定。首先统治者注重礼的社会政治功能,如对祭祀等级的规定,对丧葬等级的规定等都是为了稳定社会秩序,具有明确的政治意图。其次礼还有道德功能,养成人的道德习惯,使人不自觉地近善远罪,《礼记·曲礼》所谓:"道德仁义,非礼不成;教训正俗,非礼不备;分争辩讼,非礼不决;君臣、上下、父子、兄弟非礼不定;宦学事师,非礼不亲;班朝治军,莅官行法,非礼威严不行;祷祠、祭祀、供给鬼神,非礼不诚不庄。是以君子恭敬撙、节,退让以明礼。"礼还有节制人的情感欲望的功能,防止"物之感人无穷"而导致"人之好恶无节……灭天理而穷人欲"的情况发生。相应的还有"乐",乐本来指乐舞、乐歌,按礼制规定,不同等级的贵族在不同的场合所使用的乐器不同,使用的乐舞和乐歌也不同,乐的使用如果不合规定,也被认为"非礼"。乐不同于礼的地方在于"乐统同,礼辨异"、"乐由中出,礼自外作"(《乐记》)。乐代表和谐原则,礼代表秩序原则,礼乐一起构成了秩序与和谐的统一,整个礼乐原则体现的是对人自身情感和行为的克制。

在执行解决社会争端的职能上,礼完全执行后世法律的功能,其对国家的重要性不仅仅是道德原则所能比拟的,故又称"礼法"或"德法",内容极为庞杂,主要功能在于"别贵贱、序尊卑",确定"尊尊、亲亲、长长、男女有别"的宗法等级秩序,是统治者体现等级秩序的行为规范和有效的统治手段,贯穿于整个古代社会,影响着社会生活的各个领域。在周代的礼乐文化中"礼"虽不是"法",却起着与"法"一样的整合社会的作用。不同的是,"法"是"不带感情的智慧"(亚里士多德语),而"礼"却是"常带感情的智慧",这一"带感情"的特征决定了它要依靠"教化"来推行,也决定了以"攻心为上"的"乐",可以在其中大显身手。同样。在中国传统的礼乐文化中"乐"非宗教,却起到了与"宗教"一样的和合人的心性情智的作用。"礼"以致"和","乐"以成"和",二者共同把"中和"精神刻写在了中国人及中国文化的灵魂上,成为集体无意识,成为积淀在中国人、中国文化血肉中摆不脱、丢不掉的文化信仰。

三 德礼自觉——礼的道德自觉

殷周之际,神话主要形态从具体神灵过渡到抽象神性,占卜方式从具体性的龟卜过渡到类型化的蓍占,这两个方面的变迁显示了人们抽象思维的进步，表现出由具体神灵向抽象神性转变的趋势。西周末期阴阳五行观念的初步产生，使西周时期祖先神话和天神神话分别向伦理和精神两个不同的方向发展并各自复杂化。商周之际神事到人事的变迁，标志人的伦理力量对神秘力量的初步胜利，人的觉醒滥觞于此。这一重大变革对群体的影响就是春秋时期治世理论对"德"的进一步强调，以至于孔子提出"为政以德"的治世理论。

周公认为周人之所以能受天命，是因为文王"嗣前人，恭明德"（《书·君奭》）。文王还曾告诫周统治者"肆惟王其疾敬德！王其德之用，祈天永命"。"德"的因素开始成为"天佑"的条件。周王一方面自称天子，敬天法祖；另一方面架空了天的力量，使之越来越成为形式上的合法性基础，而同时把实质上的合法性归于"德"，认为"皇天无亲，唯德是辅"。在这里，"德"已经成了有明确价值规定的概念，并被强调为政治的核心。周人不但赋予"德"积极的价值内涵，而且把政治秩序的正常运行与君主的德行结合起来。"德"与"善"相关，属于人的伦理力量。在周人的生活中，伦理的意义开始取代了占卜的意义；不再"每事必卜"，听命于神，而是注重人的道德修养，自主地做出选择和决定。周人歌颂先王，也不再注重其神异能力，而是凸显先王之德。西周对殷商天、帝观念的继承，对君主德性、德行的强调，形成了"以德配天"的观念。"天"观念的成长具有重要的思想意义。与祖先神和至上神不同，"天"虽有神性，但又不是某一个具体的神灵，而是综合了神灵的集体神格特征。它像祖先神那样有情感，命令和佑护人们；它又像自然神和至上神那样冷酷，体现为正义、道德和绝对意志，使人们感到恐惧。天观念犹如一层幔纱，把现实的人与宗教领域的神分离开来，使之朦胧、疏离。"天"是抽象的，在宗教思想中它是一种理性因素，称之为"宗教理性"。天观念的发展轨迹，正是商周社会理性因素增长的直接反映。"以德配天"这一观念产生的重大意义首先在于赋予"天"以善恶、伦理、价值的内涵。"天"不再是喜怒无常、意志难测的神灵，不再单纯拥有某种特殊能力，而具有了伦理价值原则和道德判断意志，可以根据国君的表现做出是否降命于他的决定。周人完成了从理性不能把握的神秘性向崇高、道义的神圣性的转变，即完成了从自然神灵到伦理神灵的过渡。这是周人在信仰上的理性化进步，是自由理性的新突破。"礼"渊源于祭祀，至迟在夏代已经出现，但并未形成整齐划一的规范。据《左传·文公十八年》记载，"周公制礼"，即在周公的主持下，对以往的宗法传统习惯进行了整理、补充，厘定成一整套以维护宗法等级制为核心的行为规范以及相应的典章制度、礼节仪式，使礼的规范进一步系统化。礼教既能"止邪于未形"，防乱心之所由起，又能在精神上控制人民，使其接受统治者灌输的国家意志，这固然是周代"德"与"礼"相结合发展的结果，但也应看到，礼的发展本是源远流长，一脉相承的，非周公一时一人的创造。《礼记·礼器》云："三代之礼一也，民共由之。"由于"周监于二代"（《八佾》），因此周代礼乐制度中必有相当的夏殷旧制。《逸周书·世俘解》曰："（武王）告于周庙曰：古朕闻文考修商人典，以斩纣身，告于天于祖。"表明周初曾沿袭殷礼。周因于殷礼最多者当为祭祀制度。周公"制礼作乐"，对礼乐进行改造，是建立在殷礼基础上的，周人继承前代礼制的合理成分，将之糅合到当代政治生活中，这部分被继承而来的礼（即周礼所见沿袭殷礼的内容）既然被周人用来推行德治，那么在商代也应行使着同样的功能。

四　乐通伦理——乐的伦理教化

中国古代的乐教亦很发达，礼乐传统一直被视为正统。从审美主体与审美对象的关系来看人与乐，"人能兴乐，乐能感人"，二者是互动的，主体生产对象，对象又生产主体。音乐是表现情感的艺术，乐音与人的情感发生共鸣，因而富有抒情性。黑格尔在《美学》中说："音乐来打动的就是最深刻的主体内心生活。音乐是心情的艺术，它直接针对着心情。"中国古代诗论也一向重视文艺"厚人伦，美教化，移风俗"的实践效果。

乐的伦理教化作用主要表现在三个方面：第一个方面是乐的政治功能。首先，"乐至则无怨，礼至则不争。揖让而治天下者，礼乐之谓也。暴民不作，诸侯宾服，兵革不试，五刑不用，百姓无患，天子不怒，如此，则乐达矣。合父子之亲，明长幼之序，以敬四海之内天子如此，则礼行矣。大乐与天地同和，大礼与天地同节。和故百物不失，节故祀天祭地，明则有礼乐，幽则有鬼神。如此，则四海之内，合敬同爱矣。"(《礼记·乐记》)就是说，民无怨争，则君上无为，但揖让垂拱而天下自治，其功由于礼乐。其次，"天子之为乐也，以赏诸侯之有德者也。"(《礼记·乐记》) 最后，可以"修身及家，平均天下"。第二个方面是乐的教育功能。中国古代教育以礼乐教育为中心，"礼""乐"为"六艺"的重要内容。据考察，最早的有组织的教育是礼乐教育，它肇始于原始的祭祀活动。《尚书·尧典》记载舜对夔说："命汝典乐，教胄子，直而温，宽而栗，刚而无虐，简而无傲，诗言志，歌永言，声依永，律和声，八音克谐，神人以和。"开启诗乐教育的先河。这里，德教也是乐教的一个组成部分。礼乐教育能够提升人格，提高人的文化修养。"兴于诗，立于礼，成于乐。"说明礼乐教育对于人格完善的重要性。诗之用，也就是礼乐之用。第三个方面是社会功能。《孝经》中说："移风易俗，莫善于乐。"《乐记》则说，"乐者，德之华也"，"夫声乐之入人也深，其化人也速"。可见"乐"能移风易俗，具有道德感化功能，使人产生善心，减少利欲，性情和悦，安而不躁。久而久之，便可以调理人的精神，树立人的威信。与此同时，雅颂之乐，使君臣上下和敬，长幼和顺，父子兄弟和亲，以达到"附亲万民"的社会目的。

乐重在和谐。"和"这种美学思想的哲学依据来自儒家。所谓"德法自然"，儒家崇尚和谐和秩序，天地相和而生万物，万物各得其所，井然有序，"和睦相处"。中国长期以来的封建大一统观念和农业社会形态，使得人心求"稳"、求"交"、求"善"、求"治"，也带来审美上追求"和"的倾向。《论语·阳货》中孔子说："恶紫之夺朱也，恶郑声之乱雅乐也。"郑声，即郑卫之音，是当时流行于郑国的一种生活化的民间音乐，但却被孔子斥为俗乐而与雅乐对峙。可见，儒家的理想就是要让"雅乐"体现圣王之德，在道统中体现政统。因为雅乐属于"正声"、"和乐"，而郑声发乎人性之欲且不合传统声律，属于"奸声"、"淫乐"甚至是"乱世之音"，故在远斥之列。这样，儒家的"乐通伦理"的传统便得以确立下来。按照这种观念，礼乐制作的目的就在于：调节"人欲"之失，使其符合"理"的规约，使得礼所确定的上下左右、尊卑贵贱的等级秩序得以维系和巩固，从而达到一种"致中和"的理想状态。在这种状态中，不仅人心"发而皆中节"而达于"和"，而且，"大乐与天地同和"从而"和"于天地的化育。礼乐可以和谐民心，或者说是将理性的"礼"融合在感性的"乐"之中，在"乐"中体现出"礼"来，"乐"中含"礼"，把"礼"艺术化了、诗意化了。乐以礼为之节制，礼须以乐为之调和。因为"礼"是根据统治需要后天产生的，是用外加的"理"来制约人的，具有强制性；"乐以治心"，艺术却是用本身内在的"情"来打动人的，具有使人自然感化，心悦诚服的特点。因此社会必须通过"乐"的艺术形式，潜移默化地感染人，才能达到以礼节制人的欲望的目的。礼乐并提，礼乐互补，强调礼与乐合，向来是中国文化的传统。礼乐相辅相成，才能发挥好的社会效果。"乐"不仅能通过作用于人心而达到伦理教化之功用，而且，

"乐"的纯粹的审美属性也得以表现出来。

《乐记》云，乐"生于心"、"本于心"。在人的"心"中，道德理智与情感欲望原本就是水乳交融、浑然一体的。正因为如此，"生于心"之"乐"才一方面是"情动于中"而自然向外"施"、"发"的产物，另一方面又是足以感动人之善心的"通伦理者"。但这合道德之"善"的内容又是以"和""乐"之"美"的形式出之，且以"养""导"之"自然和顺"的方式诉诸人的生命整体，从而使人的道德理智与情感欲望和谐顺畅、圆融无碍。此时，情欲因此而得到了安顿，道德也因此而得到了支持，二者完满地融合为一体。这时，"随心所欲不逾矩"、"义精仁熟"、"安顺而和乐"之"中和"人格——审美人格便自然生成。"礼乐之和"把伦理道德的"善"和审美情感上的"乐"（愉悦）统一起来，成为儒家美学思想的重要来源。礼乐一体，"诗教"、"乐教"充分体现了伦理教育的艺术化。自春秋以降，文人、士大夫对审美体验予以特别的重视，把审美视为成就人生的手段，追求人生境界和审美境界的统一，这种艺术化的人生追求，又可见出"礼乐之和"的审美内涵。儒家改造、重构礼乐文化，突出了礼乐的人情味并强化了"礼乐"的审美功能，特别注重通过"乐"的审美特性来强化礼的自律性，强调审美中的道德意识，"美善相乐"，都是"礼乐之和"发展的必然结果。

## 第四节　礼乐文化对中国传统伦理美的影响

周人认为感应上天的是人主之德，周朝的信仰已经从"神事"转向"人事"。经此一变，"礼乐"之文化内涵和文化品位也产生了质的飞跃，其生存根基也得到了大大的拓展与加强，成为一种普遍的文化、制度要求。其"中和"精神之追求也随之迈入一个新境界，"礼"、"乐"也开始有了各自的分工："乐者人地之和也，礼者人地之序也"；"礼以道其志，乐以和其声"（《礼记·乐记》）；"乐所以修内也，礼所以修外也。礼乐交错于中，发形于外，是故其成也怿，恭敬而温文"（《礼记·文王世子》）；"乐极和，礼极顺，内和而外顺，则民瞻其颜色而弗与争也，望其容貌而民不生易慢焉"；"乐至则无怨，礼至则不争"（《礼记·乐记》）。从此"乐"与"礼"一主内一主外，一养性一修行，一直接一间接，一成"和"一致"和"，共同担负起治国安邦，和亲顺民，以成王道的重任。

周代礼乐文化的基本精神——中和，是中国文化传统的活的精神。从政治秩序上看，周代礼乐文化通过礼乐典制的设立和实施，达到"和邦国"、"谐万民"的效果；从自然万物上说，礼乐的实施可达致"大地之化"、"百物之产"；从宗教祭祀方面看，礼乐可以事鬼神、敬祖先；从人伦日用方面看，礼乐合于人性节于人情，辨尊卑、别贵贱，使民行中正，和而不乖。在礼乐文化的范导、熏陶下，周人虽然禁锢在森严的等级制和烦琐的礼仪框架中，但是其生活仍充溢着生命的灵动，在文质彬彬的礼乐氛围中过着有节制的快乐与悲戚的艺术般的生活。周代礼乐文化自周公制礼作乐至春秋战国的礼坏乐崩，在800多年的时间里，经历了产生、发展、成熟与衰落的全过程，郁郁乎文哉的西周礼乐盛世和思想文化上异彩纷呈的"百家争鸣"，造就了中国历史和思想文化史上辉煌的篇章，对当时和后世都产生了极大的影响。

一 人伦日用的现实超越

从殷商巫术文化到周代礼乐文化逐渐演进的态势，其核心是从"神道设教"向"人道设教"的转换，世俗化、人文化色彩日趋显著。正因为如此，夏商之鬼神之礼乐才随之而变为西周之人之礼乐。这一转换关系重大，甚至可以说，正是这一转换奠定了中国文化的基本面貌。也正因为如此，"制礼作乐"的周公才在中国文化史上享有崇高的地位。

西周之礼乐文化是在夏、商文明的基础上发展和成熟起来的，是长久孕育其间的生命力的勃发，所以尽管它如同宗教戒律一样，要求人们尊奉和恪守，却并没有给人们的生活带来"陌生化"的感觉，它恰恰是对人们生活的赋型，给人们带来的恰是生命所不可或缺的秩序感、稳定感和安全感，乃至于人们日用而不知。周代最基本的社会关系包括封建和宗法两个互相联系的方面，尽管周代礼乐制度所包含的内容极其丰富，但这两个方面是周代礼制中最为实质的内容。其中，所谓封建，即封疆建国，用现代话说，是规定中央政权与地方各诸侯国以及各诸侯国彼此之间的相互关系的政治制度或国际政治制度；所谓宗法，简单说是用于规定扩大式家庭家族内部平辈的男性成员之间长幼与亲疏秩序的制度。这两套礼乐制度是秦汉之后中国社会伦理关系发展的源泉。

周代礼乐文化在日常生活层面的目的与作用就是要利用礼乐的规范性与艺术性的特点，对自然的人进行人文化教育，把自然人纳入到政治性伦理性轨道上来，使人都成为"文质彬彬"的君子。周代的礼乐文化是礼乐一体的，礼乐作为一个有机的整体对社会的政治、经济、文化、教育、军事、外交诸方面起着规范作用。具体地说，"礼"自外作，其主要功能在管乎人之行为，以一种习惯法的形式管理社会与个人，并以此致社会之"和"、个体之"和"；"乐"由中出，其主要功能在"攻乎人心"，养乎心性，以一种准宗教信仰的形式使"和"成为人们心中的文化信仰，并以此来成就个体之"和"、社会之"和"。但分工并不使二者疏离；相反，还使二者构成了一种交相为用、共求"中和"的"礼乐互补"机制。礼自外作，乐由中出；礼本别始，乐从和生；礼者强，乐者乐；礼便于修行，乐长于治心。"立于礼"是"持守"，它必须借助道德理性去战胜自然人性并无条件地接受某些绝对律令与规则,是人的有意为之,带有强制性;"成于乐"是"融化","礼"以"和"与"乐"为依托,并通过"和"与"乐"来实现道德规则或律令的自然而然的内化。换句话说,它是在人性得以自然生发、生命力得以自由挥洒、身心和顺悦乐的情形下使人的情感欲望得以陶冶升华,并与道德理智自然和顺的既守规范又觉自由的境界。

二 尊卑长幼的和谐规范

通过周公的制礼作乐,中国古代的礼乐文化传统最终得以定型。西周以前的中国古代政治文化是一种带有原始宗教性质的巫术文化:夏人"遵命,事鬼敬神";商人"尊神,率民以事神"。范文澜因此而称夏文化为"遵命文化",殷商文化为"尊神文化"。在夏、商之"遵命"和"尊神"文化中,礼乐虽已萌生并获得相当程度的发展,但礼乐主要是作为辅助宗教性政治活动的外在形式而存在。到了西周,"天命"与"神意"的政治意义大为减弱,而人之可为的政治之"德"则大为凸显。周公将从远古到殷商时的礼乐加以大规模的整理、改造,使其成为系统化的社会典章制度和行为规范,尤其是立嫡立长的继统法在西周初期通过礼制而得以确立,促成了宗法、封建、等级三位一体的社会政制模式的建构,从根本意义上解决了政治运行的有序化问题。

"周礼"是周公执政后,在总结夏、商、周三代治乱兴灭的经验和教训的基础上制定的体现和维持社会等级秩序的一套政治制度以及包括政治生活、经济生活、物质文化生活在内的各种规范,确定了帝王、诸侯、卿、大夫、士、庶人的不同社会地位、等级、权利和义务,它比殷礼进步的地方就是包含了一定的"重民"思想。周公的政治思想带有明显的等级差别,他认为上与下,即天子与百姓既有不同的作为,也应该有不同的行为规范。所以,周公制礼作乐、推行礼制的主旨在于"明君臣之义","明长幼之序",向整个社会宣扬"贵贱不衍"的宗法等级观念,周公的敬德是以礼教为中心的,致使西周的教育发生了由原来的生活生存教育向政治与伦理教育的转变。通过礼教的作用来达到协调人的关系,巩固西周统治,达到礼乐为政治服务为统治者服务的目的。周公"制礼作乐"在本质上起到了对人伦亲情、纲理伦常、尊卑有序的封建关系予以肯定的作用,其终极目标则仍然停留于社会等级秩序的合理性。周公"制礼作乐"的意义就在于,通过不同的礼制将每个人的社会地位和彼此间的主从关系规定了下来。这种等级性礼制秩序为后来先秦儒家所高度肯定,所谓"礼义立则贵贱等矣","礼达而分定"是也。孔子所主张的"复礼",主要所指就是周礼,即西周以来的典章、制度、规范、仪节。在他看来,正是周礼最为完整地规定了人与人之间长幼尊卑有序、上下贵贱有等的秩序,而这恰恰充分体现了基于自然血缘的宗法人伦的精神传统。

西周由政治精英确立的礼乐制度和规范,具有鲜明的政治色彩,是一种政治文化。但这种政治文化是以"亲亲"、"尊尊"、"男女有别"的人的自然血缘关系为基础的,是基于人性的"人道之大者"。周代统治者以"亲亲"的基本人伦为依据,规范政治上"尊尊"的等级差别,同时又要求"亲亲"的血缘关系服从于"尊尊"的政治关系,使政治伦理化,伦理政治化。由此形成了周代礼乐的本质特点,把"亲亲"的血缘关系与"尊尊"的政治关系比较完善地结合在一起,把自然的人放进人为的政治社会关系中,使之成为社会政治等级中的人,同时又把理想的政治社会建立在人的自然血缘基础上,形成一个宗法等级的社会。周代这种家国同构、政治与血缘合一的模式,成为中国古代社会的基本范式。《周礼》的礼乐原则和规范,作为国家的政治制度和根本大法,在西周由统治阶级颁布和实施。与之相配套的,作为日常礼仪规范的《仪礼》,则把礼乐中和的原则贯彻到人从生到死的全过程，从祖到孙的世代传承。这种集政治、宗教、伦理于一体的礼乐制度、规范，经过 300 多年的实施，成为人们思维、情感的一部分，成为文化、社会习俗风尚的底蕴，礼乐文化的中和精神韵味弥散在整个社会，可以说，西周礼乐文化以"大传统"精英文化确立范型，向"小传统"大众文化灌输渗透，使大传统和小传统融合，成为一种"实质性传统"，由此形塑了传统中国文化的精神。

# 第三章 先秦儒家伦理思想中的"美"

先秦儒家谈审美与艺术,不只是着眼于美的形式特征,而是将美的形式特征同深刻的理性道德内涵、同人的道德品质结合起来。美善结合、美善统一,即所谓伦理美,在先秦儒家美学与伦理学中表现得特别突出。它既是先秦儒家美学思想的基本特征,也是先秦儒家道德教化思想的重要特色。

## 第一节 孔子以"仁"为核心的伦理美思想

孔子(前551—前479年),名丘,字仲尼。春秋时期鲁国陬邑(今山东曲阜东南)人,儒家学派的创始者,中国历史上最著名的思想家、教育家,中华民族文化传统的奠基者之一,也是具有深远影响的世界文化名人。由其学生记录整理的《论语》一书,是研究孔子思想的主要材料。由于孔子的卓越贡献与思想影响深远,他被中国人尊为至圣先师,万世师表。"仁"是孔子思想的核心,它的内涵极为广泛,建立在其基础上的伦理美思想就是一个十分重要的方面。

### 一 以物配德

孔子的伦理美思想十分丰富。从伦理道德的观点看自然现象,将自然现象看做人的某种精神品质的表现与象征,所谓

"以物配德"或"比德",是他的伦理美思想的重要内容。

以孔子为代表的儒家认为社会伦理规范要想在社会上得到广泛的响应与推广,就必须要求每个社会个体加强内在精神上的修炼,以严格的道德自律使外在的社会理性纳入个体内心,内化为一种伦理人格。而"比德"就是这种伦理人格精神在自然审美方面的表露。

孔子及其后继者在对自然山水的审美把握中,以自然山水的某些形态特征与人际的伦理品格之间的相通作为契合点,把二者相比拟,为理性的社会内容强化为人的内在人格找到了感性依托,借自然的感性审美力量,进一步强化人格中的理性内容。

《论语》中记载了孔子的很多这类言论。如:"子曰:岁寒,然后知松柏之后凋也。"① 而最能集中体现孔子这种自然审美方式的要算他"知者乐水,仁者乐山"的思想,亦即"仁山智水"。子曰:"知者乐水,仁者乐山。知者动,仁者静。知者乐,仁者寿。"② 这表明人欣赏自然美有选择性,但此处并未说明智者为什么乐水,仁者为什么乐山的道理。

《荀子》、《说苑》与《韩诗外传》都记载了孔子跟其弟子关于"仁山智水"的对话且讲清了这个问题。下面引《说苑·杂言》中的三段来看一看。

  子贡问曰:"君子见大水必观焉,何也?"孔子曰:"夫水者,启子比德焉。遍予而无私,似德;所及者生,似仁;其流卑下,句倨皆循其理,似义;浅者流行,深者不测,似智;其奔赴百仞之谷不疑,似勇;绵弱而微达,似察;受恶不让,似包;蒙不清以入,鲜洁以出,似善化;至量必平,

---

① 《论语·子罕》。
② 《论语·雍也》。

似正；盈不求概，似度；其万折必东，似意。是以君子见大水必观焉尔也。"

"夫智者何以乐水？"曰："泉源溃溃，不释昼夜，其似力者；循理而行，不遗小间，其似持平者；动而下之，其似有礼者；赴千仞之壑而不疑，其似勇者；障妨而清，其似知命者；不清以入，鲜洁而出，其似善化者；众人取平，品类以正，万物得之而生，失之则死，其似有德者；淑淑渊渊，深不可测，其似圣者。通润天地之间，国家以成。是知之所以乐水也。《诗》云：'思乐泮水，薄采其茆，鲁侯戾止，在泮饮酒。'乐水之谓也。"

"夫仁者何以乐山也？"曰："……万民之所观仰。草木生焉……宝藏殖焉，奇夫息焉，育群物而不倦焉，四方并取而不限焉。出云风，通气于天地之间，国家以成。是仁者所以乐山也。《诗》曰：'太山岩岩，鲁侯是瞻。'乐山之谓矣。"

这三段对话说明了智者之所以乐水，是从水的形象中观照到有与自己的道德品质相似之处。仁者之所以乐山，是从山的形象中意会到有跟自己的道德品质相同之点。水具有"似德"、"似仁"、"似义"、"似智"、"似勇"、"似善化"、"似正"、"似意"等特征，君子能从中观照到自己的这些优良品质，因而乐于观水，从中获得精神愉悦。巍巍高山，草木生长，飞禽荟萃，走兽生息，宝藏繁殖，不知疲倦地养育万物，"无私"地供给四方取之不尽用之不竭的"财物"，而且出风云以通乎天地之间，阴阴和合，国家以成。山给人们带来如此之多，如此之大的好处，具有与仁者无私奉献的美德相同的特点，所以仁者乐于观赏山，认为山是美的。

可见，"比德"说的实质，是美与善的结合，是把自然物象外在的美的形式，同个人内在的道德情感结合起来，从对自然物象的观照中感受到人格美、精神美与社会美。而这些自然物象寄托着人们的人生道德理想，成为某种崇高品德的表征。

## 二 尽善尽美

"尽善尽美"是孔子在《论语·八佾》中提出的："子谓韶，'尽美矣，又尽善也。'谓武，'尽美矣，未尽善也。'"郑玄注云："韶，舜乐也，美舜自以德禅于尧又尽善，谓太平也。武，周武王乐，美武王以此功定天下；未尽善，谓未致太平也。"可见，"美"是对艺术的审美评价和要求，"善"是对艺术的社会作用和伦理道德方面的规范与要求。

《论语》中称"至德"者有二，一赞周之先祖左公父长子泰伯，二赞文王，皆因其出于礼让。因此，对于违反其政治思想、歌颂以武力夺取天下的"武"乐，孔子认为它在艺术上"尽美矣"，在思想内容上却由于并未表现"至德"，所以"未尽善也"。对于《韶》乐，孔子极力加以赞美，认为它不仅在艺术上是"尽美"的，而且在思想上符合他理想中的伦理道德观念，因而也是"尽善"的，即"美"与"善"高度统一的典范，也就是"尽善尽美"。《论语·述而》中说到孔子在齐国听到《韶》乐时，竟"三月不知肉味"，并赞不绝口道："不图为乐之至于斯也。"在《论语·卫灵公》中，当颜渊向孔子"问为邦"时，孔子讲了几条，其中一条即"乐则《韶》、《舞》（舞同武）"。可见，推崇"尽善尽美"的《韶》乐，是孔子一以贯之的审美思想。

孔子在审美中，既承认"尽美"，又要求"尽善"。他虽然并不否认事物、物象的形式特征所产生的美感意义，但他更看重内容的善，也就是说他更重视社会伦理道德标准，要求审美与艺术给予人的情感愉悦应该是合乎伦理道德的善的情感。他的这种重视伦理道德标准的思想被称作"以善为美"说。

### 三　文质彬彬

孔子既注重教育主体与客体的内在塑造，又注重教育主体与客体的外在陶冶，融美育于教授之中，从审美途径上窥测和把握教育的根本目标，使教育内容与形式得到完美的统一，由此构成了孔子教育独具特色的"文质彬彬"的伦理美思想。

从伦理美角度看，孔子教育无不渗透着伦理美的内容。所谓"文质彬彬"是孔子美育内容明确而概括的表述。"文"与"质"是同一美育内容的两个不同方面。"文"指教育形式的外在美，包括语言、行为、环境和文饰美；"质"指教育内容的内在美，包括心灵、思想、精神与道德美。在这两者中，孔子首先以质为出发点，强调质的根本目的性。质源于道德，本于仁义，故孔子强调君子之学，"志于道，据于德，依于仁，游于艺"[1]。"道"、"德"、"仁"为孔子所述最高内在质美的范畴。而"艺"则为外在文美的总括形式。质美是首要的决定性的因素，只有质美，才有文美。故孔子云："人而不仁，如礼何？人而不仁，如乐何？"[2]故只有质美的人，才能真正担当改造社会复礼归仁的重任，实现"经国家，定社稷，序民人，利后嗣"的目标。可见，孔子儒学文化教育首先注重教育对象内在心灵的修养、教化和陶冶，使仁义成为教育客体自觉规范的内驱力。

但仅有质美还难以实现其目标，它最终尚须依靠外在文美的"彬彬"（和谐）配合方能实现。故孔子又十分讲求美育形式，强调据德以仁，约之以礼，通过礼来表现仁的内容。于是，礼就首先成为表现文美形式行为的规范。故孔子在强调仁

---

[1] 《论语·述而》。
[2] 《论语·八佾》。

教的同时，又强调行为美的礼教。礼教同仁教具有同等意义，它为儒学的发展开创了文美形式的重要途径。《礼记》云："使人有礼，知自别于禽兽"①，人有尊卑贵贱之别，这是行为礼仪文美形式表现的依据，也是人有异于禽兽无礼仪差别的根本标志。这种依据与标志对民族"礼仪之邦"典型风范的形成起到了促进作用。

　　仁教质美与礼教文美，二者关系十分密切。首先，前者决定后者，而后者表现前者。《论语·八佾》有一段是记述孔子和子夏的对话，就很好地说明了这个问题。大意是，子夏问孔子《诗经》上"巧笑倩兮，美目盼兮，素以为绚"是什么意思？孔子回答说，先有白底然后画画。子夏又问：那么是不是礼教文美在仁教质美之后？这得到了孔子的肯定回答。其次，二者谁都离不开谁。无前者，后者是空洞的；无后者，前者是粗野的。故孔子明确指出："质胜文则野，文胜质则史（空洞）。文质彬彬，然后君子。"② 总之，文与质要协调一致，这是孔子教育的理想境界。但有如桑伯子"其质美而无文，吾欲说而文之"。这就是说孔子要以文礼教之，以改变其文质不协调的状况。至于"小人之过也必文"③，则认为更为有害，故要教之以仁，以改变其文过饰非的错误行为。而孔子本人却有过谦的说法："文，莫吾犹人也。躬行君子，则吾未之有得。"④ 意思是说，我孔子在文的表现虽跟别人差不多，但作为君子所具备的质，则尚未取得什么成就。故孔子能正确地对待自己，要求自己，具备仁教质美与礼教文美的基本素质，成为"文质彬彬"的最佳典范。

---

　　① 《礼记·曲礼上》。
　　② 《论语·雍也》。
　　③ 《论语·子张》。
　　④ 《论语·述而》。

## 四 仁和之美

孔子要求人在道德上要达到"仁"的境界,这"仁"的境界其实就是"和"的境界,人要达到"和",首先必须做到"仁",如果人人都做到了"仁",那么人与自然、人与人、人与社会之间就会达到和谐统一的境界。孔子的理想境界就是人与自然、人与人、人与社会间和谐统一的境界。在这个意义上,"和"是"仁"的本质和终极目的。"仁"与"和"在最高的层次和境界上是统一的。

在《论语》中,孔子有八次谈到"和",其中最主要的是以下两段论述:"子曰:君子和而不同,小人同而不和。"[1] 有子曰:"礼之用,和为贵。先王之道,斯为美;小大由之,有所不行,知和而和,不以礼节之,亦不可行也。"[2] 从这些论述中可以看出:第一,孔子把"和"作为评价个人行为的一个道德标准;第二,孔子把"和"作为实现治国之道的最佳途径;第三,孔子把"和"作为协调人与人之间关系的最佳原则,人与人之间的关系达到了"和"的状态,即达到了一种人际关系的理想状态,也就是说达到了一种美的人际关系。未能达到"和"的状态,即不是美的人伦关系。这是孔子人文主义伦理美学思想的又一鲜明特征。

孔子思想当中的"和"已经是完全伦理道德化了的"和"。对于孔子的"和",杨遇夫先生在《论语疏证》中曾这样解释:"事之中节谓之和,不独喜怒哀乐之发一事也。《说文》云:'夫和,调也。'……乐调谓之和,味调谓之盉,事之适调者谓之和,其义一也。和今言适合,言恰当,言恰到好处。"

---

[1] 《论语·子路》。
[2] 《论语·学而》。

孔子强调，人与人之间，人与社会之间，人与自然之间以及人本身的内在与外在之间只要达到了"和"的状态，也就是达到了美的状态，美的境界。

孔子希望在人与人的关系上，以"和为贵"。和，是人最美好的追求。和则相安，和则得众，和则得利，和则生物。一个国家，"人和则无寡，物均则无复，国安则无倾"。① 人与人之间的关系如果达到了"和"的状态，就是美的。

五　里仁为美

关于"里仁为美"，历来理解不一。朱熹《论语集注》："子曰：'里仁为美。择不处仁，焉得知？'处，上声。焉，于虔反。知，去声。里有仁厚之俗为美。择里而不居于是焉，则失其是非之本心，而不得为知矣。"

钱穆《论语新解》：

子曰："里仁为美，择不处仁，焉得知！"

里仁为美：一说：里，邑也。谓居于仁为美。又一说：里，即居义。居仁为美，犹孟子云："仁，人之安宅也。"今依后说。

择不处仁：处仁，即居仁里仁义。人贵能择仁道而处，非谓择仁者之里而处。

焉得知：孔子每仁知兼言。下文云知者利仁，若不择仁道而处，便不得为知。

孔子论学论政，皆重礼乐，仁则为礼乐之本。孔子言礼乐本于周公，其言仁，则好古敏求而自得之。礼必随时而变，仁则古今通道，故《论语》编者以里仁次八佾之后。

---

① 《论语·子张》。

凡《论语》论仁诸章,学者所当深玩。

孔子仁道是人文主义的价值理想。

  子曰:"里仁为美。择不处仁,焉得知?"①
  子曰:"不仁者不可以久处约,不可以长处乐。仁者安仁,知者利仁。"②
  子曰:"唯仁者能好人,能恶人。"③
  子曰:"富与贵是人之所欲也,不以其道得之,不处也;贫与贱是人之所恶也,不以其道得之,不去也。君子去仁,恶乎成名?君子无终食之间违仁,造次必于是,颠沛必于是。"④
  樊迟问知。子曰:"务民之义,敬鬼神而远之,可谓知矣。"问仁。曰:"仁者先难而后获,可谓仁矣。"⑤

仁道的价值理想,尤其体现在人在道义与利欲发生冲突的时候。孔子不贬低人们的物质利益要求和食色欲望的满足,只是要求取之有道,节之以礼。"君子喻于义,小人喻于利。"(喻即晓,也即懂得)"士志于道,而耻恶衣恶食者,未足与议也。"⑥"君子食无求饱,居无求安,敏于事而讷于言,就有道而正焉,可谓为学也已。"⑦

---

① 《论语·里仁》。
② 同上。
③ 同上。
④ 同上。
⑤ 《论语·雍也》。
⑥ 《论语·里仁》。
⑦ 《论语·学而》。

孔子提出的道义原则、仁爱忠恕原则及仁、义、礼、智、信等价值理想，是以"仁"为中心的。孔子仁学是中国人安身立命、中国文化可大可久的依据。这些价值理想通过他自己践仁的生命与生活显示了出来，成为千百年来中国知识分子的人格典型。

孔子赞扬"里仁为美"是把善与美合而为一，把美当做善的同义语而使用。在孔子看来，只有寓善于美、美善统一，才会给人类社会带来和谐的人际关系。

可以说，孔子的美实质上是伦理化、道德化了的美，孔子的美的理想实质上是伦理化、道德化了的审美理想。因此，可以把孔子的美学思想看成是一种伦理美学思想，这是比较符合孔子的美学思想的实际的，同时这也是孔子美学思想的实质和与众不同的个性所在。

## 第二节　孟子以"性善论"为基础的伦理美思想

孟子（约前372—前289年），名轲，字子舆，战国时期邹（今山东邹城东南）人，著名的思想家、政治家、教育家，孔子学说的继承者，儒家的重要代表人物。孟子与孔子齐名，世称"孔孟"。长期以来，他被人们尊为"亚圣"，奉为孔子思想的正宗嫡传。除孔子外，孟子可以说是历代大儒中对中国文化影响最深的人物了。孟子与他的学生一起，"序《诗》、《书》，述仲尼之意，作《孟子》七篇"。[①]

孟子强调要善于养气，养浩然之气。什么是浩然之气？就是舍生取义，杀身成仁的正气，就是置于善之上的大气，就是与民同乐的和气……这些气就构成了浩然之气。这种浩然正气体现着一种伟大的精神之美。

---

[①] 《史记·孟荀列传》。

一　性善之美

孟子性本善的理论曾在两千多年的中国历史上引起过激烈的争论和强烈的反响。从《孟子·告子上》中可以看出，在孟子时代与孟子争论最为激烈的当属告子。告子认为："性犹湍水也，决诸东方则东流，决诸西方则西流。人性之无分于善不善也，犹水之无分于东西也。""生之谓性。""食色，性也。"即告子认为，人性就像流水，像天生的资质或像饮食男女一样是一种纯粹自然的东西，无关善与不善这些道德内容。孟子却针锋相对地指出："水信无分于东西，无分于上下乎？人性之善也，犹水之就下也。人无有不善，水无有不下。"即认为人性不仅是善的，而且就像水总往低处流一样自然，孟子既赋予了人性善的道德内涵，又赋予了道德善的自然特征，因而成为一种坚固的、与生俱来的人之根本，从而与动物划清了界限。这就是："恻隐之心，人皆有之；羞恶之心，人皆有之；恭敬之心，人皆有之；是非之心，人皆有之。恻隐之心，仁也；羞恶之心，义也；恭敬之心，礼也；是非之心，智也。仁义礼智，非由外铄我也，我固有之也，弗思耳矣。"在孟子看来，"人之所以异于禽兽者"，就在于人有这种"仁义礼智"四端所构成的仁义之心，亦即"不忍人之心"。孟子说："所以谓人皆有不忍人之心者，今人乍见孺子将入于井，皆有怵惕恻隐之心，非所以内交于孺子父母也，非所以要誉于乡党朋友也，非恶其声而然也。由是观之，无恻隐之心，非人也；无羞恶之心，非人也；无辞让之心，非人也；无是非之心，非人也。恻隐之心，仁之端也；羞恶之心，义之端也；辞让之心，礼之端也；是非之心，智之端也。人之有是四端也，犹其有四体也。"[①] 把人的本性善与动物相对比，无疑提高了人

---

[①]　《孟子·公孙丑上》。

的地位，显示出了人性的价值所在，而且也为整个孟子的修养美学打下了理论基础。

值得注意的是，孟子在论证人性善的普遍性时，引出了他的人性论的共同美感论。这就是："口之于味，有同耆也；易牙先得我口之所耆者也。如使口之于是味也，其性与人殊，若犬马之与我不同类也；则天下何耆皆从易牙之于味也？至于味，天下期于易牙，是天下之口相似也。惟耳亦然。至于声，天下期于师旷，是天下之耳相似也。惟目亦然。至于子都，天下莫不知其姣也。不知子都之姣者，无目者也。故曰，口之于味也，有同耆焉；耳之于声也有同听焉；目之于色也，有同美焉。至于心，独无所同然乎？"① 易牙、师旷、子都之所以能够引起如此广泛一致的声色口味之美感，就在于天下人皆有相同的生理和心理机制，具有相同的接收功能和反应机制。并由此共同美感而推断出人皆有共同的道德倾向。在孟子看来审美和道德一样既是生而有之的又是具有普遍一致性的。

与孟子这种人性本善但又不离其修养的人性完美论相联系的是孟子的人格美论，这一点构成了孟子修养美学中最光彩照人的一章。孟子说："鱼，我所欲也，熊掌亦我所欲也；二者不可得兼，舍鱼而取熊掌者也。生亦我所欲也，义亦我所欲也；二者不可得兼，舍生而取义者也。生亦我所欲，所欲有甚于生者，故不为苟得也；死亦我所恶，所恶有甚于死者，故患有所不辟也。如使人之所欲莫甚于生，则凡可以得生者，何不用也？使人之所恶莫甚于死者，则凡可以辟患者，何不为也？由是则生而有不用也，由是则可以辟患而有不为也，是故所欲有甚于生者，所恶有甚于死者。非独贤者有是心也，人皆有之，贤者能勿丧耳。"②

---

① 《孟子·告子上》。
② 同上。

生与死是生命的最为重要的抉择。生意味着生命的延续，死意味着生命的结束，存在的消失和价值的殆尽。然而，在孟子看来，还有比生更有价值，更为重要的东西，也有比死更令人厌恶的东西，也就是所谓"所欲有甚于生者"、"所恶有甚于死者"，这种超越生命本身价值的东西也就是孟子所谓的"仁、义、礼、智"这四端。为了仁义礼智，可以放弃生命，可以选择死亡。无论从对正价值的追求上，还是从对负价值的否定上，人都应该超越自身生命的存在，彻底解脱功利的束缚，为了人生的理想，为了人生的最高价值而在不得已时舍生取义，杀身成仁。孟子把孔子"志士仁人，无求生以害仁，有杀身以成仁"①的思想发展到了极致，从中闪耀着人格美的光辉。这种人格美是一种可与天地比寿，可与日月同辉的大美和壮美。这种大美和壮美也是整个中华民族的伟大精神与审美意识中的最强音。诚如鲁迅先生所指出的那样："我们自古以来，就有埋头苦干的人，有拼命硬干的人，有为民请命的人，有舍身求法的人……虽是等于为帝王将相作家谱的所谓'五史'，也往往掩不住他们的光耀，这就是中国人的脊梁。"（鲁迅：《且介亭杂文·中国人失掉自信力了吗?》）可以说，正是孔孟，尤其是孟子所强调和赞美的人格美塑造了中华民族的脊梁。

二　浩然正气

孟子在《公孙丑》篇中提出了培养人格美的"养气"之说："敢问夫子恶乎长?"曰："我知言我善养吾浩然之气。""敢问何谓浩然之气?"曰："难言也！其为气也，至大至刚，以直养而无害，则塞于天地之间。其为气也，配义与道；无是，馁也。是集义袭而取之也。行有不慊于心，则馁也。"从引文分析，浩然

---

① 《论语·卫灵公》。

之气主要包括三方面内容：首先，从性质上说，浩然之气是和"义与道"相配合的，而"义与道"都属于人的精神范围，所以浩然之气是人的一种精神力量、精神状态，不属于物质范畴，如精气之类。其次，从力量上说，浩然之气最伟大、最刚强，一旦人具有了浩然之气，便可以立于天地之间。最后，从培养上说，浩然之气必须用正直来培养，不能加以损害，一旦做一件于心有愧的事情，它就疲软了，而且这种培养是由经常积累所产生的，不是偶然的正义行为所能取得的，也就是说，它来自天长日久的积累而不能产生于一朝一夕的冲动[①]。孟子是从伦理道德的角度来强调个体的自我修养，但这种主观自我修养不是外界强力所加，而是从个体的内在自觉需求欲望中发生的，是与强烈的情感心理要素紧密联系在一起的自觉主观情感欲求，所以这种"自我修养"的结果，使个体生命呈现出人格上的巨大变化——"浩然之气"充盈全身，这种"气"，孟子自己也"难言"尽其中的奥妙，把它描述为"至大至刚"、"塞于天地之间"。这里对"浩然之气"的描写显然已带有强烈的赞美情感在内，给人一种崇高的阳刚之美的审美感受。孟子指出这"浩然之气"是"配义与道"，是"集义所生"，这就是说，这种气必须用义和道与它相配合，必须经常积累才能使之不疲乏，不匮少。孟子要求个体人格伦理道德的自我欲求与个体情感意志心理要求相统一，才能产生"浩然之气"的人格美，这表明社会伦理道德不是外在的情感的东西，而是渗透到个体的情感意志心理之中，已被个体看做他的生命意义和价值的东西，这个统一于个体的精神状态，就是"浩然之气"，而这样的"浩然之气"却正是个体人格精神美的集中体现。

---

[①] 李泽波：《孟子理想人格的思想与践行》，《中国文化研究》1998 年第 19 期。

### 三 充实之美

孟子时代，原先奴隶社会的统治秩序被打破，逐渐向封建社会转型，人们在思想上也从"听天命"转变为"重人事"，因此，先秦美学也相应地"由神的威力走向人的勋业"，"由外在功勋走向内在德性"。儒家美学就注重这种对内在人化自然的强调，孟子通过"充实之谓美"，继承了这一特点。"充实之谓美"在《孟子·尽心下》里的原文是这样的："浩生不害问曰：'乐正子何人也？'孟子曰：'善人也，信人也。''何谓善？何谓信？'曰：'可欲之谓善，有诸己之谓信，充实之谓美，充实而有光辉之谓大，大而化之之谓圣，圣而不可知之之谓神。乐正子，二之中，四之下也。'"

由于孟子的审美观与伦理道德观相通，他的审美观着眼点首先在于人格道德。孟子对浩生不害评价的这段话是以"善"为基本点，其中指出了人格的六个等级，即"善"、"信"、"美"、"大"、"圣"、"神"。"可欲"是符合道德伦理，在道德原则范围内行事是"善"；"信"是"有诸己"的善，出于内心真诚的善；而"美"与纯属道德范畴的"善"、"信"是有区别的，它以"善"、"信"为基础，但又高于它们，而不是一般地具备"善"、"信"所遵从的道德原则。"善"与"信"扩展倾注于人的内心并充实盈满方可言"美"。由此看来，"善"只是"美"的发生要素之一，是一个必要不充分条件。先秦早期，人们对美善关系的看法通常是认为美不能脱离善、违背善，人格美应有社会伦理道德方面的属性，这就往往使美善不分或美善合一，从而忽视了美不同于善的独立价值。"充实之谓美"这一命题便明确地将"美"置于"善"之上，突出了"美"的地位。

从这里可看出，孟子美学在对孔子美学的继承中是有所发展和突破的，孔子多强调内省式的悦神悦志之美，而孟子将之过渡到"充实"的概念。在孟子看来，精神上的内在美不是不可感知的，它可以具体表现在人们外在的形体之上，而且也只有当它表现于外在的形体时才能引起人们的审美感知。"君子所性，仁、义、礼、智根于心，其生色也睟然，见于面，盎于背，施于四体，四体不言而喻。"①孟子在这里要表达的意思是，君子的本性，仁、义、礼、智根植于心，表现出来便使人的面容神色纯和温润；表现于背，使人看上去伟岸高大；表现于人的手足四肢，便使人的举手投足自然合乎礼仪。总之，人之品格之美溢于四体神色之中而无须言语行为。尤其是人的眼睛，人的道德精神状态最清楚地显现于此。"存乎人者，莫良于眸子。眸子不能掩其恶。胸中正，则眸子了焉；胸中不正，则眸子眊焉。听其言也，观其眸子，人焉廋哉？"②意思是说，心正，眼睛就明亮；心不正，眼睛就昏暗无光。因此，人的内在善之充实是可以表现于外在形貌的。美是生理与精神的结合，是形神统一的。更进一步说，"形"包括外形与行动两方面，"美"不仅要表现于自己的外表，从外在看来无处不流溢着美的神色，而且更要体现于自己的全部人格，贯穿于自己的一切行动之中，贯彻到自己的整个生命活动之中，这样才是真正的"充实"。

"充实而有光辉之谓大"，这比一般的"美"的程度更高，"美"要能光照四方、辉映天下才是"大"；"圣"则是要用自身之"大美"去化育天下，感化天下人心，这是对"美"的进一步发扬光大；如此层递，把美推向极致，直到达到神秘莫测的"神"，"神"的境界即是人的最高的精神境界。

从"善—信—美—大—圣—神"层层递进的关系可以看出，当道德上升到一定境界时便具有了审美的意味。孟子在这里凭借

---

① 《孟子·尽心上》。
② 《孟子·离娄上》。

其高尚的审美情怀，把道德目标、人格精神、审美愉悦联系在一起，将道德伦理升华为审美体验，带进了美的境界。这时，所产生的审美愉悦与道德快感是水乳交融的。在审美的观照中，善升华为了美。

### 四 与民同乐

孟子在将审美与伦理道德紧密结合起来的同时，并未忘记将审美与他的仁政统一在一起，他提出了一些旨在提高统治者政治修养水平与政治理想的审美观点。

孟子在《梁惠王下》中提出了"与民同乐"的观点。孟子向齐王摆出了欣赏音乐的两种情况让齐王进行选择，这就是"独乐乐，与人乐乐，孰乐？"独乐的结果是"百姓闻王钟鼓之声，管龠之音……相告曰：'吾王之好鼓乐，夫何使我至于此极也？父子不相见，兄弟妻子离散。'今王田猎于此，百姓闻王车马之音，见羽旄之美……相告曰：'吾王之好田猎，夫何使我至于此也？父子不相见，兄弟妻子离散。'"造成这一王乐而民怨后果的原因就在于"此无他，不与民同乐也"。而另一种情形却与此恰恰相反，"今王鼓乐于此，百姓闻王钟鼓之声，管龠之音，举欣欣然有喜色而相告曰：'吾王庶几无疾病与，何以能鼓乐也？'今王田猎于此，百姓闻王车马之音，见羽旄之美，举欣欣然有喜色而相告曰：'吾王庶几无疾病与，何以能田猎也？'此无他，与民同乐也。今王与百姓同乐，则王矣。"

把"与民同乐"作为施行仁政、王天下的必要手段，体现了孟子高度的古代人道主义精神和对审美的自觉意识。他把与民同乐作为统治者的政治修养来对待，集中体现了儒家积极进取的美学特征。同时，"与民同乐"也道出了精神文明产品，文学艺术作品，审美对象不同于物质享受对象的地方就在于它的民众性与世界性，它不能作为古玩宝贝为个人所独有，也不能作为美味佳肴为一人所独吞，而是永远属于大众，属于所有的欣赏者。孟子这一具有古代民主思想的审美观即使在今天也有它的现实意义，即艺术和美只能为人民大众服务，而不能为极少数人所独乐，御用的艺术，或只为极少数统治者服务的艺术是没有生命力的，它将成为统治者与人民大众对立、隔离的一个重要因素。

孟子的"与民同乐"包含两方面的意思，一是国王应与民同乐，二是百姓在得不到快乐的情况下也不应该去埋怨国王。如《孟子·梁惠王下》中写道：

齐宣王见孟子于雪宫。王曰："贤者亦有此乐乎？"孟子对曰："有。人不得，则非其上矣。不得而非其上者，非也；为民上而不与民同乐者，亦非也。"

这里将"与民同乐"的重心落到了统治者自身的政治修养上。因为在孟子看来："乐民之乐者，民亦乐其乐；忧民之忧者，民亦忧其忧。乐以天下，忧以天下，然后不王者，未之有也。"把统治者"与民同乐"提到王天下的高度，提到得民心、行仁政的高度，从而在中国美学史上形成了一个忧国忧民，不以物喜、不以己悲，"先天下之忧而忧，后天下之乐而乐"的人道主义光荣传统，成为中华民族审美精神交响曲的主旋律。

## 第三节　荀子"礼乐"视角下的美

荀子（约前 313—前 238 年），名况，字卿，因"荀"与"孙"二字古音相通，故亦称孙卿，战国末期赵国人，著名的思想家、教育家、文学家。他曾游学于齐国的稷下，后到楚国并做过楚国的兰陵（今山东苍山西南兰陵镇）令。晚年定居在兰陵，直至老死。他的著作保存在《荀子》一书中。《荀子》共十二卷，收章三十二篇，其中大多数为荀子的著作，少数出于门人之手。内容涉及哲学思想、政治主张、治学方法、处世之道、学术论辩等。

荀子是先秦思想的总结者之一，其思想学说以儒家为本，兼柔道法、名墨诸家之长，对汉代和后世的思想有深远影响。在荀子的著作中，虽然直接谈到审美问题的地方并不很多，但是他的许多思想，对美学史的发展却有着深远的影响。如果把分散在荀子著作里各篇中的美学观点总括起来，可以看出他已经初步构建了一个美学思想体系。

一　化性起伪

荀子的美学思想发端于对人的"性"和"伪"的关系的追问。《荀子·性恶》开篇就言："人之性恶，其善者伪也。"这与孟子关于人性本善的观点针锋相对。荀子指出，孟子所谓"人之学者，其性善"是错误的，原因在于，"是不及知人之性，而不察乎人之性伪之分者也。凡性者，天之就也，不可学，不可事。……不可学、不可事之在天者，谓之性；可学而能，可事而成之在人者，谓之伪，是性伪之分也"。这里的"伪"是后天努力学习的意思，与"性"的自然性形成对比。"伪"也就是修养，在荀子看来，"尧、禹者，非生而具者也，夫起于变故，成乎修，修之为，待尽而后备者也"。[①]

荀子不仅把这种"伪"作为"师法之化、礼义之道"的根本所在，认为它是"合于文理、而归于治"[②]的必然选择，而且还把"性""伪"之分引申到了人格美方面。如《荀子·礼论》中说："性者，本始材朴也；伪者，文理隆盛也。无性则伪之无

---

[①] 《荀子·荣辱》。
[②] 《荀子·性恶》。

所加；无伪则性不能自美。"《荀子·劝学》中也说："君子之学也，以美其身。"这里提出了一个怎样使自然的人性表现出人的修养美来的命题。荀子所言就如说璞必经雕琢才能成为美玉一样，必须经过后天的学习和修养，人才会有"文理隆盛"的美。这种修养美学与人的品德相联系，强调了美的道德性，就更突出了美的社会性特点。

荀子"化性起伪"的修养美学的特点在于，它并不以美为修养的归宿，而是以善为修养的目标。虽然荀子并不否定人的与生俱来的容貌形象的美，但又总是把这种形象容貌和表情举止纳入"礼"的规范，他认为，"容貌态度，进退趋行，由礼则雅，不由礼则夷固僻违，庸众而野"。[①] 在《荀子·非十二子》中提出了"士君子之容"与"学者之嵬容"的具体内容，如"俨然，壮然，祺然……恢恢然，广广然，昭昭然，荡荡然"与"填填然，狄狄然，莫莫然……瞿瞿然，尽尽然……"等数十种表情举止。还举出一些"美丽姚冶，奇衣妇饰，血气态度，拟于女子"的放浪之人犯刑遭戮的反面例证，说明后天之"伪"的无比重要性。这种实用美学思想对于塑造和培养既有外表形式美又有内在道德和学识修养的理想人格——"君子"和"圣人"无疑是有重要意义的。事实上，荀子就曾提出过"君子知夫不全不粹之不足以为美也"。[②] 这种"全粹之美"实质上就是"性"与"伪"完美统一后的人格修养之美。

二  虚壹而静

《荀子·解蔽》一篇最为集中地表现了荀子的认识论思想，并深刻地揭示了作为认识而言的"大清明"与作为审美胸怀的"虚

---

① 《荀子·修身》。
② 《荀子·劝学》。

75

壹而静"的关系。荀子认为，人们认识上的通病是片面性。为排除这种片面性，就须"解蔽"。而解蔽的根本在于用一个正确的标准去判断万事万物，即"兼陈万物而中悬衡"。"衡"即是"道"。荀子认为，人们必须以"道"为根据去认识客观事物，因为"治之要在于知道"。那么，人们究竟怎样才能认识"道"呢？荀子提出了"虚壹而静"的方法，并把它作为认识"道"的准则，由此而得到一种"大清明"的境界。他说："人何以知道？曰：心。心何以知？曰：虚壹而静。心未尝不藏也，然而有所谓虚；心未尝不两也，然而有所谓一；心未尝不动也，然而有所谓静。……不以己所藏害所将受，谓之虚。……不以夫一害此一谓之壹。……不以梦剧乱知谓之静。未得道而求道者，谓之虚壹而静……虚壹而静，谓之大清明。"①

荀子在建构"虚壹而静"的审美胸怀论时，描述了"虚壹而静"所带来的"大清明"境界。他说："虚壹而静，谓之大清明。万物莫形而不见，莫见而不论，莫论而失位。坐于室而见四海，处于今而论久远，疏观万物而知其情，参稽治乱而通其度，经纬天地而材官万物，制割大理而宇宙理矣。恢恢广广，孰知其极？睪睪广广，孰知其德？……明参日月，大满八极，夫是之谓大人。夫恶有蔽矣哉！"②

虽然荀子的这种"大清明"境界是指由认识和掌握自然、社会规律所产生的大智慧，以及治理整个宇宙和社会所产生的"恢恢广广"的气象，但其"坐于室内而见四海"的高度精神自由，与老子"不出户，知天下；不窥牖，见天道"的境界一样，表现的是一种精神自由的美，这种精神自由美，在后来的文论中屡屡可见。如陆机《文赋》中提到的"精骛八极，心游万仞"；

---

① 《荀子·解蔽》。
② 同上。

刘勰《文心雕龙·神思》中说的"故寂然凝虑，思接千载；悄焉动容，视通万里"；等等。这种"大清明"的境界虽然主要是就理性认识而言，但它的超越性又与审美境界相联系。"大清明"境界就是荀子"虚壹而静"审美胸怀论的直接产物，是荀子修养美学的一种实绩。

三　治气养心

《荀子》一书以人的修养为主，其《修身》一篇分为"治气养生"和"治气养心"两类，更是集中反映了荀子的修养学说。他说："以治气养生，则身后彭祖；以修身自强，则名配尧、禹"①；"治气、养心之术：血气刚强，则柔之以调和；知虑渐深，则一之以易良；勇胆猛戾，则辅之以道顺；齐给便利，则节之以动止……卑湿重迟贪利，则抗之以高志……凡治气、养心之术，莫径由礼，莫要得师，莫神一好"。②这里讲了许多相反以对的心理自我调节方法，目的在于，不仅使主体血气畅通，身体健康，而且更主要的在于"养心"，即达到一种君子所应具备的心理状态。

治气养心与治气养身之说，单独看来并无美学意义，但与荀子关于音乐的思想联系起来看，其中都不仅贯穿着气的思想，而且还以气来衡量音乐的社会效果。如荀子在《乐论》中说："凡奸声感人而逆气应之，逆气成象而乱生焉；正声感人而顺气应之，顺气成象而治生焉。"这里的"正声"引起"顺气"，即人的血气平和；而"奸声"却引起"逆气"，即人的血气混乱。显然，荀子是从"治气"的角度出发来谈论音乐的，把音乐作为治气养心的一种手段。不仅如此，他还把这种"气"与音乐的

---

① 《荀子·修身》。
② 同上。

社会作用相联系，指出："君子以钟鼓道志，以琴瑟乐心，动以干戚，饰以羽旄，从以磬管。故其清明象天，其广大象地，其俯仰周旋有似于四时。故乐行而志清，礼修而行成，耳目聪明，血气和平，移风易俗，天下皆宁，美善相乐。"①

这里的因果顺序是：乐行—血气和平—天下皆宁、美善相乐。乐所起的"和"的作用，必经人的血气之"和"，才能有社会之"和"——宁静美善。

荀子讲气的特点在于：一是把"气"视为构成物质的基本因素，如《荀子·王制》中说："水火有气而无生，草木有生而无知，禽兽有知而无义。人有气，有生，有知，亦且有义，故最为天下贵也。"气是万事万物存在的基础。二是重点强调"血气"对人和社会的重要性。三是有一系列血气调治的方法。四是直接把"血气"与审美教育作用联系在了一起，从而形成了"治气养心"的修养美学。

四　美善同一

荀子对于美、善及其关系的看法，充分体现在他的"美善同一"观里。尽管荀子的美学思想由于受历史条件的制约，存在着这样或那样的缺陷，但是他的"美善同一"观并不因为历史长河的奔流而失去其作为真理应闪耀的夺目光辉。

荀子的"美善同一"在关于社会美即人的美的看法中直接地、集中地表达出来，对于人的美，荀子曾经做过探索。在《荀子·非相》篇中，他批判了先秦时代那种相人之水的迷信活动，明确地把决定人的美丑善恶的"心术"看作比人的容貌、体态更重要。他说："故相形不如论心，论心不如择术。形不胜心，心不胜术。术正而心顺之，则形相虽恶而心术善，无害为君

---

① 《荀子·乐论》。

子也,形相虽善而心术恶,无害为小人也。君子之谓吉,小人之谓凶。"荀子对于人的美注入了他的理想人格的见解。

此外,荀子的"美善同一"还体现在他对艺术作品的鉴赏中。艺术作品之所以美,按照荀子的观点,同样离不开他所推崇的伦理道德规范,他所寄予的道德理想。在荀子那里,艺术美是艺术作品中的美、善的有机统一,凡是符合他所推崇的伦理道德规范的艺术作品,才有资格谈美,凡是违反他所推崇的伦理道德规范的艺术作品,就不能跨进美的殿堂。"乐姚冶以险,则民流慢鄙贱矣。流慢则乱,鄙贱则争。乱争则兵弱城犯,敌国危之。如是,则百姓不安其处,不乐其乡,不足其上矣。故礼乐废而邪音起者。危削侮辱之本也。故先王贵礼乐而贱邪音。"[1] 荀子在这里所持的观点是从孔子那里继承、发展来的。"子谓《韶》:'尽美矣,又尽善也';谓《武》:'尽美矣,未尽善也'。"[2] 荀子所处时代的大一统的历史趋势,决定了以往的伦理道德规范的变化,而这种变化又影响了当时的人们的艺术创作、艺术欣赏和艺术批评。荀子尤其重视艺术的道德教育作用,主张把他所认可的一整套的功利倾向和思想内容,融合在人们的审美活动中,发生一种耳濡目染、潜移默化的广泛影响。

## 第四节  其他主要儒家经典中的"美"

先秦儒家伦理美的思想还体现在许多其他经典著作中。

### 一  《易经》中的伦理美思想

《易经》是中国古代的一部包罗万象、内容深广的杰作,其

---

[1] 《荀子·乐论》。
[2] 《论语·八佾》。

素有中国"群经之首"的美名。纪昀说得好:"《易》道广大,无所不包,旁及天文、地理、乐律、算术,以逮方外之炉火,皆可援《易》以为说,而好异者又援以入《易》,故《易》说愈繁。"① 另外,《易经》中"天行健,君子以自强不息"的乐观精神和"作易者,其有忧患乎?"的忧患意识又集中体现了中华民族既高扬主体性又谨慎处事的健康理性;《易经》中"天人合一"观念与现代系统论有着冥冥的相通;"五行相克相生"的思想闪烁着辩证法的光芒。

《易经》中亦具有很高的伦理美学方面的价值,表达了对伦理美的追求。无论是阳爻阴爻所象征的天地、日月、男女记事符号"—"、"– –",还是其透射出的婚恋家庭观等,无一不显示出对伦理美的追求。

(一) 恋爱中的伦理美

在《易经》中,作为两性恋爱关系的理解,表现最为突出的是"咸"卦。咸本卦六个爻,均阴阳相应。下卦"艮"是少男,上卦"兑"是少女,象征少男谦居于下追求少女。"艮"是山,其义"止","兑"是泽,其义"悦";表示追求爱情坚定不移,男女以自然真情相感相恋,才能彼此愉悦、情深。这是男女间出乎自然的真情实感,遂将"感"字去"心"成为"咸",以表示完全出乎自然的真实纯净。本卦以山泽为卦象,喻男女在爱情上互相影响,互相渗透,发乎真情,顺乎自然,和谐美好。

初六:"咸其拇"。"初六"爻位于咸卦的最下方,如同人之脚趾;与"九四"爻阴阳相应,为人与人相互感应的最初阶段,喻爱情的萌动。

六二:"咸其腓,凶,居吉"。"六二"爻高于初爻之"拇"而有"腓"(腓胫后肉,即喻小腿)。与"九五"至尊相应,倘

---

① 冯天瑜:《中华元典精神》,上海人民出版社 1994 年版,第 61 页。

若妄动则遭凶险；然而，"六二"阴爻居阴位，且又处中，故仍可有克制不妄动之象，其结果乃吉。爻辞说如果小伙子激动得连小腿后的肉都在颤动，就莽撞地向姑娘表白爱情，结果会由于太唐突而遭到拒绝。所以若能克制一下自己激动的情绪，不那么莽撞，审时度势，就自然会得到姑娘的爱情。喻在追求爱的过程中，行动要自然，要合时宜，不可操之过急，才能相互感应。

九三："咸其股，执其随，往吝"。"九三"爻位于"六二"之上，故作"股喻"。"九三"爻为下卦的上位，应与"上六"爻相应；如果跟随"六二"爻中的盲动行为，则必然会遭拒绝。爻辞说，被爱情烧灼的小伙子，如何忍得住，他不假思索，再次向姑娘唐突地表示情爱，结果又被拒绝。意即在追求爱情的过程中，不能太急迫，欲速则不达，应顺其自然，并克制自己过急的心绪，才能相互感应，获得纯真的爱情。

九四："贞吉，悔亡；憧憧往来，朋从尔思"。"九四"爻处于三个阳爻的中间，为本卦的主爻，象征男子发乎自然的求爱之心，与"初六"爻相应，故有少女主动前来依归之象。爻辞说，小伙子听了人们的忠告，按照正道自然而然地追求，因此很顺利，没有悔恨；少女受到感动，反复考虑，下决心要依归小伙子。喻求爱中要自然而行，发自真心，才能在和谐之中感应，并得到真正的爱情。

九五："咸其，无悔"。"九五"爻在"九四"的心之上，"上六"的腭颊舌之下，象征蠕动的喉结。中正的"九五"爻与同样中正的"六二"爻相应，故有"无悔"的盟誓之辞。爻辞说小伙子十分激动，姑娘深受感动，二人海誓山盟，不再悔恨。喻小伙子持之以恒的追求和纯净真心终于打动了姑娘，二人产生了不渝的真情。

上六："咸其辅颊舌"。"上六"爻在"九五"喉之上方，是情感交流的最高位置，因而有辅颊舌之喻；因"上六"爻为

81

上卦"兑"即悦之极端，故有贴腮亲吻之举。爻辞说二人循序渐进，爱情发展到成熟阶段，渴望身与心的感应，便情不自禁贴腮、亲吻，至诚相感，不断升华，和谐幸福。

《易经》用人的趾、腿、股、喉、面颊、口齿等形象地描绘了男女爱情的发生、发展过程，在这一过程中，必须要有真心、真情，行动合宜、不可妄动，循序渐进、不可操之过急；相互感应，顺其自然，在和谐中行进，才能得到真正的爱情，彼此愉悦、幸福。从中足以看出古人在恋爱过程中对伦理美的重视与追求。

（二）婚姻中的伦理美

《易经》里的中孚卦的"九二"载："鸣鹤在阴，其子和之；我有好爵，吾与尔靡之。""九二"所居之位低于"九五"，且在"六三"、"六四"覆盖之下，故谓"在阴"；下卦之中，故"有好爵"。喻相互感应。阴，荫处。爵，酒杯，此处指酒。靡，共。爻辞说雄鹤在树荫里动情欢鸣，雌鹤快乐地相和；浓郁馨香的美酒啊，让我们共同畅饮。前两句是起兴，是比喻，喻男女真心相爱，心灵共鸣。后两句意谓激情澎湃的小伙子抑制不住内心的激动之情，举起酒杯，邀新娘畅饮，以示百年之好，有福同享。整个婚礼热烈感人，这与两位新人的心心相印相和谐，与人们的美好心愿、美好祝愿相和谐。

在六爻完全相互感应的"咸"卦中曰"亨，利贞；取女，吉"。爻辞说，男女互相爱慕，发乎真心，产生爱情，这是符合人之常情的。在这样的基础上结为夫妇，就会生活得很好。由此也可看出人们对恋爱和婚姻的看法：发乎真心，动于真情，彼此共鸣，有了爱情，才能结为夫妇，并使生活美满幸福，这无疑是人们对婚姻中伦理美的认同，只有和谐，才能幸福。

可以看出，对婚姻的看法，古人十分看重真情、真心的共鸣，注重婚姻的和谐圆满。

（三）家庭生活中的伦理美

真心与真情的共鸣产生爱情，爱情的结果必然是婚姻，婚姻即意味着家庭生活的开始。

恒卦下卦的"巽"是长女，上卦"震"是长男，长女处下，长男居上，男为尊，女为卑乃夫妇常理，这样夫妇关系才会长久，故名"恒"。下卦"巽"为顺，上卦"震"为动，下依随上而动，喻夫妇间应夫唱妇随，和谐一致；下卦"巽"为风，上卦"震"为雷，雷因风而远传，风因雷而气盛，雷风相长亦谓恒久之理，喻夫妇之间应如雷与风，相互感应，相互支持，相辅相成，方能永久幸福。古人认为只有在男尊女卑，夫唱妇随的和谐之中，夫妻关系才能长久，家庭生活才能幸福。

家人——"利女贞"。本卦"六二"爻，"九五"爻分别处于内外卦之中位，不仅都是阴阳得位，而且二、五阴阳相应，象征女主乎内，男主乎外，男女各在其位，和睦相处，互敬互爱。内卦"离"是火，外卦"巽"是风，火气上升而成为风，有发乎内而成乎外之象。爻辞说主持家务事常宜于女人去做，因为女主内，男主外。"六二"爻曰："无攸遂，在中馈，贞吉。""六二"阴爻阴位得正，又处以卦中位，象征主妇应有柔顺中正的美德；又与"九五"阴阳相应，故吉。馈即食，中馈，家中饮食之事，即家务事。爻辞说主妇柔顺谦逊，在家里操持家务，干得很好，这对一个家庭来说无疑是正常而又吉利的。有这样的好妻子，丈夫才可能专心在外干事，家庭才能和睦美满。本卦的这些内容与当时的社会生产分不开。男人是一家之长，担负着养活全家的重任，女人则是其助手，肩负着料理家务，照顾丈夫、孩子、公婆的任务，是全家人的联系纽带，起着调节家庭关系，处理家务，帮助丈夫的重要作用，故要有柔顺中正的美德，专心主持家中内务。男女各守其位，互相配合、支持，和睦相处，相亲相爱，使家庭处于和谐的状态，这样的家庭才是美满的。可见古人对女人在家庭中的作用是看得很重的，家庭生活也同样离不开伦理美。

二　《礼记》中的伦理美思想

《礼记》是记录先秦各种礼仪论著的选集，是儒家学派托名孔子答问的著作，也是儒家"四书五经"的经典之一。它全面、集中地体现了以孔子为代表的儒家为追求"小康"、"大同"和谐社会而确立的哲学、政治学、社会学、经济学、法学、伦理学、艺术思想及审美思想。其伦理美思想亦尤为突出，如《礼记》中提出了"度义"。何谓"度义"？"度义"即《中庸》所讲的"中和"。《中庸》原也在《礼记》之中，南宋光宗绍熙元年（1190年）朱熹为构筑其理学思想体系把《大学》、《中庸》从《礼记》抽出与《论语》、《孟子》列在一起称为"四书"。《中庸》的基本思想就是"中和"，认为"致中和，天地位焉，万物育焉"。[①] "中和"在《礼记》伦理美思想的结构体系中所起的就是"度"的作用，即在执礼的时候恰到好处，不"不及"也不"过"，因为"过犹未及也"，都达不到礼所要求的标准。掌握"中和"之"度"，就使其礼的结构与思想体系较为科学化。而且"中和"本身就是一种伦理美的重要范畴与境界。

《礼记》所要达到的目标是"肥"，"肥"即和谐，"天下之肥"即"天下之和谐"。《礼记·礼运》篇中有三段很精彩的论述：一是关于"肥"的论述；一是关于"小康"社会的论述；一是关于天下为公，世界大同的论述。它说："四体既正，肤革充盈，人之肥也。父子笃，兄弟睦，夫妇和，家之肥也。大臣法，小臣廉，官职相序，君臣相正，国之肥也。天子以德为车，

---

[①]《礼记·中庸》。

以乐为御，诸侯以礼相与，大夫以法相序，士以信相考，百姓以睦相守，天下之肥也。"① 这个"天下之肥"的思想，同它所说的"天下为家，各亲其亲，各子其子，货力而已，大人世及以为礼，城郭沟池以为固，礼义以为纪，以正君臣，以笃父子，以睦兄弟，以和夫妇，以设制度，以立田里，以贤勇知，以功为己"，以及禹、汤、文、武、成王、周公"此六君子者，未有不谨于礼者也，以著其义，以考其信，著有过，刑仁讲让，示民有常；如有不由此者，在执在去，众以为殃。是谓小康"是一致的。"小康"者，即"天下肥也"。特别是这个"肥"，最能表达其伦理美的思想。它是一种人情美、人格美、行为美、风俗美、制度美、秩序美、关系美、社会关系社会形象美，一句话，即社会和谐的伦理美。《礼记》伦理美的结构与功能正是奔"小康"或"天下之肥"这个伦理美的目标的，而最终是由此过渡到天下为公的全面和谐的"大同"社会，这才是它所追求的最高境界的天下为公的"天下之肥"，即最高的伦理美。

先秦儒家伦理美思想，对后世一直影响很大。战国以后，在审美中继承与发展先秦儒家伦理美思想，成为伦理美思想发展的主旋律。当然，如果由肯定与重视伦理美进而将其唯一化、绝对化，以为除伦理美外不再有其他意义的美，是不全面的，因而是不足取的。但同样的，如果以伦理美不能包举全部美而否认它的重要价值，也是不妥当的，不足取的。因为，如果这样就从根本上否定了审美的最根本的社会功能作用。可见，那种认为"美就是自我主体对象"，就是"精神的自由创造"，片面夸张审美个性、否认审美个性与审美社会性相统一的论点，不能认为是正确的。

---

① 管曙光、陈明：《四书五经精华本》，宗教文化出版社2003年版，第695—699页。

中国是一个历史悠久、举世闻名的礼仪之邦。以先秦儒家及其后学为代表的古代思想家与学者对伦理美探讨的一贯性与深刻性,在世界学术史上占有独特的地位,其伦理美思想在社会生活中、在审美实践中的应用与影响之普遍而深远,更是任何国家所不可比拟的!

# 第四章 先秦道家伦理思想中的"美"

　　道家与儒家并足而立，是中国思想文化史上的重要一家，二者既对立又互补，共同陶铸了中华民族的传统美德，汇成东方伦理智慧的不竭源泉。以北方华夏文化为根基的儒家强调礼法与自强不息，具有浓厚的人文主义色彩。而道家则是以南方的荆楚文化为依托，注重真朴与厚德载物，具有较强的自然主义色彩。儒家文化向往建功立业，以治国平天下为己任，把内圣外王视为自己的价值目标。道家则立意于人与自然的内在统一，渴望在生趣盎然的宇宙中悟道自得，过一种超然物外、守朴尚俭的恬适生活，凸显着顺应自然、无为不争的生存智慧。

　　先秦道家思想博大精深，涵盖极广，涉及哲学、政治、经济、科技、养生、军事、文化等诸方面，常以奇思妙想、洞见本根受到世人青睐或赞同，而其间深邃的伦理思想及其透射出的美蕴，更为人们所推崇。

　　先秦道家因其以"道"作为天地万物的本原与人类观念形成的总法则而著称于世。先秦道家的道德是一种涵摄天地人，集天道、地道、人道、物道于一体的道德，或者说是一种从天道推出人道，使人道效法天道的道德；先秦道家的伦理思想是一种纳宇宙伦理、社会伦理、个人伦理于其内的大小皆备、宏微合体的综合性伦理学或连贯性伦理思想，是一种从精神实质上反对道德形式主义、道德功利主义的实质主义或特殊的自然主义伦理思想,一种强调为而不恃、功成弗居,"既以为人己愈有,既以与人己愈多"①的真正的道义论伦理思想。先秦道家伦理思想主张道法自然,并将自然与无为、不争联系起来,提倡淡泊名利,在处世态度上崇尚外圆内方,包含着不少可供批判继承的合理因素。道家的伦理智慧是中华民族伦理文化的重要组成部分,是中华民族玄思宇宙、反观人生、寻求安身立命之道的精神确证。

而先秦道家伦理思想所透射出来的美恰是以"道论"为依据,认为道是万物产生与存在的根本,亦是万物与生命之美产生与存在的本原,因此,美的本质特征是自然无为。它强调"美"与"真"的和谐统一,重视人与自然的关系,并将此视为最高境界的美。

## 第一节 老子"无为"之美

老子(约前580—前500年),姓李,名耳,字聃,楚国苦县(今河南省鹿邑县东)人,曾任周朝"守藏室之史"(管理藏书的史官)。老子年龄比孔子稍长,传说孔子曾问礼于老聃。据说他看到周室衰微,便退隐。西出函谷关,至秦,莫知所终。他路过函谷关时,关令尹喜强留他著书,他便写出了《道德经》(即《老子》一书)五千余言而后离去。《道德经》一书陈述了宇宙观、辩证法、人生哲学与政治理想等多方面的问题,充满了辩证思维方法。该书言简意赅、博大精深,谈宇宙,谈人生,提出了"道"、"自然"、"无为"等著名的概念。

追本溯源,可以发现,在道家学脉始祖老子所建构的以"道"为核心的思想体系中确然地蕴涵着道家超越精神的思想内核——"无为"。

---

① 《老子·八十一章》。

"无为"是老子伦理思想中极其重要的范畴。老子的"无为"是建立在"道"论的基础之上的。老子从一切生命都从弱小发展到强大,从无数涓涓溪流汇成大海的现象中得到启发,发现一条事物发展的普遍规律:柔弱胜刚强。基于此,老子提出"道"论:"有物混成,先天地生。寂兮寥兮,独立而不改,周行而不殆,可以为天下母。吾不知其名,字之曰'道'。"① 但"道"视之不见,听之不闻,博之不得,可说是无形无象若存若亡,然而却能"自古及今","以阅众甫"②,极柔弱的"道"却能发挥极大的作用,具有无穷的力量,可以为天地之母,万物之宗。

老子的"无为"思想具有美的价值取向。老子认为,美是自然天成的,不雕镂、不文饰,是"无状之状,无物之象"③。由于"大象无形"、"大音希声",所以"大巧"可夺天工之妙,但它"若拙",即在自然无为中进行美的创造。"有为"则不然,追求"文饰",丧失"质朴",只能给人以感官刺激,不具有更高层次的审美价值。在老子那里,美与善似乎存在着一种先天的"血缘"关系,美就是善,恶就是丑。因此,"天下皆知美之为美,斯恶矣"④;"美之与恶相去若何?"⑤ 这从一个视角印证了真善美是统一的整体,照老子的思维进路,三者统一的基础就是自然无为。

一 道法自然

老子"道法自然"是将自然、社会、人类融合为一并交互

---

① 《老子·二十五章》。
② 《老子·二十一章》。
③ 《老子·十四章》。
④ 《老子·二章》。
⑤ 《老子·二十章》。

作用、和谐运行的大智慧,对中华民族的思维方式与行为方式产生着广泛而深远的影响。

(一)"道法自然"的内涵

"道法自然"是说"道"效法其本来的样子、本来的状态。对此,老子用"无为"、"朴"来表述。

在老子的思想中,"道"是一种状态,在谈到"道"的形成时,他说"有物混成"。老子强调,人生活在天地之中,而天地又来源于道,道在宇宙万物中是最高最根本的,但道的特点、道所依据或体现的却是自然二字。自然则是最高的根源与根据所体现的最高的价值或原则。这里罗列了五项内容:人—地—天—道—自然,虽然地、天、道在老子思想中都是很重要的概念,但在这里的论证中,地、天、道都是过渡、铺排与渲染的需要,全段强调的重点其实是两端的人与自然之间的关系,说穿了就是人,特别是君王应该效法自然。所谓法地、法天、法道都不过是加强论证的需要,人类社会应该自然发展,这才是老子要说的关键性的结论,换言之,自然是贯穿于人、地、天、道之中的,因而是极根本、极普遍的原则。①

因此,"道法自然"归根到底是"人法自然"。自然是一个适用于宇宙、社会以及人生的普遍准则,归根到底是人要自然,是人要过合乎自然的生活。所以自然准则的实现还是要人来实现。道法自然之谓德,人法自然亦为德。

(二)"道法自然"之美

老子的"道法自然"说集中体现了老子思想的特征,当然,也毫不例外地表现出老子伦理美的特征。它体现了老子的审美观念、审美认识、审美判断、审美情趣、审美目的与审美方式,具有丰富深刻的伦理美内涵。

---

① 刘笑敢:《孔子之仁与老子之自然》,《中国哲学史》2000年第1期。

1. "见素抱朴"的朴素美

"见素抱朴"是老子提出的一种人生主张。"道常无名,朴。"[1]"朴"即"道"。"抱朴"即是守道。"见素抱朴"要求人们不求表面外观的繁缛华丽,而以自然无为的"道"作为人生要求的真正目标与指导人生行为的根本法则,以素淡清远为理想的人生境界。老子认为,抱朴守道,遵从自然,才能真正"无为"。因为"朴"、"道"的特质在"无为无不为"。"朴虽小,天下莫能臣也。"[2]而圣智、仁义、巧利等人为因素则是造成人类灾害的直接原因,不但不应作为人生追求的理想目标,而且应该彻底摒弃。老子断然宣布:"绝圣弃智民利百倍。"[3]在老子看来,人生理想的真正取向不是思仁慕义或追巧求利,而是"见素抱朴,少私寡欲"[4],即按自然的本来面目返璞归真。

老子把朴素看成是美,在他看来,道"希言自然"[5],是朴素的,那么美作为肯定道的自由形式,也应是自在天然,质朴无华的,因为朴素是自然的最高境界。老子认为:"信言不美,美言不信;善者不辩,辩者不善。"[6]信实的言辞是质朴的,华丽的辞藻往往是不可信的;良善的人不会巧辩,巧言令色的人往往是不逞之徒。"信者","善者",具有一种自然之趣,充实的真善内容与素朴的感情形式达到了和谐统一。这是一种自然无为的伦理美。这种伦理美给人的感受是平和自然的。老子说:"乐与饵,过客止。道之出口,淡乎其无味,视之不足见,听之不足

---

[1] 《老子·三十二章》。
[2] 同上。
[3] 《老子·十九章》。
[4] 同上。
[5] 《老子·二十三章》。
[6] 《老子·八十一章》。

闻，用之不足既。"① 老子特别憎恶那些破坏了自然朴素的声色。老子说："五色令人目盲，五音令人耳聋，五味令人口爽。"② 什么样才是"朴"的境界呢？老子说："常德不离，复归于婴儿。"③ "圣人皆孩之。"④ "常德"即永恒的"道"，"圣人"也就是"真人"。他认为与"道"不离、与"道"一体的人就是圣人、真人。圣人与真人的具体精神特征，就是复归于婴儿，使自己返归到婴孩般纯真质朴的状态。这就意味着道的表达清淡得没有味道，几乎使人觉察不出来，但是它对人的感染作用却是无穷无尽的。这种感受不同于急管繁弦与佳肴美味给人强烈而诱人的刺激，它使人趋于恬淡、宁静、通泰，这种使人归于虚静的伦理美才是真正的美。

2. "大巧若拙"的内在美

老子说："大直若屈，大巧若拙，大辩若讷。"⑤ 这些相反相成的命题，体现了无为而无不为的自然运动规律。"大巧若拙"，意谓真正灵巧优美的东西应是不事修饰的。宋代的苏辙在解释"大巧若拙"时说："巧而不拙，其巧必劳。付物自然，虽拙而巧。"⑥ 这是符合老子本意的。老子以"无为而无不为"的思想，揭示了巧与拙的辩证关系。认为"道法自然"，"道常无为而无不为"，人亦应顺应自然的要求，以"无为"的态度对待一切，可以达到自己的一切目的。真正的巧并不在于违背自然规律，而在于"付物自然"，使自己的目的自然而然地实现，这样看似笨拙，实为大巧。此种境界的实现，即为无目的与合目的、合目的

---

① 《老子·三十五章》。
② 《老子·十二章》。
③ 《老子·二十八章》。
④ 《老子·四十九章》。
⑤ 《老子·四十五章》。
⑥ 见苏辙《老子本义》所引。

与合规律的统一。老子认为自然无为的存在，虽不是巧夺天工的人为的塑造，却以拙朴的外表包藏美的生命。在天地之间，宇宙之内，极美与至大都以简朴的形式出现，因而伦理美就在于自然而然的形态之中。而这种"大巧"的实现，正是一种伦理美的境界。在老子提出"大巧若拙"之后，"巧"与"拙"的概念及相互关系的问题就成为后来中国古代伦理美论述中的重要问题。

## 二 上善若水

善与恶是古老的中华民族传统的道德观念，人性是善是恶是中国古代思想家们关于人性论学说争论的焦点。其中，孟子主张"性善"论，认为人性生来是善的，都具有仁、义、礼、智等天赋道德意识；荀子主张"性恶"论，认为人性生来是恶的，"其善者伪也"，要有"师法之化，礼仪之道"①，才可以为善；告子主张"无善无恶"论，他认为，"人性之无分于善不善也，犹水之无分于东西也"。②而西汉末年思想家扬雄主张"善恶混"论，他说："人之性也善恶混，修其善则为善人，修其恶则为恶人。"③在先秦思想家中，道家学派的创始人老子在其思想中也涉及了这一人文问题，但老子并没有着重于对人性本质的探讨，也没有着重于对德性内涵修养的讨论，而是提出了"上善若水"这一著名命题。

### （一）"上善若水"的内涵

"上善若水"中的"善"即"德"，老子所论述的"德"是"道"的体现与基本特征，他把"德"分为"上德"与"下

---

① 《荀子·性恶》。
② 《孟子·告子上》。
③ 《法言·修身》。

德",“上德"之人就是能够认识与掌握"道"的人,所以有"德",“下德"之人就是不能认识与掌握"道"的人,所以不具备真正的"德"。“上善",即指"上德",相当于具有上乘的、最好的德性的人。在这里,老子形象地用自然界中最不可少的,而最柔弱不争的水之品性来喻圣人之德行。

老子为什么将"上善"与"水"联系在一起呢?由于几乎人类所有的文明都起源于水这一特殊物质,而且水直接影响着早期人类的狩猎与农耕生活,所以水以其特有的品性最先走进了人类早期的宗教、神话与思想之中,水在先民的观念中是十分神圣的,中华智慧最早的源头——阴阳与五行,首先就涉及水,保存商周特别是西周初期一些重要史料的《尚书》在提到五行时,亦将水列在首位:"五行,一曰水,二曰火,三曰木,四曰金,五曰土。水曰润下……润下作咸……"可见,人类很早就已对水产生了特殊的情感并开始注重对水的研究。老子为什么说最善的人像水一样呢?因为"水善利万物而不争,处众人之所恶,故几于道"[1]。

老子以水为喻,择其善者、利者而论之,深刻体现了老子的伦理美思想。老子从水的品德出发,阐述圣人的高尚品质,最后总括归纳为"夫唯不争,故无尤"[2]。这句话是老子论述"上善若水"的根本主旨,他认为,唯有做到不争名、不争功、不争利,才不会有任何过失与过错,也不会有任何忧患。水的特性近于道的特性,而圣人的特性就是水的特性,圣人与世无争,不主观妄为,其结果是能获得别人得不到的东西,这是不争的好处。要做到不争,就要顺应自然法则,只有效法自然,按客观规律办事,才不会有过失与忧患。

---

[1] 《老子·八章》。
[2] 同上。

(二)"上善若水"之美

如果细细品味老子的"上善若水",那么就能够从中发掘或引申出许多美的意境。

1. 谦和之美

水乃万物之源,论功勋当得起颂辞千篇、丰碑万座,炫耀的资本不可谓不厚。但水从不与万物争利益,始终保持着一种平常心态。哪儿低往哪儿流,哪里洼在哪里聚,甚至愈深邃愈安静。正是因为水的谦和,所以人们品味到花的芳香,却往往忽略了水的奉献;人们赞美参天大树,却往往忘记甘于其下默默滋润树根的水。这是一种"无为",但不是对"大我"的无为,而是对"小我"的无为,是在个人利益上的无为,更是一种无为之美。

2. 无私之美

水遍布天下,并无偏私,所到之处,万物生长,且不汲汲于富贵,不戚戚于贫贱,不管置于瓷碗还是置于金碗,均一视同仁,而且器歪水不歪,物斜水不斜,是谓"水平",否则便会奔腾咆哮,此乃"不平则鸣"。这就是无私之美。

3. 博大之美

"海纳百川,有容乃大。"水最有爱心,最具包容性、渗透力、亲和力,它通达而广济天下,奉献而不图回报。它养山山青,哺花花俏,育禾禾壮,从不挑三拣四、嫌贫爱富。它映衬"荷塘月色",构造洞庭胜景,渡帆樯舟楫,饲青鲋鲢鲤,任劳任怨,殚精竭虑。它与土地结合便是土地的一部分,与生命结合便是生命的一部分,但从不彰显自己,这便是一种博大之美。

4. 坚忍之美

水至柔,却柔而有骨,信念坚定且执著追求不懈,令人肃然起敬。九曲黄河,多少阻隔,多少诱惑,即使关山层叠,百转千回,东流入海的意志何曾有一丝动摇?雄浑豪迈的脚步何曾有片刻停歇?浪击礁盘,纵然粉身碎骨也决不退缩,一波一波前赴后继，一浪一浪奋勇搏杀，终将礁岩撞了个百孔千疮，崖头滴水。日复一日，年复一年，咬定目标，不骄不躁，千万次地"滴答"、"滴答"，硬是在顽石身上凿出一个个窟窿来，真可谓以"天下之至柔，驰骋天下之至坚"。

5. 齐心之美

水的凝聚力极强，一旦融为一体，就荣辱与共，生死相依，朝着共同的方向义无反顾地前进，故李白有"抽刀断水水更流"之慨叹。因其团结一心，故威力无比：汇聚而成江海，浩浩渺渺，荡今涤古；乘风便起波涛，轰轰烈烈，激浊扬清。

6. 灵活之美

水不拘束、不呆板、不僵化、不偏执，有时细腻，有时粗犷，有时妩媚，有时奔放。它因时而变，夜结露珠，晨飘雾霭，晴蒸祥瑞，阴披霓裳，夏为雨，冬为雪，化而生气，凝而成冰。它因势而变，舒缓为溪，低吟浅唱；陡峭为瀑，虎啸龙吟；深而为潭，韬光养晦；浩瀚为海，高歌猛进。它因器而变，遇圆则圆，逢方则方，直如刻线，曲可盘龙，故曰"水无常形"。它因机而动，因动而活，因活而进，故有无限生机。这便是灵活之美。

上善若水，人若似水，则善莫大焉！

三 大音希声

"大音希声"是老子伦理思想中的一个重要命题。然而，关于什么是"大音希声"，如何去理解"大音希声"，历代学者作了不同的阐释，但都没有得出一个公认的结论。唯有回到老子的精神世界并结合道家思想的自身特点，才有可能较为深刻地理解"大音希声"的内涵。

（一）"大音希声"的内涵

从《老子》全书的思想来看，"大音希声"中的"大"是老子用来指称"道"的专用词，也即是说"大"者，"道"也："有物混成，先天地生。寂兮寥兮，独立而不改，周行而不殆，可以为天地母。吾不知其名，强字之曰道，强为之名曰大。大曰逝，逝曰远，远曰反。故道大，天大，地大，人亦大。"①

由此可见："大音"即"道音"，是由"道"自身所呈现出来的声音，它至大至美、无形无象而又不可名状，其特点是"视之不足见，听之不足闻"，它合乎"道"的朴拙、本真、自然、无为的特点。

"希声"即为无声。河上公注"无声曰希"，王弼注"听之不闻名曰希，不可得闻之音也。有声则有分，有分则不宫而商矣。分则不能统众，故有声者，非大音也"②。如同"道"的运动变化衍化出世界的万事万物而"道"本身却无法用感官来把握一样，老子所说的"大音"同样是一种抽象思维，它可以派生出世间一切美妙的声音，"寂寞者音之主也"③，但它自身却是无声的。

"大音"作为"道"本身的声音，是世界上最美、最纯粹的声音，处于"寂兮寥兮"的超然境界。"大音"派生出了世间的"有声之音"，蕴涵有生命创造的意味，有着深刻而丰富的内涵，极具伦理美的意蕴。

(二)"大音希声"之美

在中国传统的审美理论中，"大音希声"的美学思想占有极为重要的地位，影响了中国音乐文化几千年的发展，产生了重要的美学意义和影响。

其一，"大音希声"作为一种音乐理论，促使人们去探求

---

① 《老子·二十五章》。
② 王弼、魏源：《诸子集成》第3册，上海世界书局1935年版，第26页。
③ 刘康德：《淮南子直解》，复旦大学出版社2001年版，第543页。

"大音"即音乐本身的"道",去探求纷繁的音乐现象之外的普遍规律。《老子》把形而上的音乐之"道"看做是比形而下的音乐具体表现形式更为重要、更为根本的东西。因为音乐之"道"是永恒的,永远是美的、善的。可是在现实中,作为音乐表现形式的声音,却是因时因地而变化的,此时此地以为美,彼时彼地就可能不美。因此,弥足珍贵的是音乐之"道",是音乐自身。在欣赏音乐的时候,绝不能停留于分辨其中的钟鼓之音或具体的形状色彩,更不要由此联想到人间的形色名声,而是要悟出其中之"道"。而真正与"道"相合的东西,是无声的:"视乎冥冥,听乎无声。冥冥之中,独见晓焉;无声之中,独闻和焉。"① 这种看不见,听不到,摸不着的东西就是"道",它不是某一种具体的声音与色彩,而是"听之不闻其声,视之不见其形,充满天地,苞裹六极"② 的。老子的"大音希声",旨在追求"声"之后的"大音",追求现象后面的本质。如果人们只是重视音乐的表现形式,反而会使音乐走向反面,成为非乐的东西。老子重音乐之"道",是把音乐从附庸的工具地位解脱出来,维护了音乐本身的纯洁性、自然性。

其二,更为重要的是,从老子"大音希声"的美学思想出发,人们创造了各式各样关于"弦外之音"的描述,这可以看做是"大音希声"这种传统审美思想的发展与升华。

"弦外之音"是指在音乐欣赏的过程中,所引起的那种充满着无限遐想的深远而浩渺的境界,属于想象的创造性阶段,是人们在欣赏与体验音乐时所得来的感受。从"弦外之音"的属性看,不仅包含有音乐欣赏的形象性特征,而且还要有大量的情感性因素,而这种情感性因素的调动,就需要借助声音之外的想

---

① 郭庆藩:《庄子集释》,中华书局1961年版,第411页。
② 同上书,第508页。

象、联想、思维等因素，超越时空的局限，突破个人原有的经验或体验的范围，摆脱具象的束缚，达到一种高度自由的伦理美境界。

诚然，音乐之美不能离开具体的表现媒质，人们需要有声之音带入一种美的意境，但若人们想体验音乐之"大美"，就要借助内心的体验与感悟，忘掉具体的音乐表现媒质，即"得意而忘象"是也。从这一点来说，音乐既是有声的，又是无声的。其实，当人们陶醉于音乐之美所带来的快乐时，是沉溺于自己那种由音乐所引起的想象之中，而不是拘泥于音乐外在的声音上面，也即达到了一种超越声音单纯感知以上的"大音希声"的境界。

其三，"大音希声"作为一个美学命题，还道出了内容与形式的关系，暗指了"言不尽意"与"言不称旨"的思想。中国古代的思想家与文人都非常关注内容和形式的关系，并把二者的完美统一视为美的最高境界。老子却通过音乐指出了内容与形式难以统一的矛盾状态。人为规定的乐声，只是一种非常有限的音乐具体表现形式，而派生的"大音"，却是寓有限表现形式之中的无限，寓具体之中的抽象。所以，以有限的音乐形式来表达无限的音乐之"道"，必然存在种种人力所不及的难度。但是，人类总是努力去克服这种难度，总是不断改进与提高音乐的表现形式，力求更充分更恰当地表现音乐之"道"，于是人们便有了音乐创作与理论上的不断创新与发展，由美走向更美。但是人们以审美或艺术的方式去把握无限的"道"，总要受到具体表现形式的限制，受个别具象的制约，只能部分地传达"道"的某一特定内容，而不可能传达"道"的全部内涵，难以达到二者的完美结合，"大音希声"就向人们说明了这一点。

其四，"大音希声"的伦理美思想还始终贯穿着以自然为美的思想，不追求繁复、嘈杂的形式，这在今天也是具有借鉴意义的。自然即自然而然，是老子所追求的一种人生境界，亦是老子对待生活与生命的一种态度。他通过"大音希声"的描绘表达了自己不与嘈杂纷乱的现实世界同流合污的一种志向。通过音乐观表现自己的生活态度，以对精神世界的无限追求达到对现实物质世界的超越。老子的"大音希声"可以说是他对修身思想的一种阐释，注重无声之"大音"就是追求自然素朴的人生境界，依照人应有的本性存在与生活。晋代的陶渊明曾手抚"无弦琴"来寄托自己的意愿，倒是以实际行动说明了老子"大音希声"所体现的对人生的思考。

"大音希声"强调音乐合于"道"的自然本性，合于万事万物的内在之理，它可以确保音乐沿着正确的道路发展，激励艺术家创造出更多更美的音乐作品，同时为音乐欣赏提供了一个再创造的天地。"大音希声"虽然是在谈"道"的运动性质与存在方式，并未直接言说伦理美，但却充盈了伦理美的思想与智慧。"大音希声"以积极的、充满生命力的精神激励人们去探求一种至美的境界，因而是不能被忽视的。

## 第二节 庄子"逍遥"之美

庄子（约前369—前286年），名周，战国时著名哲学家，宋国蒙（今河南商丘市东北）人。庄子曾任蒙地漆园吏。家贫，曾借粟于监河侯（官名），但拒绝楚威王的厚币礼聘。其著有《庄子》一书。

庄子探索人生困境，认为困境之因导源于人的"成心"，而"成心"就是以个体为中心，以个体的一己之利为至上的主观意志。庄子把拯救人生作为出发点与归宿，庄子认为人的本质存在就是脱离苦难窘境，化解人我、物我对抗，自性完满，自由无为，外顺于道内足于性，与天地并生，与万物为一。简言之，人的本质存在状态即逍遥。

逍遥本身就是一种伦理美,这充分体现在庄子的《逍遥游》中。以绝对自由为核心的"逍遥游"兼有人生、审美的双重意义,成为庄子人生思考与伦理美的共同旨归。在道家学派中,庄子比任何人都更集中更突出地关注与思考了人生问题,并且把"道"和人生紧紧连在一起,把道的境界看做是人生所能达到的最高境界。庄子的伦理美是从心灵体验出发,追问永恒长存的生命意义,把个体有限的生命纳入到宇宙大生命之中,从而实现美的超越,从有限进入到无限,最终使人生永恒化、艺术化,使审美本体化、人生化。

## 一 大美不言

庄子的思想,除了物我为一的整体意识、知常知和的平衡观念、知足知止的开发原则外,还有一个重要的方面,那就是热爱与钟情大自然,以大自然为真、善、美的源泉,讴歌与赞美大自然,在自然中寻求安慰与精神寄托,实现人与自然之间的心灵与情感沟通。

(一)"大美不言"的内涵

庄子继承与发展了老子"道法自然"的思想,认为自然的不仅是真的、善的,而且更是美的。人只有投身于大自然的怀抱,与大自然融为一体,才能够真正体会到自然的奥妙与善美,生发起热爱自然进而热爱生活的壮志豪情。在庄子看来,"天地有大美而不言"[①],大自然的美是一种至高至大而又不自我表现的美。《庄子·秋水》描绘了"天地有大美而不言"的景状,"秋水时至,百川灌河。泾流之大,两涘渚崖之间,不辩牛马。于是焉河伯欣然自喜,以天下之美为尽在己。顺流而东行,至于

---

① 《庄子·知北游》。

北海,东面而视,不见水端。于是焉河伯始旋其面目,望洋向若而叹……"①自然是宏大而又善美的,人只有效法自然的博大与无私,才能拓展自己的心胸,开阔自己的视野,使生活变得美好与幸福。因此,效法自然,像大自然那样"生而不有,为而不恃,功成而弗居",就成了人生快乐的源泉。这就是真正意义上的"大美不言"。

(二)"大美不言"之美

"大美不言"之美体现为整体之美、本真之美。

1. 整体之美

"天地有大美而不言,四时有明法而不议,万物有成理而不说。圣人者,原天地之美,达万物之理,是故至人无为,大圣不作,观于天地之谓也。"②庄子将整个世界作为审美的客体,因此,可以说在某种意义上,他的智慧就是一种整体的审美方式。天地有大美,此大美只有从天、地、人的大系统出发才能领略到,只有用整体美的审美方式才能体悟到宇宙大化流行的大生命之美。

2. 本真之美

在庄子看来,天地之美是自然界万事万物的自然本性表现出来的自然而然之美。"天地有大美而不言",所以"牛马四足,是谓天;落马首,穿牛鼻,是谓人。故曰:无以人灭天"③。庄子是主张自然天性而反对人力穿凿的。《庄子·天地》中说:"百年之木,破为牺樽,青黄而文之,其断在沟中。比牺樽沟中之断,则美恶有间矣,其于失性一也。"世俗之见认为精美的酒器与弃掷沟中的残木的美丑是有差别的,但从丧失本性来看,它

---

① 《庄子·秋水》。
② 《庄子·知北游》。
③ 《庄子·秋水》。

们都是一样的残破不美。人也同样如此。"寿陵余子学行于邯郸"①，没能学会赵国人的步态，还把自己原来的走法也忘了，"直匍匐而归耳"②；西施捧心，因自然而人以为美，而"里之丑人……归亦捧心而矉其里"，结果见者都落荒而走③。邯郸学步与东施效颦的寓言从反面启发人们应保持自我的淳朴之态，不加饰伪，因为只有"法天贵真，不拘于俗"才是真正的美。

庄子崇尚的本性自然之美对中国后世的文艺与美学追求产生了深刻的影响。"以自然为美"在创作中成为艺术家们孜孜以求的审美理想，在艺术鉴赏中，"自然"也成为极重要的衡量作品成就高低的尺度，在"意境"理论中也就不乏对自然风格之美的推崇。这一推崇在魏晋时初露端倪。宗白华先生在《美学散步》中提出在中国美学史上有两种不同的美感和美的理想，一种美"错采镂金，雕缋满眼"，一种美"初发芙蓉，自然可爱"。"魏晋六朝是一个转变的关键，划分了两个阶段。从这个时候起，中国人的美感走到了一个新的方面，表现出一种新的美的理想。那就是认为'初发芙蓉'比之于'错采镂金'是一种更高的美的境界。"④ 所以钟嵘在《诗品序》中标榜"自然英旨"，刘勰则在《文心雕龙·原道》篇中说："心生而言立，言立而文明，自然之道也。"力求使齐梁的文坛走出华靡浮艳歧途。魏晋的自然之风发展到宋代，更形成了"意境"美追求的平淡风格。"作诗无古今，唯造平淡难"⑤，梅尧臣首先发出了慨叹。苏轼进一步对平淡加以阐发："大凡为文当使气象峥嵘，五色绚烂，渐

---

① 《庄子·秋水》。
② 同上。
③ 《庄子·天运》。
④ 曹禺：《献给周总理的八十寿辰》，《北京文艺》1978 年第 3 期。
⑤ 《读邵不疑学士诗》。

老渐熟,乃造平淡。"① 绚烂之极,归于平淡。这一平淡"外枯而中膏,似淡而实美"②,内蕴深沉,含蓄隽永。宋人追求的平淡的"意境"之美看重为文应得之自然而不露斧痕,妙然有若天成。如陶渊明的诗句"采菊东篱下,悠然见南山"③,正因为陶诗达到了"淡乎其无味"的至高境界,使宋代诗人倍加欣赏他。而这些都和庄子"朴素而天下莫能与之争美"④、"淡然无极而众美从之"⑤、"既雕既琢,复归于朴"⑥ 的审美理想是隐然暗合的。在庄子看来,人生的悲欢离合、跌宕起伏甚至生死寿夭都是不足萦怀,当置之度外的,有生必有死,有得必有失,生死得失皆自然之道。有限的个体生命只有与无限的天地宇宙融为一体,随任自然,才能感受到人生的乐趣,这一思想极大地启发了中国文人的忧思,他们对人生大义、宇宙大化有所感悟而心境豁然,表现于诗文中则是营造"意境"的平淡之美。当然,"意境"之自然平淡与文艺普遍规律的情感流露之自然有一定区别,即在于"意境"抒发之情当与描绘之景结合,更注重诗文传达情感时与自然万物的描绘圆融会通,不露痕迹方是上品,所谓"不着一字,尽得风流"⑦ 是也。

## 二 无待无己

庄子的"逍遥游"是体道之游,道是"无",体道的心灵也应该是"无",道是静寂的,体道的心灵也应该是宁静的。从人

---

① 周紫芝:《竹坡诗话》。
② 《评韩柳诗》。
③ 《庄子·饮酒》。
④ 《庄子·天运》。
⑤ 《庄子·刻意》。
⑥ 《庄子·山木》。
⑦ 司空图:《诗品·含蓄》。

的实际生存状态出发，通过虚无化的否定达到心灵的净化，构成"逍遥游"的逻辑开端与内在动力。人在现实的入世活动中，离不开各种欲望的驱使，也无法摆脱各种名利等外物的困扰，此乃是"有待"，故人是不自由的。只有做到"无待"，才能做到自然无为，从而进入"逍遥游"的自由境界，成为真正的逍遥者。

（一）无待与其之美

庄子一生追求自由（无待）。在他看来，名利是自由之累，而生命是天下之中心，因此要"全形葆真，不以物累形"。在《骈拇》中，庄子写道："伯夷死名于首阳之下，盗跖死利于东陵之上。二人者，所死不同，其于残生伤性均也。"在庄子看来，做名或利的奴隶一样不值得，这样的人根本无自由可言。无法与"春耕种，形足以劳动；秋收敛，身足以休食。日出而作，日入而息，逍遥于天地之间，而心意自得"[1]的自由自在的田园式生活相比。可见，庄子"无待"思想，也就是对物质、地位等无所依附和依赖，是对自我生命本真价值的追求。在庄子看来，物欲横流、角逐与厮杀只是表面，深刻而长久的危机是"物"使人丧失了自然的本性。在《秋水》里，庄子以戏弄和嘲讽的态度对待名利："庄子钓于濮水。楚王使大夫二人往先焉，曰：'愿以境内累矣！'庄子持竿不顾，曰：'吾闻楚有神龟，死已三千岁矣。王而藏之庙堂之上。此龟者，宁其死为留骨而贵乎？宁其生而曳尾于涂中乎？'"这无疑是告诉来者，他渴望的是无名利之累的逍遥自在，宁愿"曳尾于涂中"也不愿做楚王的官。

在《庄子》中，庄子让人们深刻认识了一个无所在又无所不在的万物的主宰——"道"。庄子心中的"道"是自本自根、自在自为、先天地而生的宇宙本体，万物皆源于"道"又归于

―――――――
[1] 《庄子·让王》。

"道","夫物芸芸,各复归其根"。在庄子看来,"道"是永恒的无限,世间万物都在其中自由地展现自己。在《齐物论》中,庄子把世俗的人生描写为一个因受欲望驱使、不断驱驰竞争而心身俱累的无尽历程。伴随这一历程的情感,自然是哀伤无度,忧虑重重。怎么办?他写道:"天地与我并生,而万物与我为一。既已为一矣,且得有言乎?既已谓之一矣,且得无言乎?……一与言为二,二与一为三……无适焉,固是已。"显然庄子的意图是,求"无待"就必须体认"道"(即"一"),就"要把握事物'固然'之理,挣脱非自然的情感和心理的束缚",而"挣脱非自然的思想情感和心理上的束缚,实际上就是实现心理和人格上的独立"。在《养生主》中,庄子认为庖丁在解牛时,之所以有"以神遇而不以目视,官知止而神欲行"的游刃有余,在于庖丁认识了隐藏在事物后面的内在的"道"、"固然"之理,从而破"有待",使身体与心理上放松,使技艺得到淋漓尽致的发挥。同时,庄子认识到,对"道"的体认,必然要求"齐生死"。庄子对待生死是自然主义的态度,他说"人之生,气之聚也。聚则为生,散则为死。若死生为徒,吾又何患!故万物一也"、"人生天地之间,若白驹之过隙,忽然而已"[1],万物"方生方死,方死方生"[2],"生也死之徒,死也生之始"[3]。所以,生不过是人的存在形式而已,死不过是过一种无形体烦恼的超然的生活,是"复归其根"。此处之"根"便是"道"。死生是没有穷尽的,死是顺理返真,人的生命本真与天地同在。正是有了这样的生死态度,庄子将死之时,才会坦然地笑对后事,他告诫弟子不用厚葬,也用不着哭泣,倒可以"鼓盆而歌",送上

---

[1] 《庄子·知北游》。
[2] 《庄子·齐物论》。
[3] 《庄子·知北游》。

一程。

　　庄子清楚地明白，自我生命要达到"道"之境界并非易事。于是他提出了"心斋"、"见独"、"坐忘"三种体道之法，在庄子看来，这些便是自由之路径。在《人间世》中，庄子借孔子之口阐释了"心斋"之义，"若一志，无听之以耳而听之以心，无听之以心而听之以气。耳止于听，心止于符。气也者，虚而待物者也。唯道集虚。虚者，心斋也"。可见，庄子所谓"心斋"，是一种排除杂念与欲望的精神修养过程，通过"心斋"，心与外物联系隔断，从而达到内心的极度宁静。在《大宗师》中，庄子提出了"见独"和"坐忘"的方法，他写道："……三日而后能外天下；已外天下矣，吾又守之，七日而后能外物；已外物矣，吾又守之，九日而后能外生；已外生矣，而后能朝彻；朝彻，而后能见独；见独，而后能无古今；无古今，而后能入于不死之生。"这即是说，体道的过程是一个不断否定的过程，是从"外天下"到"外物"、"外生"的过程，只有这样，才能"守宗"、"守本"，才能守住人的自然的本性。接着庄子借颜回之口说："堕肢体，黜聪明，离形去知，同一大道，此谓坐忘。"如何"坐忘"？庄子在《应帝王》中说："无为名尸，无为谋府；无为事任，无为知主。体尽无穷，而游无朕；尽其所受乎天，而无见得，亦虚而已。至人之用心若镜，不将不迎，应而不藏，故能胜物而不伤。"也就是说，要抛弃各种私心杂念与行为，深入理解无穷的大道，承受自然本性，从不表露从不自得，这样也就达到了空明的心境而不损心费神。

　　总之，庄子的"无待"体现的是渴望摆脱各种诱惑与束缚，齐万物、齐生死，告别丑恶与暴虐，"相忘乎道术"、"相忘于江湖"、"相忘于生"，真正实现身体和心灵以及人格的独立与自主。

　　庄子崇尚"无待"境界。这种境界是广漠无边的大空间，这种境界也是庄子的人生境界，人生之道。庄子的这种境界，以其对自然的认识更多地影响着中国人的自然观、人生观、伦理观。庄子的思想中，"自然"的思想更倾向于伦理的审美化，他所追求的审美精神是自然本真的境界。他认为，最高的美就是"法天贵真"，顺应万物的自然本性。这就是"无待"之美。

（二）无己与其之美

所谓"无己"，就是"丧我"。① 只有"无己"，才能彻底解决精神与自身形体的关系。"无己"、"丧我"就是忘掉自己的形体，使精神得到彻底的解脱。庄子认为形体是对立于精神的，有了形体，就有各方面的需求，有了需求，就会与周围的事物发生摩擦，就要不断地受到喜、怒、哀、乐感情的折磨。如果能够做到"无己"，就可以做到无所依赖、无所对待，消除精神的对立面，从而彻底消解主客对立的状态，使精神获得高度的自由，也就是不以任何规定为规定，这正是复归于"道"的基本要求。做到了这一步，就可以进入到"与道同体"的逍遥境界。

庄子的"无己"体现着其伦理美的追求与境界。《秋水》曰："庄子与惠子游于濠梁之上。庄子曰：'儵鱼出游从容，是鱼之乐也！'惠子曰：'子非鱼，安知鱼之乐？'庄子曰：'子非我，安知我不知鱼之乐？'惠子曰：'我非子，固不知子矣；子固非鱼也，子之不知鱼之乐，全矣！'庄子曰：'请循其本。子曰汝安知鱼乐云者，既已知吾知之而问我。我知之濠上也。"从"儵鱼出游从容"的背景看，其出游有其他的鱼存在，有水存在，有庄子与惠施存在，有庄子与惠施的争论存在，有桥存在，有天地白云存在，甚至还有鱼儿出游的目的存在，等等，但儵鱼能从容自在，因为它的自我的离散，从而泯灭了这许多的存在物象，所以才能出游从容。庄子关注的就是儵鱼的这种境界，由鱼

---

① 《庄子·齐物论》。

而我，由我而鱼，才有一种生命释放的快感。在这种境界中，世界"寂漠无形，变化无常，死与生与，天地并与，神明往与，芒乎何之，忽乎何适，万物毕罗，莫足以归"①。可见，审美的人生既是现实的人生又是艺术的人生。《齐物论》云："至人神矣！大泽焚而不能热，河汉冱而不能寒，疾雷破山飘风振海而不能惊。若然者，乘云气，骑日月，而游乎四海之外，死生无变于己，而况利害之端乎！"此时此境，小我开始隐没，大我也随之显现，人的神化与神的人化同步实现，仿佛回到了庄子所推崇的上古社会生活。

庄子的伦理美追求是在抵制物质世界、虚化人类的社会实践而指向自我否定的绝对自由的生命境界。因为庄子相信，自我否定是完善自我人生，实现伦理美追求的一大途径。

三　齐物之美

齐物思想是庄子对待社会、自然与人生的基本立场。在将齐物思想系统化的过程中，庄子的第一步是将齐物思想纳入道的范畴，以此为齐物思想找到一个理论上的依据。这个逻辑推理的过程便是：道—道通为———万物一齐（即齐物）。

在认识世界的过程中，不同的认识角度会产生不同的认知结论。从庄子的《秋水》中可列举出多种认识事物的角度与方法，如"以物观之"，即从事物自身来观察认识事物；"以俗观之"，即从世俗观来认识与观察事物；"以差观之"，即从事物的特殊性角度来观察和认识事物；"以功观之"，即从实际的功用方面来观察事物；"以趣观之"，即从认识主体的欣赏情趣方面观察认识事物；等等。但庄子认为，从上述任何一种角度来认识与观察事物，都具有其片面性。而不带任何片面性的认识事物的角度

---

① 《庄子·天下》。

只有一个,那就是"以道观之"。道是庄子思想的基础,是庄子观察认识事物和思考问题的出发点。庄子从道的本体论的观点出发,提出"道通为一"的思想。《庄子·齐物论》云:"物固有所然,物固有所可。无物不然,无物不可。故为是举莛与楹,厉与西施……道通为一。"关于庄子的"道通为一",最通俗的理解就是,从道的观点来看,万事万物都是同一的、齐等的、无差别的。"道通为一"的理论出发点是"道"。在庄子的思想范畴中,道是宇宙的本体,万事万物都由道生成,因而也都有着道的共性,即从每一件事物上都看到的是"道",而不是事物有区别的、有等差的个体属性。总之,庄子从万物具有相同的共性,得出了万物为一(即齐物)的结论。

庄子在万物一齐(齐物)的总体思想框架下,又分出齐物我、齐生死、齐是非等分支思想。

第一,齐物我。人类在认识世界的过程中,始终是以自我为中心的。以自我为中心的实质是自我封闭、自我循环,是人类不正常的、变异的生存状态,这种思维方式严重桎梏着人类的心灵。老子说:"吾所以有大患者,为吾有身;及吾无身,吾有何患?"[①] 由于人把自身看得过于珍重,所以以利害的观念来对待一切,这只能对人的精神造成很大的威压。庄子也意识到以自我为中心的思维方式对人所产生的负面影响,他在《齐物论》中说:人们睡眠时神魂交通,醒来后身体也不得安宁;跟外界交接相应,整日里钩心斗角。他们衰败,犹如秋冬的草木,日益销毁;他们沉湎于所从事的各种事情,致使他们不可能再恢复到原有的情状;他们心灵闭塞,好像被绳索缚住,衰老颓败,没法使他们恢复生气。"与物相刃相靡,其行尽如驰,而莫之能止,不

---

① 王弼:《老子注》,河北人民出版社1986年版,第6页。

亦悲乎！终身役役而不见其成功，然疲役而不知其所归，可不哀邪！"① 庄子认为，要解决人类在现实生活中的种种纷争，唯一的办法就是超越自我，以开放的心灵去认识世界，达到"天地与我并生，万物与我为一"②的境界。

庄子说："非彼无我，非我无所取。"这里所说的"彼"是与我相对立的"物"，没有"彼"（物），也就没有"我"。而没有"我"的存在，"彼"（物）也因为失去对立面而无法呈现。庄子强调自我是在与外物相对立、相对待的关系中产生与存在的。这说明庄子的对立统一辩证法思想达到了一定的高度。但庄子从道的观点出发，主张"齐物我"，即"物化"。人要做到外物与自我的合而为一，消除物我之间的区别与界限。如果做到了这一点，那就可以摆脱物质束缚，不为功名所累，从物欲的世界里挣脱出来，达到人与自然合一的境界，最终成为一个追求内心自由自在的至人。

庄子"齐物我"的思想打破了人类建立起来的以自我为中心的定式，对于现代人类重新建构人类与自然的和谐关系具有现实意义。当今社会，人类与自然的冲突日益加剧，人们普遍日益关注个体精神生活，而缺少对狭隘人类中心主义作出深刻反省。庄子的齐物我思想，也许能给人们打一针清醒剂。

第二，齐是非。庄子认为，主体在认识客体之前，事实上已经存在着各种固定的偏执之见，用庄子的话说，就是所谓的"成心"。所谓的"成心"，是指人在认识事物之前业已形成的偏执之见。庄子认为，主体认识客体所产生的是非观念都来源于"成心"。《齐物论》说："未成乎心而有是非，是今日适越而昔至也。"人在还没有形成思想上的偏见之前就有了是非观念，这

---

① 《庄子·齐物论》。
② 王先谦：《庄子集释》，河北人民出版社1986年版，第39页。

就像今天到越国去而昨天就已经到达一样是不可能的事。由于"成心"在认识事物时具有普遍性，所以每个人都把自己的"成心"当做认识事物的标准。"夫随其成心而师之，谁独且无师乎？"把已形成的偏执己见当做自己认识事物的标准，那么每一个人都会有自己的是非标准。由于不同的人有不同的"成心"，不同的人也会有不同的是非标准，庄子由此得出是非标准是相对的这一结论。能够认识到认识主体的标准具有相对性，应该是庄子认识论思想的一大特点。《庄子·徐无鬼》："天下非有公是也，而各是其所是。"他认为天下本没有公认的是非标准，而都是各自以自己的是非标准为是非标准。在此基础上，庄子提出是非齐一的主张。《齐物论》说："是亦彼也，彼亦是也。彼亦一是非，此亦一是非。果且有彼是乎哉？果且无彼是乎哉？彼是莫得其偶，谓之道枢。"庄子说：此也是彼，彼也是此。彼有一个是非标准，此有一个是非标准。果真有彼此之分吗？果真无彼此之分吗？彼与此都失去了其对立面，这就是道通为一规律。

第三，齐生死。庄子从万物齐一的理论出发考量众生所关注的生与死这一人生的基本问题时，得出了"万物一府，死生同状"[①]的"齐生死"的结论，他主张抹去人们心灵上对"生"与"死"的区分，刻意填平"生"与"死"之间的鸿沟，从而使人看破生死，透悟生死，坦然而平静地面对死亡。庄子在《大宗师》中借一个寓言人物的口说："孰能以无为首，以生为脊，以死为尻，孰知死生存亡之一体者，吾与之友矣。"他把无、生、死看成是构成一个有机整体的部分，即把"无"当做头，把"生"当做脊柱，把"死"当做尾，只有认识到了这一点，就能够通晓生死存亡浑为一体的道理。《德充符》篇也借老聃的口说："使彼以死生为一条，以可不可为一贯"，要求人径

---

① 王先谦：《庄子集释》，河北人民出版社1986年版，第184页。

直把生与死看成一样,把可以与不可以看作是齐一的,从而解除人的精神枷锁。

庄子追求"道"的境界,而以逍遥于世的形象呈现在读者的面前。这种人生感悟是他思想中的主体,其主要方面又是对人生理想境界的思考。《史记·老庄申韩列传》说其作《渔父》、《盗跖》等"以诋訾孔子之徒"。实现途径不在于宗教式的外在超越,而在于审美情感式的内在解脱。是如临尸而歌这种从世俗观念中超脱出来的与"道"为一的境界,"彼又恶能愦愦然为世俗之礼以观众人之耳目哉"①。是没有道德参与而遭破坏与压制的自然本真之态。因此,庄子把"天地与我为并生,万物与我为一"②等贴近大自然,赞美大自然的意识作为他追求的人生状态而加以渲染。人在现实中是很难做到这种六合之骋的,精神自是另当别论了。所以庄子的逍遥游主题主要是精神上的"游心说",即利用主观意识上的齐平万物之法而达成的结果。这就是"齐物之美"。

① 《庄子·大宗师》。
② 《庄子·齐物论》。

# 第五章　先秦墨家伦理思想中的"美"

先秦墨家的"兼爱"思想是一种爱无差等的伦理精神。这种爱无差等的伦理精神分别通过"爱人如己"的人际伦理原则和"尚同"的社会伦理原则得到鲜明表达。它体现的是一种对人类整体之爱、无差别之爱,是平等的互爱。"兼爱"的伦理思想虽然在墨子时代未能如墨子所愿发挥出其预想的作用,但其伦理境界至今仍让人叹为观止。后期墨家通过思辨思维对墨子的伦理美思想进行了更加深入的思考和发掘,是对墨子思想的继承和发展。

## 第一节　墨子"兼爱"的伦理境界

墨子(约前468—前376年),姓墨名翟,战国初期宋国人,出身于手工业阶层,后为宋国大夫。是墨家学派创始人。墨子不仅是社会学家、教育家,也是一个极具伦理思想的哲学家。季羡林曾评价道:"墨子在人类文明史上,代表了一个时代的高度,他在哲学、教育、科学、逻辑、军事防御工程等许多领域,都有杰出的贡献,是一位伟大的平民圣人。"

### 一　爱利尚同——兼爱与大利同举

墨子提倡兼爱主义的根本原因就在于"爱利"。因为人人都能以爱心对待世事,则天下太平,人民安居乐业,这就是大利;

如果互相争夺，甚至发生战争，则人民遭殃，这是大害。墨子寻找致乱的根源，认为一切乱源"皆起不相爱"。《墨子·兼爱上》云："子自爱不爱父，故亏父而自利；弟自爱不爱兄，故亏兄而自利；臣自爱不爱君，故亏君而自利；此所谓乱也。虽父之不慈子，兄之不慈弟，君之不慈臣，此亦天下之所谓乱也。父自爱也不爱子，故亏子而自利；兄自爱也不爱弟，故亏弟而自利；君自爱也不爱臣，故亏臣而自利。是何也？皆起不相爱。"①《墨子·兼爱中》推"害"所产生的根源也说："以不相爱生。"② 墨子提倡兼爱，不只是爱而且要普遍地爱，凡人皆爱，人人皆爱才是"兼爱"。为什么要"兼"呢？以兼则利，不兼则不利。《墨子·兼爱下》说："兼之所生，天下之大利也。别之所生，天下之大害也。"③ 故曰："兼以易别。"既然墨子兼爱主义缘于利人，所以墨子不能舍利而言兼爱，并且认为利重于爱，就容易理解了。《墨子》中大量地以"爱利"联言，认为爱、利是不可分的。战国诸子对墨家尚利，也是了解的，除上举庄子、荀子外，孟子也说："墨子兼爱，摩顶放踵，利天下为之。"

　　墨家崇尚功利，但是以兼爱为计利害的标准。所谓"兼爱"，即上文讲的圆满普遍之爱亦即尽爱。墨家的功利以兼爱天下之人为本，与一般所讲的对个人、家庭或小团体之功利不同。为天下之功利，自然不害其兼爱的旨意。《墨子·兼爱下》云："以说观之，即欲人之爱利其亲也。然则吾恶先从事即得此？若我先从事乎爱利人之亲，然后人即报我以爱利吾之亲乎？意我先从事乎恶人之亲，然后人报我以爱利吾亲乎？即必吾从事乎爱利人之亲，然后人报我以爱利吾亲也。"④ 这是以爱人之亲换取爱

---

① ［清］孙诒让:《墨子间诂·兼爱上》,中华书局1951年版,第91、92页。
② 同上书,第94页。
③ 同上书,第106页。
④ 同上书,第115页。

115

己之亲。《墨子·兼爱中》又说："爱人者，人亦从而爱之。利人者，人亦从而利之。"《墨子·小取篇》说："爱人不外己，己在所爱之中。"这与《孟子·离娄》说的"爱人者人恒爱之，敬人者人恒敬之"旨意相同。或者认为这只是一种交换条件，岂墨家兼爱之真义？是不了解墨子言兼爱即含交利之意。墨子所讲的正是兼交的爱利。交爱交利就是今天说的互爱互利。爱利而不兼，则其为爱利之量不广泛；爱利而不交，则其为爱利之质不厚重。交互的爱利即墨家互爱互利之意。《墨子·鲁问》云："凡入国必择务而从事焉。国家昏乱，则语之尚贤尚同。国家贫，则语之节用节葬。国家喜音湛湎，则语之非乐非命。国家淫僻无礼，则语之尊天事鬼。国家务夺侵凌，则语之兼爱非攻。"[①]可见墨学都是观察分析了战国时的具体情况，有针对性地提出来的。其以利害功用为切入点，这样更容易使人接受，而不像孟子开口闭口讲"仁义而已矣，何必曰利"那样迂阔而远离实际，而"爱非为用"的精神才是墨家兼爱之最高境界。《老子》曰："上仁为之而无以为。"韩非《解老》云："仁者中心欣然爱人也。其喜人之有福，而恶人之有祸也。生心之所不能已也，非求其报也。"《荀子·富国篇》云："利而后利之，不如利而不利之利也。爱而后用之，不如爱而不用者之功也。"可见道、儒、墨的最高理想都是爱而不用，利而不利即无私无偿地奉献，而不是希望得到回报。墨家兼爱主义的实践，就消极方面说主张"强不执弱，众不劫寡，富不侮贫，贵不傲贱，诈不欺愚"（《墨子·兼爱中》），就积极方面说则要做到"余力相劳，余财相分，良道相教"（《墨子·尚同》），认为这是应当的事，并且是损而不害的。

墨子主张的"尚同"有一个前提条件，就是担任各级正长

---

① ［清］孙诒让：《墨子间诂·兼爱中》，中华书局1951年版，第96页。

的都应该是贤良智慧之人,一个国家、一个社会只有贤者才能勤于朝政,才有能力一同天下之义,使国家由乱而治。墨子说:"贤者之治国也,蚤朝晏退,听狱治政,是以国家治而刑法正。贤者之长官也,夜寝夙兴,收敛关市、山林、泽梁之利,以实官府,是以官府实而财不散。贤者之治邑也,蚤出莫入,耕稼树艺,聚菽粟,是以菽粟多而民足乎食。"① 那么贤良智慧之人是怎样的一种人呢?解释为:"况又有贤良之士,厚乎德行,辩乎言谈,博乎道术者乎。此固国家之珍而社稷之佐也。"② 国家又怎样获得这种贤良之士呢?首先,国君要关心爱护贤才,这对国家之治是很有益的,墨子说:"入国而不存其士,则亡国矣"、"缓贤忘士,而能以其国存者,未曾有也"③。其次,国君还要对贤才富之、贵之、敬之、誉之,然后"国之良士,亦将可得而众也"。④ 要"高予之爵,重予之禄,任之以事,断予之令"。⑤ 否则,百姓不信任!敬畏贤者,更谈不上听从贤者的领导了。再次,国君选择贤才时还要扩大范围,"故官无常贵,民无终贱,有能则举之,无能则下之。虽在农与工肆之人"⑥,国君也应该做到有能则举之,无能则下之,这为下层民众参政提供了条件,是政治上利民的表现。最后,国君举用贤才时要做到"不党父兄,不偏富贵,不嬖颜色,贤者举而上之,富而贵之,以为官长;不肖者,抑而废之,贫而贱之,以为徒役"。⑦ 并以道德和实绩给予官职和赏罚,即"以德就列,以官服事,以劳殿赏,

---

① [清]孙诒让:《墨子间诂·兼爱下》,中华书局1951年版,第90页。
② [清]孙诒让:《墨子间诂·亲士》,中华书局1951年版,第1页。
③ [清]孙诒让:《墨子间诂·兼爱上》,中华书局1951年版,第15页。
④ [清]孙诒让:《墨子间诂·亲士》,中华书局1951年版,第40页。
⑤ 同上书,第41页。
⑥ 同上书,第41、42页。
⑦ [清]孙诒让:《墨子间诂·兼爱中》,中华书局1951年版,第45页。

量功而分禄"。① 总之"尚贤使能"要以义为标准,做到"不义不富,不义不贵,不义不亲,不义不近"。"举义不避贫贱、举义不避疏、举义不避远。"② 这样,不但能广揽贤才担任各级领导,还可以使"国中之众,四鄙之萌人,莫不竞相为义举"。通过尚贤原则选立出来的正长就会尽职尽责,以义、礼为标准去赏善罚暴。墨子的这种由天子向下逐级尚贤,然后再由下至上逐级尚同,最后由天子一同天下之义的主张,是建立集中统一的强有力政府的一种呼声。墨子的尚贤思想对当今社会的政府和企事业单位选拔德才兼备的人才有很大的借鉴意义,他的尚同思想在大至国家小至一家当中有一定的凝聚力,但如果运用不当,会使权力过分集中于某一人,难免会产生权力滥用的弊端,"上之所是,必皆是之;所非,必皆非之"。还会干涉百姓的思想、言论和行动自由,这在某种意义上不利于民主制度的建立,甚至还会出现官场上欺上瞒下,弄虚作假,指鹿为马的恶劣现象。那么墨子通过这种"尚同"的方法,要达到怎样的目的呢?

墨子提出"尚同"就是为了一同天下之义,使社会的纠纷离乱得到治理,然后国家谋议的各种事情就能成功,内守外攻也会取胜,国家上下之情相同,赏善罚暴得当不偏。墨子曾说:"是以谋事得、举事成、入守固、出诛胜者,何故之也?曰:唯以尚同为政者也。"③ "故古者圣王,唯而审以尚同以为正长,是故上下情请为通。"④ "是以赏当贤,罚当暴,不杀不辜,不失有罪,则此尚同之功也。"⑤ 然而,社会由乱而治还不是墨子"尚同"的最终目的,墨子想通过这种方法为天下百姓兴利除害,

---

① [清]孙诒让:《墨子间诂·兼爱上》,中华书局1951年版,第42页。
② 同上书,第40页。
③ [清]孙诒让:《墨子间诂·兼爱中》,中华书局1951年版,第76页。
④ [清]孙诒让:《墨子间诂·兼爱上》,中华书局1951年版,第67页。
⑤ 同上书,第81页。

即除去三害:"若大国之攻小国也,大家之乱小家也,强之劫弱,众之暴寡,诈之谋愚,贵之敖贱,此天下不慈也,子者之不孝也,此又天下之害也";"又与今人之贱人,执其兵刃毒药水火,以交相亏贼,此又天下之害也"。① 最终使天下百姓"饥者得食,寒者得衣,劳者得息",② 使"百姓皆得暖衣饱食,便宁无忧",③ 使天下百姓都生活在一个"兼爱、非攻"的理想社会之中。

二 先质后文——质朴务实为先

《墨经》中伦理之美的理论阐述也许更具探讨的价值。"诚信"既是墨子伦理之美的出发点,也是《墨经》唯美实践的目的所在。诚,信也;信,诚也。这是典型的同义词互训,都含有真实、诚恳的意思。《墨经》中则这样来解释:信,言合于意也;诚信就是言语符合思想,有了这样的起点和归依,《墨经》在表达自然和社会中的各种概念思想时,总是力求用一种科学、准确、有效的语言形式探求事物的本质,尊重客观实际和客观规律。

在墨子的伦理美思想中,从"尚同"出发,提出"非乐"的主张。他在《非乐上》中指出统治者的音乐享受,从制造乐器到音乐演奏,都要剥夺、耗费民财、民力,对人民的生活和生产都很不利。"是故子墨子之所以非乐者,非以大钟、鸣鼓、琴瑟、竽笙之声,以为不乐也;非以刻镂华文章之色,以为不美也;非以煎炙之味,以为不甘也;非以高台、厚榭、邃野之居,以为不安也。虽身知其安也,口知其甘也,目知其美也,耳知其乐

---

① [清] 孙诒让:《墨子间诂·兼爱下》,中华书局1951年版,第125页。
② [清] 孙诒让:《墨子间诂·非命》,中华书局1951年版,第253页。
③ [清] 孙诒让:《墨子间诂·天志中》,中华书局1951年版,第182页。

也，然上考之，不中圣王之事；下度之，不中万民之利。"① 是故子墨子曰："为乐非也！"就是说声色之美，味居之宜，并非不美，但"仁者之为天下度也，非为其目之所美，耳之所乐，口之所甘，身体之所安，以此亏夺民衣食之财，仁者弗为也。"（《墨子·非乐上》）墨子认为"仁者"之责，在于"兴天下之利"，所以这样的"美"，墨子是坚决反对的。可以看出墨子的非乐思想，反映了他对当时及历史上统治阶级不顾人民死活，贪求无度追求声色之美、犬马之乐的批判。但墨子并不完全否定"美"及"美"的享乐，正如恩格斯《在马克思墓前的讲话》中所说的："人们首先必须吃、喝、住、穿，然后才能从事政治、科学、艺术、宗教等等"②，墨子提出了"食必常饱，然后求美；衣必常暖，然后求丽；居必常安，然后求乐"的原则，反映了他的绝对的功利主义观点。在《说苑·反质》篇记载的墨子和禽滑厘的一段对话中，墨子举了夏禹和盘庚的例子，说明古代圣王以实际功用为务，是不去追求修饰的，因此天下大治。而像殷纣王那样追求文彩修饰，乃是"乱君"之道，必然要"身死国亡，为天下戮"。他举例说，在饥荒之年，人们情愿不要价值连城的"隋侯之珠"，而宁可要"一种粟"。这也反映了墨子讲究实际功用的思想。

《墨子·修身》明确表示其"尚质"的观点，"言无务为多而务为智，无务为文而务为察"。意思是说话不要求很多，而要求说得机智；不要求说得漂亮、动听，而要求说得透彻清楚，明察秋毫。从中可以看出墨家要求的是明白直意的语言。

《韩非子·外储说左上》中有这样一段记载：楚王谓田鸠曰："墨子者，显学也，其身体则可，其言多而不辩，何也？"

---

① ［清］孙诒让：《墨子间诂·非乐上》，中华书局1951年版，第227页。
② 《马克思恩格斯选集》第3卷，人民出版社1972年版，第574页。

曰："昔秦伯嫁其女于晋公子，令晋为之饰装，从衣文之媵七十人，至晋，晋人爱其妾而贱公女，此可谓善嫁妾而未可谓善嫁女也。楚人有卖其珠于郑者，为木兰之柜，薰以桂椒也，缀以珠玉，饰以玫瑰，辑以翡翠，郑人买其椟而还其珠，此可谓善卖椟也，未可谓善鬻珠也。今世之谈也，皆道辩说之文辞之言，人主览其文而忘其用。墨子之说，传先王之道，论圣人之言以宣告人，若辩其辞，则恐人怀其文忘其直，以文害用也。此与楚人鬻珠，秦伯嫁女同类，故其言多不辩。"这里所说的"文"，就是儒家所说的"言之无文行而不远"之"文"，亦是"文彩"；"辩"与"文"近义，"无辩"是"无文"之意，这可以明显看出墨家反对"以文害用"，推重的是"质"，即"尚质"。

正因为"尚质"，墨子强调说话要有准则，他说言"必立仪。言而毋仪，譬犹运钧之上而立朝夕者也，是非利害之辩，不可得而明知也"（《墨子·非命上》）。他提出三表法，即"有本之者，有原之者，有用之者。于何本之？上本之于古者圣王之事。于何原之？下原察百姓耳目之实。于何用之？废以为刑政，观其中国家百姓人民之利。此所谓言有三表也"（《墨子·非命上》）。"上本于古者圣王之事"，是指言必有据，以古代圣王言行为准则；"下察百姓耳目之实"，是说立言要从实际出发，以百姓的实际体验为依据；"废以为刑政，观其中国家百姓人民之利"，强调立言、著文以及政策的推行，都要考虑客观的实际效果。墨子提出的立言、著文、行政的准则，其目的是为了判断人们对客观事物的认识及人们的言论行动是否正确，是用来辨别伦理有没有价值的标准，实际上就是评判效果好坏的标准。

正因为"尚质"，墨子强调明辨是非，便须探讨搜求万物的现象，比较参看它们之间的关系之所在，准确地反映意旨、思想感情，反映出事物的本质，反映事物的真实。

## 三  非乐兴利——悯民忧世情怀

墨家的"非乐"学说,除集中反映在《非乐》篇中以外,另见于《墨子》书中的《三辩》、《七患》、《非儒》、《公孟》等篇。在这里,我们仅以《非乐》上、中、下篇为据,稍兼其他,来理解墨子的"非乐"思想。

"非乐",就其中的"乐"字,当作"音乐"之乐还是"享乐"之乐来理解,却是众说纷纭。从广义上看,"非乐"反对一切享受作乐,包括衣、食、住、行各个方面;从狭义来看,无论是诸侯的"钟鼓之乐",士大夫的"竽瑟之乐",农夫的"瓴缶之乐",一概反对。有人认为墨子实乃不懂音乐的人,从源头来否认其"非乐"的合理性;也有人觉得墨子的"非乐"是全盘否定音乐的审美功能,对其进行猛烈的抨击,比如荀子和郭沫若;也有人觉得"乐"字当属享乐之乐,对墨子"非乐"思想的实用功能大加赞赏。对此,我们不应有失偏颇,当用公正的眼光,站在历史发展的角度来解析"非乐"思想的精髓。

在对"非乐"进行剖析之前,我们先探析一下"非乐"思想产生的原因。墨子处于春秋战国时期,是中国社会转型的大变革、大动荡的时期。政治上,周室衰微,王纲坠地,礼崩乐坏。诸侯坐大,挟天子以令诸侯;大夫专权,陪臣执国命,相互攻伐。大欺小,强凌弱,众暴寡,战争连年,社会动乱,经济萧条,人民饥荒……当时的统治者,不论是新兴的还是行将灭亡的,为着他们的蓄积和享乐,对于"在农与公肆之人"和各类奴隶的剥削与压迫都是同样残酷的,必然引起被统治者的愤怒和反抗。而作为"贱人"的墨子,从最广大受压迫平民的视角来提出"非乐"的主张是有其强烈的现实需求和实用价值的。

墨子指出"民之三患":饥者不得食,寒者不得衣,劳者不得息。在此种情形之下，统治者还有为乐的条件吗？无异于拿广大人民的生命来满足一己私欲而已。为之，则乃"亏夺民衣食之财"，也剥夺了民的生存之本。这些都是"非乐"的现实意义所在。墨子的《非乐上》明确指出，墨子之"非乐"是以"兴天下之利，除天下之害"①为原则的，是以是否"利人"为标准的，他之所以提出"非乐"，是因为统治者对审美和艺术的享受将"亏夺民衣食之财"，翔实地例证了统治者为乐之害——劳民又伤财，在审美艺术与现实社会功利中作出了正确的判断。

有文本为证："是故子墨子之所以非乐者，非以大钟鸣鼓、琴瑟竽笙之声以为不乐也，非以刻镂华文章之色以为不美也，非以犓豢煎炙之味以为不甘也，非以高台厚榭邃野之居以为不安也。"追溯文本，墨子在《非乐上》中开篇就提出："子墨子言曰：仁之事者，必务求兴天下之利，除天下之害。将以为法乎天下，利人乎即为，不利人乎即止。"②由此观之，墨子的"非乐"肯定不是停留在为乐而乐（yuè），该思想的提出包含了深厚的现实意义。

四　自苦利他——践行"兼爱"思想

墨子一生"自苦为义"，奉行利他主义原则。孟子说："杨子取为我，拔一毛而利天下不为也；墨子兼爱，摩顶放踵利天下为之。"（《孟子·尽心上》）杨朱主张为我主义，拔一根汗毛对天下有利都不肯干。墨子主张兼爱天下，从头顶到脚跟被磨成粉末，对天下有利也肯干。墨子以抑强扶弱为己任，有豪爽的任侠精神。

《墨经》对"任"的定义是"士损己而益所为也"，"为身

---

① ［清］孙诒让：《墨子间诂·非乐上》，中华书局1951年版，第226页。
② 同上书，第226、227页。

之所恶，以成人之所急"(《墨子·经说上》)。损己利他，成人之美是墨者的崇高道德原则。为此，墨者可以大义灭亲，舍生取义，杀身成仁，为了实现仁义的事业，如果在守城战斗中英勇牺牲，被认为是死得其所。

墨家兼爱，崇尚舍己利人的牺牲精神。《墨子·大取》云："杀一人以存天下，非杀一人以利天下也。杀己以存天下，是杀己以利天下。"这是说杀一无罪的人以存天下是不对的，因为这一做法与"兼爱"之旨相抵触。但自我牺牲，杀己以存天下，就是杀己以利天下，为了"兼爱"利天下而殉道，这是墨家赞赏的。《晏子春秋·内篇问上第五》引墨子曰："道在为人而失为己，为人者重，自为者清。"墨子为了止楚攻宋，走了十天十夜去说服楚王罢兵，他的弟子百八十人也可以"赴汤蹈火，死不旋踵"(《淮南子·泰族篇》)。《庄子·天下篇》也说墨子"日夜不休，以自苦为极"。"其为人太多，其自为太少"，"虽枯槁不舍也"，这是墨学的真精神。

## 第二节  后期墨家对伦理美的思考

《墨经》作为后期墨家思想的集成，它已不只是对墨学理念的宣扬，而是转向对理论、思维与表述、论辩方式的进一步辨析，澄清概念，再予以界说，解决思想与现实之间的问题。而就在这样的论述中，在自然理性中却又无不渗透着对伦理哲学的思考，其思想犹如绽放在智慧轨迹上的一朵奇葩。

### 一  以实举名——强调名副其实

《墨经》强调"名实合一"，其实质就是"名"与"实"之间必须是按照一致性原则有机地组合为一体的。

《经说上》说:"二名一实,重同也。"① 意思是两个名称指的是同一事物的概念,比如狗和犬,是二名一实,这种同叫做"重同",由此也可看出《墨经》对名实统一关系的认识。《墨经》中"名"多次出现,"名"与"实"直接产生对举关系的也多达 15 次。如:"名实合,为"(《经上》),即名实相符合,才能去做;"或,过名也,说在实"(《经下》),就是说空间方位,在经过某地后仍用以往的名称来称呼它,不妥,因为这一名称与以往所指地域实际上有所不同;"举,告以文('文'当作'之')名,举彼实故也"(《经说上》),用这个概念来告知,以反映客观事物的本质;"所以谓,名也;所谓,实也"(《经说上》),用以称谓事物的叫做名,名所称谓的叫做实;"名实耦,合也"(《经说上》),概念理论和实际相互匹配,叫做"合"。"马,类也,若实也者必以是名也命之"(《经说上》),马是一个类概念,凡具有马的属性的实体,一定用这个概念来称谓;"臧,私也,是名也止于是实也"(《经说上》),臧是一个单独概念,这个概念只用来指称某一个实体。由以上例子可以看出,在《墨经》作者看来,一定的名称,只有和一定的实体发生必然的联系从而融为一体,才能具有"名"的意义;"名"既代表了事物的表象,更代表了事物的本质。这是墨家学派认识论的一种反映,也是这种"名实"关系认识论的基石。

《墨经》无论从理论上还是从实践上,都对"以名举实"观念进行了积极的探索,但这一观念并没有出现在《墨经》中靠前的篇目中,而是出现在最末的《小取》中,不管是有意还是无意,这正好是对墨家"名实"关系的一次纲领性的总结:夫辩者,将以明是非之分,审治乱之纪,同异之处,察名实之理,利害,决嫌疑;摹略万物之然,论求群言之比;以名举

---

① [清] 孙诒让:《墨子间诂·经说上》,中华书局 1951 年版,第 319 页。

实,以辞抒意,以说出故。辩的作用,是要明确是非的区别,详审治乱的规律,明白同异的所在,考察名实的原理,判断利害,解决嫌疑,从中探讨万物的本来面目,推求各种说法的类别,用名称说明实际。

## 二 利害相权——以义权衡利害

在后期墨家思想中对"利"、"害"作了明确规定,《经上》说:"利,所得而喜也";"害,所得而恶也"。① 具体解释为:"利,得是而喜,则是利也。其害也,非是也。"② "害,得是而恶,则是害也。其利也,非是也。"③ 这里所谓"利"和"害",是"所得"者对"所得"感受到或喜或恶所作的价值评价,它们以喜或恶为主观形式,以"所得"为客观内容。对"利"、"害"的这一规定,具有重要的理论意义,就其客观内容而言,"利"、"害"是确定的;而就其主观形式而言,客观存在又是不确定的,相对的。不同的所得者如不同阶级、等级等,对于确定的所得的东西往往会有不同的感受,从而会作出不同的甚至完全相反的价值判断,形成不同的利害观和善恶观。

后期墨家根据对"利"、"害"的价值规定,给"义"下了一个定义:"义,利也。"(《经上》)《经说上》解释说:"志以天下为芬(分),而能能(后一个能字读为"兼该",从谭戒甫注)利之,不必用。"④ 认为义就是以天下事为自己的分内事,使天下人都能得到利益,但自己不必得到利益(用)。这就是说,所谓"义"是以客体"所得而喜"——利——为价值标准的。换句话说,主体行为是否是道德的,要看行为的后果是否给

---

① [清]孙诒让:《墨子间诂·经上》,中华书局1951年版,第285页。
② [清]孙诒让:《墨子间诂·经说上》,中华书局1951年版,第305页。
③ 同上书,第305、306页。
④ 同上书,第303页。

客体带来利益，对于主体是否得利是无关紧要的。因此，后期墨家反对"有爱而无利"（《大取》），认为这是儒者观点，而强调爱、利统一。他们认为只讲爱人，不一定说是利人，例如，由于臧（奴隶名）善待我的双亲，因而我爱他，这就等于我爱我的双亲。但是因此而使臧得到利益，却不等于我的双亲得到利益，这就是说，利人是直接的，实际的，爱人是主观的思想感情，两者是有区别的。后期墨家的主张是，爱人就必须利人，而爱人之所以是道德的正在于利人，即所谓"义，利也"。

后期墨家对"孝"、"忠"等道德规范作出自己的解释："孝，利亲也"（《经上》），"孝，以亲为芬，而能能利亲，不必得"（《经说上》）。认为"孝"就是以爱亲为己任，又能兼利双亲，但不必得到双亲的赞赏。在后期墨家的利害关系中，就是在于使亲人，使别人，使天下人得到利益。同时又强调自己不必得利（"仁而无利爱"），即利人而不图报。这里，后期墨家实际上修正了墨子所谓"吾先从事乎爱利人之亲"[①] 是出于"人报我以爱利吾亲"[②] 之度的观点，并进一步提倡舍己为人的自我牺牲精神。《大取》说："断指与断腕，利于天下相若，无择也。死生利若一，无择也。"[③] 认为在个人利益与天下之利发生冲突时，如果断指断腕、或死或生就是利于天下，那就无须选择，应该牺牲个人利益乃至"杀己以存天下"。[④] 但这并不是说后期墨家否定个人利益，相反他们认为只要不妨碍天下之利，个人求利避害是正当的，而且应当权衡利害之大小，实行"利之中取大，害之中取小"的原则，例如，"遇盗人，而断指以免身，利也"。[⑤]

---

① ［清］孙诒让：《墨子间诂·兼爱下》，中华书局1951年版，第115页。
② 同上。
③ ［清］孙诒让：《墨子间诂·大取》，中华书局1951年版，第368页。
④ 同上。
⑤ 同上。

同时，根据爱利统一观点，既然"爱人不外己，己在所爱之中"，那么利人也不外己，己在所利之中。不过，他们认为不能把个人的求利避害作为行为的价值方针，不能把个人利益的获得作为道德价值判断的根据，也就是说，于事之中权衡个人利害大小，"非为义也"，它只是属于个人日常生活中的利害得失问题，其本身不具有道德价值。而作为行为的道德价值标准的则是利人、利天下。可见，后期墨家义利观，既与儒家的道义相对立，又与商鞅、韩非的极端利己的功利主义有别，在理论上也与近代资产阶级的以是否满足个人幸福作为善、恶价值标准的功利主义不同，它是一种以利人、利天下为道德价值标准的社会功利主义，或者可以说是以利他为特征的功利主义，而它又不否定恰当的个人利益。

后期墨家的功利主义主要宣传不分阶级、等级地爱一切人，利一切人，"大人之爱小人也，薄于小人之爱大人也；其利小人也，厚于小人之利大人也"（《墨子·大取》）。尽管有厚薄之不同，但爱利之心是相通的。后期墨家提倡舍己为人的牺牲精神，作为一种高尚的个人品德是值得称道的，这种品德也就是所谓侠士（游侠）之义。

三 兼爱提升——"周爱"与"尽爱"

墨子提倡"兼爱"，本义在"交相爱"，后期墨家则把爱的对象和范围作了无限的推衍，赋予"兼爱"以"周爱人"或"尽爱"人的新义。《小取》说："爱人，待周爱人，而后为爱人，不待周不爱人，不周爱，因为不爱人矣。"[①] 认为爱人就是要普遍地爱世界上所有的人；如果不是爱所有的人，而只是爱某些人，那就是"不爱人"，并且指出："爱众世与爱寡世相若，

---

① ［清］孙诒让：《墨子间诂·小取》，中华书局1951年版，第383页。

兼爱之有（又）相若。爱（上）世与爱后世，一若今之世人也。"（《墨子·大取》）就是说，爱人多之世的人和爱人少之世的人相同；爱古代的人和将来的人，如同爱今世的人一样。爱人是不受时间、空间和世之人数的多寡所限制的。

对于后期墨家的"周爱人"的主张，当时就有人提出诘难，他们指责说，地域无穷，人口多到数不过来，所以周爱人是不可能的。《经下》反驳说："无穷不害兼，说在盈否。"[1] 意思是说，地域的无穷并不妨碍兼爱，其理由在于人是否能充满于地域间。《经说下》进一步解释说："人若不盈无穷，则人有无穷，尽有穷无难。盈无穷，则无穷尽也，尽无穷无难。"[2] 意思是说，人若不充满地域，那么，人是有穷的，尽爱有穷的人是不难的；人若充满了地域，地域就是有尽的了，那么地域中的人当然也是有尽的，尽爱有穷的人仍无困难的。《经说下》认为："或者遗乎其间也，尽问人是尽爱其所问。"[3] 就是说，或者有失于人口的调查吧，你能调查尽人数，则我就能尽爱被调查的人。还有人提出：不知人之所在，难以爱之。《经下》说：不知其所处，不害爱之，说在丧子者。如儿子失踪，不知去向，这并不妨碍父母对儿子的思念、牵挂之爱心表达。

此外，后期墨家还对墨子所主张的视人若己，即"为彼犹为己"的兼爱原则作了进一步的发挥，《经上》提出"仁，体爱也"，[4] 并将其作为处理爱人与爱己的原则。所谓"体爱"，就是"人"与"己"为一体，爱人如爱己。《经说上》解释说："仁，爱己者非为用己也，不若爱马者。"[5] 意思是说，爱自己不是为

---

[1] ［清］孙诒让：《墨子间诂·经下》，中华书局1951年版，第299页。
[2] ［清］孙诒让：《墨子间诂·经说下》，中华书局1951年版，第354页。
[3] 同上。
[4] ［清］孙诒让：《墨子间诂·经上》，中华书局1951年版，第281页。
[5] ［清］孙诒让：《墨子间诂·经说上》，中华书局1951年版，第58页。

使用自己，不像爱马是为了使用马。也就是说，爱别人就要像爱自己那样不是为了使用别人。爱人不能出于利己的考虑，不然的话就是"利爱"。"利爱"与"体爱"相对立，意指为了个人私利去爱人。墨者认为："仁而无利爱。"(《墨子·小取》) 真正的爱是不考虑个人的私利的，也就是不能把个人利益作为爱人的动机和目的，但是这并不排斥爱己。

《大取》云："爱人不外己，己在所爱之中，己在所爱，爱加于己。伦列之爱己，爱人也。"①体现了墨子所主张爱的对等互报原则。不过爱人与爱己应有厚薄之分：厚爱人而薄爱己，就是所谓的"伦列之爱己爱人也"，并进一步主张"士损己而益所为也"(《墨子·经上》)，"为身之所恶，以成人之所急"(《墨子·经说上》)，为了他人的利益，虽牺牲个人也在所不惜。这样，后期墨家"兼爱"说又突出了利他精神，是对墨子思想的又一发展。

后期墨家对"周爱人"或"尽爱人"的逻辑论证，有偷换概念之嫌，如"不知其所处"与"丧子"显然不是同一概念。但其伦理学的意义是明确的，认为"兼爱"就是爱世上所有的人。这样，墨子的兼爱在后期墨家那里就具有了近乎博爱的意味，在理论上变得更加抽象，因而也就成为更加不切实际、不能实行的"人类之爱"了。事实上，后期墨家自己就没有把这一观点贯彻到底。他们主张"杀盗"，正说明他们的爱并不是给所有人的，就是说"周爱人"在墨者自己那里就行不通。尽管他们辩论说"不爱盗非不爱人也，杀盗非杀人也"(《墨子·小取》)，但在这里，"周爱人"中的人，又仅指有道德的人，这与其兼爱思想的概念又相抵触。可见，"杀盗非杀人"的辩论，非但没有消除"杀盗"与"周爱人"的矛盾，而且对"周爱人"作了合乎逻辑的否定，证明"周爱人"是不可能实行的幻想。

---

① ［清］孙诒让：《墨子间诂·大取》，中华书局1951年版，第284页。

# 第六章 先秦法家、杂家伦理思想中的"美"

法家学说源远流长，同西周以降的礼崩乐坏相适应，与春秋以来的争霸运动相激长。从某种意义上说，它是一种完整的社会政治哲学，但它对社会生活以及人们的精神观念、伦理结构产生了深远的影响。"法、法文化也正是人的本性的确证，是人的自由的定在，是本来外在于人、异己于人的历史社会向人和人的自由的生成。所以，法就必然是美的。"① 法律是显露的道德，道德是隐藏的法律，这在中华法系中表现得尤为明显。中华法系素有伦理法之称，中国古代法律的突出特点是伦理道德性，所以，古代中国法之美自然就和伦理美相通。

法家是先秦诸子中对法律最为重视的一派。前期以齐法家管仲为先驱，后期以晋法家韩非为总结者。面对春秋战国时代社会战争频繁，民生疾苦的现象，法家与儒、墨两家都希望借由各自所提出的积极主张以挽救世局的危乱，恢复人心的安定，使国家走上正面建设之路。而法家对于整体人类历史发展的主张是放置在一种不断进化的观点下来看，而进化的动力则在于掌握生杀大权的帝王能善用人性以及法律的强制性与普遍性，奖励耕田的农民与打仗的战士，将国家一统在符合任何时代且都行之有效的君主集权的专制统治之下，缔造国家的富强与统一。所以他们主张"以法治国"，而且提出了一整套的理论和方法。

---

① 吕世伦：《法的真善美》，法律出版社2004年版，第416页。

杂家的出现是统一的封建国家建立过程中思想文化融合的结果。《汉书·艺文志》对"杂家"作了这样的定义:"杂家者流,盖出于议议官。兼儒墨,合名法,知国体之有此,见工治之无不贯,此其所长也。及荡者为之,则漫羡而无所归心。""杂家"之"杂"的原初本义应该是"聚集"。杂家以博采各家之说见长,以"兼儒墨,合名法"为特点,"于百家之道无不贯通"。《汉书·艺文志》将其列为"九流"之一。杂家著作以秦代《吕氏春秋》、西汉《淮南子》为代表。胡适先生在其《中国中古思想史长编》中认为:"杂家是道家的前身,道家是杂家的新名。汉以前的道家可叫做杂家,秦以后的杂家应叫做道家。研究先秦汉之间的思想史的人,不可不认清这一件重要事实。"①

## 第一节 管仲论"美"

管仲(前716—前645年),又称管夷吾、管敬仲。曾助齐桓公治齐,其为政生涯几与齐桓公在位的时间相始终。管仲被称为法家的思想先驱,他注重经济,反对空谈主义,主张改革以富国强兵。管仲改革的实质,是废除奴隶制,向封建制过渡。管仲改革成效显著,齐国由此国力大振。在他的帮助下,齐桓公"九合诸侯,一匡天下",不以兵车而建立了盖世奇功,成为春秋时第一个霸主。管仲因为政卓有成效,赢得美名,久为后人传颂。齐之学者托其名而成《管子》一书,使他的故事得以与这本重要的先秦典籍一起传流后世。《国语·齐语》的内容多与管仲有关。《史记》也为其作传,记载了他的生平和主要业绩。

春秋时期礼崩乐坏,王室衰微,政权下移,大夫执政,诸侯

---

① 欧阳哲生编:《胡适文集》第6卷,北京大学出版社1998年版,第446页。

竞相称霸，战火连绵，民不聊生。管仲顺应奴隶解放的历史潮流，在辅助齐桓公推行革新的同时，理论上最早提出了"以人为本"的概念："夫霸王之所始也，以人为本。本理则国固，本乱则国危。"(《管子·霸言》) 在中国历史上，"人"和"民"有时通用，人本也即民本，民是相对于官而言的，这里的"民"是与"君"相对的。"以民为本"的思想，必然提出并竭力去建立一个能使人民安居乐业的美好社会模式。

一　仓廪实则知礼节，衣食足则知荣辱

管仲非常重视礼与法的作用，但他反对空谈礼法，把发展生产视为立国的根本。"凡有地牧民者，务在四时，守在仓廪。国多财则远者来，地辟举则民留处，仓廪实则知礼节，衣食足则知荣辱，上服度则六亲固，四维张则君令行。"(《管子·牧民》) 管仲把物质生活资料的生产看作是管理老百姓、实现人心安定和提高人的素质觉悟情趣的头等大事，看作是提高社会道德文化水准的基础，是非常深刻的见解。

在经济立法方面，首先，管仲打破了井田制的限制，对当时大量发展起来的私田采取了"相地而衰征"(《国语·齐语》) 的措施，即按土地的好坏，分等级征收赋税，这实际上是承认了私田的合法性。这一措施既增加了国家的赋税收入，又调动了农民生产的积极性，促进了农业生产的发展。管仲还主张对自然资源要合理利用，"山泽各致其时"，不侵占农民的生产时间，"勿夺民时"，保证农业生产的发展，牛羊牲畜等不乱宰杀，"牺牲不略，则牛羊遂"(《国语·齐语》)，发展畜牧业。其次，发展工商业。齐国地处海滨，土地比较贫瘠狭小，但海产资源丰富，因而自姜太公时起，便确立了"通商工之业，便鱼盐之利"的方针(《史记·齐太公世家》)。管仲年轻时曾经与鲍叔牙一起经商，富有经商经验，所以为相之后，很重视发展商业，把发展商业作为实现富国强兵的一个重要手段。

管仲从治国施政应当优先关注民生的意义上讲"衣食足则知荣辱",是很有道理的。经济为一切文化现象的基础,而具有一定的决定力。民以食为天,物质生活需要乃人生第一需要。当人贫困到衣不御寒、食不果腹的地步时,最要紧的是为活命谋衣食,哪里还顾得上讲什么颜面荣辱、伦理审美?在数千年历史上,每当社会爆发大饥荒之时,都无一例外地导致了道德体系崩溃、社会风气败坏。毛泽东同志在批评董仲舒的"正其谊不谋其利,明其道不计其功"时曾经指出:"我们不能饿着肚子去'正谊明道',我们必须弄饭吃,我们必须注意经济工作。"① 这是彻底唯物主义者讲的最朴素的真理。因此,当年"四人帮"散布"宁要社会主义的草,不要资本主义的苗"之类的怪论,既为时人憎恶唾骂,又被后人作笑料谈。即使不存在温饱问题,经济富裕也比贫穷有利于增强荣辱观念,提高道德境界,提升审美情趣。

二　礼义廉耻,国之四维

中国素以礼仪之邦、文明古国著称于世。最能全面完整地代表中华优秀文明道德的就是"礼义廉耻"、"忠孝仁爱、信义和平"——简称"四维八德"。旧以礼、义、廉、耻为治国的四纲,称为"四维"。"四维"源于《管子》:"礼义廉耻,国之四维。四维不张,国乃灭亡。""国有四维,一维绝则倾,二维绝则危,三维绝则覆,四维绝则灭。倾可正也,危可安也,覆可起也,灭不可复错也。"管仲把礼、义、廉、耻视为"国之四维",即维系国家的四大绳索,其中的一根绳索断了,国就要倾斜;两根绳索断了,国家便很危险;三根绳索断了,国家就会颠覆;四

---

① 《毛泽东文集》第 2 卷,第 465 页。

根绳索都断了,国家必然灭亡。他又在《管子·牧民》中写道:"礼不逾节,义不自进,廉不蔽恶,耻不从枉。"按现在的话来说,"礼"就是不违法乱纪,"义"就是不巧谋欺诈、中饱私囊,"廉"就是不掩饰过错,"耻"就是不趋从坏人。

伦理道德观念并非物质财富的派生物和附属品。如果认为凡贫穷者都必然不知荣辱、道德堕落,凡富裕者都必然知荣知耻、道德高尚;或者认为只要把经济搞上去了,人们就会自然形成正确的荣辱观,道德风尚就会自然好起来,那也是不切实际的幻想。回头看历史,经济上的贫富与道德风尚的好坏并不是完全同步的。"贞观之治"时的初唐,远不如"开元盛世"时的盛唐富裕。但据史书记载,贞观期间政风清廉、民风淳朴,甚至"夜不闭户、路不拾遗",而开元后期则是官吏贪贿、豪强侵掠、盗贼蜂起。至于个人的道德人格,富家虽有知荣辱的智者仁者,但也有恬不知耻的蠢人坏人;古今享誉天下的志士仁人,多出自贫寒之家。管仲在《管子·牧民》中又写道:"守国之度,在饰四维。""上服度则六亲固,四维张则君令行。"他强调要"饰四维","张四维",他认为只有发扬礼、义、廉、耻,君主的政令才能畅通无阻。这表明了管仲对于礼义的作用是推崇备至的。

管仲在继承周礼的同时,又对周礼进行了四个方面的改造:一是打着"尊王"即维护周天子的旗号,"挟天子以令诸侯",以"尊王攘夷"和维护周礼为名,建立齐国的君主集权制和霸主地位。二是突破了"礼不下庶人,刑不上大夫"的传统,强调"万物待礼而后定",用礼来教育和引导民众;同时用削夺封邑的方法打击分封制贵族,加强诸侯的权势。三是打破了"亲亲"的宗法原则,任用贤能。四是批判"刑不可知"和轻视法度的旧传统,主张以法令作为人们言行的准则,以公开的法律作为标准,用赏赐以资鼓励,用刑罚纠正偏颇。管仲通过对周礼的改造，把法律的强制同道德的约束结合起来，来实现人的自由与发展，向伦理之美迈进了一大步。

三 令贵于宝，法爱于人

春秋战国时期，周室衰微，诸侯并起称雄，社会变动剧烈。在这样的背景下，贤明的诸侯为了求生存、图发展，并进而称雄图霸，无不致力于发展生产、收揽民心、安定社会。管仲看到了民心向背是政治兴废的关键，为了争取人民拥护，必须顺民之心，从民所欲，人民所希望的，尽量去满足，人民所厌恶的，尽量去避免。他说："政之所兴，在顺民心。政之所废，在逆民心。"（《管子·牧民》）顺应民心，则远方他国也望风归附。逆反民心，则自己的亲人也要纷纷背叛。《管子》中多次提到管仲建议齐桓公实行"振孤寡，收贫病"、"慈爱百姓"的政策，使"饥者得食，寒者得衣，死者得葬，不资者得振"（《管子·轻重甲》），以此收揽民心。

管仲把人看作是增强国力、保障国家安全的决定因素。"与其厚于兵，不如厚于人。"（《管子·大匡》）"地之守在城，城之守在兵，兵之守在人，人之守在粟。"（《管子·权修》）兴修兵革，增强军力，应从富民开始。民富则国力自强，民贫则国力必弱。保卫疆土，城池比土地重要，武器比城池重要，士兵比武器重要，粮食比士兵重要。人没有粮食不能生存，但粮食又是靠人生产的，所以归根结底人是决定的因素。管仲指出，战斗力的强弱，主要看军队的成分和军心的状况。打仗要依靠士兵的良好素质和旺盛斗志，而素质最好的士兵是由"朴野而不慝"的农民组成的。更为可贵的是，管仲把培养人才看作是国家的百年大计，提出了百年树人的思想。他说："一年之计，莫如树谷；十年之计，莫如树木；终身之计，莫如树人。一树一获者，谷也；一树十获者，木也；一树百获者，人也。"（《管子·权修》）种谷有一年的收获，种树有十年的收获，培养人才却有百年的收获。从一个国家的根本利益、长远利益来看，培养人才比种植庄稼和树木作用更大，意义更深远。

管仲在意识到人的重要性后，主张严格执法以安民。为了贯彻"以人为本"的治国根本原则，管仲提出了爱民、顺民、富民、举贤的方针政策。管仲说："下令于流水之原者，令顺民心也。""令顺民心，则威令行。""不强民以其所恶。"（《管子·牧民》）齐法家同晋法家一个重要的区别就是对儒家的或称传统的仁义礼乐的接受。管仲以法为主、礼法并用的法律思想决定了齐国法治的发展方向和特色。

"礼"的本质在于实现一种非强制性手段维持社会的组织方式，原本就是引人向善的秩序建构，它本身就具有规范的意义，考虑到它同时具有"标准"和"方向"的意义，可以说"礼"是一种"元规范"。因此，"礼"与"法"属于同一个逻辑层次，连用而为"礼法"。而当"刑"与"礼"、"法"在同一个逻辑层次上使用时，"刑"与"型"相通，孔子所谓"君子怀刑"，指的就是君子不忘"标准"和价值"方向"之意，而不是对犯罪实施惩罚。所以礼制秩序既不是纯粹道德意义上的，也不是纯粹法律意义上的，而是一种人伦和谐的"伦理法"秩序。管仲之时，各国都未公布成文法，管仲在是否公布成文法这个问题上采取"托古改制"的方法。管仲认为，不管做什么事，一定要先出法令，"明必死之路，开必得之门"。可见，管仲是主张公布法令的。管仲在向齐桓公介绍昭、穆二王之治时，就曾强调二王"设象以为民纪"。

管仲认识到，要想统治好人民，就必须重视法制建设。法律具有维护等级制度的重要作用；具有保证禄赏制度公正施行，从而使臣民尽心尽力地为君主效劳的功能；具有保证选贤任能的推行，从而使下情上达的作用；具有保证刑罚的正确使用，避免国家落入乱臣贼子之手的作用。总之"令则行，禁则止，宪之所及，俗之所被，如百体之从心"（《立政》），这就是管仲所期望的政治。在重礼的前提下非常重视法的作用。"不为重宝亏其命，故曰令贵于宝；不为爱人而枉其法，故曰法爱于人。"（《管子·七法》）意思就是说，不因为贵重的宝物而歪曲使命和命令，所以说命令比宝物还贵重；不因为自己所爱的人而弯曲国家的法律，所以说法律比人要可爱。管仲的改良思想是对过去的法制不能简单地废弃或否定，而要选择其好的方面加以创造性地运用。在立法方面，打破了"邢不可知，则威不可测"的旧传统，主张制定并公布成文法，"设象以为民纪，式权以相应，比缀以度，本肇末"（《国语·齐语》），并且"慎用其六柄焉"，即以生、杀、贫、富、贵、贱作为推行"法治"的六种手段，"劝之以赏赐，纠之以刑罚"（《国语·齐语》），实行以赏罚为后盾的法治。在执法方面他主张"有过不赦，有善不遗"。道德和法律调整社会关系的目的，就是要使这些不同的独立存在又相互依存的社会关系形成协调一致的统一的整体，从而使社会秩序形成并保持着有条不紊的运动状态。这种状态表现出整齐一律，平衡对称，符合规律与和谐，就是一种抽象形式的美。

## 第二节 韩非论"美"

韩非（约前280—前233年），是战国末期的思想家，先秦法家思想的集大成者，喜爱刑名法术之学。其人口吃，不善言谈，而善于著书。作为韩国没落贵族后裔的韩非看到当时的韩国日渐衰弱，曾屡次向韩桓惠王和韩王安上书陈谏，主张修明法度，富国强兵，任用贤能，但未被采纳。于是，他便"观往者得失之变"，发愤著书立说，总结历史上的经验教训，阐明法治思想。在政治制度上，韩非提出了将商鞅的法、慎到的势、申不害的术紧密结合的思想，建立了一套以"法治"为中心的适应封建中央集权制度的"法、术、势"三者合一的政治学说，主张强国弱民，在制度上主张尊今不法古、重赏罚、废诗书、以吏为师，都是他的重要思想，表现出一种活生生的竞存争夺的世界观；在哲学上，韩非批判地改造了老子"道"的学说，继承和发挥了荀况的朴素唯物主义思想；在美学上，韩非从上述的政治的和哲学的思想出发，提出了一系列的以"法治"为中心的带有朴素唯物主义色彩的伦理美学观点。韩非的思想主要保存于《韩非子》中。

一 好利恶害，夫人之所有也

韩非在理论和逻辑概念上，取源于老子的道家，而其作为荀子的高门弟子和战国末年最有才华的学者，在原则和本质、风格和识见上得力于荀子之处，也是直接而丰富的。韩非认为，人之性情好利恶害而自为，不存在仁义礼义上的人与人的关系。韩非是用法取代了荀子的礼义，但是却承认了荀子对人性的认可。荀子说道："凡人有所一同：饥而欲食，寒而欲暖，劳而欲息，好利而恶害，是人之所生而有也，是无待而然者也，是禹桀之所同也。"（《荀子·荣辱篇》）韩非也讲"好利恶害，夫人之所有也。赏厚而信，人轻敌矣；刑重而必，失人不比矣。长行徇上，数百不一失。喜利畏罪，人莫不然。"（《韩非子·难二》）《韩非子·奸劫弑臣》："夫安利者就之，危害者去之，此人之情也。"《韩非子·外储说左上》："人为婴儿也，父母养之简，子长而怨。子盛壮成人，其供养薄，父母怒而诮之。子、父，至亲也，而或谯或怨者，皆挟相为而不周于为己也。"《韩非子·备内》："医善吮人之伤，含人之血，非骨肉之亲也，利所加也。故舆人成舆，则欲人之富贵；匠人成棺，则欲人之夭死也。非舆人仁而匠人贼也，人不贵则舆不售，人不死则棺不买，情非憎人

139

也，利在人之死也。"

韩非认为，人性是自然既成的，所以现实政治政策必须是以人性为依据，而不应对人性加以否定。法家"法"的公正性，正是奠基于对无善无恶之"人情"的无偏执、非价值把握。就是说，它把老庄和思孟的价值揣度事实化了：既然圣人君子和贩夫走卒都不免好恶之情，那么，对待各色人等的政策法律就不应该有什么区别和不同——它显然已摧毁了由"世卿世禄"制度所衍生的尊卑秩序，抽掉了儒家所津津乐道的、其实是人贵贱意义上的"价值"，也脱离了他们所追求的、多数人难以企及的所谓"意义"。对"人情"的直白表述和严格依据，不啻剥掉了罩在"道德"外衣下的伪善包装，其力量在于真实。理论要以现实为依据，治国之道要"称俗而行"，要"因人情"。既然人情好利恶害，治国的目的就应该与人情相符，是赏功罚奸而不是仁义礼乐。《韩非子·八经》："凡治天下必因人情。人情者有好恶，故赏罚可用。赏罚可用则禁令可立，而治道具矣。"对内讲习耕战，对外实行兼并和称霸，这一法治的理论逻辑就是建立在因循人性的基础上的。

韩非基于对人类行为的"利害原理"的认识与掌握，而认为法律是社会节制中最公平、最有效的范式。但它的实施又是控制人，使人为我所用，所以法治的整个过程是完全的制约和完全的规范化，通过强制秩序的建立和对其的容忍而达到在乱世生存的目的。《韩非子·六反》："今家人之治产也，相忍以饥寒，相强以劳苦，虽犯军旅之难，饥馑之患，温衣美食者必是家也。相怜以衣食，相惠以佚乐，天饥岁荒，嫁妻卖子者必是家也。故法之为道，前苦而长利。仁之为道，偷乐而后穷。圣人权其轻重，出其大利，故用法之相忍，而弃仁人之相怜也。"在法的历史的发展过程中，当新型的法律秩序取代旧的法律秩序时，也如"一切伟大的世界历史事件和人物一样"，"第一次是作为悲剧出现的"①。这种悲剧的本质是"历史的必然要求和这个要求的实际上不可能实现之间的悲剧性的冲突"所决定的。

好利恶害的自然人性论，引发了韩非的"以功用为之的彀"的功用主义美学思想，构成了他的伦理思想和法律思想中美的前提和基础。

二 和氏之璧，不饰以五采

在《解老》中，韩非明确地提出了"好质而恶饰"的美学观点："礼为情貌者也，文为质饰者也。夫君子取情而去貌，好质而恶饰。夫恃貌而论情者，其情恶也；须饰而论质者，其质衰也。何以论之？和氏之璧，不饰以五采，隋侯之珠，不饰以银黄，其质至美，物不足以饰之。夫物之待饰而后行者，其质不美也。"韩非所谓的"质"，是指事物本身的质地，是就内容而言；韩非所谓的"饰"，是指人工外加的修饰或装饰，是就形式而言。韩非认为，像和氏之璧、隋侯之珠这些美的事物，其质地本来就是非常美的，是不需要任何人工外加的修饰或装饰的。假使事物须经过人工的修饰或装饰之后才成为美的，那说明它的质地原来就是不美的。所以，他主张"好质而恶饰"，强调"质"的本色美的必要性，而反对不必要的刻镂雕饰。韩非认为"美"是客观存在的，无须人工修饰；装饰起来的美是不真实的、虚假的、无用的。这表明了韩非对美的两个基本看法：第一，韩非认为，事物的美是由事物本身的质地所决定的，是自然的，是不以人们的主观意志或审美鉴赏为转移的客观存在。第二，韩非同时又认为，人为修饰或装饰起来的美是多余的，无用的，不真实的，是以文饰的形式掩盖其不美的质地而已。

韩非对艺术美的观点同样反映在伦理美之上。战国末期权力

---

① 《马克思恩格斯选集》第1卷，人民出版社1972年版，第603页。

斗争残酷、激烈，宫廷之中充满了尔虞我诈、钩心斗角，而韩非长期浸淫在权力斗争的中心；整个春秋战国时期又是强凌弱、众暴寡、大鱼吃小鱼或者一群小鱼聚集起来吃大鱼的特定历史事实，成了韩非最深厚最现实的知识底蕴，他开始建立了实证的功用主义。在《问辩》中，韩非鲜明地提出了"以功用为之的彀"的美学原则："明主之国，令者，言最贵者也，法者，事最适者也。言无二贵，法不两适，故言行而不轨于法令者必禁。……夫言行者，以功用为之的彀者也。……今听言观行，不以功用为之的彀，言虽至察，行虽至坚，则妄发之说也。是以乱世之听言也，以难知为察，以博文为辩；其观行也，以离群为贤，以犯上为抗。人主者说辩察之言，尊贤抗之行，故夫作法术之人，立取舍之行，别辞争之论，而莫为之正。"（《韩非子·问辩》）"的彀"是指箭靶、目标、目的而言。韩非认为，一切言论行动都要以功利实用为目的。他以射箭作比，认为无的放矢，即使射中了秋毫那样的小目标也不能算善射者，只能称之为拙；有的放矢，即使目标很大，距离很近，那也就非后羿那样的神箭手不能必中了，这才配称为巧。言论行为不以功利实用为目的，即使言论分析入微，行动很坚决，也因为是属于无的放矢而不能肯定。

　　韩非所处的时代是列国纷争的时代，而这种争夺，除了依靠强大的实力进行毫不留情的斗争外，没有别的办法可以取胜，儒家所谓的以仁义礼乐取天下早已成为不可能实现的空话。那个时代确实是像韩非所说的"当今争于气力"取代了"上古竞于道德"的时代。韩非从"以功用为之的彀"的美学原则和"法则听之，不法则距之"的审美标准出发，把儒家所提倡的以"仁义"为内容的文学、诗书一概斥为"虚旧之学"、"遇诬之学"，他在《五蠹》中说："儒以文乱法，侠以武犯禁，而人主兼礼之，此所以乱也。……故行仁义者非所誉，誉之则害功；工文学者非所用，用之则乱法。"在韩非看来，儒家所提倡的"文学"、

"仁义"不但不能起斩敌拔城、富国强兵的功利作用,而且还有"害功"、"乱法"的极大破坏作用。因而主张对"行仁义者非所誉",对"工文学者非所用"。他把当时"尊之曰文学之士者"一概斥为"乱法"之民、"离法"之民、"疑法"之民,把他们看作是地主阶级专政的"蠹虫"。他赞扬商鞅"燔诗书而明法令"的做法,主张"息文学而明法度"。他在《五蠹》中又说:"糟糠不饱者不务粱肉,短褐不完者不待文绣。夫治世之事,急者不得,则缓者非所务也。"这和墨子所说的"衣食足然后求美"的观点是一致的。他认为"治世之事"要有个"缓"、"急"之分,对于新兴地主阶级来说,"急者"是在极其残酷的斗争中争夺统治权,实行法治,建立和巩固统一的封建中央集权制,而艺术美则是"非所务"的"缓者"的追求。韩非的法治思想就是他的功用主义伦理美学思想的具体表现。

三 宪令著于官府,刑罚必于民心

韩非体会并接受老子的"动的宇宙观"和"动的社会观",他在《解老》中说:"道者,万物之所然也,万物之所稽也。……稽万物之理,故不得不化。不得不化,故无常操。"他本此体会,仔细考察社会的变迁。就恰在人类亟须有所改变之时,他提出实证主义的法律思想。韩非的历史观有很大的成分是来源于商鞅,而商鞅的历史观很可能来源于老子"失道而后德,失德而后仁,失仁而后义,失义而后礼"(《老子·三十八章》)的思想。战国中期的商鞅曾经说:"上世亲亲而爱私,中世上贤而说仁,下世贵贵而尊官。此二者非事相反也,民道弊而所重易也,世事变而行道异也。周不法商,夏不法虞,三代异势,而皆可以王。"(《商君书·开塞》)韩非历史观中,清醒理智,务求可行、见功,而且勇于批判的风格和态度,则明显地与荀子相一致。韩非的历史观主张"事因于世,备适于事","世异则事异,事异则备变",明确提出"圣人不期修古,不法常可"。这就是说,一切政治政策都要以当时的世情事态为出发点,法律也不例外,法律的实质并非一成不变的,而是为了人类生活的需要,发挥人类的本能的规范。每一时代的世情事态都不一样,韩非认为战国是一个急功近利的时代,因此就不能"以宽缓之政治急世之民",不可以行仁义,而需要用法治。韩非反对儒家的德治主要有以下两个原因。

第一,道德在韩非看来是虚幻且不确定的,所以以德治国无信可言。儒家德治的一个重要内容就是为上者以德化民。儒家学者相信人君的人格力量,认为只要为上者给民众做出道德典范,人们自然会仿效,经过长久熏陶、感染,不用刑罚,社会就能实现稳定、有序、安宁,而且此种途径得到的稳定、有序、安宁是持续、恒久的。孔子曰:"上好礼,则民莫敢不敬。上好义,则民莫敢不服。上好信,则民莫敢不用情。"(《论语·子路》)孔子之后的儒家大师孟、荀二人也皆有类似言论。孟子说:"君仁莫不仁,君义莫不义,君正莫不正,一正君而国定矣。"(《孟子·离娄上》)荀子说:"君者,民之原也,原清则流清,原浊则流浊。"(《荀子·君道》)儒家德治需要有道德高尚、足以为众人楷模的国君做示范,导引、感化众人去恶向善。而这却正是韩非竭力反对的。在韩非看来,这是一种"不明分不责诚"的做法。其次,韩非还认为,世上如尧、舜之类的贤人少之又少,"千世而一出",人世间多的是"中人"。所谓"中人",韩非的解释是"上不及尧、舜,而下亦不为桀、纣"(《韩非子·难势》)。国家若等待尧、舜这样的贤人以德而治,那么社会将是"千世乱而一治"。这种做法就如一定要等待美味佳肴来救快要饿死的人,一定要等待善于游泳的越人去救身在中原的溺水者一样不现实。韩非说:"今有不才之子,父母怒之弗为改,乡人谯之弗为动,师长教之弗为变。夫以父母之爱,乡人之行,师长之智,三美加焉,而终不动其胫毛,不改;州部之吏,操官兵、推公法而求索奸人,然后恐惧,变其节,易其行矣。故父母之爱不足以教子,必待州部之严刑者,民固骄于爱、听于威矣。"(《韩非子·五蠹》)苦口婆心的道德说教不能改变"不才之子"的恶习陋行,而严刑却轻而易举地达到了这一目的。韩非由此而得出:"夫严家无悍虏,而慈母有败子,吾以此知威势之可以禁暴,而德厚之不足以止乱也。"(《韩非子·显学》)

第二,从历史发展的角度看,战国已失去了实施德治的条件。首先,是人的变化,"今天下无一伯夷,而奸人不绝世"(《韩非子·守道》)。所以治理古代的人民可以用德,治理现在的人民则必须用法,而世俗之人没有认识到这一变化,仍沉浸在德治的幻想中,这是不现实的。其次,韩非认为战国是一个尚力的时代,这就决定德治已失去展示自己的舞台。在互相争霸的诸侯国之间,道德感召不能让其他国家臣服,凭借强大的武力却可以达到这一目的。韩非说:"故敌国之君王,虽说吾义,吾弗入贡而臣;关内之侯,虽非吾行,吾必使执禽而朝。是故力多则人朝,力寡则朝于人,故明君务力。"(《韩非子·显学》)在这样一个尚力轻礼的时代,力是赢得尊敬、免受欺侮的唯一条件。孝、悌、善等儒家称赞的美德不但于国无益,反而贻害无穷。最后,韩非认为德治须以物质充裕为前提,而战国的现实是人口增长急剧,物质相对不足,不具备实施德治的环境和条件。他说:"古者人寡而相亲,物多而轻利易让,故有揖让而传天下者。然则行揖让,高慈惠,而道仁厚,皆推政也。处多事之时,用寡事之器,非智者之备也。当大争之世而循揖让之轨,非圣人之治也。故智者不乘推车,圣人不行推政也。"(《韩非子·八说》)当相对于人口来说物质充裕时,人们无须争夺,故能友好相处,没有争端。这一切说明时代在变化，治国的方式、手段也要变化，道德治国只能用在古代却不适合战国，因为"上古竞于道德，中世逐于智谋，当今争于气力"（《韩非子·五蠹》）。这就推翻了实行德治的现实基础。战国不适合德治，却是以法治国的好时机。在统一已是大势所趋的情形下，以法治国无疑比以德治国更顺应时代的要求。

"法者，宪令著于官府，刑罚必于民心，赏存乎慎法，而罚加乎奸令者也。"（《韩非子·定法》）法出乎权，权出乎道。权就是均平，法的作用就是齐平划一，只有法才能起到均平的作用，所以说"法出乎权"。法是绝对的，不别亲疏，虽人君不得例外，所以法被称作"公法"。《韩非子·有度》："故当今之时，能去私曲就公法者，民安而国治；能去私行行公法者，则兵强而敌弱。故审得失有法度之制者加以群臣之上，则主不可欺以诈伪；审得失有权衡之称者以听远事，则主不可欺以天下之轻重。"法禁私，法是和私曲相对称的，所以法行于国中，以"民不越乡而交，无百里之戚。有口不以私言，有目不以私视"（《韩非子·有度》）为目的，司马谈因此称之为"惨礉少恩"。法律是一种力量，它"善以止奸为务"（《制分》），"明赏则民劝功；严刑则民亲法。劝功则公事不犯；亲法则奸无所萌"（《心度》）。"用人之不得为非"，于是，"一国可使齐"（《显学》）。最后，乃可使"强不凌弱，众不暴寡"的社会秩序可立，"耆老得遂，幼孤得长，君臣相亲，父子相保，而无死亡系虑之患"（《奸劫弑臣》），以臻于"国泰民安"的理想境界。而法律亦可以说是一个"利民萌，便众庶"（《问田》）的理想国的凭借。社会秩序是人类社会生存与发展的基本条件。首先，它的意义在于消除混乱、维护安全，从而避免社会失序而崩溃。只有在有序的社会里，生产力才能发展，精神文明才能更快地进步。其次，从个体角度来说，社会秩序使人们对自我和他人的行为可以作出预测。在一个秩序良好的社会里，人们只要根据秩序和规则进行活动，他就不会受到别人的攻击和侵害，所以，秩序带给人们的是安全感。同时，秩序带来的行为的可预测性，也使人与人的合作成为可能。综观美学史，秩序与和谐之间总是有着高度的一致性，而且它们常常被用来解释美的本质，描述美的特征。同时，和谐虽然不能与秩序等同，但秩序总意味着起码的和谐，和谐也总是有秩序的和谐。可以说，没有和谐就谈不上秩序，而没有秩序则也说不上有和谐。和谐，是矛盾统一性的表现形式之一，是表示事物发展的协调性、有序性、平衡性、完整性和合乎规律性的哲学范畴。美学大家宗白华先生的生命美学认为人"当以宇宙为模范，求生活中的秩序与和谐，和谐与秩序是宇宙的美，也是人生美的基础"；美在"严整的秩序，圆满的和谐"①，他总是将秩序、和谐和美联系在一起。法律秩序是法律运作的结果，是实现了的自由的体系，是主体调控社会的优雅艺术的成果。在理想的法律秩序和法律秩序的理想里，良风美俗，社会和谐，天人之间、人法之间形成鱼水般轻柔亲密的关系。这样一种状态，是感性与理性，抽象与具象的统一，达致一种美的境界。

学者瞿同祖指出："法律是社会产物，是社会制度之一，它与风俗习惯有密切的关系，它维护现存的制度和道德、伦理等价值观念，它反映某一时期、某一社会的社会结构，法律与社会的关系极为密切。……任何社会的法律都是为了维护并巩固其社会制度和社会秩序而制定的，只有充分了解产生某一种法律的社会背景，才能了解这些法律的意义和作用。"② 康德认为，道德是

---

① 宗白华：《美学与意境》，人民出版社1987年版，第71、108页。
② 瞿同祖：《瞿同祖法学论著集》，中国政法大学出版社1998年版，第4页。

不能强制执行的法律；法律是可以强制执行的道德。人的集体即由那些以获取道德自由为天职而又处于自然的任性状态中的人们所组成，在他们频繁活动中相互干扰，相互阻拦。法律的任务就是制定一些条例，用这些条例让一个人的意志按照自由的普遍规律同另外一个人的意志结合起来，并通过强制执行这些条例以保证人格自由。当法律秩序取代宗法秩序时，当法治文化和传统田园牧歌式的乡村伦理秩序起冲突时，后者作为一种人生中有价值的东西被撕碎了，生活于其中的人们是会体会到一种深刻的痛楚和哀婉。在新旧秩序递嬗之际，如果新生力量比较强大，它以横扫千军摧枯拉朽之势冲决旧力量，建立新秩序，社会历史也会呈现出酣畅淋漓轰轰烈烈的声势，这也会给观照者以强烈的美感。先秦特别是商鞅和韩非的残酷的法律与儒家伦理教化的道德相比，在今天看来尽管是如此野蛮的观念情感和形象，由于体现了无可阻挡的巨大历史力量，加以保持着一种不可企及的童年气派的美丽，就形成了狞厉的美。"正像'异化劳动也能够创造美'一样，剥削阶级法，甚至那些残酷野蛮的法律，也会因为社会成员在进行法律实践时倾注了自己的本质力量而成为美的载体。同时，当统治阶级还处于上升时期时，当他们还能够适应生产力进步与社会发展的要求时，他们的法也就与人类自身发展的方向是一致的，从而可以制定和实施肯定人的本质的法律。这样的法，就有可能达到合规律与合目的统一而成为美的。"[1] 正如新康德主义法学大师史丹默勒（Rudoif Stammler）所说："法律之所以为法律，不啻是社会革命的方法。由于法律的实质是变动的，其目的是在平衡或摆平社会的需要，减除人类的苦恼，增进人类的幸福。"

---

[1] 吕世伦：《法的真善美》，法律出版社2004年版，第409页。

## 第三节 《吕氏春秋》中关于"美"的论述

《吕氏春秋》是战国末年（公元前221年前后）秦国丞相吕不韦组织门客集体编纂的杂家著作，又名《吕览》，于韩非死前的六年即公元前239年写成，当时正是秦国统一六国前夕。

吕不韦原是阳翟（今河南禹县）的大商人，在经商期间用金钱资助了流亡赵国的秦公子子楚，并帮助他获得了继承王位的资格。公元前253年，子楚继承王位，是为庄襄王。庄襄王以吕不韦为丞相，并封他为文信侯。秦始皇亲理政务后，将他免职，并迁去蜀，后忧惧饮鸩而亡。吕不韦为相期间，门下食客三千人，家僮万人。他命门客"人人著所闻"，著书立说，为建立统一的封建中央集权制寻找理论根据，这些著作最终汇编成了《吕氏春秋》。

《吕氏春秋》是对先秦诸子思想批判性的总结。它认为，各家不同的思想应当统一起来，"一则治，异则乱；一则安，异则危"（《吕氏春秋·不二》），思想统一后，才能"齐万不同，愚智工拙，皆尽力竭能，如出一穴"。统一的过程，实际上是一个批判吸收的过程。所以，《吕氏春秋》对各家思想都进行了改造、发展与摒弃。《吕氏春秋》表现了一定的美学思想。它将音乐的产生与宇宙万物联系起来，提出"生于度量，本于太一"（《吕氏春秋·太乐》），又从"心""物"感应关系，论述了音乐之美产生的心理过程，进而提出了"适"的概念，强调要音"适"和心"适"，才能获得美的感受。

一　声出于和，和出于适

关于音乐的产生，《吕氏春秋·大乐》认为"乐"在于"天地之和，阴阳之调"，源于天地自然、阴阳、宇宙万物的和谐。

"（音）乐之所由来者远矣，生于度量，本于太一。太一出两仪，两仪出阴阳。阴阳变化，一上一下，合而成章。浑浑沌沌，高则复合，合则复高，是谓天常。天地车轮，终则复始，极则更反，莫不咸当。日月星辰，或疾或徐，日月不同，以尽其行。四时代兴，或暑或寒，或短或长，或柔或刚。万物所出造于太一，化于阴阳。萌芽始震，凝以形。形体有处，莫不有声。声出于和，和出于适。（和适）先王定乐，由此而生。"这是《吕氏春秋》论乐的总纲，也是其美学思想的根本。从中可见，《吕氏春秋》认为音乐的产生不是抽象、神秘、孤立的，而是同宇宙万物的产生直接相联系；同时，它认为宇宙万物是一个相互联系的按一定规律变化着的和谐统一体，并从自然的合规律性和目的性的统一中寻找乐的根源。

汉语中的"和"字，有多重含义。就其哲学内涵而言，除了有相辅相成、对立统一的"阴阳之和"的意思之外，还有"合适"、"恰当"、"适中"、"无过无不及"的"恰到好处"之意。在中国文化史上，以"和"为美的审美观念，把自然看作是一个合规律而又合目的且运动变化着的和谐统一体，并认为天地自然之间的美没有比和谐再伟大的了。天地是一个运动变化着的和谐统一体，因此由天地产生的万物所发出的声音也是和谐的。这一古老的观念就是要从自然的合规律性和合目的性的统一中去寻找发现美，并认为美就在于自然本身所显示的和谐。而音乐的和谐不外乎是自然的和谐的表现。自然界的美是如此，人类生活、社会生活的美也不例外。所以，《吕氏春秋》又认为，音乐的"和"来源于自然的"和"，但自然的"和"同人类社会的"和"分不开，中国古代的天人合一即天人相通、天人一致的观念明显地贯穿在《吕氏春秋》中。《吕氏春秋·大乐》又写道："天下太平，万物安宁，皆化其上，乐乃可成。成乐有具，必节嗜欲。嗜欲不辟，乐乃可务。务乐有术，必有平出。平出于公，公出于道。故惟得道之人，其可与言乐乎！亡国戮民，非无乐也，其乐不乐。溺者非不笑也，罪人非不歌也，狂者非不武也，乱世之乐，有似于此。君臣失位，父子失处，夫妇失宜，民人呻吟，其以为乐也，若之何哉？"它认为只有在社会生活和平安宁的情况下才有"乐"可言。如果社会陷于大混乱的崩溃之中，人退化到像禽兽一样，失去了起码的伦理道德原则，人民都在呻吟叫苦，那就绝对不可能有"乐"。只有在自然社会都处于和谐发展的状态，才会有"乐"，有美。

《吕氏春秋》在提出"声出于和"的同时还提出了"和出于适"。"适"是《吕氏春秋》特有的观点，它明确地提出"适"的概念，并且把"适"置于"和"之上，"适"的概念贯穿在《吕氏春秋》的美学思想之中。著名学者李泽厚先生认为，"适"的观念同《吕氏春秋》所吸取的道家的重生、贵生、养生的思想相联系，这一思想在《吕氏春秋》的整个思想中占有重要地位。但是，为了达到"贵生"、"养生"的目的，《吕氏春秋》又并不像道家那样主张清心寡欲，或以超功利的态度去对待人生，而是主张节欲，使欲望得到合理的、适当的、有利于生命的满足。"适"被视作是自然和人的生命存在发展的一个普遍原则，没有"适"，不论自然或人的生命都不能得到协调的发展，因而《吕氏春秋》认为"适"高于"和"，"和出于适"，没有"适"就不会有"和"。"乐"只有在符合"适"的原则下才能给人们带来欢欣，使人们的欲望得到有节制的合理满足，从而消除人与人之间的相互争夺，起到《乐记》所说的那种"和同"的作用。"和出于适"包含了《吕氏春秋》对于美的看法：因为音乐的美是同"和"分不开的，没有"和"就没有音乐的美，所以，"和出于适"在实质上就是"美出于适"。"《吕氏春秋》认为'乐'的'和同'的作用的产生在于'适'，而不是像《乐记》所反复强调的那样在于符合仁义。但这又不是否定仁义的意义,因为在《吕氏春秋》看来,只有'适'才能真正实现仁义。"① 由此可见,"适"具有伦理上的含义,是伦理美的一种表现形式。

二 乐有适,心亦有适

在中国古代音乐美学中比较占优势的观点是,把音乐作为人的思想感情表现来看待。《乐记》一开始就触及了音乐的本源问题,认为音乐的产生是由于外界事物引起人的思想感情变化的结果,人的思想感情与音乐作品是一致的。《乐记》认为音乐是客观世界的主观反映:"凡音之起,由人心生也。人心之动,物使之然也。感于物而动,故形于声,声相应故生变,变成方,谓之音。比音而乐之,及干戚羽旄,谓之乐。"意思就是说,"乐"的起源,是"人心感于物",人"心"受了外界事物的影响,激动起来,便产生一定的思想感情,然后用按一定规律组成的声音和舞蹈动作去把它形象地再现出来。这是"心"与"物"关系的一种反映。有了"心"、"物"感应,才产生了音乐。所以,"心"、"物"感应是音乐起源的根本,能够感于物而形成音乐的,只有人"心"。因此,音乐是人所独有的。《乐记》一再强调这一点,说:"凡音者,生于人心者也。乐者,通伦理者也。"这可以说是儒家从人出发,并以人为中心的美学思想的集中反映。《乐记》强调了音乐与人类社会伦理的独特关系。

《吕氏春秋·适音》同样突出强调音乐与人的关系:"夫乐有适,心亦有适。人之情,欲寿而恶夭,欲安而恶危,欲荣而恶辱,欲逸而恶劳。四欲得,四恶除,则心适矣。四欲之得也,在于胜理。胜理以治身则生全(以),生全则寿长矣。胜理以治国

---

① 李泽厚:《中国美学史》第 1 卷,中国社会科学出版社 1990 年版,第 424 页。

则法立,法立则天下服矣。故适心之务在于胜理。"所谓"适"既包括审美客体物之"适"——"音适",也容纳审美主体我之"适"——"心适",而更指主客体关系的相契相合——"以适听适"之"适"。这里"适"的意思是适当、应当,即事理之当然,事物之恰到好处和人与这种道理规律的相适应,既是主观认识对客观事理法则的顺适,又是主体对客体最恰当的把握;既在物,也在我,总之指物我双向交流中,是物,是我,是物我相合的最理想的选择和把握。就物说,事理之当然、事物恰到好处,归结起来还在适应人的需要,而人的选择把握和对自身的控制更在人本体,故究其根本,主客关系的相契相合最终还统一于主体方面。从主体言,《适音》讲我之"适"——"心适"是:"夫乐有适,心亦有适","故乐之务在于和心,和心在于行适","故适心之务在于胜理"。意思是说,快乐要适当,即恰如其分,恰到好处,心情也适宜。快乐的关键在使心情平和和谐,使心情平和和谐的关键在行为合宜适当。故而使心情适宜的关键在依循事理。

　　《吕氏春秋》认为音乐能不能进入审美领域,成为审美对象,从而具有审美意义,与主体的心境也有很大关系。它就音乐客体的产生、审美关系的形成问题,提出主体与客体要"和":"耳之情欲声,心弗乐,五音在前弗听。目之情欲色,心弗乐,五色在前弗视。鼻之情欲芬香,心弗乐,芬香在前弗矣。口之情欲滋味,心弗乐,五味在前弗食。欲之者,人之耳、目、口、鼻也。乐之弗乐者,心也。心必和平然后乐。心必乐,然后耳、目、鼻、口有以欲之。"(《吕氏春秋·适音》)也就是说,如果心境不好,再好再美的声色滋味都不能成为审美的对象,只有心处于平和的状态下,才能与音乐相结合,进入审美过程。这说明《吕氏春秋》已初步看到,主体在音乐这门艺术中是一个能动的主导因素。音乐作为客体必须与主体结合——形成欣赏关系,才能成为审美对象而具有实际审美意义，否则音乐就只能是一种潜在的因素。《吕氏春秋》把同人们的各种基本欲望的合理满足相连的"心适"作为获得审美愉悦的最根本的条件，较之于仅仅从审美对象以及审美能力的有无上去谈审美的愉快，是更为深刻的看法。事实上，在人的各种基本欲望都无从得到合理满足的情况下，是谈不上什么审美的愉快的。审美的愉快是人的自我肯定，是心中自由的实现。由于传统文化中音乐与人类社会伦理的独特关系，"乐有适，心亦有适"就是善和自由在人心的实现，实是美的一种境界。

# 第七章 秦汉时期伦理美的学说

美善结合是中国古代文化一个极为显著的特点,是贯穿中国文化历史的主流之一。对此,周来祥先生精辟地指出:"古典和谐理想,总是要求真善美和谐、均衡地整合在一起……中国古典艺术是偏于表现的,中国古典美学也是偏于伦理学和心理学的美学。它总是把美同人、社会、伦理道德联系起来,强调美善结合。"[①] 在中国古代社会,封建伦理道德的善,被看成是天经地义的真。通过人道看天道,通过善去表现真,通过人品去评价艺品,换句话说,以文道统一、情理统一、人艺统一为基本内容的美善统一,正是中国文化的一大特色。中国古典文化美善结合的特点,在秦汉文化中得到了极为充分的、富于时代特征的表现。

## 第一节 董仲舒"天人合一"的伦理美思想

董仲舒(前179—前104年),西汉广川(今河北枣强县广川镇)人,西汉著名的儒家学者、哲学家、经学家、《春秋公羊传》大师。董仲舒作为儒家文化在汉朝的最大传承者,结合阴阳家学说,第一次对"天人合一"的理论进行了系统的归纳与总结,建构了"天人合一"的理论模式,其间亦蕴涵着丰富的

---

[①] 周来祥:《古代的美 近代的美 现代的美》,东北师范大学出版社1996年版,第113、114页。

伦理美思想。

## 一 天地之美

董仲舒在文章中不止一次论及天地之美:"天地之行美也,是以天高其位而下其施。……地卑其位而上其气。"[1] "故人气调和,而天地之化美。"[2] "举天地之道,而美于和","中者,天之美达理也"[3]。

天地之美,美在"高其位下其施"、"卑其位上其气",美在"中"、"和",这里,天地被赋予人的品格,天地之美美在道德,美在仁。

另外,董仲舒在多处论及美时不直接涉及道德,但"美"在他笔下从未脱离有用,他从不主张一种超功利的美。

"芥,甘味也,乘于水气而美者。""四时不同气……物有代美。视代美而代养之,同时美者杂食之……芥以冬美……"[4] "天地之间被润泽而大丰美"[5],"木者春,恩及草木,则树木华美,而朱草生"[6]。这些美,其实也是天地之美,而且其之所以美,是因为有用,人可以"取天地之美,以养其休"[7]。

此外,董仲舒还涉及美刺之意,"此言先圣人之故文章者,虽不能深见而详知其则。犹不知其美誉之功矣"[8]。"孔子曰:'书之重,辞之复。呜呼!不可不察也。其中必有美者焉。'"[9]

---

[1]《天地之行》。
[2]《天地阴阳》。
[3]《循天之道》。
[4] 同上。
[5]《天人三策》。
[6]《五行顺逆》。
[7]《循天之道》。
[8]《郊事对》。
[9]《祭义》。

美刺,刺的当然是不合仁义道德之事。

在《天人三策》中,董仲舒引用了孔子的"尽美"和"尽善"之说。从文字上看,美与善似乎是区分开来了,"《武》尽美矣,未尽善也"。但联系上下文,会发现这种区分是很模糊的。"《韶》尽美又尽善"是因为"舜……以垂拱无为而天下治";"武尽美未尽善",不同于韶,只是因为"劳逸异者,所遇之时异也"。董仲舒所理解的韶乐与武乐的不同,并非如孔安国所理解的那样,认为武王伐讨是以征伐取天下,而不是像尧舜那样以揖让受天下。董仲舒认为他们的不同只是因为时世不同,一个可以无为而治,一个却必须很辛劳,必须整顿商纣留下的陋政、恶习。并以此劝告武帝"改正朔"、"易服色",随时世的变迁而改变统治方式。"尽美不尽善"也只是董仲舒的引用而已,他并非认为武不善:"儒者以汤武为至贤大圣也,以为全道究义尽美者。"① 由此观之,在董仲舒的心里,美与善是一体的,没有脱离善的美,也没有哪一种善是不美的,这也是董仲舒伦理美思想的重要特点。

二 天人感应

董仲舒的"天人感应"学说,以阴阳五行(天)与伦理道德、精神情感(人)互相一致而彼此影响的"天人感应"作为理论轴心。董仲舒认为,人格的天(天志、天意)是依赖自然的天(阴阳、四时、五行)来呈现自己的,人与人类社会应循天意而行。他所建立的是这样一个动态结构的天人宇宙图式,其基本精神在于构建一种以道德伦理为基础而又超道德的人的精神世界,这种精神境界在很大程度上又包含着深刻的伦理美意蕴。这种伦理美意蕴当然是以善为基础,美根源于善,美与善相

---

① 《尧舜不擅移 汤武不专杀》。

统一。

董仲舒的感应理论以"气"这一概念为基础，赋予天人关系以动态的内在生命精神。

董仲舒提出"同类相动"，并以此作为天人感应的重要依据。他看到自然界，特别是同类事物之间可以相互感应的现象。他说："今平地注水，去燥就湿，均薪施火，去湿就燥。百物去其所与异，而从其所与同。故气同则会，声比则应，其验皦然也。试调琴瑟而错之，鼓其宫则他宫应之，鼓其商而他商应之，五音比而自鸣，非有神，其数然也。美事召美类，恶事召恶类，类自相应而起也。如马鸣则马应之，牛鸣则牛应之。帝王之将兴也，其美祥亦先见；其将亡也，妖孽亦先见。物固以类相召也。"① 这是一段很明确的审美感应的理论阐述。他认为，之所以音乐能产生共鸣，善恶美丑亦能有相应的感受，关键是"物固以类相召"；"以类相召"便"以类相动"，互相产生感应，原因是有"使之然者"，即有其内在的规律。这里的审美并非唯美，而是有其极强的现实功利性，服从于善的要求。董仲舒在此欲劝告君王行善，"内视反听"，"祸福所从生，亦由是也。无非己先起之，而物以类应之而动者也。故聪明圣神，内视反听"②，君王应检点自己的言行，因为祸福由此而起。

董仲舒还用气来说明"同类相动"。他认为天地阴阳万物与人都是由气构成。如他说："天德施，地德化，人德义。天气上，地气下，人气在其间。"③ 所谓天德、地德是指天地以气化物。在他这里，气就是生命、精神的体现，正因为气发挥了作用，万物才会生生不息，富有生命力。他说："天地之化，春气

---

① 《同类相动》。
② 同上。
③ 《人副天数》。

生而百物皆出,夏气养而百物皆长,秋气杀而百物皆死,冬气收而百物皆藏。是故惟天地之气而精,出入无形而物莫不应,实之至,君子法乎其所贵。"① 自然界季节的交替,万物的生长壮老,均是气发挥的作用。同样,他还说:"天地之间,有阴阳之气,常渐人者,若水常渐鱼也。所以异于水者,可见与不可见耳,其澹澹也。然则人之居天地之间,其犹鱼之离水,一也。"② 气对人的重要性,犹如鱼生活于水中,那充塞于天地之间的气,正是化育万物,滋养生命的本源。故而,人要善于养气,养正平之和气,他说,"和者天之正也,阴阳之平也,其气最良,物之所生也"。③ 所以,和气正而平,是最好的气,万物生于和气,养气即养"和气"。

董仲舒的这些关于"天人感应"的论述适用于伦理审美。审美活动就是人与物之间的一种感情的交流过程。物以其形象作用于人的感官,在人的心理上引起反应,这种反应由直觉、感悟而上升到伦理审美的体验。董仲舒强调以气为本源的"同类相动",在这种感应相动的过程中,自然也包含着以情感为特征的审美感应。如他说:"人有喜怒哀乐,犹天之有春夏秋冬也。喜怒哀乐之至其时而欲发也,若春夏秋冬之至其时而欲出也,皆天气之然也。"④ 他又强调:"人生有喜怒哀乐之答,春秋冬夏之类也。喜,春之答也;怒,秋之答也;乐,夏之答也;哀,冬之答也。天之副在乎人,人之性情有由天者矣。"⑤ 人的情感的形成完全受外界自然的影响,进而他又阐述了其中的原因。他说:"夫喜怒哀乐之

---

① 《循天之道》。
② 《天地阴阳》。
③ 《循天之道》。
④ 《如天之为》。
⑤ 《为人者天》。

发,与清暖寒暑,其实一贯也。喜气为暖而当春,怒气为清而当秋,乐气为太阳而当夏,哀气为太阴而当冬。……人生于天,而取化于天,喜气者诸春,乐气者诸夏,怒气者诸秋,哀气者诸冬,四气之心也。"① 这就是说,人与自然之间存在着同构关系,在情感上,人的喜怒哀乐完全是与四时季节变化的自然现象相联系的,当然人对自然的这种情感关系就是伦理审美意义上的关系。

三 天人合一

董仲舒说:"以类合之,天人一也"②,"天人之际,合而为一"。③ 董仲舒所云之"天"是指自然界,"人"是指人类,"合一"是指人类与自然和谐相处。

董仲舒以天道证人道,言天人相副和天人相类;又以为善言天者必有征于人,视人伦纲常和仁义忠孝为天经地义,并以此言天地之美。这种以阴阳五行为宇宙模式而观天人相与之际的儒学,及其以善为美的价值理念,对中国人的思想、信仰和审美态度,有极为广泛而深远的影响力。

(一)"天人合一"的伦理内涵

社会伦理道德是社会和谐发展的重要保证。春秋战国以来,"礼崩乐坏",社会缺乏统一的道德价值标准。董仲舒构建以"三纲五常"为主要内容的封建道德体系适应了大一统的时代需要。"天为君而覆露之,地为臣而持载之;阳为夫而生之,阴为妇而助之;春为父而生之,夏为子而养之;秋为死而棺之,冬为

---

① 《阴阳尊卑》。
② 阎丽、董子:《春秋繁露译注》,黑龙江人民出版社2003年版,第213页。
③ 同上书,第172页。

痛而丧之。王道之三纲，可求于天。"① 农业生产中，向阳的农作物丰收，向阴的则减产。自然界里"阳"的事物总是起主导的积极的作用，属于"阴"的事物只是起配合作用，所以"天数佑阳不佑阴"，"贵阳而贱阴"，这是自然规律的表现。在人类社会中，君、父、夫与"阳"一样，居于强势地位，起主导作用。"传曰：政有三端：父子不亲，则致其爱慈；大臣不和，则敬顺其礼；百姓不安，则力其孝悌。孝悌者，所以安百姓也。"②"夫仁、义、礼、智、信五常之道，王者所当修饬也；五者修饬，故受天之佑，而享鬼神之灵，德施于方外，延及群生也。"③张岱年先生说："应该承认，中国古代哲学家所谓'天人合一'其最基本的含义就是肯定'自然界与精神的统一'，在这个意义上，天人合一的命题是基本正确的。"④ 也就是说，天人合一不是什么神人合一，而是人类取法自然，主观符合客观，是人类按自然规律去办事。这实质上道出了董仲舒"天人合一"的伦理内涵。

（二）"天人合一"之美

董仲舒认为"善言天者必有征于人，善言古者必有验于今"⑤他以儒学为本，视人伦纲常与仁义忠孝为天经地义，提出阳尊阴卑等说法。这些将人之价值观与品行赋予天地的看法，皆出自其天人合一的思想。

董仲舒认为："天道之大者在阴阳。阳为德，阴为刑；刑主

---

① 阎丽、董子：《春秋繁露译注》，黑龙江人民出版社2003年版，第223页。
② 同上书，第188页。
③ 班固：《汉书》，浙江古籍出版社2000年版，第795页。
④ 张岱年：《中国哲学中的"天人合一"思想的剖析》、《北京大学学报》（哲社版）1985年第1期。
⑤ 班固：《汉书》，中华书局1962年版，第2515页。

杀而德主生。是故阳常居大夏，而以生育养长为事；阴常居大冬，而积于空虚不用之处。以此见天之任德不任刑也。"① 出于弘扬儒家任德不任刑的王道政治及其纲常伦理的需要，他着意强调阳尊阴卑，阳善阴恶，认为"物随阳而出入，数随阳而终始，三王之正随阳而更起。以此见之，贵阳而贱阴也"②。又说："恶之属尽为阴，善之属尽为阳。……故曰：阳天之德，阴天之刑也。阳气暖而阴气寒，阳气予而阴气夺，阳气仁而阴气戾，阳气宽而阴气急，阳气爱而阴气恶，阳气生而阴气杀。"③ 把本属于人的扬善抑恶观念归之于天，认为天有意志，能近阳而远阴，有好生之德，故曰："仁之美者在于天。天，仁也。天覆育万物，既化而生之，有养而成之，事功无已，终而复始，凡举归之以奉人。察于天之意，无穷极之仁也。人之受命于天也，取仁于天而仁也。"④

受命于天的人主要任德而远刑，所谓"天志仁，其道也义。为人主者，予夺生杀，各当其义，若四时；列官置吏，必以其能，若五行；好仁恶戾，任德远刑，若阴阳。此之谓能配天"⑤。也就是说，人主的行为要以天为法，否则就会因过失产生灾异。"凡灾异之本，尽生于国家之失，国家之失乃始萌芽，而天出灾害以谴告之；谴告之而不知变，乃见怪异以惊骇之，惊骇之尚不知畏恐，其殃咎乃至。以此见天意之仁而不欲陷人也。"⑥ 人主若知天、法天而行仁政，就自然具天之美德，所谓"推恩者远

---

① 班固：《汉书》，中华书局1962年版，第2502页。
② 苏舆：《春秋繁露义证》，中华书局1992年版，第324页。
③ 同上书，第326、327页。
④ 同上书，第329页。
⑤ 同上书，第467、468页。
⑥ 同上书，第259页。

之而大，为仁者自然而美"①。董仲舒还说："天以四时之选十二节相和而成岁，王以四位之选与十二君相砥砺而致极，道必极于其所至，然后能得天地之美也。"②

天人合一之美还在于和气，以阴阳谐和为极致，作为儒家所追求的一种王道理想或修养境界，亦可称为以人合天。董仲舒认为，"天地之间，有阴阳之气，常渐人者，若水常渐鱼也。所以异于水者，可见与不可见耳，其澹澹也。……是天地之间，若虚而实，人常渐是澹澹之中，而以治乱之气，与之流通相也。故人气调和，而天地之化美"。人要循天的中和之道以养气，因为："和者，天之正也，阴阳之平也，其气最良，物之所生也。诚择其和者，以为大得天地之奉也。天地之道，虽有不和者，必归之于和，而所为有功；虽有不中者，必止于中，而所为不失。……顺天之道，节者天之制也，阳者天之宽也，阴者天之急也，中者天之用也，和者天之功也。举天地之道，而美于和，是故物生，皆贵气而迎养之。"③

所谓"美于和"，指天地生物时阴阳二气的交融谐和，体现了构成万物生命的气的最佳状态。所以说"成于和，生必和也；始于中，止必中也。中者，天地之所终始也；而和者，天地之所生成也。夫德莫大于和，而道莫正于中。中者，天地之美达理也，圣人之所保守也"④。但是，"中之所为，而必就于和，故曰和其要也"⑤。天人合一之美主要是由"和"来表现的，就天道的自然变化而言，"四时不同气，气各有所宜，宜之所在，其物

---

① 苏舆：《春秋繁露义证》，中华书局1992年版，第52页。
② 同上书，第219页。
③ 同上书，第446、447页。
④ 同上书，第444页。
⑤ 同上书，第446页。

163

代美。视代美而代养之，同时之美者杂食之，是皆其所宜也"①。天无所言，而以物示意。"春秋杂物其和，而冬夏代服其宜，则当得天地之美，四时和矣。凡择味之大体，各因时之所美，而违天不远矣。"② 修养生之道者，须以人合天，循天道以求心平气和。"故君子道至，气则华而上。凡气从心。心，气之君也，何为而气不随也。是以天下之道者，皆言内心其本也。故仁人之所以多寿者，外无贪而内清净，心和平而不失中正，取天地之美以养其身，是其且多且治。"③ 这即是贵气迎养的道理所在。

可见，董仲舒的"天人合一"实质上是由人类推于天，带有君子比德的性质，其"美"的理念相当于善，是儒家传统的美善为一思想的体现。

### 四 仁德之美

董仲舒在《俞序》中引世子的话说："圣人之德，莫美于恕。"④ 意思就是说，道德之美，美在仁。在此篇中，董仲舒接着论述仁之美："《春秋》之道，大得之则以王，小得之则以霸。故曾子、子石盛美齐侯。安诸侯，尊天子，霸王之道，皆本于仁。"

"性者生之质也……或仁或鄙……不能粹美。"⑤ "仁之美者在于天。"⑥ "公之所恤远如春秋美之。详其美恤远之意，则天地之间然后快其仁矣。"⑦ 在这里，无论是说美在于仁，还是仁之

---

① 苏舆：《春秋繁露义证》，中华书局1992年版，第454页。
② 同上书，第455页。
③ 同上书，第448、449页。
④ 师古注曰："恕，仁也。"
⑤ 《天人三策》。
⑥ 《王道通三》。
⑦ 《仁义法》。

美，都不是指一种超功利的美，而是伦理意义上的美即善。

董仲舒还在许多地方直接论及道德之美："五帝三皇之治天下……民修德而美好。"①"土者，天之股肱也。其德茂美不可名以一时之事。"②"德不匡运周遍，则美不能黄。美不能黄，则四方不能往。"③"此言德滋美而性滋微也。"④ 在这些引文中，董仲舒把德与美直接联系，德之美，即德之善。

另外，还有许多地方虽不直接言仁，言德，其实质仍是仁之美，德之美。《竹林》："子反之行，一曲之变……通于惊之情者，取其一美，不尽其失。"司马子反由于知道敌方城里"人复相食"的惨象，"不忍饿一国之民"，于是告诉他们己方存粮不足并准备撤兵的实情。这种"不忍"之美，就是仁。《天人三策》："今陛下贵为天子……行高而恩厚，知明而意美，爱民而好士。"意美与知明、恩厚、爱民好士等并列，可以视为仁之美，德之美。《仁义法》："兵已加焉，乃往救之则弗美；未至，豫备之则美之。"外国人入侵了才去拯救，已经有了损失，即使成功了，也算不上美；如果能在入侵者来之前就做好准备，预防在先，那才算美。这里所谓的美自然是一种仁，一种防微杜渐，珍惜生命，爱护生命的德。

## 第二节　扬雄的伦理美思想

扬雄（前53—18年），一作"杨雄"，字子云，西汉蜀郡成都（今四川成都郫县）人。西汉末期著名的文学家、哲学家、思想家。扬雄文采焕然，学问渊博；道德纯粹，妙极儒道。曾作

---

① 《王道》。
② 《五行之义》。
③ 《深察名号》。
④ 《郊事对》。

《太玄》、《法语》。王充说他有"鸿茂参圣之才";司马光更推尊他为孔子之后,超荀越孟的一代"大儒",他的伦理美思想十分突出。

一　言为心声

在处理审美问题时,扬雄很注意辩证地看待问题。比如在人格美的塑造方面,他对人格美的显现途径、培养方法、注意事项、成熟标志等问题的研究就很符合辩证法。他认为"言为心声,书为心画"是人格美的一种显现途径,"言"、"书"是"心声"、"心画"的传播中介,但"心声"、"心画"只是艺术创作世界中作者的心声、心画,并不是作者本人在现实中的心声、心画。扬雄清醒地看到,在伦理审美中,矛盾双方相互对立,但又相互促进、缺一不可,如果不能辩证地看待伦理审美问题,将会得出一些偏激而不公正的伦理审美理论,这是能够巧妙地融合儒家、道家、阴阳五行家的扬雄所极力避免的。

在"言"与"意"的关系问题上,人们对"言"能否表达"意"发表了一些不相一致的看法。老子认为,知道"天地之大理"的人是不会说出他心中的话的,而那些说出某些观点的人其实是不知道天地之大理的,即"知者不言,言者不知"[1]之谓也。究其原因,天地之大理不是话语能说得明白的,而是要靠精神去体悟的。因此,这些正确的话在常人看来根本不合情理、不好听,而那些合情理、好听的话又是根本错误的,即"信言不美,美言不信"[2]。庄子也认为天地之间最美好的真理是不会被直接说出来的,要靠人亲身去体悟,即"天地有大美而不言,

---

[1] 《老子·五十六章》。
[2] 《老子·八十一章》。

四时有明法而不议，万物有成理而不说"①。

《尚书·尧典》曰："诗言志，歌永言。"这里认为诗歌可以表达作者心中的情志。孔子要求语言能够表达心中的思想："辞，达而已矣。"②

这两派的观点从表面看来互相对立，似乎赞同一方，就得反对另一方。其实可以把两派的观点兼收并蓄。"知者不言，言者不知"、"信言不美，美言不信"、"天地有大美而不言"中"言"的对象是"世界"；"诗言志，歌永言"、"辞，达而已矣"中"言"的对象是"思想"。对于世界，只能在心灵上进行感悟，不能在语言中表达出来；对于"思想"，因为它在形成时就需要语言的帮助，即需要内部言语把思想传输出来，用外部言语把思想固定下来。

另外，在言如何达意的手段上，《周易》提出了"立象尽意"、"系辞尽言"的观点。子曰："书不尽言，言不尽意"，然则圣人之意，其不可见乎？子曰："圣人立象以尽意，设卦以尽情伪，系辞焉以尽其言。"③

扬雄则提出了一套全新的关于"言"、"书"与"心"的关系的观点。《法言·问神》曰："言不能达其心，书不能达其言，难矣哉！惟圣人得言之解，得书之体……故言，心声也；书，心画也。"思想能否被准确地记录下来呢？很难！一般人不能做到，只有君子才能用准确的"言"与"书"来表达"心声"、"心画"。由此可见，扬雄在这里深入探讨了"表达能力"的问题。"声画形，君子小人见矣。声、画者，君子小人之所以动情乎？"④ 通过一个人所表达的"心声"、"心画"的外形，人们看

---

① 《庄子·知北游》。
② 《论语·卫灵公》。
③ 《周易·系辞上》。
④ 《法言·问神》。

他表达的准确度（即"信"）与是否合乎正道、有文采（即"达"、"雅"），就可推知他是君子还是小人。因为君子表达准确、深刻；小人则词不达意，表达肤浅。这就是言为心声的伦理美。

## 二　重、光、绝

扬雄伦理美的范畴有许多，最主要有重、光、绝等。

### （一）重

扬雄提出"重"这个范畴是有其时代背景的。西汉后期，政治越来越腐败，官场上各种轻浮的举动可谓丑态百出。西汉前期的东方朔言语轻浮，《汉书·东方朔传第三十五》记载他给汉武帝上书曰："臣朔年二十二，长九尺三寸，目若悬珠，齿若编贝，勇若孟贲，廉若鲍叔，信若尾生。若此，可以为天子大臣矣。"东方朔虽然被"主上所戏弄，倡优畜之"[1]，但他却是一个有着忧国忧民情怀的正直之士，他只不过用轻浮的语言来作为讽谏的工具罢了。可到了王莽专政的时代，有些人为了讨好王莽，对其歌功颂德，伪造符命。《汉书·王莽传第六十九上》记载："梓潼人哀章，学问长安，素无行，好为大言。见莽居摄，即作铜匮，为两检，署其一曰'天帝行玺金匮图'，其一署曰'赤帝行玺某传予黄帝金策书'。某者，高皇帝名也。书言王莽为真天子，皇太后如天命。图书皆署莽大臣八人，又取令名王兴、王盛，章因自窜姓名，凡为十一人，皆署官爵，为辅佐。章闻齐井、石牛事下，即日昏时，衣黄衣，持匮至高庙，以付仆射。仆射以闻。戊辰，莽至高庙拜受金匮神嬗。"就这样，在哀章等奸佞之徒轻浮之言、无耻之行的帮助下，王莽顺理成章地登上了皇帝宝座。在仪表轻浮方面，董贤可谓代表人物，《汉书·佞幸传

---

[1]　[汉] 司马迁：《报任安书》。

第六十三》记载董贤"为人美丽自喜,哀帝望见,说其仪貌","贤亦性柔和便辟,善以媚以自固",这种为人所唾骂的"男幸",竟而位居三公。在爱好轻浮方面,西汉的许多皇帝都是好色、好打猎行乐之徒。《长杨赋》记载汉成帝"上将大夸胡人多禽兽,秋,命右扶风发民入南山,西自褒斜,东至弘农,南驱汉中,张罗网罝罘,捕熊罴豪猪,虎豹狖玃,狐兔麋鹿,载以槛车,输长杨射熊馆。以网为周陼,纵禽兽其中,令胡人手搏之,自取其获,上亲临观焉",这种轻浮的爱好,直接导致了"农民不得收敛"。

在上述情况下,扬雄首次提出把"重"作为伦理美范畴:

《法言·修身》或问:"何如斯谓之人?"曰:"取四重,去四轻,则可以谓之人。"曰:"何谓四重?"曰:"重言,重行,重貌,重好。言重则有法,行重则有德,貌重则有威,好重则有观。""敢问四轻?"曰:"言轻则招忧,行轻则招辜,貌轻则招辱,好轻则招淫。"

扬雄认为,只有在言语、行为、仪表、爱好等四个方面庄重,才能称得上是一个真正的人,如果轻浮,就会招来忧患、罪过、侮辱与邪恶,这就是伦理美的表现。

(二)光

《说文解字·卷一〇上》曰:"光,明也。从火在人上,光明也。"由此可见,"光"的本义是"光明"。光带给植物以生命,带给人类以希望。在美学意义上,"光明"与"黑暗"这一对反义词,近似于"美"与"丑"带给人们的感受。光明就是美,黑暗就是丑。如果背离光明,处于黑暗,眼睛就没有指南,行动就会混乱,这必然使人们处于不安、危险的境地。因此,"光"自然就被古人作为伦理美范畴来研究。

扬雄创造性地论述了达到"光"的具体途径。他的著述与作品中,使用"光"有二十多处:

《法言·问神》:"为之而行,动之而光者,其德乎!或曰:'知德者鲜,何其光?'曰:'我知为之,不我知亦为之,厥光大矣。必我知而为之,光亦小矣。'"(光:光荣)

《法言·五百》:"赫赫乎日之光,群目之用也。浑浑乎圣人之道,群心之用也。"(光:光明)

《法言·孝至》或问:"君?"曰:"明光。"……"敢问何谓也?"曰:"君子在上,则明而光其下……"(光:照耀)

《太玄·童》:"次二,错著焯龟,比光道也。……次四,或后前夫,先锡之光。测曰,或后前夫,先光大也。"(第一个"光",光明;第二个"光",光荣;第三个"光",光大)

《太玄·增》:"次二,不增其方,而增其光,冥。测曰,不增其方,徒饰外也。"(光:光华)

《太玄·交》:"次六,大圈闳闳,小圈交之,我有灵渚,与尔渚之。测曰,大小之交,待贤焕光也。"(光:光辉)

《太玄·务》:"次二……测曰,新鲜自求,光于己也。"(光:光大)

《太玄·敛》:"次二……测曰,墨敛纤纤,非所以光也。"(光:光荣)

《太玄·晬》:"阳气袀晬清明,物咸重光,保厥昭阳。"(光:光明)

《太玄·盛》:"次六,天锡之光,大开之强,于谦有庆。测曰,天锡之光,谦大有也。"(光:光明)

《太玄·法》:"次六,于纪于纲,示以贞光。"(光:光明)

《太玄·视》:"初一,内其明,不用其光。"(光:照耀)

《太玄·视》:"次五……测曰,鸾凤纷如,德光皓也。"(光:光辉)

《太玄·去》:"次二……测曰,舍下灵渊,谦道光也。"(光:光辉)

《太玄·瞢》:"次五,倍明反光,触蒙昏。测曰,倍明反光,人所频也。"(光:光明)

《太玄·致》:"次三,龙袭非其穴,光亡于室。"(光:光明)

《太玄·太玄图》:"东动青龙,光离于渊……君行光而臣行灭,君子道全,小人道缺。"(光:光大)

《剧秦美新》:"臣诚乐昭著新德,光之罔极。"(光:光明)

扬雄所使用的"光",其意思可以归纳为三:一是名词方面的意义,是"光明、光辉"的意思;二是动词方面的意义,是"照耀、光大"的意思;三是形容词方面的意义,是"光荣"的意思。在扬雄看来,有"光"的就是美的。如何获得"光"呢?所应遵循的原则至少有五:一是谦虚,即"天锡之光,谦大有也"、"舍下灵渊,谦道光也",只有谦虚,才不会狂妄自大,才能保住"光"。二是经常内省,即"内其明,不用其光",在上升发展阶段,不要轻举妄动,而是不断反省,不断加强修养。三是不断地发扬光大,即"新鲜自求,光于己也",只有发扬光大,才能得到最美好、最崇高的"光"。四是不能徒事外表,要更加注重内在的"光",即不能"不增其方,徒外饰也",因为这样只会导致"不增其方,而增其光,冥",如果不增加内在的道德仁义的修养,只是把外表弄得很光华,便得意地炫耀,想增加自己的光彩,这样反倒会使自己黯然失色。五是要自觉,因为"我知为之,不我知亦为之,厥光大矣。必我知而为之,光亦小矣",不管别人知道还是不知道,我都始终如一地光大自己,这样才是真正的光大;如果一定要等到别人知晓之后才来光大自己,这种光大也就没什么价值了,也就微不足道了。也正是因为扬雄一辈子恪守为"光"之道,才使得他在以后的两千年还不断地为人们所称道,才使得他的思想一直"大放光芒"。这就是伦理美的表现。

(三)绝

"绝"作为具有崇高色彩的主观精神领域的审美范畴是由扬雄首次提出来的:君子绝德,小人绝力。或问:"绝德?"曰:"舜以孝,禹以功,皋陶以谟,非绝德邪?""力?""秦悼武、乌获、任鄙,扛鼎抃牛,非绝力邪?"[①] "绝"作为伦理审美,就是别人无法比拟的最高形态的意思。扬雄提出"绝德"与"绝力"两个看似相近实乃不同的概念,两者都"绝",都让别人无法超越,但"绝力"是使用武力来征服他人,这为贬斥法家思想的扬雄所难以接受,在《法言·五百》中他就斥责申不害、韩非等法家,即"申、韩险而无化";他更赞同儒家对人格品德的提炼,因而更偏爱"绝德"。而"超凡卓绝的品德"在不同场合也有不同表现,比如在对待双亲方面就是孝顺,在国家面前就是建奇功、立大业,在帝王面前就是能够出谋划策。

如何才能有"绝德"呢?至少应该从"学、修身、有独智"等三个方面努力,以求达到圣人的境界。一是"学"。《法言·学行》曰:"学者,所以修性也。视、听、言、貌、

---

① 《法言·渊骞》。

思，性所有也。学则正，否则邪。"学习是为了修身养性，人能够看东西、听声音、说出话、有举止、去思考，这是本性所具有的，只有学习才能使各方面的品行端正起来，如果不学习，人就会产生各种邪念。而在人性方面，"人之性也，善恶混"①，因而要不断学习、加强修养，这样一来，"修其善则为善人，修其恶则为恶人"②。人通过不断学习、加强修养，其目的就是能够有"绝德"，"学者，所以求为君子也。求而不得者有矣，夫未有不求而得之者也"③。虽然学了不一定能成君子、有"绝德"，但不学则绝对没有机会成君子、有"绝德"。二是"修身"。修身的标准就是以孔子为榜样。或问："治己?"曰："治己以仲尼。"或曰："治己以仲尼，仲尼奚寡也!"曰："率马以骥，不亦可乎?"或曰："田圃田者莠乔乔，思远人者心忉忉。"曰："日有光，月有明。三年不目日，视必盲；三年不目月，精必矇。荧魂旷枯，糟莩旷沉。擿埴索涂，冥行而已矣。"④ 以孔子的言行为最高修行标准，这在普通人看来太难达到了，扬雄则认为只有圣人才能真正起到榜样的作用，如果不按孔子的标准行事，肯定要误入歧途。在平时的修身中，要像圣人一样"耳不顺乎非，口不肆乎善"⑤，耳朵从不听从错误的，口里所说的从不违背善意，只有这样严格要求，毫不懈怠，才能具有"绝德"。三是有独智。或问："人何尚?"曰："尚智。"⑥ 只有"尚智"才能对知识产生兴趣，

---

① 《法言·修身》。
② 同上。
③ 《法言·学行》。
④ 《法言·修身》。
⑤ 同上。
⑥ 《法言·问明》。

才能成为真正的"儒家",才能"通天地人曰儒"①。而成为纯正的儒家,是具有"绝德"的必经之途。这就是伦理美的表现。

## 第三节 王充的伦理美思想

王充(27—97年),字仲任,东汉杰出的唯物主义思想家。会稽上虞(今属浙江)人,原籍魏郡元(今河北大名)。王充所撰《论衡》是一部富有新见的著作。他在《论衡》中提出了唯物主义自然观,认为物质性的"气"是构成天地万物的基本元素,其属性"自然"、"无为"。王充的伦理美思想主要体现在美由真生、性情之美、雅俗之美等方面。

### 一 美由真生

美由真生,实质就是王充的"真美"思想。王充所谓"真美"乃是主张真是美的基础与前提,必真而后才有美。王充之"真"是被经验所效验而获得的"实事"本身,符合经验之真的谓之"真美","真美"成为王充的审美理想以及批评尺度,由此出发展开对美与艺术的分析批评,如王充对"夸饰"的否定。

王充所理解的美,以真为前提与基础,这种"真"不是审美与艺术描写意义上的真,而是一种认识论意义上的真。王充并不否定文辞的形式美,并且认为文辞的"美恶"可以见出个人才能的高下,他盛赞同郡的周长生"何言之卓殊,文之美丽也!"但文辞的形式美不是文章的最高价值,"夫文人文章,岂徒调墨弄笔,为美丽之观哉?"②可见徒事追求文辞的形式美的

---

① 《法言·君子》。
② 《佚文》。

审美趣味为王充所不取。王充的这一主张也表现在他对汉赋的评价上,他肯定司马相如、扬雄等赋家的成就,也不讳言二家赋作的缺陷在于"文丽而务巨"[1],即以铺排宏丽的文辞,以夸饰的手法增强作品的艺术感染力,但却"不能处定是非,辨然否之实"[2]。王充的批评当是针对汉大赋因文辞极意渲染夸饰,往往产生"讽一劝百"的负面效应而言。文辞巨丽的铺张描写非但没有达到作者讽谏规劝帝王的初衷,反倒激发起帝王更浓厚的兴致,如汉武帝读司马相如《大人赋》后"有凌云之气",汉成帝见扬雄的《甘泉颂》,益发"好广宫室","为之不止"[3],这些都是明证。

在王充看来,判定历史与现实中的是非善恶,使"后人观之,见以正邪"[4],才是作文的目的与文章理当承担的真正使命,也是文章的"真美"之所在。王充自身也践履了这一原则,他作《论衡》并不耽于"调文饰辞,为奇伟之观",即单纯凭借文辞的夸饰渲染造成"惊耳动心"的效果,满足世俗"好奇怪之语"[5]的猎奇心理,因为这些属于王充所抨击的"虚妄之言",这种"美盛之语"是与"真美"相对的一种"虚美"[6]。王充甚至认为华美的文辞有可能妨碍真情的表达。他作《论衡》并不以悦耳悦目为鹄的,而是要"立真伪之平"[7],"辨照是非之理"[8],也就是要达到"实事"本身。为了这一目的,他不作"华伪之文",不造惊人之语,不避世人可能讽刺《论衡》"于观

---

[1] 《定贤》。
[2] 同上。
[3] 《谴告》。
[4] 《佚文》。
[5] 《对作》。
[6] 《须颂》。
[7] 《对作》。
[8] 同上。

不快","又不美好"①,求真成了王充最高的追求,只要达到了真,也就可能具有了美。

二 性情之美

王充把"情性"并提,但把"情"与"性"既加以区别而又加以联系。《本性》篇的开头讲得很清楚:"情性者,人治之本,礼乐所由生也。故原情性之极,礼为之防,乐为之节。性有卑谦辞让,故制礼以适其宜;情有好恶喜怒哀乐,故作乐以通其敬。礼所以制,乐所为作者,情与性也。昔儒旧生著作篇章,莫不论说,莫能实定。"可见"性"指道德方面而言,"情"指情感方面而言。二者都是"人治之本,礼乐所由生也"。也就是说,人有情性,所以才有制礼作乐的客观需要;通过"礼"治性,通过"乐"理情,以达到治人的目的。他很清楚地认识到,礼乐对于教化人的道德品质与陶冶人的思想感情有着巨大作用。

王充的"情性"说,是他伦理美思想的一个重要方面,也是研究他伦理美思想实质的重要根据。"情性"说,是他十分强调"文"的社会功用——劝善惩恶——的理论基础,也是他竭力要为现实斗争服务的政治需要。从这一点出发,他把文人分为四等:"说一经者为儒生,博览古今者为通人,采掇传书以上书奏记者为文人,能精思著文连结篇章者为鸿儒。""鸿儒"是最高的一等。"鸿儒"与"文人"能"兴论立说,连结篇章",所以对社会最有用。而"儒生"与"通人",是他所看不起的。这两种人好比"入山见木,长短无所不知;入野见草,大小无所不识。然而不能伐木以作室屋,采草以和方药"②,徒有知识,不会运用,"读诗讽术虽千篇以上,鹦鹉能言之类也"。他所说

---

① 《自纪》。
② 《超奇》。

的"用"的内容是什么呢？从思想认识上来说，就是要像他作《论衡》一样，"铨轻重之言，立真伪之平"①，辨明是非，反对迷信，启蒙人间世俗的愚昧状态。从政治上来说，就是要"劝善惩恶"，加强德治教化，巩固太平安定、礼让不争的社会秩序。他在《佚文》篇里说："载人之行，传人之名也。善人愿载，思勉为善；邪人恶载，力自禁裁。然则文人之笔，劝善惩恶也。"他非常推崇孔子作《春秋》的社会用意。他说："孔子作《春秋》，采毫毛之善，贬纤介之恶，采善不逾其美，贬恶不溢其过。"即孔子在《春秋》中褒善贬恶而又能实事求是，恰如其分。他举扬雄作《法言》，班彪续《太史公书》为例，说明文人之笔定善恶之实要公正，坚持原则，"不为财劝"，"不为恩挠"，这才具有伦理之美。

三　雅俗之美

王充提出"雅子"与"俗人"、"俗士"相对，以表示其尚雅卑俗的美学观。据《论衡·四讳》篇记载，齐相田婴贱妾有子名文，文以五月生。世俗讳五月子，以为将杀父与母，故婴告其母勿举，其母窃举生之。及长，文名闻诸侯。婴信忌，而文不避讳。对此，王充认为，"田婴俗父，而田文雅子"，父子"雅俗异材，举措殊操"，就以雅俗对举，赞扬田文为"雅子"，鄙弃其父田婴，认为其"俗"。显然，这里"雅"是指人物品格之"雅"。王充在《自纪》中还说自己喜欢结交"杰友雅徒"，而不愿意与"俗材"交往。正是出于对"雅"的品德才能的崇尚，所以王充尊崇贤人、圣者。但当时的世人是既不能尊贤更不能知圣崇"雅"的。对此，王充表示了他隆雅卑俗、愤世嫉俗的伦理美主张，说："世无别，故真贤集于俗士之间。俗士以辩惠之

---

① 《自纪》。

能，据官爵之尊，望显盛之宠，遂专人贤之名。"① 对那些是非不明、黑白颠倒，俗士专贤名，离俗之礼则为世所讥，贤才不易为世所用的现象表示了极大的愤慨。王充崇尚"雅子"，因此，对"俗"的种种鄙陋、卑下的表现进行了毫不留情的贬斥，尤其是"俗人"。他指出，"俗人"知识浅陋，对社会人生的真谛知之甚少。他举例说，"孔子侍坐于鲁哀公，公赐桃与黍，孔子先食黍而啖桃，可谓得食序矣。然左右皆掩口而笑，贯俗之日久也。今吾实犹孔子之序食也；俗人违之，犹左右之掩口也。善雅歌，于郑为人悲；礼舞，于赵为不好。尧舜之典，伍伯不肯观，孔墨之籍，季孟不肯读。宁危之计黜于闾巷，拨世之言黜于品俗。有美味于斯，俗人不嗜，狄牙甘食。有宝玉于是，俗人投之，卞和佩服"。"俗人"不喜好有独到之处的精辟之论，却偏好惑众的妖言，鄙陋之极。"俗人"还不懂礼，"歌曲妙者，和者则寡；言得实者，然者则鲜。和歌与听言，同一实也。曲妙人不能尽和，言是人不能皆信。鲁文公逆祀，去者三人；定公顺祀，畔者五人。贯于俗者，则谓礼为非。晓礼者寡，则知是者稀"②。"俗人"由于长时期处在庸俗鄙陋的环境中，耳濡目染，无不是"俗"，而"晓礼者寡"，所以"知是者稀"，"离俗之礼为世所讥"，正是时代精神使然。"俗人寡恩"，"俗性贪进忽退，收成弃败。充升耀在位之时，众人蚁附；废退穷居，旧故叛去"③。就是说"俗人"往往寡廉鲜耻，趋炎附势，追名逐利，唯利是图，而且做事不择手段、不顾信义。所谓"人者熙熙，皆为利来；人者往往，皆为利往"，"利之所在，公皆趋之"，哪里有什么道义可言。所以，王充指出，"俗人"总是随世俯仰，

---

① 《定贤》。
② 同上。
③ 《自纪》。

寡廉鲜耻。他说："有俗材而无雅度者，学知吏事，乱于文吏，观将所知，适时所急，转志易务，昼夜学问，无所羞耻，期于成能名文而已。"① 又说："世俗学问者，不肯竟经明学，深知古今，急欲成一家章句，义理略具，同趋学史书，读律讽令，治作请奏，习对向，滑跪拜，家成室就，召署辄能。徇今不顾古，趋仇不存志，竞进不按礼，废经不念学。"② "俗人"竞进造成的恶果是：古经废，旧学暗，儒者寂，文吏哗，学风日下，世风败坏。"俗人"目光短浅，识见低下，不识人，不知贤，往往以"仕宦为高官，身富贵为贤"、"以事君调合寡过为贤"、"以朝廷选举皆归善为贤"、"以人众所归附，宾客云合者为贤"、"以居位治人，得民心歌咏之为贤"、"以居职有成功见效为贤"等等。世人不知贤，更不能知圣，"世人自谓能知贤，误也"，"夫顺阿之臣，佞幸之徒是也。准主而说，适时而行，无廷逆之隙，则无斥退之患。或骨体娴丽，面色称媚，上不憎而善生，恩泽洋溢过度"③。这样的佞幸之徒，在王充看来，的确"未可谓贤"。同时，王充还指出，"俗人"为了个人目的或一己之私利而收买人心，即使民悦而歌颂之，也不能称为"贤"。"俗人"好信禁忌，轻愚信祸福，信祸祟。王充说："世俗信祸祟，以为人之疾病死亡，及更患被罪，戮辱欢笑，皆有所犯。起功、移徙、祭祀、丧葬、行作、入官、嫁娶，不择吉日，不避岁月，触鬼逢神，忌时相害。……如实论之，乃妄言也。"④ 人生在世必定要做事，而做事则必定有吉凶；人之生未必得吉逢喜，人之死亦非犯凶触忌。人禀自然之气而生，故也必有一死，"有血脉之类，无有不

---

① 《程材》。
② 同上。
③ 《定贤》。
④ 《辨祟》。

生，生无不死。以其生，故知其死也"①。世俗之人认为，龙藏在树木之中、屋室之间，雷电毁坏树木屋室，龙则出现在外面并升天，这就是所谓天取龙之说。但在王充看来，所谓灾异谴告是荒诞不经的，"天能谴告人君，则亦能故命圣君。择才若尧、舜，受以王命，委以王事，勿复与知。今则不然，生庸庸之君，失道废德，随谴告之，何天不惮劳也"②。"夫天道，自然也，无为。如谴告人，是有为，非自然也。"③

王充的尚雅卑俗审美观还表现在他对俗儒、俗文、俗言、俗书、俗说等的厌恶。王充贬斥俗儒，认为只有鸿儒才是雅士。他说："儒生过俗人，通人胜儒生，文人逾通人，鸿儒超文人。"④在他看来，鸿儒与儒生相去悬殊，与俗人更有天渊之别，乃"世之金玉也"。而儒者又分为文儒与世儒。王充指出："著作者为文儒，说经者为世儒"⑤，并认为"世儒说圣情，文儒述圣意，共起并验，俱追圣人"，不能说"文儒之说无补于世"，"世儒业易为，故世人学之多；非事可析第，故官庭设其位"，而"文儒之业，卓绝不循，人寡其书，业虽不讲，门虽无人，书文奇伟，世人亦传"。所谓"世儒业易为"、"文儒之业卓绝不循"，王充认为，世儒说经为"虚说"，文儒著作为"实篇"，实篇高于虚说，故文儒亦高于世儒。

## 第四节 《淮南子》的伦理美思想

《淮南子》是中国西汉初年淮南王刘安集门客编撰的一部著

---

① 《道虚》。
② 《自然》。
③ 《谴告》。
④ 《超奇》。
⑤ 《书解》。

作。又称《淮南鸿烈》。据《汉书·艺文志》记载,《淮南子》内21篇,外33篇,至现代只流传内21篇。全书体系比较庞杂,中心思想接近先秦老子思想。高诱说它"旨近老子,淡泊无为,蹈虚守静",基本上是符合实际情况的。其中也夹杂一些孔、墨、申、韩的思想。《淮南子》思想的最高范畴是"道",对此各家解说不一。《淮南子》认为万物由阴阳二气构成。"气"没有意志与目的,气的运行变化是阴阳二气相互作用的结果。《淮南子》既讲自然之道,也讲治世之道,提出了"漠然无为而无不为","漠然无治而无不治"的政治理想。在历史观方面,它描述了社会发展的大致过程。在最后一篇《要略》中,对全书各篇作了概括,综述了各家思想及其产生的历史背景与思想渊源,因而具有哲学史与史学史价值。在伦理美学方面,《淮南子》一书融合儒、道等家的学说,对伦理美思想进行明确、系统、全面的论述与发挥。

## 一 "道"、"气"之美

《淮南子》继承了老子"道"的观点,认为"道"是万物存在与发展的根本,它可"覆天载地,廓四方,坼八极,高不可标,深不可测,包裹天地"。世界统一于"道"。同时,在"道"与万物之间加了一个"气",由"气"演化出天地、日月、星辰、山川河流乃至万物。甚至认为"道"也具有"原流泉勃,冲而徐盈,混混滑滑,浊而徐清"[1]的"气"的性质。它"约而能张,幽而能明",可以相感,特别是同性质的"气"之间,可以互相感召。

根据这些理论,人作为"物类"的一种,也是由"气"生成的。因此,人间伦理美的产生,也是来之于"物类相感"

---

[1] 《原道训》。

的"天道自然"。这个"天道自然"对于"人"来说，就是"人的本质"的"天"。《淮南子》认为，作为"物类"自然的"人"既有"形"又有"神"，"既有诸内又有诸外"。"夫形者，生之舍也；气者，生之充也；神者，生之制也；一失位，则三者伤矣。"① 它继承的是先秦的形神关系说，认为精神也是由气所生，只是比较精微而已。所以说："夫精神者，所受于天也；而形体者，所禀于地也。"② 进一步强调形神都来之于天地之间的气。就三者的作用和地位来说，"神者，生之制也"，以"神"为主要。对于伦理美来说，更需要"以神制形"，而不可让"神"反为"形"所"制"。"以神制形"就能辨是非、分黑白。倘若"神失其守"，为"形"所"制"，将会生出种种欲望与要求，如贪图享受，追求权力，希图安逸，必然导致"精神日以耗而弥远，久淫而不还，形闭中距，则神无由入矣"③。

书中《要略》概括《原道训》说："欲一言而寤，则尊天而保真。欲再言而通，则贱物而贵身。欲参言而究，则外物而反情。"强调"尊天"、"保真"、"贵身"、"反情"的"道"与"怀天气，抱天心，执中含和，德形于内"的"气"。在《淮南子》看来，"德形于内"的"气"和"怀"这种"气"，抱这种"心"（神），成其"执中含和"的"道"，是伦理美创造的基础。这里既有一个"性"的问题，也有一个"反情"而"率性"的问题。前者是以"气"为基础并使之动的"神"能"制"的；后者是"外物而反情"，各自"率性而行"之道的"物类相感"。这种可以"率性而行"作为同一"物类相感"基

---

① 《原道训》。
② 《精神训》。
③ 《原道训》。

础的人的"性"至少不为"物"所扰，无疑是美好的。

## 二 "顺性"、"因性"

《淮南子》既把伦理美的本质归之于"道"、"天"、"性"，又把"性"说得近于知"理"，把"率性"、"顺性"、"因性"而行说成知"道"。而"自然"之性是有"欲"的，这个"欲"又是来之于性的"有生"、"有气"。如《本经训》所说："凡人之性，心和欲得则乐，乐斯动，动斯蹈，蹈斯荡，荡斯歌，歌斯舞。歌舞节，禽兽跳矣。人之性，心有忧丧则悲，悲则哀，哀则愤，愤则怒，怒则动，动则手足不静。人之性，有侵犯则怒，怒则血充，血充则气激，气激则发怒。发怒，则有所释憾矣。"所以"钟鼓管箫，干戚羽旄，所以饰喜也……哭踊有节，所以饰哀也；兵革羽旄，金鼓斧钺，所以饰怒也。必有其质，乃为之文"。

所以说："民有好色之性，故有大婚之礼；有饮食之性，故有大飨之谊；有喜乐之性，故有钟鼓管弦之音……故先王之制法也，因民之所好而为之节文者也。因其好色而制婚姻之礼，故男女有别。因其喜音而正雅颂之声，故风俗不流。……此皆人之所有于性，而圣人之所匠成也。故无其性，不可教训，有其性无其养，不能遵道。"①

这就是说，"礼乐"这种"先王所制的法"，是用以调节"民之所好"的"性"的，而且出之于"圣人"的"教"与"养"。这就是当时的伦理美学。

## 三 "至德之世"

《淮南子》的伦理美理想是建立在"无欲"、"无为"基础

---

① 《泰族训》。

上的,所以它把原始时代看成是伦理美理想的时代。那个时代"上求薄而民用给","衣食有余,家给人足"①,"百官正而无私,上下调而无尤,法令明而不暗,辅佐公而不阿",而且"明上下,等贵贱,使强不掩弱,众不暴寡"②。显然这是作者所向往的社会。在他看来,那个时代之所以"民醇工庞,商朴女重"③,主要在于"无知"、"无欲"、"无求"。涉及具体的历史,他指的是"昔在神农无制令而民从,唐虞有制令而无刑罚"④的时代,说这均是"顺性"、"因性"而行的结果。正如禹之治水是"因水之流也";汤武伐夏商,是"因民之欲也"。还说"无争"是由于"有余",所谓"夫民有余即让,不足则争。让则礼义生,争则暴乱起"。后来的人,由于"嗜欲","性命失其得",人性丧失,才变质堕落。

显然,《淮南子》的观点乃由老子"大道废,有仁义"而来,并推而论之,认为"人性丧失"是"衰世"、"末世"的特征,把罪恶归结为"分别争财"、"立私废公",而虽行不义,还要披上正大光明的外衣。所以说:"当今之世,丑必托善以自解,邪必蒙正以自辟。"⑤因此,它认为假、丑、恶,应当予以揭露,同时提倡真、善、美,或建立在真、善、美基础上的伦理美。伦理美应该强调的是"真"而不是"伪",是"质"而不是"文",是内容而不是形式。

---

① 《本经训》。
② 《览冥训》。
③ 《氾论训》。
④ 同上。
⑤ 《泰族训》。

# 第八章 魏晋南北朝伦理美思想的丰富

魏晋南北朝时期,是我国社会继春秋战国时期以来又一个战乱频仍、人命如草的时期,但同时也是一个人格独立、精神自由的时期。正如宗白华先生所说:"汉末魏晋六朝是中国政治上最混乱、社会上最苦痛的时代,然而却是精神史上极自由、极解放,最富于智慧、最浓于热情的一个时代。"① 这个时期出现了以道家思想融汇儒家思想的玄学,同时随着佛教的传入,中国传统伦理思想进一步丰富,它们所体现出来的伦理美思想,不仅是传统儒家思想的伦常规范秩序的森严之美,而且是追求自然、崇尚自由的境界之美。玄学对于自然的推崇、佛学对于意境的阐述、陶潜及建安诗人对于人生的领悟、《颜氏家训》所表现出的伦理美学思想,成为这个时期的独特风景。

## 第一节 玄学家对伦理美的追求

玄学,是魏晋时期对于以道家思想诠释儒家思想的社会思潮的总称,它有很多含义,在这里的根本含义为玄远,即远离实际的意思。它是以《周易》、《老子》、《庄子》为经典,以清谈为

---

① 宗白华:《论〈世说新语〉和晋人的美》,《美学散步》,上海人民出版社1981年版,第208页。

形式,以探求宇宙本原为特征,以如何把握自然与名教的关系为内容,在汉代经学日趋衰微中勃然兴起的社会思潮。从伦理美的角度看,它追求的重点不再是先秦两汉时期在政教道德的框架下的伦理规范的整体美,而是真实的生命意识与个性追求相结合的自我实现的个性美。时代的纷乱造成的对于人生无常的领悟,使得这个时期的伦理价值观与先秦两汉相比,发生了巨大的变化,社会前景的黑暗迫使这时的思想家选择通过审美的生活方式将心中郁积的痛苦宣泄出来,达到精神净化,超越现实。因此,伦理的审美式的表达在玄学家的精神生活中,占有极为重要的地位,它不再是政教传统的附庸,相反却是对它的反叛,是另一种人生观的挺立;它不再是维护统治的工具,而是自我实现的目的。

玄学思潮是对传统伦理美的一次突破。

一　越名教,任自然

名教与自然是中国哲学所特有的一对范畴。"名教",由名和教组成,是以"名"为教或因"名"立"教"的意思。在中国哲学中,先秦"名家"在汉唐乃至以后没有延续,"名"主要具有伦理学的意义,即"礼法",因此"名教"也就是以儒家思想为核心的礼法规范。

魏晋玄学中,"有"、"无"之辨是本体论的根本内容,它在伦理学中的反映,就是关于"名教"和"自然"的关系之争。自玄学从正始年间兴起以后,"名教"和"自然"的关系之争主要经历了三个发展阶段。其一是魏晋玄学领袖人物何晏、王弼提出的"名教出于自然"的观点,主张调和"名教"和"自然"之间的关系;其二是嵇康提出的"越名教而任自然"的思想,主张将"自然"凌驾于"名教"之上;其三是郭象提出的"名教即自然"的思想,主张彻底取消"名教"和"自然"之间的差别，统一它们之间的关系。"名教出于自然"和"名教即自然"的思想明显是基于当时的社会现实所提出的折中性的方法，是为了维护和巩固统治阶级的统治秩序。而嵇康提出的"越名教而任自然"的思想，是基于对当时社会现实的批判所提出的观点，是对先秦两汉儒学正统伦理人格的一种反叛，是以道家思想为指导的对儒家思想的重新阐释。

"越名教而任自然"出自嵇康的《释私论》，全句为："矜尚不存乎心，故能越名教而任自然；情不系于所欲，故能审贵贱而通物情。"乍一看，嵇康似乎是非常坚决地反对名教的，然而他又接着说道："由斯而言，夫至人之用心，故不存于有措矣。是故伊尹不惜贤于殷汤，故世济而名显；周公旦不顾贤而隐行，故假摄而化隆；夷吾不匿情于齐桓，故国霸而主尊。"实质上，嵇康并未完全摆脱当时的世俗，无形中，一些主张仍体现着儒家礼教的痕迹。

嵇康所代表的竹林玄学越名教而任自然的思想，在其现实反抗性的背后，是对儒家价值体系的超越，对老、庄自然之道的回归，是将正始玄学的"儒道兼宗"变异为"越儒任道"。据《世说新语·栖逸》载，阮籍曾上苏门山寻访隐士孙等，长啸而归，作《大人先生传》："大人者，乃与造物同体，天地并生，逍遥浮世，与道俱成，变化聚散，不常其形。天地制域于内，而浮明开达于外，天地之永固，非世俗之所及也。""逍遥浮世，与道俱成"，这是道家的人格理想。阮籍所言的"道"，具有人格意义，是超然于道德伦理层次之上的逍遥人格理想。

但是，竹林中人所追求的这种自由境界，是一种玄学的形而上的境界，在现实的社会生活中是不存在的。因此，竹林七贤的"越名教而任自然"就不可避免地表现出理想与现实的矛盾。鲁迅曾经说过，他们的内心是很痛苦的。当他们"越名教"时，他们内心深处其实是信奉儒学的；当他们"任自然"时，他们又自觉不自觉地显露出谨慎、自持的一面。严格地说,竹林七贤中只有嵇康将人格精神的自然率真坚持到生命的终点,《世说新语·雅量》载,嵇康"临刑东市,神气不变,索琴弹之,奏《广陵散》……"他是以自然率真之情奏《广陵散》,也是以自然率真之情奏生命的悲歌!

如果说,正始玄学以抽象的玄思见长,那么,竹林玄学则以风神潇洒的人格精神著称。前者注重形而上的玄远境界,后者则追求率意而为的人格美的境界。宗白华先生曾赞叹后者说:"晋人以虚灵的胸襟、玄学的意味体会自然,乃至表里澄澈,一片空明,建立最高的晶莹的美的意境!"①

二 出入雅俗

魏晋时代人物品鉴之风极为盛行,往往主流文化中的一句评语就可令人的身份有天壤之别,故玄学名士们在日常生活中常常被这种矛盾所苦:一方面,他们要同普通人一样,在官场应酬、田园地产、妻室子女的计算中过日子;另一方面,又不能对这些流露出太大的热情,以免被人耻笑为"俗中之一物耳"②。

雅俗,最初本是专就音乐、诗歌方面而言的。《诗经》中有"大雅"、"小雅"之别,又有所谓的"风、雅、颂、赋、比、兴"六义之说。《诗经·关雎序》说:"雅者,正也。"后来人们用"雅"泛指宫廷音乐,而用"俗"指民间音乐,以至形成了凡官方乐师、诗人制作的用于正式场合的作品,则为"雅乐"、"雅诗";而非官方的民间人士所作的音乐、诗词,则被称为"俗乐"、"俗曲"。但"雅"、"俗"也有泛化的趋势,举凡一切

---

① 宗白华:《美学与意境》,人民出版社1987年版,第186页。
② 李建中、高华平:《玄学与魏晋社会》,河北人民出版社2003年版,第208页。

高尚、美好、温文尔雅的人或者事皆可谓之"雅";反之,则谓之"俗"。魏晋玄学时期士人的雅俗观念正与之相应。

从魏晋时代的文献来看,名士们所崇尚的"雅"除了高尚、美好、温文尔雅之意外,更确切更具体的内涵,应该说就是"玄"。"玄"有古朴之意,故有所谓"古雅"之名,举凡诗体、乐器、书体都是越古越雅;"玄"又有远离具体形名、物事的意义,故远离名利,淡泊、平淡就是雅;"玄"又有恍惚、朦胧之义,故凡人事模棱两可、无可无不可都谓之"雅"。与"雅"相对的,则是"俗"。雅俗的矛盾虽不如生死、出处那样是关系魏晋玄学名士们身家性命的大事,但它都关乎社会舆论对于某个人的评价。

真正能见出魏晋玄学名士时刻想表现出自己高雅的,还得数当时社会盛行的服石饮酒之事。《世说新语·言语》曰:"何平叔(晏)云:'服五石散,非唯治病,亦觉神明开朗。'"

据史书记载,魏晋时期裴秀、嵇康、张华、皇甫谧、夏侯湛、石崇、贺循、葛洪、谢安、王导、王羲之、王恭等人都曾服过五石散,皇甫谧更被服散弄得几乎丢了命。

服五石散如此,饮酒亦是一代名士雅事。魏晋名士嗜酒似始于"竹林七贤"。其中,阮籍、刘伶、山涛个个极能饮酒,但他们饮酒的目的都是为了避祸全身。

嵇康曾在《家戒》中对自己的儿子说:"不须离搂强劝人酒,不饮自已。若人来劝己,辄当为持之,务请勿逆也。见醉熏熏自止,慎不当至困醉不能自裁。"

《世说新语·任诞》云:王佛大叹曰:"三日不饮酒,觉神形不复相亲。"王孝伯言:"名士不必须奇才。但使常得无事,痛饮酒,熟读《离骚经》,便可称名士。"

魏晋名士们为了显得"雅",还有一个共同的爱好就是博弈。博弈,从广义上讲,是中国古代包括博、塞、投壶、弹棋等各种棋类游戏活动的总称;从狭义上讲,就是指围棋。围棋活动虽至春秋战国时已非常普遍,但在士人心目中,它的地位仍是很低的。而在魏晋时期围棋却获得了长足的发展,成为人人都争着一试身手的雅事,以至于"废寝与食,穷日尽明,继以蜡烛"①。

士人们在这些雅事中发现,"小数"、"末技"中寓有无穷的玄理,这即是围棋这一俗艺变"雅"的关键。世间一切雅事、俗事就在于能否从中发现奇妙的玄理,只要内心体会到了其中的玄妙境界,感到了一种精神上的自由与超越,那也就能忘记一切在形迹上的差别与对立,达到一种内在的玄同与和谐。这乃是中国哲学所追求的内在超越。

雅俗齐一而与世俗处,现实的俗亦可为雅,无是非之别,无善恶之异。

郭象在《庄子注》中说:"夫外不可求而求之,譬犹以圆学方,以鱼慕鸟耳。虽希翼鸾凤,拟规日月,此愈近,彼愈远,实学弥得而性弥失,故齐物而偏尚之累去矣。"这就是说雅俗的矛盾源于不识自己的本性,如果一切从本性出发,则什么都是雅,什么都是俗。它已超出了雅俗的范围,所以什么都雅;但如果执著于雅俗范围而追求高雅脱俗,实际仍是"俗中之一物耳"。

### 三 见佛神悟

宗教美学从来就是把美和善糅为一体的。由于宗教的虚幻性,它们所推崇的善,不同于具体的道德律令,而是一种圣洁高尚的理想境界,带有一种超功利性,因此,更容易和美的境界相融汇,在宗教中,善和美是同一境界中的事物。

魏晋南北朝的佛教,主要有两支,即"般若学"和"涅槃学"。前期是以"般若学"为代表,后期则是以"涅槃学"为代

---

① 韦召:《博弈论》,《艺文类聚》第74卷。

表。"般若学"主要依托玄学探讨佛教的本体问题,而"涅槃学"偏重讲顿悟成佛的问题,带有很大的世俗性。"般若学"在魏晋时期主要通过当时的高僧道安、慧远等人的宣传而广泛流传。这一派的理论,主要接受了魏晋玄学本体论的思想,以脱离现实的精神本体作为万物万事万理万法的宗统,提出"至极以不变为性,得性以体极为宗"。

东晋名僧慧远这样描绘佛教神秘的精神本体:"鉴明则尘累不止,而仪象可睹,观深则悟彻入微,而名实俱玄。将寻其要,必先于此。然后非有非无之谈,方可得而无者也。有有则非有,无无则非无。何以知其然?无性之性,谓之法性。法性无性,因缘以之生。生缘无自相,虽有而常无。常无非绝有,犹火传而不息。夫然,则法无异趣,始末沦虚,毕竟同争,有无交归矣。"[①]

慧远在这里提出,事物的有无是代谢的,生灭是交相变迁于同一变化之中,人们在相对的有无生灭中,可以看出他们穷极根源的是恒常不变的法性,但法性又不与事物相脱离。总之,事物不能简单地归结为有和无,而是从始至终沦为虚无,完全虚净,有无融入"法性"之中。

佛教把超脱物象的精神本体作为理想境界来追求,这种理想境界是善和美的统一体。如何达到这种境界呢?虽然魏晋南北朝的佛学在本体论上依附玄学,但在这一问题上,佛教鼓吹对幻想的人生境界和审美境界必须通过否弃自身来实现,认为越是勇于舍弃自我,摈除情欲,就越能达到那种崇高的精神境界。《魏书·释老志》论佛教义理时说:"率在于积仁顺、蠲嗜欲、习虚静而成通照也。故其始修心则依佛、法、僧,谓之三归,若君子之三畏也。"袁宏在《后汉记》中亦云:"沙门者,汉言息也。盖息意去欲,而归于无为也。"

---

[①] 《大智论钞序》,《出二藏记集》第70卷。

慧远则站在推崇"法性"的立场上，大力鼓吹：有情化物，感物而动，动必以情，故其生不绝；其生不绝，则其化弥广而形弥积，情弥滞则累弥深。其为患也，焉可胜言哉！是故经称泥洹不变，以化尽为宅，三界流动，以罪苦为场。化尽则因缘永熄，流动则受苦无穷。

这就是说，人对事物的感应和认识受情欲支配，不可避免地会产生偏私，从而情欲也越来越滞凝，患累也越来越深重，以致生生世世受苦，不能进入宗教的超脱境界。所以，慧远提出："反本求宗者，不以生累其神。起落尘封者，不以情累其生。不以情累其生，则生可灭。不以生累其神，则神可冥。冥神绝境，故谓之泥洹。"慧远指出，相信佛理的人，才不会以生命牵累自己的精神；超脱世间的束缚，才能够不受憎爱感情的牵累，绝情去欲，冥神绝境，才能够进入宗教的最高境界。

齐王融在《法乐章》中就写道："天长命自短，世促运悠悠。禅衢开远驾，爱海乱轻舟。累尘曾未及，必树岂能筹。情埃何用洗，正水有清流。"谢灵运在《缘觉声闻合赞》诗中也写道："厌苦情多，兼物志少，如彼化域，权可得宝，诱以涅槃，救尔三老，肇元三车，翻乘一道。"这是南朝诗人用晦涩的语言，赞美佛教的崇高境界能使人跳出欲海，返本归宗，以到达宗教的彼岸世界。

佛教的境界论还认为，要达到"涅槃"的神秘境界，除了摈绝情欲之外，还要通过修行禅定来实现。道安把"禅观"理论作为其学说的重要组成部分。所谓"禅观"，就是佛教说的一种定心不乱，寂静思虑的修炼精神的方法。佛教主张，人只有通过这种修炼，才能真正体会和得到最高的智慧（般若），达到佛教的最高境界。道安认为："人之所滞，滞在末有，苟宅心本无，则斯累豁矣。"这就是说，当人心消除了杂念异想，驱散了妄惑烦恼，根绝了一切欲望，就可直接体会到宇宙的本体。

到了东晋末年的竺道生，改造了道安、慧远等人的学说，他从涅槃学说出发，大力鼓吹顿悟成佛，把神秘的直觉顿悟作为大彻大悟，妙合佛性的门径，大大简化了入佛成道的手续。在道生之前，有人主张渐修成佛，有人主张顿悟。竺道生则大力主张顿悟，即主张冥会佛理要大彻大悟，融会贯通，而不能枝枝节节。这种强调整体直观的学说，颇近于灵感之说，后来唐宋禅宗的"妙悟"说也就是"顿悟"。它援用到审美理论领域，正暗合审美具有直觉特征的规律。

这一套学说在唐代中期之后，经过禅宗慧能的发挥和发展，影响中国思想界和学术界达三百年之久。

## 第二节　佛学对传统伦理美的润色

佛教进入中国是在公元前后，它的迅速传播则是在魏晋时期。在经历了东汉以后数百年的社会纷乱后，中国文化的主流儒学由于无法挽救社会现实已对人们失去了吸引力，此时，宣扬灵魂不灭、生死轮回、因果报应的佛教，则因其对现实社会的有力批判，推崇"众生皆有佛性"的伦理美学思想，塑造"普度众生"的伦理人格而赢得了人们的普遍关注和信赖。佛教传入中国，经由天台宗、华严宗、唯识宗等宗派的传承和创新，最终至慧能创立的禅宗而成为比较完整的、具有中国特色的佛教。在此过程中，佛教受到了中国传统文化的影响和改造，逐渐走上了入世、注重伦常日用和通脱简要的道路，佛学与儒道的融通，使得中国传统伦理范畴得以丰富。

一　人间净土

净土是印度佛教的一种很原始的思想。早在反映原始佛教精神的经典《阿含经》中就有反映。《阿含经》中提出，如果众生要摆脱现实生活的痛苦,可以独身到僻静的地方如森林、石窟等修行禅定。修行禅定到一定的程度就可以升天,摆脱痛苦。"净"是清净、洁净的意思,净土是被净化的国土,也就是净化众生,远离污染的世界,是佛、菩萨和佛弟子所居住的地方,是众生仰望和追求的理想世界。可以看出,净土观念的提出是以现实世界与理想世界的二分为前提的,是众生脱离现实世界进入理想世界的归宿,是佛教涅槃学说的必然发展,反映了原始佛学超越性的宗教品质。随着佛教在传入过程中的日益中国化,净土观念也随之变得日益实用化、伦理化,由此产生了"人间净土"的思想。

作为中国特色的佛教派别,禅宗所提出的"人间净土"思想是直接针对净土宗所代表的"西方净土"的观点的,后者的理论渊源就是原始佛教中的脱离现世的"净土"观念,这种观念虽然有增加人们承受苦难的能力的作用,但它同时却能够为统治者所用,以麻痹大众,而且对于现实的伦理也是很大的冲击。有鉴于此,禅宗根据《维摩诘经》中的"心净则土净"的观点进行发挥,认为所谓的净土只不过是人们的观念产生的,真正的外在"西方净土"是不存在的。相反,人们能够产生"净土"观念,说明了人的本心是洁净的,从这个意义上说,"净土"又是存在的,它存在于众生的内心中,因此称为"人间净土"。慧能是禅宗的里程碑式的人物,他的看法就很具代表性:"使君礼拜又问:'弟子见僧道俗,常念阿弥大(陀)佛,愿往生西方,请和尚说,得生彼否,望为破疑。'大师言:'迷人念佛生彼,悟者自净其心,所以佛言:随其心净,则佛土净。使君,东方但净心无罪,西方心不净有愆。迷人愿生东方西方者,所在处并皆一种。心但无不净,西方去此不远;心起不净之心,念佛往生难到……使君但行十善,何须更愿往生。'"[①]可以看出,禅宗的

---

① 《大正藏》第48卷,河北佛协出版,第341页。

"人间净土"思想继承了佛学中的"净土"思想的超越性,同时又吸收了儒家伦理中人伦日用的思想,同时还是对于魏晋玄学"即体即用"思想的发展,因此具有三教融合的伦理特性。

二 顿悟成佛

佛是佛陀(Buddha)一词的略称,古时也写成浮屠或浮图。佛陀的意思是"觉者"(觉悟的人)或"智者"(大智大慧的人),因此,"成佛"就是众生功德圆满的标志。对于怎样成佛,佛教中一直存在两种说法:"顿悟说"和"渐悟说"。南派禅宗主张顿悟说,而北派禅宗主张渐悟说。不同的学说代表了不同的审美倾向,反映了不同的人格理想。这里以著名的五祖弘忍传六祖慧能衣钵的例子来具体分析。

五祖弘忍为把衣钵传承下去,采用让各门人写偈的方法,考查各人的领悟程度。据《坛经》记载,神秀的偈是:身是菩提树,心如明镜台。时时勤拂拭,勿使惹尘埃。而当时只是打杂的慧能认为神秀的领悟不够,自己也作了一偈:菩提本无树,明镜亦非台,本来无一物,何处惹尘埃?弘忍认为慧能此偈见解透彻,便把衣钵秘密地传授给他。神秀之偈,以为心外有尘埃可染,如尘污镜,必须经常拂拭,才能明净。而慧能认为身心如幻如化,原无一物,本来清净,无尘埃可染。慧能的"顿悟"显然比神秀的"渐悟"要高明,因此其说得以广泛传播。

对于"顿悟"与"渐悟"的不同,有很多学者从审美方式的角度进行了分析,认为神秀的"渐悟"说采用譬喻的方法是对印度佛教的继承,是用表诠的方式来解释般若智慧,以见佛性。显然,他们只看到了这种方式的好处,即用生动的比喻来显现佛性,使之易于接受,但却忽视了它的最大缺点在于易使人执著于譬喻本身,从而在最接近佛性的时候遗失了佛性。与之相比,"顿悟"说直截了当地说明了"一切皆空",包括那些形容佛性的精妙的譬喻,"菩提"、"明镜"只是觉悟的直观喻象,即智慧,但是如果把它们引入譬喻,身心的解脱就有法执了。这是一种空观的方法,是在认识到现象为空的基础上领悟到本心即佛性的审美方式。由这两种审美方式的不同,我们进一步可以看出截然不同的人格理想。神秀所代表的"渐悟"式的人格注重严谨的秩序,传统的权威,而慧能所代表的"顿悟"式的人格则是强调自身价值的通灵跳脱式的人格。这两种不同的人格理想在具体的成佛过程中的表现也不同。

慧能的顿悟成佛,有两个关键点:一是自性自度,二是自识本心、直了成佛。

(一) 自性自度

"自性",是慧能悟道的见证,也是慧能禅学的根本。慧能对传统佛教的观念,如戒定慧、三身佛、三宝、一行三昧、出家在家等都做了自己的解释,其结穴,是从印度佛教的普度众生转化到禅宗的自性自度,这是佛教中国化的极为重要的一步。

戒定慧,是佛教规定习佛者必须做的三件最基本的事,慧能是完全立足于自心自性来界定三者的,《坛经校释》中记载慧能的话:"心地无非自性戒,心地无乱自性定,心地无痴自性慧。"他认为,每个人的自身中有坏的邪见烦恼,也有好的自觉本性。所谓的"度",就是每个人以正度邪,度是为了脱离苦海,达到彼岸,然而彼岸却不在人的自性之外。

慧能有一句很著名的话:"迷人念佛生彼,悟者自净身心。"就是对自性自度的全面概括。

(二) 直了成佛

慧能认为,人所以能顿悟就因为真如本性内在于人的心性之中,本自具足。就像月亮本在天宇,乌云覆盖,一旦风吹云散,月华顿理光明。另外,其所以能"顿见真如本性",还有一个原因,就是心性的统摄作用。所谓"心量广大,遍周法界",心性问题解决了,一切问题都会迎刃而解。慧能顿悟说的特点,在于用智慧观照。"观照"这一范畴,在早先的中国思想中没有。它是佛教输入所带来的,语见《楞严经》、《法华玄义》等。它是自见本心或直了见性的根本方式,是对内在本性的觉悟,是整体瞬间直悟。它不是要探求、界定一个事物,而是通过昏迷黑暗发现心智的灵明。慧能所谓的观照,即是对自身自由(即不为法相所缚,即解脱)本质的直觉。简单说,"顿悟"就是自性自见,"观照"是自性自见的方式。

因此,所谓"顿悟",指的是人的本心本性的呈现,而人的本心本性的呈现又总是整体的、顿然来到的,所以它就是个质的问题、是有无的问题,而不是量的问题、多少的问题,所以它必然是顿非渐。又由于本心本性的呈现只是达到一种向前敞开和灵明放光的状态,而不是得到一个可以持存之物,所以呈现虽然是整体的,却不是一劳永逸的。成佛就是见性,这使人永远无佛可成,永远需要呈心见性,所以永远需要努力修行。这是用功,但不是渐变。

而且,禅宗的悟不是表现为预定过程的觉悟,它的发生是自身的觉醒,慧能总是用"灯"来比喻这种觉醒:"一灯能除千年暗,一智慧能灭万年愚。"[①] "灯"是心灯,就是般若智慧的光明。《五灯会元》记载了这样一则公案:德山宣鉴跟着龙潭崇信学禅,一天伺候师父到很晚。龙潭道:更深了,还不回去。于是宣鉴就告辞而去。不想一会儿宣鉴又折回来了,说外面黑。龙潭就点起烛火,递给宣鉴。宣鉴正要接着,龙潭却一口气把烛火吹灭了。宣鉴于是大悟。宣鉴悟到了什么?他悟到:不是外面黑暗,而是自己心内无明。而且这种大悟是要诞生一个新的人格的:"我者,即是如来藏义。一切众生皆有佛性,即是我义。如

---

① 《坛经校释》第40页。

是我义，从本以来，常为无量烦恼所覆，是故众生不能得见。"①这里的"我"指清净佛性，是人人皆有的，是平等无差别的，永恒的，也就是"无我"的，但是这个"无我之我"又是一个本体和人格。

禅宗这种极为主观的顿悟成佛理论为中国传统文化中的人格美带来了空灵的意境感。

三　生佛圆融

由于受华严禅思圆融思想的影响，禅宗思想也呈现出了生佛圆融的感悟，这种感悟可分为三个层次：

（一）拨尘见佛，在世出世

亦即存在而超越的生命情调。禅宗主张在家出家的修行方式。鸟巢禅师曾告诫弟子："汝当为在家菩萨，戒施俱修，如谢灵运之俦也。"②据《庐山莲社杂录》所载，谢灵运想参加白莲社，慧远不允，灵运遂对生法师说："白莲道人将谓我俗缘未尽，而不知我在家出家久矣。"故鸟窠引以为比。会昌法难中，朝廷强迫僧人还俗，智真作偈示众："明月分形处处新，白衣宁坠解空人。谁言在俗妨修道，金粟曾为居士身。"③意思是说，千江有水千江月，纯明清湛的心性，不论照映在什么地方，都不改其澄明的质性。虽然披上了俗装，并不会影响弘法的信仰。

（二）明镜鉴物论

禅宗将明镜鉴物作为直觉的准则。《宗镜录》卷10载："世间之镜，尚照人肝胆，何况灵台心镜，而不洞鉴耶。……恢廓而体纳太虚，澄湛而影含万像。不信入者，莫测高深。"禅心原真

① 《大般涅槃经》卷7。
② 《传灯》卷4。
③ 《五灯》卷4《智真》。

地映现外物而不受外物影响,如镜之鉴物,不分妍媸美丑,像来影现,像去影灭。北宗主张拂尘磨镜的渐修,南宗认为此心在圣不增,处凡不减,虽蒙尘埃也照样"万机昧不得"[1],且谓"人人尽有一面古镜"[2]。元僧了庵清欲《听松轩铭赠闻首座》云:"松本无声,因风而鸣。我耳本静,物来斯应。心精遗闻,默默自领。彼既无作,此亦虚受。"这说明,对声境不起造作而虚明领受、远离声闻缘觉识障的方便法门就是水月相忘的直觉观照。盘山法语,将心月的质性形容得无可比伦,成为禅林名句:"心月孤圆,光吞万象。光非照境,境亦非存。光境俱亡,复是何物?"[3] 只有到了光境俱亡之时,才是禅宗的向上一路。

(三) 心净佛土净

心净佛土净的观念与顿悟成佛的禅思息息相通,因此得到了禅宗的大力提倡。庞居士诗云:"蕴空妙德现,无念是清凉。此即弥陀土,何处觅西方?"[4] 禅宗认为,清净人见清净境,一念清净,秽国顿成净土,脚下即是西方,也就是拨尘见佛的思想。

对这种拨尘见佛的思想,禅宗有许多机锋骏发的转语:

问:"拨尘见佛时如何?"师云:"拨尘即不无,见佛即不得。"[5]

问:"拨尘见佛时如何?"师云:"佛亦是尘。"[6]

这就将拨尘见佛的意念、向外寻求的企图予以彻底否定,正

---

[1] 《传灯》卷20《中度》。
[2] 《传灯》卷12《慧然》。
[3] 《五灯》卷3《宝积》。
[4] 《庞居士语录》卷下。
[5] 《古遵宿》卷14。
[6] 《古遵宿》卷24《神鼎》。

可谓"学佛人人被热谩，拨尘见得几何般。狂风扫地云吹散，独立栏干宇宙宽"①。

由生佛圆融而启发的是禅宗思想中超越而存在的妙悟：

> 苦时乐，乐时苦，只修行断门户；亦无苦，亦无乐，本来自在无绳索。垢即净，净即垢，两边毕竟无前后；亦无垢，亦无净，大千同一真如性。药是病，病是药，到头两事须拈却；亦无药，亦无病，正是真如灵觉性。魔作佛，佛作魔，镜里寻形水上波；亦无魔，亦无佛，三世本来无一物。凡即圣，圣即凡，色里胶青水里盐；亦无凡，亦无圣，万行总持无一行。(《一钵歌》)

此诗不但泯除了离凡求圣第一层面的生佛圆融观念，而且也泯除了即凡即圣的第二层面的生佛圆融观念，它高高标举的，乃是无苦无乐、无垢无净、无药无病、无魔无佛、无凡无圣的对立齐泯、纤尘不染的空灵澄澈之境。

## 第三节　陶潜及建安诗人的风骨

陶潜（365—427年），字渊明，东晋文学家，诗人。一说名渊明，字元亮，私谥靖节，浔阳柴桑（今江西九江市西南）人。少好读书，兼谙玄佛。曾任江州祭酒、镇军参军，后任彭泽令，因不为五斗米折腰，毅然解印去职，归隐田园，至死不仕。所作诗文多描写农村景色，以《归田园居》、《饮酒》、《桃花源诗》等为代表作，今存《陶渊明集》。41岁时，因家贫，求为彭泽县令，为官八十余日便借故辞官，赋《归去来兮辞》，息绝交游，

---

① 《颂古》卷24《别峰印颂》。

不再出仕，躬耕自资，饮酒赋诗，自娱心志。陶渊明的田园诗在中国文学史上产生了重要影响，他高洁孤傲的人格和桃花源的理想，以及诗意化的生活情趣，对后世文人士大夫产生了多方面的影响。

东汉末年汉献帝刘协建安时期，正值汉魏易代之际，社会政治、思想方面的急剧变化，带来了文学方面的发展变化，使文学产生了崭新的面貌，史称"建安文学"，并以曹操父子为中心，包括建安七子即王粲、刘桢、徐幹、应玚、阮瑀、孔融、陈琳及繁钦、杨修等人，形成一个以邺下为中心的文学集团。这一新的文学集团显现出一种不同于以往的新的伦理美学思想，它是一种对于人生无常的彻悟之后渴望建功立业、追求不朽的人生哲学，折射出建安文人慷慨激昂、悲壮深沉的审美倾向。

一　归去来兮

东晋安帝义熙元年秋（405年），陶渊明出任彭泽令，这是他一生中最后一次出仕。他这次从做官到辞官的过程，据萧统的《陶渊明传》所载是这样的："……岁终，会郡遣督邮至。县吏请曰：'应束带见之。'渊明叹曰：'我岂能为五斗米折腰向乡里小儿！'即日解绶辞职，赋《归去来》。"

《归去来兮辞》是诗人积半生之体会而发自深心的呼唤："归去来兮，田园将芜，胡不归？既自以心为形役，奚惆怅而独悲。悟以往之不谏，知来者之可追……"

魏晋时期的士人普遍呈现出一种精神上的活跃，与以往不同的是，他们更多地强调个体生命和精神的自由，思考思辨的中心已不再是提出救世治世的良方，而多是人本身的觉醒与解放。在当时主要表现在三个相互关联的方面：一是强调个人之存在，即自我的存在。二是强调人的"高情"、"才情"。这个"情"是人的生命情调，个人独处、社会交往或文学活动中，处处体现了这么一种有深致而自由无拘。它以一"情"字来表示，强调的是人的真挚，人摆脱了外在束缚后真实自然的生命状态。三是会心于生命情调的一种"淡"味。阮籍在《乐论》中曾说过："乾坤易简，故雅乐不烦。道德平淡，故无声无味。不烦则阴阳自通，无味则百物自乐，日迁善成化而不自知，风俗移易而同于是乐。此自然之道，乐之所始也。""淡"味才是真味，才是"自然之道"，才可以使人"味之无极"，"心平气定"。它显示出士人对个体生命状态欣赏的一种成熟态度，不夸张、不矫情。陶渊明的《归去来兮辞》所体现出的正是这样的觉醒。

钱志熙先生曾经说过，陶渊明作为一个真正自觉的人，在自身生命追求的动力驱使下，几乎是将整个魏晋生命思潮在他个人生命境界中浓缩地再现一番，从而使他站在魏晋精神的高峰之上："木欣欣以向荣，泉涓涓而始流。善万物之得时，感吾生之行休……园日涉以成趣，门虽设而常关。策扶老以流憩，时矫首而遐观。云无心以出岫，鸟倦飞而知还。景翳翳以将入，抚孤松而盘桓……"

这是真正的自觉、真正的自然，无须从口中说出、从笔下写出，却已经在诗歌中鸟鸣山幽的田园风光中作出了最好的诠释，像一滴水早已渗透在生命的深处。

萧统在《陶渊明集序》中赞扬他："有疑陶渊明诗，篇篇有酒，吾观其意不在酒，亦寄酒为迹者也。其文章不群，辞采精拔；跌宕昭彰，独超众类；抑扬爽朗，莫之与京。横素波而傍流，于青云而直上。语时事则指而可想，论怀抱则旷而且真。加以贞志不休，安道苦节，不以躬耕为耻，不以无财为病。自非大贤笃志，与道污隆，孰能如此乎？"

"论怀抱则旷而且真"，这个把握是相当精当的。陶渊明在29岁出仕后的十余年里，以祭酒、参军之类的小官身份在官场周旋，所感到的就是"志意多所耻"和"违已交病"。他与当时相当多的士人一样，爱慕自然，企慕隐逸，愿意于其中找回自己的生命意义与价值。所以，在他的诗作中，那种人的精神获得自由后，人的生命与大自然相融，人对生命的领悟质朴而又深邃，由此而得的人生真意、人生滋味沛然而出。那种悠远清隽的风格，那种于情致之中淡淡显露的人生哲思，那种本体论意义上的领悟，都融入到散发着"神韵"的诗美之中。而那种在宇宙自然、山水韵律中感应生命之隽永的审美心态业已成为各个朝代士人们整体上的认同。

二　出世心隐

士人出仕还是隐居，是先秦以来儒道两家人生理想冲突的表现，代表了儒道两家不同的价值取向。

魏晋时期社会动荡、政治失准，士人就处在了进亦忧，退亦忧的两难境地中，是积极用世还是消极退隐，亦即"出"还是"入"，成为士人们极为焦虑的问题。出仕意味着得志、爵禄或实现理想的可能性，但同时也有可能陷进政治的旋涡而不能自拔，甚至有可能性命不保；退隐可以保持自己的节操，远离政治的纷争，但是真正的隐居生活不仅意味着政治上的失败，而且也必须承受生活上的极度贫困。《晋书·隐逸传》载："孙登，字公和……无家属，于郡北山土窟居之，夏则编草为裳，冬则被发自覆。"由此可见，真正的隐居生活是很不惬意的。而《晋书·隐逸传》所载的陶潜决意脱离官场"归去来兮，请息交以绝游，世与我而相遗，复驾言兮焉求？"他留下了不少清风素志的诗文，但其晚年生活十分窘迫。

"竹林七贤"之一的阮籍在《咏怀诗》其三十九中说："壮士何慷慨，志欲威把荒。驱车远行役，受命念自忘。……岂为全躯士，效命争疆场。忠为百世荣，义使令名彰。垂声谢后世，气节故如常。"可见，阮籍是很想出仕的，但是现实太险恶，令他深感愤闷："萧瑟人所悲，祸衅不可辞"，"一生不自保，何况恋妻子。"这使他不得不走向退隐："步出上东门，北望首阳岑。下有采薇士，上有嘉树林。"

但是，阮籍却不能真正实现退隐，因为当时司马氏虽然在暗地里争夺曹魏的江山，明里却又拉拢士人，装着礼贤的姿态，使得士人求生不得、求死不能。所以阮籍内心非常痛苦，最后还是丢了性命。

同样作为"竹林七贤"之一的嵇康也是在出与处、仕与隐之间徘徊，《晋书·嵇康传》载："康尝采药山泽，会其得意，忽焉忘返。时有樵苏者遇之，咸以为神。至汲郡山中见孙登，康遂从之游。登沉默自守，无所言说。康临去，登曰：'君性烈而才俊，其能免乎！'"嵇康虽然很少参与政治，但最后还是落了个临刑东市的下场。

所以处于魏晋时期的陶渊明，也会不可避免地有过类似的矛盾心情，他在《杂诗》其五中说："忆我少壮时，无乐自欣豫。猛志逸四海，骞翮思远翥。"他也希望能有所作为，但最后还是选择了归隐田园。

玄学名士们有着如此尖锐的出处、仕隐的矛盾之心；那么消解这一矛盾和困惑就是玄学家们的一大人生主题。他们基本上采取的方法是把道家"忘的方法"与儒家的"中庸"方法加以综合，力求在仕与隐中找到一种平衡，以提升人的精神境界、消除二者的矛盾与对立，从而做到仕隐如一，出处同归，正如《晋书·刘惔传》云："居官无官官之事，处事无事事之心。"把官场当成了隐居的场所，在隐居时照样可以遥控朝政。《世说新语·排调》刘孝标注引《妇人集》云："亡叔太傅先正以无用为心，显隐为优劣；始末正当动静之异耳。"就是已经消融了出处的界限，实际上做到出处同归了。

## 三　人生几何

建安文学是汉末至魏初发生的社会大变革的产物。伴随着汉王朝的分崩离析，各地的割据势力风起云涌，中华大地群雄逐鹿，由此引发连年的战乱与严重的饥荒、瘟疫，导致了千里无人烟，遍地是饿殍的悲惨景象。处于这个时代的建安诗人对此深有体会：

"饮马长城窟，水寒伤马骨。……长城何连连，连连三千里。边城多健少，内舍多寡妇。……君独不见长城下，死人骸骨相撑拄。"（陈琳《饮马长城窟行》）

"……白骨露于野，千里无鸡鸣。生民百余一，念之断人肠。"（曹操《蒿里行》）

"西京乱无象，豺虎相遘患。……出门无所见，白骨蔽平原。路有饥妇人，抱子弃草间。……未知身死处，何能两相完！……南登霸陵岸，回首望长安。……"（王粲《七哀诗》）

但建安诗人并没有止于描述战祸频仍、社会分裂的悲惨状况，而是进一步表达了希望恢复统一、建功立业的雄心壮志：

"……志欲自效于明时，立功于圣世，每览史籍，观古忠臣义士，出一朝之命，以殉国家之难，身虽屠裂，而功名著于景钟，名称垂于竹帛，未尝不拊心而叹息也。……"（曹植《求自试表》）

"……捐躯赴国难，视死忽如归。"（曹植《白马篇》）

"……骋哉日月逝，年命将西倾。建功不及时，钟鼎何所铭。收念还寝房，慷慨咏坟经。庶几及君在，立德垂功

名。……"（陈琳《游览》）

　　建安诗人的这种人格理想，是"党锢之祸"后士人精神的彰显与高扬，是传统知识分子"兼济天下"伦理美学思想的反映，从这个意义上说，它是对先秦两汉儒学伦理的继承，但我们应当看到，它在思想文化上直接反对的就是两汉经学，因此渴望建功立业的人生理想既表现了建安文学与先秦两汉儒学的渊源关系，同时更重要的是展现了前者不同于后者的根本特点：个体自我价值的觉醒，由此显现出新的伦理美学品质。具体地说，它是以对人生的根本领悟为核心的伦理美学思想。曹操的作品深刻地体现了这种思想。

　　作为建安诗人的杰出代表，曹操在功名与文学方面都取得了辉煌的成就。在政治上，他一生出将入相，功业辉煌；在文学上，他继承并发扬了汉乐府雄浑悲壮的特点，在四言诗上有杰出的成就，开一代风气之先。两方面交融会通，展示了建安文人特有的伦理美学思想。

　　与其他建安诗人一样，时局的纷乱使他对于人生的无常有透彻的理解。《短歌行》的开篇就表达了诗人对于"盛年易逝"、"韶华不再"的感慨："对酒当歌，人生几何？譬如朝露，去日苦多。慨以当慷，忧思难忘。何以解忧，唯有杜康。"但作者并未停留在这种消极的精神状态中，以游戏人生的态度来对待生活，而是以天下为己任，以"人生几何"的忧患意识来激励自己实现治国安邦的宏伟抱负。其中蕴涵着作者在有限的生命中追求无限的人生哲学，体现出渴望实现自身价值的伦理美学思想。它浸透在曹操的所有作品中，包括《观沧海》与《龟虽寿》，都是苍凉悲壮中有豪迈、执著，将建安诗人在乱世中希冀实现自身价值的伦理美学思想刻画得淋漓尽致。

四 千载风骨

建安文学作为一种新的文学形态，体现出和前代文学不同的新的审美趋向和风格——建安风骨，从伦理美学的角度来看，这是一种人格观念的美学思想。

"风骨"一词，原本是人物品鉴用语，《宋书·武帝纪》上："（桓）玄见高祖，谓司徒王谧曰：'昨见刘裕，风骨不恒，盖人杰也。'""风骨"原本是一个词，倘必欲分而论之，则"风"指风貌，"骨"指骨相。前者就人的精神、生气而言；后者就人的形体、骨骼而言。这与"风"、"骨"二字的本义是相符的，"骨"是骨骼，对形体有凝聚、支撑的作用，表现为一种内敛的静力；而"风"则是空气的流动，对物体有吹拂、飘动的作用，表现为一种外发的活力。"风骨"被引入文论领域后，仍旧保留上述含义，并深化为一种人格理想。建安文学之所以以"风骨"称之，就在于其中所包含的悲凉慷慨的真实感情与质朴自然、刚健有力的语言的有机结合，并升华为当时的时代精神，熔铸为千载不朽的理想人格。

关于建安风骨的内涵，历代学者多有论述，典型的是刘勰与鲁迅的评述。结合这两者，我们就可以大致勾勒出建安风骨所显现的作为一种人格观念的伦理美学思想。关于建安风骨，刘勰在《文心雕龙》里说："观其时文，雅好慷慨，良由世积乱离，风衰俗怨，并志深而笔长，故慷慨而多气也。""志深笔长"、"慷慨多气"是建安文学总的特点，用"风骨"来衡量这两个特点，前者似乎是对于"骨"即作品的语言的评述，而后者是对于"风"即作品所蕴涵的感情的评述。当然，刘勰在这里对建安风骨的评述，主要还是从文学评论的角度着眼的，与之相比，鲁迅就更进一步，从人格理想的角度来解析建安风骨的内涵。他在《魏晋风度及文章与药及酒之关系》一文中，对建安文学进行了

207

充分的论述。他对建安文学总的评价是"这时代的文学的确有点异彩",并指出建安文学的风格特色是"清峻、通脱、华丽、壮大"。关于建安文学风格的形成,鲁迅认为曹操和曹丕是两个关键的人物。正是在前者的倡导下,"清峻"、"通脱"的风格才得以形成,而"华丽"、"壮大"的文风的形成与曹丕对文学人生的理解又是密不可分的。

对于曹操作品的"清峻"、"通脱"的风格,鲁迅在《魏晋风度及文章与药及酒之关系》一文中说:"董卓之后,曹操专权。在他的统治之下,第一个特色便是尚刑名。他的立法是很严的,因为当大乱之后,大家都想做皇帝,大家都想叛乱,故曹操不能不如此。曹操曾自己说过:'倘无我,不知有多少人称王称帝!'这句话他倒并没有说谎。因此之故,影响到文章方面,成了清峻的风格——就是文章要简约严明的意思。……此外还有一个特点,就是尚通脱,他为什么要尚通脱呢?自然也与当时的风气有莫大的关系,因为在党锢之祸以前,凡党中人都自命清流,不过讲'清'讲得太过,便成固执,所以在汉末,清流的举动有时便非常可笑了。……深知此弊的曹操要起来反对这种习气,力倡通脱。通脱即随便之意。此种提倡影响到文坛,便产生多量想说甚么便说甚么的文章。"

相对于曹操追求人生境界之美,曹丕转向内在的情感探求,"华丽"、"壮大"是其作品的主要特点。鲁迅在谈到曹丕的《典论·论文》时说道:"他(曹丕)说诗赋不必寓教训,反对当时那些寓训勉于诗赋的见解,用近代的文学眼光看来,曹丕的一个时代可说是'文学的自觉时代',或如近代所说是为艺术而艺术的一派。所以曹丕做的诗赋很好,更因他以'气'为主,故于华丽以外,加上壮大。"相比于曹操,曹丕所处的时代状况已有所改善,社会局面趋于稳定,表现在文学上为写实性的描写让位于抒情性的描写,由对现实社会的临摹转为对内心世界的刻画,

208

作者在作品的写实力量上虽有所减弱，但在表现形式上却有了更多的创新与丰富。曹丕所领导的文风的这种转变，是塑造文士理想人格的表现，是在传统儒学文士人格基础上赋予它"华丽"的美学理想，为之后的"正始之音"奠定了深厚的文化背景。

## 第四节　颜之推对伦理美的论述

颜之推（531—约595年），字介，北齐文学家。琅玡临沂（今属山东）人。初仕梁元帝为散骑侍郎。江陵为西魏军所破，投奔北齐，官至黄门侍郎、平原太守。齐亡，入周，为御史上士。隋开皇中，太子召为学士，以疾卒。所著《颜氏家训》，以儒家传统思想为立身治家之道。

魏晋南北朝时期，社会意识形态的演化经历了儒、道、佛三家思想互相激荡的历史过程，人们的日常行为方式以及由此而形成的礼俗风尚，也围绕着礼与情的对立统一而呈现种种变化，大致由抑情崇礼转向纵情违礼，再由纵情违礼转向情礼调和，情礼调和的结果便是礼的革新和复兴。在礼与情从冲突走向融合的这一历史背景中，颜之推所撰的《颜氏家训》对礼俗风尚作了详细的论述和辨正，在礼与情之间，颜之推采取了调和、变通的理性态度，表达了情礼兼顾的思想宗旨，书中所贯穿的情、礼观念不仅具有总结性的思想史意义，而且也蕴涵着尊重个人情感的自由精神。

《风操》是《颜氏家训》中的一篇，在此篇中，颜之推专门论述了有关避讳、取名、称谓、交际、丧事等方面所应遵循的各种礼仪规范及南北礼俗风尚的差异优劣。

在避讳之礼方面，他反对避讳的绝对化和不近人情。《风操》篇曰："《礼》云：'见似目瞿，闻名心瞿。'有所感触，恻怆心眼；若在从容平常之地，幸须申其情耳。必不可避，亦当忍之;犹如伯叔兄弟,酷类先人,可得终身肠断,与之绝耶?又:'临文不讳,庙中不讳,君所无私讳。'益知闻名,须有消息,不必期于颠沛而走也。"可以看出,颜之推对避讳之礼采取的是一种非常实际的态度。在他看来,人们看见与先人相似的容貌,听到与先人相同的名字,触景生情而哀痛不安,这是难免的人之常情,在适当的情况下也应该把这种感情表达出来,但不能就此而走向极端,比如自己的叔伯兄弟,其相貌酷似先人,难道能因此而一辈子伤心断肠,永远不和他们来往吗?同样,在听到先人的名字时,也应该从实际情况出发,根据经典的教诲,先斟酌一下自己应取的态度,不一定非得闻讳而回避。

颜之推对南北礼俗风尚的论述和辨正,一方面非常重视对传统礼俗的继承和弘扬,另一方面又注意礼的变通及礼与情的调和。他常常以古代的礼仪规范作为评判南北俗尚长短优劣的标准。《风操》篇云:"南人冬至岁首,不诣丧家;若不修书,则过节束带以申慰。北人至岁之日,重行吊礼;礼无明文,则吾不取。南人宾至不迎,相见捧手而不揖,送客下席而已;北人迎送并至门,相见则揖,皆古之道也。吾善其迎揖。昔者,王侯自称孤、寡、不榖,自兹以降,虽孔子圣师,与门人言皆称名也。后虽有臣仆之称,行者盖亦寡焉。江南轻重,各有谓号,具诸《书仪》;北人多称名者,乃古之遗风,吾善其称名焉。"

显然,颜之推对传统礼俗是非常重视的,但他又并非拘囿于礼俗的教条,认为礼教的推行必须斟酌人情,他既反对纵情违礼,也反对不近人情的拘礼过甚的行为。他在论述南北两地不同的送别礼俗时写道:"别易会难,古人所重;江南饯送,下泣言离。有王子侯,梁武帝弟,出为东郡,与武帝别,帝曰:'我年已老,与汝分张,甚以恻怆。'数行泪下。侯遂密云,赧然而出。坐此被责,飘摇舟渚,一百许日,卒不得去。北间风俗,不屑此事,歧路言离,欢笑分首。然人性自有少涕泪者,肠虽欲绝，目犹烂然；如此之人，不可强责。"颜之推在这里提出了一个非常重要的观点，即普遍性的"礼"应该兼顾特殊性的"情"。这是他通篇所要表达的核心思想。

另外，颜之推对"辰日不哭"、"死有归杀"的传统礼俗提出了疑义和批评，这种疑义和批评是以礼的变通及礼与情的调和为其思想基点的。在他看来，有关辰日不哭的规定没有照顾到丧家深切的哀痛之情，是不切实际的。至于人死之后灵柩要回家的说法（即所谓"死有归杀"）以及由此而引出的一系列礼仪活动，则更为不近人情，应该对此进行批评。结合实例，颜之推进一步提出了"礼缘人情，恩由义断"的观点。他写道："二亲既没，所居斋寝，子与妇弗忍入焉。北朝顿丘李构，母刘氏，夫人亡后，所住之堂，终身锁闭，弗忍开入也。夫人，宋广州刺史篡之孙女，故构犹染江南风教。其父奖，为扬州刺史，镇寿春，遇害。构尝与王松年、祖孝征数人同集谈燕。孝征善画，遇有纸笔，图写为人。顷之，因割鹿尾，戏截画人以示构，而无他意。构怆然动色，便起就马而去。举坐惊骇，莫测其情。祖君寻悟，方深反侧，当时罕有能感此者。吴郡陆襄，父闲被刑，襄终身布衣蔬饭，虽姜菜有切割，皆不忍食；居家惟以掐摘供厨。江宁姚子笃，母以烧死，终身不忍啖炙。豫章熊康，父以醉而为奴所杀，终身不复尝酒。然礼缘人情，恩由义断，亲以噎死，亦当不可绝食也。"（《风操》）

这里对李构、陆襄、姚子笃、熊康等人拘礼过甚的行为，提出了隐晦的批评。在颜之推看来，人们对礼仪规范的设置和执行，一方面要斟酌人情，另一方面应兼顾事理，礼应在情理之中。这种认识显然更富有合理性，从而使礼的变通及礼与情的调和建筑在更为理性的思想基础之上。

# 第九章　隋唐时期伦理美思想的发展

隋唐时期（589—907年）伦理思想的特点是儒、佛、道三家伦理思想既相互斗争，又彼此吸收、趋向融合。在唐代，佛教的各大宗派，诸如天台宗、唯识宗、华严宗和禅宗相继林立，进入了鼎盛时期，佛教宣扬灵魂不死、业报轮回、人生极苦，追求出世成佛，并以贪、嗔、痴为"三毒"，以施、慈、慧为"善根"，鼓吹布施、持戒、忍辱、精进、静虑、智慧的道德原则和自我修养；道教则宣扬长生不老，提倡主静去欲，以超脱尘世、进入极乐仙境为道德理想；而以弘扬儒术为己任的思想家，则一面"攘斥佛老"，抨击佛教"弃而君臣、去而父子"，违背名教纲常，主张"人其人、火其书、庐其居"，并提出"道统说"与佛、道相抗衡，另一面却又不断吸取佛教教义，肯定佛教去杀劝善的伦理学说有助教化，认为沙门主性善、倡仁孝同封建纲常有默契之处。而隋唐的统治者，一面推崇儒家学说，一面又尊道、礼佛，实行儒、佛、道并用政策，由此形成了作为封建正宗的儒家伦理思想同佛、道的人生哲学既相互斗争，同时又相互吸收的局面。

## 第一节　三教融合对伦理美的充实

隋唐时期儒、释、道三教融合是中国思想、文化史上的大事。

先说儒、道两家。它们的冲突与融合自两家学派产生之日起就没有停止过,到了魏晋玄学时期,儒道思想在冲突中进一步走向渗透和融合。王弼所谓圣人体无,故言必及有,老庄未免于有,故恒致归于无,已熔儒道有无之说于一炉。至于郭象,在《庄子注》中高唱"内圣外王"之道,所谓"圣人虽在庙常之上,然其心无异于山林之中"①,则真可谓将儒道两家主要思想,融会到了无法再分你我的极高明之地。因此,王弼、郭象的玄学体系,在中国思想文化的发展史上,有着重要的地位,它对以后的宋明理学有着极深的影响。

自佛教传入中国后,在中华文化环境下经过一个相当长的自我调整的过程,至东晋南北朝时开始在社会上,特别是在思想文化方面,产生了广泛的影响。随之而来的就是发生了作为外来文化的佛教思想与传统文化儒道思想之间的冲突。

其中,在佛道之间,明显体现出来的是相互间的影响和融合。如东晋名僧僧肇,深通道家庄子之学,他所作的《肇论》,用庄周汪洋恣肆的文辞、道家的名词概念来宣扬大乘性空中道观,在使用中国文辞和概念表达佛教理论方面,达到了不露一丝琢痕的高妙境地。隋唐之际兴起的天台宗,唐代中期以后发展起来的密宗等佛教宗派,也都明显受道教影响。同时,道教受佛教的影响尤为明显,诸如仿照佛藏而编造道藏等。唐以后的道教典籍中,包括许多基本道经的注疏,如唐成玄英的《老子义疏》、《庄子注疏》等,都大量地引入了佛教的要领和理论。至于道士谈佛理,和尚注道经的现象,在历史上也屡见不鲜。

在唐代,佛教发展达到了成熟的阶段。佛教在经过与中国传统文化的矛盾冲突,以及理论上的自我调整后,逐渐产生了许多

---

① 王弼:《逍遥游注》。

具有中国特色的佛教宗派和理论，其许多理论成分也被中国本土文化改造和吸收，不但充实了中国传统文化中固有的伦理思想，而且对中国古代社会的历史、文学、艺术等其他文化形态，都产生了深远的、多方面的影响。

一　宗教伦理对世俗的关怀

在佛教创始人释迦牟尼逝世后，佛教内部由于对释迦牟尼所说的教义有不同的理解和阐发，先后形成了许多不同的派别。按照其教理等方面的不同，以及形成时期的先后，可归纳为大乘和小乘两大基本派别。就佛教在我国发展的情况看，主要是大乘佛教的发展。小乘佛教虽也出现过一些学派和学者，但没有得到进一步的发展，小乘佛教的各种经典、教理和戒律等只是备参考而已。

因此，此处论述的"宗教伦理对世俗的关怀"，主要与大乘佛教及其以后的发展形态有关。

（一）大乘佛教的慈悲境界

佛教被称为慈悲的宗教，在其发展进程中，从"自度"到"度人"，以至发愿有一众生得不到超度誓不成佛，贯穿着一种伟大的慈悲精神。慈悲体现为一种同情和怜爱。按佛教经典本来的解释，慈与悲是分别从两个不同方面来体现佛教的同情和怜爱的，慈是给予快乐，悲是除去痛苦。如《大智度论》卷27中说："大慈与一切众生乐，大悲拔一切众生苦。大慈以喜乐因缘与众生，大悲以离苦因缘与众生。"佛教视世间与人生有无尽的苦难，佛陀以拯救众生出此苦海为己任。如在《过去现在因果经》卷1中描写的佛陀出世时的奇异，于其自言"天上天下，惟我为尊"之后，言"此生利益一切人天"；《修行本起经》卷上则记载佛陀出世时言"三界皆苦，吾当安之"。佛陀的这些誓愿，体现了佛教关怀众生、利乐有情的伟大的慈悲精神。

佛教视"苦"为一切世间法的根本相状，求道修证也就是要脱离此无边之苦海。所以，在拔苦与乐的慈悲精神中，亦以拔苦为更根本。佛教的这种慈悲精神，在大乘佛教中得到了最充分的发扬，甚至被视为佛教的最根本精神："慈悲是佛道之根本。"在大乘佛教所崇仰的那些佛、菩萨中，无一不有自己的誓愿，然救世济众则是他们共同的誓愿。此中，尤以地藏菩萨救度众生的誓愿最大，最为感人。据《地藏菩萨本愿经》中记载，地藏菩萨发愿说："若不先度罪苦，令是安乐，得至菩提，我终未愿成佛。"所以，后人为地藏菩萨所作的对联曰："地狱未空誓不成佛，众生度尽方证菩提"，充分表达了地藏菩萨的大誓愿。大乘佛教中有许多救苦救难的佛、菩萨，除已提到的释迦牟尼佛和地藏菩萨外，阿弥陀佛和观世音菩萨等也是最受广大信众崇拜的救苦救难的佛、菩萨。应当指出的是，大乘佛教通过佛、菩萨体现出来的这种慈悲精神，主要并不是让人们通过祈祷去期待佛、菩萨来救度自己，而是要信众按照佛、菩萨的慈悲精神去实践。"福慧并修"中的修"福"业，即是要求信众通过对大乘佛法"六度"（六波罗蜜）中"布施"、"持戒"、"忍辱"等修法的实践，以实现利他的慈悲精神。中国的禅宗强调"明心见性，见性成佛"和"即心即佛"，认为"自性迷，佛即是众生；自性悟，众生即是佛"，倡导"自性自度"，更是把实践济世利生的慈悲精神视作是否悟得"自性佛"的体现。

此外，大乘佛教的慈悲精神，不只是对人类社会，它也遍及于一切有情之生命，乃至所有无情之山水土石。佛教对有情生命之慈悲，不仅体现于"不杀生"的戒律中，更体现于为救有情众生之生命，可以不惜牺牲自己的一切，乃至生命。在佛典中有大量记载着佛、菩萨为救助有情众生，不惜牺牲自己一切的故事。其中，"割肉喂鸽"、"舍身饲虎"等是人们熟知的故事，虽不免有所夸张和极端，但它表达了慈悲利他精神的理想和升华。

(二) 大乘佛教解脱论的智慧之美

佛教认为，人世间的一切烦恼和痛苦都来源于人们的分别心。人们由分别心而起我执、法执，生贪、嗔、痴三毒心，成种种颠倒妄想，从而陷于无尽的烦恼，无边的苦海，不得解脱。对此，大乘佛教认为，要得到彻底的解脱，就必须以无分别的、平等的般若智慧，从根本上去除人们的分别心。

佛教以戒、定、慧三学来对治贪、嗔、痴三毒，教导人们以布施心去转化贪欲心，以慈悲心去转化嗔怒心，以智慧心去转化愚痴心。大乘佛教以本来清净为诸法之本性，既不应有人我之分别，亦不应有物我之分别。世人之追境逐欲，求名为利，自寻物尽之烦恼，实为自我清净本性之迷失。清净也就是空，不过大乘佛教是不离色言空的，它反对各种离色空、断灭空的说法，并斥之为戏论。因此，大乘佛教并不否定人们创造的物质财富，以及人们必要的物质生活。它只是要人们不要迷执于物相，沉溺于物欲。俗话说，"生不带来，死不带去"，这对于每个个人来讲，是一条颠扑不破的真理。试问，世上有哪一个人不是赤条条地来，又赤条条地去的？由此可见，对于每一个个人来讲，大乘佛教以清净本性为自我，是极其深刻的。

二 儒家伦理对佛道的包容

余英时先生说："某一民族在文化发展到一定的阶段时对自身在宇宙中的位置与历史上的处境发生了一种系统性、超越性和批判性的反省；通过反省，思想的形态确立了，旧的传统也改变了，整个文化终于进入了一个崭新的更高的境地。"(《道统与政统之间》，《士与中国文化》，上海人民出版社 1987 年版)

用余先生的话来概括儒、释、道三家的融合以及儒学自身的发展与整合是很恰当的。在三家思想融合的过程中，儒学显示出了极大的包容能力，消化吸收了异己学派的许多成分，丰富了自身的伦理思想体系。下面探讨的是儒佛理论互补过程中最典型的事件——关于心性本体理论的互相融通。

佛教哲学思想主要是倡导内在超越的一种宗教文化,是重视人的主体性思维的宗教哲学。它与同样高扬内在超越和主体思维的中国固有的儒道思想,在文化旨趣上有着共同之处。内在超越和主体思维离不开心性修养,佛教与儒道两家都具有鲜明的心性旨趣,因而心性论逐渐成了佛教哲学与中国固有哲学的主要契合点。

儒家历来津津乐道如何成为君子、贤人、圣人,追求理想的人格境界,也就是要在宇宙中求得"安身立命之地"。那么,世俗性的人生世界与超越性的精神世界之间的鸿沟如何逾越呢?儒学强调在现实生命中去实现人生理想,认为人生的"安身立命之地"既不在死后,也不在彼岸,而是就在自己的生命之中。如此,心性修养就至关重要,成为了人能否达到理想境界的起点和关键,理想人格的成就是人性即人的存在的完美显现与提升。

佛教教义的中心关怀和根本宗旨是教人成佛。所谓佛就是觉悟者。觉悟就是对人生和宇宙有了深切的觉醒、体悟。而获得这种觉悟的根本途径不是以外界的客观事物为对象进行考察、分析,从而求得对外界事物的具体看法,而是从内在的主体意识出发,按照主体意识的评价和取向来赋予世界以某种价值意义(如"空")。随着印度佛教的发展,虽然也出现了阿弥陀佛信仰,在中国也形成了以信奉西方极乐世界阿弥陀佛为特征的净土宗,宣扬人可以在死后到彼岸世界求得永恒与幸福。但是印度原始佛教并不提倡彼岸超越的观念,中国的几个富有理论色彩的民族化的大宗派——天台、华严和禅诸宗也都是侧重于心性修养,讲求内在超越。尤其是晚唐以来中国佛教的主流派禅宗,尤为重视内在超越、修养的学问。这便是佛教与儒学能够共存、契合的前提和基础。

而儒家心性论也存在着重大的缺陷：一是缺乏心性论体系结构，论点多，论证少；实例多，分析少；片断论述多，系统阐明少。二是对心性论缺乏深刻严谨的本体论论证。而印度佛教对心有相当细密而深入的论述，重点是分析两类心：缘虑心和真心。缘虑心是对事物进行分别、认识的精神作用；真心是讲本有的真实清净心灵，是众生的心性本体和成佛根据。印度佛教传入中国后，又以儒家等中国传统的心性理论来调整、改造、充实自身，在理论上更具有博大精深又富于中国化特色的优势，从而构成为对儒家心性论学说的强烈冲击和巨大挑战，它促使儒家发展和建立起了关于心性论的形上理论。

尤其在心性修养方式上，儒、佛两家的互相影响是广泛而深刻的。在儒家重要修养方式方法——"极高明而道中庸"和"尽心知性"的传统影响下，促使禅师提出"平常心是道"和"明心见性"的心性修养命题；而佛教的一套情染性净理论和灭除情欲呈现本性的修持方法，也为有的儒家学者所吸取，转而成为儒家道德修养方法。一个典型的例子是佛教的情染性净说与李翱的灭情复性说之间的关系。

李翱深受佛教的思想影响。他的《复性书》虽以阐扬《中庸》思想相标榜，而实质上不过是佛教性论的基本思想——情染性净说的翻版。《复性书》宣扬人人本性是善的，由于心"动"而有"情"，有"情"而生"惑"。《复性书》说："情者妄也，邪也。邪与妄则无所因矣。妄情灭息，本性清明，周流六虚，所以谓之能复其性也。"主张灭息妄情，以恢复清明本性。为了灭情，《复性书》还强调"弗虑弗思"，若能"弗虑弗思"，"情"就不生，就能回复到"心寂不动"的境界。《起信论》讲一心二门，即真如门和生灭门。生灭门的性是"动"，一心由"静"到"动"，就是由"本觉"到"不觉"的众生流转之路。相反，一心由"动"到"静"，就是由"始觉"到"究竟觉"

的众生解脱之途。这可以说是《复性书》关于人生本原和人生境界的直接思想源头。至于灭情复性的方法——"弗虑弗思",实同于禅宗的"无念";灭情复性的境界——"心寂不动",实也是禅宗的理想境界。此外,李翱灭情复性说与华严宗的"妄尽还源"修行方式也是相当接近的。事实上,李翱对佛教义理是赞赏的,他说:"天下之人以佛理证心者寡矣,惟土木铜铁周于四海,残害生人,为逋逃之薮泽。"① 认为佛理对人的心性修养是有益的,只是大兴寺庙于社会有害。李翱的反佛实是反对建庙造像,劳民伤财,以及寺庙成为逃亡者的聚集之地,这与他吸取佛教思想,甚至如《复性书》实质上宣扬佛教心性思想,并不是完全矛盾的。

正是儒、佛在心性论上的互动互补,极大地改变、丰富、发展了儒、佛两家的心性论思想体系。最终使佛教心性论富有中国化的色调,也使儒家心性论具有本体论的结构,从而成为理想人格的基石,在中国哲学史上产生了极为深远的影响。

### 三 雍容的盛唐之音

唐代思想世界中,儒、释、道三家思想形态已经基本成熟,它们各自继承了前人的思想成果,开创出自身的思想内涵,影响着后世的思想脉络。

儒学复兴运动在韩愈团体的原道感召下于中唐蓬勃开展。

首先,儒学复兴运动继承了前人的思想成果,韩愈一再强调尧、舜、禹、文武、周公、孔子、孟子这样一条一以贯之的道统,公然自愿担任这一统序的接序者。"轲死,自当承以退之。"韩愈之所以尤为重视孟子,正是因为孟子和自己的命运相似,同样肩负着重大的历史使命。孟子力排杨墨,韩愈极斥佛老,都是

---

① 《李文公集·与本使杨尚书请停修寺观钱状》。

在为拯救儒学传统来奉献自身。而事实表明，道德仁义之儒学精髓也的确是因为韩愈的努力而得以流传。

其次，儒学复兴运动开创出儒学自身的思想内涵。儒学的思想指规无外乎内圣外王之道。新儒学努力开启个体生命的内圣之道，以期在内圣之道得以开启之后，用内圣之道来充实外王之道，这也决定了儒学思想在以内圣外王为总命题的前提下，向内转，集思于内省之道的趋势。而中唐的儒学复兴运动就业已开启了这一内省之道的思路，确立了内在仁义的自省途径为人存在的根本依据，把人那种为了一味谋求政治利益的外在礼制恪守行为悬置起来，予以革除，用人发自本然内在的自省意念驱动礼制法度，最终走向内圣外王的统一。

最后，儒学复兴运动影响着后世的儒学思想脉络。它对天人合一的人文背景的倚赖，以及刚健有为的气度，中庸原则的守持，此后始终得到尊重。

道教哲学思想形态在性命双修的基础上将重玄之学与仙道之术结合起来，构成了完整的内丹性命之哲学体系，使道教哲学思想形态得以完全成熟。

首先，内丹性命之学继承了前人的思想成果，在有与无、非有与非无的抵牾中，创立了亦有亦无的玄通圆化安身立命之道，寻找一种比有无、比贵无与崇有更具有本原性的齐天人之大道。

其次，内丹性命之学开创出道教哲学自身的思想内涵。道教哲学的思想指规无非是性命双修的圆满之道，内丹性命之学把道与术同时确立为自身存在的逻辑依据，以天道理念与玄道理念双向立论，奠定其重玄理基础，又以服气练形与养命成仙共同修持，完成其上清派养生之法制。重玄与上清，一重在修性，一重在养命，思辨与践形同构双栖，于司马承祯和吴筠那里有机地整合为一，终于使道教哲学既具有超绝尘寰的思辨色彩又具有形体固全的践修途径，在心性学基础上拯空践形，把复归真实性生命的道路全面建构起来，真正呈现出天人合一的语境下本末如一、体用不二而性命双修的哲学特质。道教哲学的思想内涵于是明确下来。

佛学思想形态亦已基本成熟。

首先，唐代佛学继承了前人的思想成果。如大乘佛学无非三系，贤首宗判之为法相宗、破相宗、法性宗，太虚称之为法性空慧、法相唯识、法界圆觉，印顺则立名性空唯名系、虚妄唯识系、真常唯心系。

其次，唐代佛学开创出佛学自身的思想内涵。佛学的思想内涵即刹那生灭缘起性空的本真存在真理。它是唐代佛学三系共有的理论前提。

最后，唐代佛学影响着后世的佛学思想脉络，在唐代以后，佛学思想脉络基本上没有超出这个视阈，与道教相似，后世佛学仅仅是在膜拜、认知甚至误解唐代佛教之博大精深的佛学义理。

儒道思维模式与佛学思维模式的整合结果便是生命刹那即现的意识。生命既是当下存在的，又是绝对存有的，存在与存有整合为一，整合不是综合，而是重新地创造。所以，此生命是生命，却不是此岸的生命，不是彼岸的生命，不是此岸、彼岸间游移的无往生命，而是当下生命对生命本性洞察直观的本真生命，是超越了生死之累立足于此刻的绝对生命。这种本真绝对的生命在刹那间顿然体验到生命的刹那流程，就在当下现出。这种观念是包含着儒家生命秩序之美的，也包含着道家自然生命之美，同时亦包含着佛学刹那无往的生死之美，是各种生命与死亡经过深度思维模式的整合，凝练出的本真生命呈递之美。

概括地说，唐代的生命意识包含着诗性生命、思性生命和伦理生命。[①]

---

[①] 参见赵建军、王耘《中国美学范畴史》第 2 卷，山西教育出版社 2005 年版，第 243—247 页。

诗性生命范畴立足于现象直观，体验本真生命的自由超越，思性生命及伦理生命则是用反思本体以及在伦理世界中追寻伦理生命价值来达到超越的自由境界。诗性生命的人文深度主要体现于"诗"之生命的领悟之中，它是唐诗的生命信念乃至灵魂的"故乡"。

如此多姿多彩的思想与文化交织、融合，呈现出既空前又绝后的雍容的盛世风貌。

四 浪漫、忧世的文士精神

唐代是中国封建社会的鼎盛时期，国力强盛，疆域辽阔，经济繁荣，人文荟萃，仕途通畅，整个社会氤氲着一种恢弘开朗的气氛，一条条充满希望前景的道路向人们敞开着。苏东坡曾高度评价唐代文化："诗至杜子美，文至韩退之，书至颜鲁公，画至吴道子而尽天下之变，天下之能事毕矣。"

唐诗是中国古典诗歌发展的高峰，其中盛唐的诗歌则是这个高峰上最为光彩夺目的篇章。盛唐诗人的作品，思想内容丰富充实，体裁多样，艺术风格各具特色。如李白"才高气逸而调雄"、杜甫"体大思精而格浑"。同时，盛唐的音乐、舞蹈、绘画、雕塑、书法呈现出绚烂多彩的局面。

后世诗评家将盛唐诗歌健康向上的风采、雄浑阔远的境界、恢弘豪放的气质推崇为"盛唐气象"。也就是说，盛唐诗歌通过具有气势美的形象图画，反映了盛唐时期蓬勃向上、昂扬奋进的时代精神，构成了气势雄浑而深厚的美学风貌。

盛唐诗歌之所以如此辉煌，其中有着深刻的历史渊源。这个渊源至少可以上溯到"建安风骨"。也可以说，盛唐气象乃是在建安风骨的基础上又发展了一步，而成为令人难忘的时代精神。建安时代乃是一个解放的时代，那是从两汉的宫廷势力之下解放出来，从沉闷的礼教束缚之下解放出来，于是，文学也就有力地从贵族文学中解放出来，一种自由奔驰的浪漫的气质，富于展望的爽朗的形象，也就构成建安风骨的精神实质。而唐代也正是从六朝门阀的势力下解放出来，从佛教的虚无倾向中解放出来，从软弱的偏安与长期的分裂局面下解放出来，而表现为文学从华靡的倾向中解放出来，带着更为豪迈的浪漫的气质，带着更为丰富的爽朗的歌声，出现在诗歌史上。初唐社会上残余的门阀势力与诗歌中残余的齐梁影响，到了盛唐一扫而尽。这样一种解放的力量，也就是建安风骨真正的优良传统。而这样一种发展的力量与社会上的落后势力、保守势力所发生的抵触，反映为复杂的歌唱，这也就是令人向往的"盛唐之音"。

奏响这盛唐之音的是一大批才华横溢而又具有儒家情怀的浪漫文士，在他们或雄浑、或豪放、或空灵、或沉郁的声音里深藏着对生命的关注和对人性的思索，蕴涵着深沉的人文精神。

雄浑是盛唐气象的价值取向之一。岑参在《白雪歌送武判官归京》中咏雪天沙漠之"瀚海阑干百丈冰，愁云惨淡万里凝"；王维在《使至塞上》中歌长河大漠的"大漠孤烟直，长河落日圆"；杜甫在《望岳》中赞泰山雄姿的"荡胸生层云，决眦入归鸟"；李白在《渡荆门送别》中叹旷野荒江之"山随平野尽，江入大荒流"等，都给人以莽莽苍苍、汪洋闳肆的雄浑感。

雄浑也饱含力量和气势的彰显。孟浩然在《望洞庭湖赠张丞相》前四句中描绘了这样的洞庭湖："八月湖水平，涵虚混太清。气蒸云梦泽，波撼岳阳城。"诗中那水天相连、难分彼此的浩瀚景象，已觉先声夺人，后面两句更有震魂慑魄的威力。

王昌龄的《出塞》云："秦时明月汉时关，万里长征人未还。但使龙城飞将在，不教胡马度阴山。"作者"万里长征人未还"的感慨和"不教胡马度阴山"的心愿，不但代表了盛唐人民，而且代表了秦汉以来甚至古往今来世世代代人民的共同情感，大大加重了历史感的分量，形成一种深沉浑厚的气势，难怪明人李攀龙把它誉为唐人七绝的压卷之作。

223

豪放也是盛唐气象的价值取向之一。它气势磅礴、感情奔放，是体现阳刚美最突出的代表。这就要求诗人必须有崇高的志向和远大的理想。如爱国主义的民族气节，拯世济民的人道主义精神，建功立业的雄心壮志，追求个性解放的反抗意识等，带有较鲜明的政治色彩和深刻的社会意义。这种豪情壮志从表现形式来看，有的属于肯定性的抒怀言志或报国杀敌的誓辞，或抒安社稷、济苍生的抱负，或表达统一邦国、安定天下的宏愿，如李白《行路难》中的"长风破浪会有时，直挂云帆济沧海"；有的属于否定性的抨击嘲讽，或揭露现实黑暗，或控诉异族入侵的罪行，或发泄壮志未酬的感慨，如李白《答王十二寒夜独酌有怀》中的"骅骝拳跼不能食，蹇驴得志鸣春风"。这些豪情壮志，不管是出于为国为民，还是限于追求自我意识，在历史上都有一定的进步意义，都能给人以某种精神鼓舞和美感享受。

豪放不但以情志高迈见长，也以气势奔放取胜。我国古代文论历来讲究文气，所谓"文以气为主"。这种气最可贵的是孟子所称的"浩然之气"，亦即正气、豪气。它虽然出自于君子坦荡的胸襟、高尚的情愫，也同诗人的气质、秉性和人生态度密切相关。高适《封丘作》说："我本渔樵孟诸野，一生自是悠悠者。乍可狂歌草泽中，那堪作吏风尘下。"这里所说的"狂歌草泽"，即有一股不拘形骸、旷达洒脱之豪气。李白《宣州谢朓楼饯别校书叔云》说："弃我去者，昨日之日不可留；乱我心者，今日之日多烦忧。长风万里送秋雁，对此可以酣高楼。蓬莱文章建安骨，中间小谢又清发。俱怀逸兴壮思飞，欲上青天揽明月。抽刀断水水更流，举杯消愁愁更愁。人生在世不称意，明朝散发弄扁舟。"这是豪放飘逸的典范，快人快语，倾泻殆尽。

杜甫的诗，在"安史之乱"爆发前，也是充满了闲适浪漫的情调，如"穿花蛱蝶深深见，点水蜻蜓款款飞"；但是在"安史之乱"行将爆发和此后十几年颠沛流离生活中他写的大量作品，大多是对民生疾苦和社会灾难的反映以及由此透露出的仁者情怀，他被尊为"诗圣"，这是最根本的原因。天宝十四载冬，安禄山反，唐玄宗君臣仍在骊山上贪恋歌舞丝竹。杜甫赴奉先县探亲，经闻山上丝竹之声，想君臣挥霍骄奢，感慨万端，写下了著名的《自京赴奉先县咏怀五百字》，"朱门酒肉臭，路有冻死骨"这样尖锐揭露统治者骄奢淫逸的诗句，从一个封建时代的诗人口中说出来是非常了不起的，但此诗更深刻的意义与价值在于诗人反复流露出的仁者情怀：先则曰"穷年忧黎元，叹息肠内热"，次则曰"荣枯咫尺异，惆怅难再述"，末则曰"默思失业徒，因念远戍卒。忧端齐终南，澒洞不可掇"，忧国忧民的仁者情怀，表露无遗。陈岩霄《庚溪诗话》云："观：《赴奉先咏怀》五百言，乃声律中老杜一篇心迹论也……"论者把杜甫的仁人情怀与孟子相提并论，称他为诗中圣人，是实至名归的。

还有那位"仆志在兼济，行在独善"的大诗人白居易，当年考上进士时，同其他16个被录取的人一道完成了"雁塔题名"的千古风雅之事后，曾兴奋得彻夜难眠，挥笔写下"慈恩塔下留名处，十七人中最少年"的既自豪又浪漫的诗句。但就是这位年少登高科的才子，在面对以后出现的儒学衰微、精神信仰危机之时，表现出了深重的痛苦与忧虑，他在诗中写道："不动者厚地，不息者高天；无穷者日月，长在者山川。松柏与龟鹤，其寿皆千年。嗟嗟群物中，而人独不然。早出向朝市，暮以归下泉。形质及寿命，危脆若浮烟。尧舜与周孔，古来称圣贤，借问今何在？一去亦不还！"（《效陶潜体诗十六首》）在这样的忧思中，白居易希望通过政治改革和政治清明来重建儒家价值信仰。

与白居易不同的是，另外一些文人渴望通过恢复道统和思想生命力来解决儒家的价值危机问题，韩愈、柳宗元就是其中的杰出代表。

韩愈和柳宗元是唐代古文运动的代表。他们倡导古文是为了推行古道,为了复兴儒学。韩愈说:"学古道而欲兼通其辞;通其辞者,本志乎古道者也。"(《题欧阳生哀辞后》)所以,他们的古文理论都把明道放在首位。

韩愈的作品贯穿着他在古文运动中的主张:"一封朝奏九重天,夕贬潮州路八千。欲为圣朝除弊事,肯将衰朽惜残年。云横秦岭家何在,雪拥蓝关马不前。知汝远来应有意,好收吾骨瘴江边。"(《左迁至蓝关示侄孙湘》)

这首诗写于元和十四年,韩愈因谏阻宪宗迎佛骨事被贬为潮州刺史,在离京抵蓝田时,其侄孙韩湘赶来送行,此诗即由此而作。沉痛中深含激愤,苍凉悲壮,颇似杜甫晚年七律之风,而尤以笔势纵横,开合动荡见长,也充分体现了他的"不平则鸣"的古文运动主张。

另一位在古文运动中有杰出贡献的是柳宗元。他和韩愈在文坛上发起和领导了古文运动,他们提出了一系列思想理论和文学主张,对后世产生了深远的影响。柳宗元的诗被苏轼评价为:"所贵乎枯淡者,谓其外枯而中膏,似淡而实美,渊明、子厚之流是也。"他的诗在简淡的格调中表现出极其沉厚的感情,呈现出了他关心现实、同情人民的儒家情怀:"余闻而愈悲,孔子曰:'苛政猛于虎也!'吾尝疑乎是,今以蒋氏观之,犹信。呜呼!孰知赋敛之毒,有甚是蛇者乎!故为之说,以俟夫观人风者得焉。"(《捕蛇者说》)

文士精神是民族精神的一部分,其蕴涵着人文精神的深沉的美学意韵,是中华民族传统人格美的重要组成部分,对后世有着较为深远的影响。

## 第二节　韩愈对伦理美的论述

韩愈(768—824年),唐代文学家、哲学家。字退之。唐河内河阳（今河南孟县）人。自谓郡望昌黎，世称韩昌黎。因官至吏部侍郎，又称韩吏部。谥号"文"，世称韩文公。他的思想渊源于儒家，但亦有离经叛道之言。他以儒家正统自居，反对佛教的清净寂灭、神权迷信，但又相信天命鬼神；他盛赞孟子力排杨朱、墨子的做法，认为杨、墨偏废正道，却又主张孔墨相用，他提倡宗孔氏，贵王道，贱霸道，而又推崇管仲、商鞅的事功；他抨击二王（指王叔文、王伾）集团的改革，但在反对藩镇割据、宦官专权等主要问题上，与二王的主张并无二致。

## 一　道济天下之溺

中唐以来，传统价值体系崩溃，传统理想人格也因此颠覆，据大慧宗杲《宗门物库》记载：王荆公一日问张文定公，曰："孔子去世百年生孟子，亚圣后绝无人，何也？"文定公曰："岂无人？亦有过孔孟者。"公曰："谁？"文定曰："江西马大师、坦然禅师、汾阳无业禅师、雪峰、岩头、丹霞、云门。"荆公闻举，意不甚解，乃问曰："何谓也？"文定曰："儒门淡薄，收拾不住，皆归释氏焉。"公欣然叹服。后举似张无尽，无尽抚几，叹赏曰："达人之论也。"由此可以看出，当时的信仰与价值的危机之深重，而思想家身上所承载的对民族前途乃至人类未来的巨大忧患感和使命感也由此可想而知。韩愈就是这样的一个思想家。对于韩愈在中国文化史上的功业，陈寅恪先生在《论韩愈》中精辟地指出：

> 唐代之史，可分前后两期。前期结束南北朝相承之旧局面，后期开启赵宋以降之新局面，关于政治社会经济者如此。退之者，唐代文化学术史上承先启后转旧为新关捩点之人物也……直指人伦，扫除章句之繁琐……退之生值其时，又居其地，睹儒家之积弊，效禅侣之先河，直指华夏之特

性,扫除贾、孔之繁文,《原道》一篇中心旨意实在于此。……退之首先发现小《戴记》中《大学》一篇,阐明其说,抽象之心性与具体之政治社会组织可以融会无碍……退之于此以奠定后来宋代新儒学之基础。①

韩愈在《原道》中对"道"进行了创造性的解释:

> 博爱之谓仁,行而宜之之谓义,由是而之焉之谓道,足乎已无待于外之谓德。仁与义为定名,道与德为虚位……凡吾所谓道德云者,合仁与义言之也。

在这里,必须强调的是,道完全内化了,内心之爱充实在道之中。韩愈并没有为道规定实质的内容,而是一个可以填充的虚位,韩愈把仁义填充为道的实质内容,使儒学因为儒学之道的树立而回归思想世界的视野,在韩愈那里,道就是伦理本体。同时,韩愈强调道的次序,在《原道》中,韩愈云:"尧以是传之舜,舜以是传之禹,禹以是传之文武周公,文武周公传之孔子,孔子传之孟轲,轲之死,不得其传焉。"

韩愈的复兴古道运动使原本复杂的道的含义趋向单一,特指人伦道理,他是儒家道统的坚决维护者,拒绝任何外来文化的熏染,他的排佛主张就是一例。

道是伦理本体,它何以体现出儒家丰厚的伦理生命意味?韩愈关于"性"的学说可以回答这个问题。韩愈在唐代性情说基础上构建了性的品级。在《原性》中,韩愈提出:

> 性也者,与生俱生也;情也者,接于物而生也……性之

---

① 陈寅恪:《金明馆丛稿初编》,上海古籍出版社1980年版,第285页。

品有三，而其所以为性者五；情之品有三，而其所以为情者七。曰何也？曰性之品有上、中、下三。上焉者，善焉而已矣；中焉者，可导而上下也；下焉者，恶焉而已矣。其所以为性者五：曰仁、曰礼、曰信、曰义、曰智。……情之品有上、中、下三，其所以为情者有七：曰喜、曰怒、曰哀、曰惧、曰爱、曰恶、曰欲。上焉者之于七也，动而处其中；中焉者之于七者，有所甚，有所亡，然而求合其中者也；下焉者之于七也，亡与甚，直情而行者也。情之于性视其品。

韩愈把性之品性之别向性之品级之别的转化十分自觉，强调"上者可教，而下者可制"，就是说三品是不可以改变的。这样一来，韩愈把伦理等级的观念带入了性这一范畴，性这一范畴中一定存在伦理等级，现实中的个体生命必须按照自身身份的品级来实现自己的性及命运。这也就是每一个个体生命存在的意义。显然，这样一种伦理之性是韩愈的原创，它包含着极其鲜明的伦理生命的意义。

践行并不是要让个体生命去完成某种不可能完成的任务，而是要让个体生命返归自身，也即诚。这意味着对现实生命的超越，任何个体存在者，包括人，事实上都是有限的。人只能存在于一个有限的环境中，以有限的生命为起点，但只要不拘泥于有限，反而以无限的方式去超越有限，人就可以实现对自身有限的超越。韩愈的《原道》、《原性》是充溢着深厚的伦理生命之美的，其思想意义就在于为现实生命开导出一条超越现实生命的路径。

二 文以载道

儒家文道论中的"道"主要指社会伦理道德。中唐至北宋，文学上的古文运动与思想上的儒学复兴运动同时展开并互相呼应，而文道论也就成为古文家、理学家以及其他学者普遍重视的问题。韩愈对儒家道统的追认与强调也是以儒家伦理道德为主要内容的。

韩愈认为写作文章的目的，在于"载道"，主张文道合一而以道为主，用古文宣传儒家之道，也就是圣人道德教化之道。文学应该作为宣扬教化的工具，故文章内容以儒家学说为本，克服六朝以来文章侧重形式、忽略内容的弊端。他又认为"文"（形式、修辞手法）、"道"（内容）皆不可缺，但道先于文。他说："愈之志在古道，又甚好其言辞。"又说："然愈之所志于古者，不唯其辞之好，好其道焉尔。"

在古文运动中，韩愈的主要观点有：

务去陈言：韩愈主张革新主体，建立新的文学语言，重视革新和创造，反对仿真抄袭前人文字的不良风气。具体来说有三点：一是"唯陈言之务去"，要求语言的新颖活泼；二是"文从字顺各识职"，要求文字的妥帖流畅通顺，合乎自然的语法规范；三是"师其意而不师其辞"。总的来说，韩愈认为文学语言须符合"词必己出"、"文从字顺"。

创作要有真情实感：他很重视"气"的作用，认为文章的好与坏，就决定于这种精神性的"气"充实与否。他曾借孟子的话说明，如果人格高尚、志趣充实，文章也会充实，而"充实之谓美，充实而有光辉之谓大"。《答李翊书》中又说："气，水也，言，浮物也。水大而物之浮者大小毕浮，气与言犹是也。"

这当然不是韩愈的原创，但是，韩愈再次提出这些见解却有两重意义：一是他把"文本于道"从外在礼法规范、道德信条对文学的制约转化为人的内在人格修养对文学内容的决定。尽管韩愈所要求的人格修养与内在精神总体上并不与儒家礼法相冲突，但它毕竟使文学趋向自觉的表现而不是被动的诠释。二是韩愈肯定了内在精神与人格修养中情感的地位。

所谓"气"，也包括了"不平则鸣"的观点，认为社会上有不合理的现象，作家便要把它诉诸笔墨。在《送孟东野序》中，韩愈把从古到今的著名思想家和文学家都称为"善鸣者"，并且认为只有不平则鸣的作品，才能感人；同时在《送孟东野序》中，他为孟郊鸣不平，激动地发泄着对时代与社会埋没人才现象的一腔怨气。在《送董邵南序》中，他则借安慰因"举进士，连不得志于有司"而只好去燕赵谋事的董邵南，抒发对才士怀才不遇、生不逢时的感慨。而在《送李愿归盘谷序》中，他则借赞美退隐者的清高，斥责那些"伺候于公卿之门，奔走于形势之途，足将进而趑趄，口将言而嗫嚅"的小人的卑劣行径，蕴涵了下层文人在社会压抑下一种急于宣泄的"不平之气"。

还有一些近乎寓言的杂感，则锐利尖刻、生动形象；往往一针见血，而又不动声色。如《杂说一·龙说》、《杂说四·马说》、《获麟解》等，就是借龙、马、麟等动物的遭遇来写人的。在这些杂感中往往包含了韩愈自己怀才不遇的感慨或穷愁寂寞的叹息。如著名的《马说》："世有伯乐，然后有千里马。千里马常有，而伯乐不常有，故虽有名马，只辱于奴隶人之手，骈死于槽枥之间，不以千里称也。马之千里者，一食或尽粟一石。食马者不知其能千里而食也。是马也，虽有千里之能，食不饱，力不足，才美不外见，且欲与常马等不可得，安求其能千里也。策之不以其道，食之不能尽其材，鸣之而不能通其意，执策而临之曰：'天下无马！'呜呼！其真无马邪？其真不知马也！"

## 第三节 李翱对伦理美的论述

李翱（772—836年），字习之。唐散文家、哲学家。陇西成纪（今甘肃静宁西南）人，一说赵郡人。贞元进士，官至山南东道节度使。谥文。哲学上受佛教影响颇深。所著《复性书》，糅合儒、佛两家思想，认为人性天生为善，"情由性而生"，则有善有不善,"情既昏,性斯匿矣"。提出以"正思"的方法,消灭邪恶之"情",以达到"复性"而为"圣人"。曾从韩愈学古文,是古文运动的积极参加者。所作《来南录》,为传世很早的日记体文章,文风平易。著作有《李文公集》等。

李翱的《复性书》在儒学伦理思想的发展方面有深远影响,它是沿着韩愈排斥佛教、恢复儒家道统的路线向前发展的。在性情论上,李翱不同于韩愈,他主张性善情恶论。他认为,性是先验同一的,为每一个个体生命所拥有,而先验之性所遭遇到的困境也具有同一种来源,即情。性生情,但情的存在对性造成威胁。李翱在其著作《复性书》中云:"无性则情无所生矣,是情由性而生。情不自情,因性而情;性不自性,由情以明。性者天之命也,圣人得之而不惑者也;情者性之动也,百姓溺之而不能知其本也。""人之所以为圣人者,性也;人之所以惑其性者,情也。喜怒哀惧爱恶欲,七者皆情之所为也。情既昏,性斯匿矣,非性之过也。七者循环而交来,故性不能充也。"也就是说,性欲澄明,就必须摆脱情的困扰而回归自己,而人不可能一直处于明,也不可能永远处于昏,人是在明与昏之间的转换中去体验性:"夫明者所以对昏,昏既灭,则明亦不立矣。是故诚者,圣人性之也。"所谓"性之",就是说性是一种实现的过程:"复其性者贤人,循之而不已者也,不已则能归其源矣。"复性就是要求人用一种循环不已的力量去实现性,"这正如一个人在黑夜中走向灯光,人可以走向灯光,但人不能否定黑夜,没有黑夜也就无所谓灯光。黑夜就像情一样,会时时刻刻网罗着走向灯光的人;灯光可以是性,但性的实质是走向灯光的过程,这一过程才是真正的灯光"。[①]

---

[①] 赵建军、王耘:《中国美学范畴史》第2卷,山西教育出版社2006年版,第278、279页。

李翱主张去情不去性，因为情是一种遮蔽，而性是一种澄明，复性就是坚持唯性是善的努力，这是践履，李翱称之为"至诚"："尧舜岂不有情哉？曰：圣人至诚而已矣。"李翱曾举过一个很有意境的例子："在车则闻鸾和之声，行步则闻佩玉之音，无故不废琴瑟，视听言行，循礼法而动，所以教人忘嗜欲而归性命之道也。"这说明，李翱的复性不等于不闻不睹，而是在睹闻中体验一种时空的澄明状态，道德主体在践履的过程中体验到了伦理生命的充实和完满。

# 第十章　宋元明时期对伦理美思想的深化

宋元明时期，皇权与地主阶段的利益矛盾逐渐尖锐，为了调和这一矛盾，以程颢、程颐、朱熹等为代表的士大夫阶层，在先秦儒学的基础上加以发展，构建了一整套论证封建制度永恒的理论——理学。作为新儒学，理学探究的一个主要命题是人在自然天地之间、社会人伦关系之中的地位和使命，重视人"与天地参"的自主自觉性，这就从本体论上把人的伦理主体性提到一个新的高度。陆九渊、王守仁对宋理学加以完善，解决了本体与个体的结合问题，推动理学趋于系统性。在理学思想产生和兴盛的同时，反理学的伦理思想也随之产生，以王安石的"荆公新学"、叶适的"功利之学"以及李贽的"童心"学说为主要代表。他们从唯物主义角度出发，主张客观地考察人性，力图协调伦理思想与人性发展之间的冲突。

## 第一节　程朱理学的伦理美思想

河南程氏兄弟是理学的开创者。程颢（1032—1085年），字伯淳，世人称之为明道先生，河南洛阳人。程颐（1033—1107年），程颢之弟，字正叔，世称伊川先生，曾任国子监教授和崇政殿说书等职。二程创立的学派称为"洛学"，他们的思想是北宋理学最为完备、成熟的理论体系，"理"是他们哲学思想的内在核心范畴,后人把二程的言论与著作合编为《二程全书》。二程的四传弟子——南宋时期的朱熹(1130—1200年),字元晦,一字仲晦,号晦庵,别称紫阳,徽州婺源(今属江西)人。朱熹继承、发展、整合了二程的思想体系,使理学中的重要概念的内涵更加清晰,外延更加广泛,特别是使"理"范畴沟通了天人,涉及宇宙自然与社会人生的各个方面,他的主要著作有《四书章句集注》、《周易本义》、《诗集传》、《楚辞集注》、《朱子语类》、《晦庵先生朱文公文集》等。

程朱的"理"范畴不仅具有本体论与伦理学内涵,同时也蕴涵了丰富的审美可能,特别是关于人生境界与道德实践的审美。

一 月映万川

"月映万川"这个命题是儒释两家思想融合的产物。佛教的华严宗主张"无有不一之多,无有不多之一"[①],多依赖于一而存在,一也依赖于多而存在,理(一)事(多)无碍,这是一与多的辩证关系。后来,禅宗在自身的发展中吸收了华严宗"发界缘起"、"理事无碍"的思想,永嘉玄觉说:"一性圆通一切性,一法遍含一切法,一月普现一切水,一切水月一月摄。"[②]这就是一与多的辩证关系。朱熹为解释和阐发他的"理一分殊"命题而从佛学里借用了这个概念。"理一分殊"这个命题并不是朱熹首创,而是程颐在回答杨时关于张载《西铭》的疑问时提出来的理学命题。杨时怀疑《西铭》的提法有混同墨家兼爱之嫌,对此疑问程颐回答说:"《西铭》明理一而分殊,墨氏则二

---

① 法藏:《华严经探玄记》卷1。
② 《中国禅宗大全》,长春出版社1991年版,第72页。

本而无分。分殊之弊，私胜而失仁；无分之罪，兼爱而无义。"①程颐并没有对"理一分殊"的命题展开论证，只是包含了朴素的伦理观念。而朱熹继承并发展了程颐的思想，把"理一分殊"的伦理命题上升为本体命题，成为生命存在的精神依归，并用"月映万川"来喻证它："本只是一太极，而万物各有禀受，又各自全具一太极尔。如月在天，只一而已，及散在江湖，则随处而见，不可识月已分也。"② 朱熹用"月映万川"来喻证了本体之理散为万殊的命题，从本体论上把人的伦理主体性提升到一个前所未有的高度，论证了人在本性上同天理有着潜在的一致性，是天地万物形成秩序的合作者，人能够与天理合而为一，达到天人合一的美妙境界，为儒者的入世情怀和社会担当意识提供形而上的本体依据。

他又在周敦颐和二程的基础上，以《周易》"天地之大德曰生"、"生生之谓易"的思想为依据，以"仁"释"理"，提出仁是天地生物之心，"天地以生物为心者也，而人物之生，又各得夫天地之心以为心者也。……盖天地之心，其德有四，曰元亨利贞，而元无不统；其运行焉，则为春夏秋冬之序，而春生之气无所不通。故人之为心，其德亦有四，曰仁义礼智，而仁无不包；其发用焉，则为爱恭宜别之情，而恻隐之心无所不贯"③。"天地生物之心"就是指天地之生易、生理，人也是天地所生之物，故人心就是天地生物之心，人是自然生生不息的担当者，故人能弘道。

"理一分殊"是宋明理学的门户，经由它而实现的"天人合一"中蕴涵着对人的生命价值和社会责任的无条件肯定，使人

---

① 《河南程氏文集》卷9，《答杨时论〈西铭〉书》。
② 《朱子语类》卷9。
③ 《朱熹集》卷67。

在苍茫的宇宙中不再失去生命的主宰，通过涵养功夫能把自己天生禀赋的深刻价值发挥出来，可以上下与天地同流。在理学里，随处体认"天理"不是被动的、枯燥的，而是道德自由和道德愉悦，使主体的存在进入自由愉悦的审美境界，朱熹的"观理"就是一例，他观理于物，以审美的方式体认天理："那个满山青黄碧绿，无非是天地之化流行发现。"①"知者乐水，仁者乐山，不是兼仁知而言，是各就其一体而言，如仁者见之谓之仁，知者见之谓之和。人或问：'乐字之义释曰喜好，是知者之所喜好在水，仁者之所喜好在山否？'曰：'且看水之为体，运用不穷，或浅或深，或流或激；山之安静笃实，观之有余味。'"②"乐，喜好也，知者达于事理，而周流无滞，有似于水，故乐水。仁者安于义理，而厚重不迁，有似于山，故乐山。"③"鸢飞鱼跃，道体随处发见，恰如禅家云：青青绿竹，莫非真如；灿灿黄花，无非般若。"④这是由于亲证道德而获得的主体自由感，既言"仁者与天地万物为一体"之"理"，又把理性精神完全消融在感性而发的诗意之中，让人俯仰自得而又若有所思。

二　理欲之间

理欲涉及道德实践，理学的道德实践是历经磨难、动心忍性的功夫，最后达到"与天地参"的圣人境界。而要想担当得起与天地合一的理想人格的建构，主体的人格就必须由生物性本然状态提升到理想的道德、审美的人格状态，这其中最重要的一步是去除私欲。宋代以来，儒家的去欲说，一直是其修身的主旋律。儒家对人性之善，固然有坚定的信持，但经验的事实，无时

---

① 《朱子语类》卷139。
② 《朱子语类》卷32。
③ 《论语集注》卷3。
④ 《朱子语类》卷36。

无刻不提醒他们,人生的世界并非是个充满仁爱的场所,徇私逐利之心恒久地困扰着道德完成的过程,正如二程所说:"难胜莫如己私,学者能克之,非大勇乎";"大抵人有身,便有自私之理"。① 程、朱强调天理的绝对性,就是出于对主体内在道德意志的忧虑。

在二程理学体系中,有"道心"与"人心"之说,人心是人欲,道心是天理,"灭私欲则天理明矣"。朱熹推进了二程的"道心"、"人心"说。"道心者,兼得理在里面,惟精无杂。"② "人心"则常常被视为"私有底物"而不能与天理并存,"天理人欲相为消长,克得人欲,乃能复礼"③。也就是说,感性的欲求(人心)与天理的要求无法相容,结果只能是灭人欲。"至若论其本然之妙,则惟有天理而无人欲。是以圣人之教,必欲其尽人欲而复全天理。"④

程朱理学既是一种学术思想又是正统意识形态,二者在内容上并非是同一的。因为学术思想重在理论功能,正统意识形态重在社会功能。程朱理学,在作为学术思想被转化为正统意识形态的过程中,其超越性的思想被无视,精密的论证被庸俗化,危及当下政权合法性的思想被压制,最后成为一个封闭独断的信仰体系,导致功能、目的、内容、形式,都与其本来面目有十分巨大的差异。人们都看到的结果是,在正统意识形态的操纵及功名的吸引下,"存天理,灭人欲"、"饿死事小,失节事大"等思想也变成了口号和标签,它们不再是思想的对象,而是变成了行动的起点。这是理学频遭诋毁的重要原因。

但是,谁又能否认在当时的历史条件下,理学家们不是把存

---

① 《二程集》,第1199、66页。
② 《朱子语类》卷78。
③ 《朱子语类》卷13。
④ 朱熹:《答陈同甫》,《朱文公文集》卷36。

理去欲视为拯救封建衰世的一剂良方呢？程、朱作为哲学家，对当时社会所存在的问题的认识有异乎常人的深刻和清晰，所以，他们是以毕生的精力去传播、践行其"存天理，灭人欲"的价值信仰。《宋史·程颢传》载："自（王）安石用事，（程）颢未尝一语及于功利。"《二程集》记载着程颢这样一段话："得天理之正，极人伦之至者，尧舜之道也；用其私心，依仁义之偏者，霸王之事也。王道如砥，本乎人情，出乎礼义，若履大路而行，无复回曲。霸者崎岖反侧于曲径之中，而年卒不可入尧舜之道。……夫事有大小，有先后。察其小，忽其大；先其所有，后其所先，皆不可以适治。且志不可慢，时不可失，惟陛下稽先圣之言，察人事之理，知尧舜之道备于己，反身而诚，推之以及四海。"① 程颢"未尝一语及于功利"，乃是因为即使再隆盛的功利之举与理学更高层次的追求相比，仍相去甚远。"太山为高矣，然太山顶上已不属太山。虽尧舜之事，亦只是如不虚中一点浮云过目。"②

　　同样，朱熹的工夫体系中强调"已发"、"未发"、"敬"，乃是为了体认和存守天理，通过主敬工夫，可以使此心周流贯彻而无"一息之不仁"，然后可以达致中和的境界，从而实现天地位焉、万物育焉的圣学目标。"已发"、"未发"、"敬"是伦理范畴，但它们能够在道德践履的过程中给人以审美愉悦，如朱熹在《观书有感二首》中所抒发的那样："半亩方塘一鉴开，天光云影共徘徊。问渠那得清如许？为有源头活水来。""昨夜江边春水生，艨艟巨舰一毛轻。向来枉费推移力，此日中流自在行。"在这两首诗里，描述心中悟得天理之所在以后，主体处在了一种自由、快适、生意盎然的境界里。

---

①《论王霸札子》，《二程集·河南程氏文集》卷1。
②《二程集·河南程氏遗书》卷3。

二程与朱熹都是殉道者，他们都怀有一种强烈的忧患意识，这种忧患意识，甚至不是传统孔孟儒家那种对国家、社会、民生的忧患意识（忧国忧民），而主要是一种对大道不行、人性堕落的忧患意识（忧道忧人），因此，他们普遍都具有一种为道受苦、献身的精神，认为求道在我，所以向内收敛、战战兢兢地做着艰苦卓绝的灵魂自我净化。

如果从这样一个维度来理解程朱理学中的"存天理，灭人欲"的深层价值内涵，人们看到的就是理学家悲剧性人格所闪烁的伦理美的光辉！

### 三 圣贤气象

在中国儒学传统中，个体人格建构的最高理想是"成圣"。"圣人"的人格是崇高而完美的，而"圣人"之所以区别于庸凡之众而熠熠生辉，主要是他在人生境界上具有超越的独特性。在理学家看来，这种与众不同的人生境界就是所谓"圣贤气象"。

境界论是宋明理学中的重要内容。什么是境界？冯友兰先生认为："人对于宇宙人生底觉解的程度，可有不同。因此，宇宙人生对于人底意义，亦有不同，人对于宇宙人生在某种程度上所有底觉解，因此，宇宙人生对于人所有底某种不同底意义，即构成人所有底某种境界。"[①] 冯先生将境界高低不同归之于人生觉解程度的差异，具体而言就是一种基于反思判断的人生精神境界。但是人生精神境界并不仅仅是一个"觉解"或者"意义"的问题，更是一个道德践履的问题，而且最高的境界是那种天人合一、物我两忘之后的自由、和谐、圆满的生动体验，也就是理学家津津乐道的圣贤气象，这既是他们心目中终极性的人格境

---

① 冯友兰：《新原人》，《贞元六书》（下），华东师范大学出版社1996年版，第552页。

界，也是最高层次的人格美的体现。

圣贤气象的人格美范畴在理学家那里以不同的概念、命题得以体现，最重要的有两个，即张载的"民胞物与"与程颢的"仁者以天地万物为一体"。张载认为由"大心"得到的知识为"德性所知"或"诚明所知"。这个大心之知的一个基本方面是指出了以宇宙整体为对象的哲学思维；另一方面，大心之知又是一种意境高远的人生境界。这种境界的内容是"性与天道不见乎小大之别也"[①]，有了这种境界的人就体验到天人合一，"体天下之物，视天下无一物非我"。张载在其著作《正蒙》最后一篇《乾称》的开始有一段文字，是张载原来为学者所写的一篇铭文，题为《订顽》，又称为《西铭》："乾称父，坤称母，予兹藐焉，乃混然中处。故天地之塞吾其体，天地之帅吾其性。民吾同胞，物吾与也。大君者，吾父母宗子，其大臣，宗子之家相也。尊高年，所以长其长；慈孤弱，所以幼吾幼。圣合其德，贤其秀也。凡天下之疲癃残疾，惸独鳏寡，皆吾兄弟之颠连而无告者也。于时保之，子之翼也。乐且不忧，纯乎孝者也。……富贵福泽，将厚吾之生也。贫贱忧戚，庸玉女于成也。存，吾顺事。没，吾宁也。""民胞物与"乃是张载"大心之知"所体验到的人生境界，这种境界是对宇宙人生的深刻思考，既包括"穷神知化"为内容的逻辑思考，又包括"体天下之物"的知觉体会。正如陈来先生所说："张载的用意并不是要用一种血统宗法的网络编织宇宙关系，而是要表明，从这样一个观点出发，人就可以对自己的道德义务有一种更高的了解，而对一切个人的利害穷达有一种超越的态度。从那样一种吾体、吾性、吾同胞、吾与的立场来看，尊敬高年长者、抚育孤幼弱小都是自己对这个宇宙大家庭的亲属的神圣义务。换言之，这样一种对宇宙的了解中，宇宙

---

① 《正蒙·诚明》。

的一切都无不与自己有直接的关系,一切道德活动都是个体应当实现的直接义务。这也就是视天下无一物非我的具体内容,这个境界也就是天人合一的境界。"① 这种天人合一的境界就是圣贤的境界,达到了人格的高度圆满与完美,是儒家道德修养的极致所在,也是儒家道德形上学的最高理想,张载认为这是成圣的最终归宿,成就圣人人格,就可以投入到"为天地立心、为生民立命、为往圣继绝学、为万世开太平"的宏伟事业中。

相对于张载的"民胞物与",程颢的"仁者以天地万物为一体"之命题就更加明显地表现出圣贤气象的人格美的内涵。"仁者以天地万物为一体,莫非己也。认得为己,何所不至?若不有诸己,自不与己相干。如手足不仁,气已不贯,皆不属己。"②"学者须先识仁。仁者浑然与物同体,义、礼、智、信,皆仁也。识得此理,以诚敬存之而已,不须防检,不须穷索。若心懈则有防,心苟不懈,何防之有?理未有得,故须穷索。存久自明,安得穷索?此道与物无对,大不足以明之,天地之用皆我之用,孟子言'万物皆备于我',须反身而诚,乃为大乐。"③ 在程颢这里,仁是一种"与万物为一体"的最高的精神境界,其思想内涵也是天人合一的人生境界美,活泼、生动、畅达、生意无穷。

二程从学周敦颐时,亲见酷爱整洁的周敦颐窗前杂草丛生却不锄掉,问之,则说"与自家意思一般",体现出一种要与生生不已的大自然融为一体的人生胸怀;程颐曾经为哲宗皇帝讲学,看到当时只有十几岁的皇帝春天凭栏折柳,便劝诫说:"方春发生,不可无故摧折",这也是重生意、生气的表现。

---

① 陈来:《宋明理学》,辽宁教育出版社1991年版,第74页。
② 《河南程氏遗书》卷2。
③ 同上。

《诗经·大雅·旱麓》中云："鸢飞戾天，鱼跃于渊。"《中庸》评论说："诗云'鸢飞戾天，鱼跃于渊'。言其上下察也。"这本来是道德说教比兴之词，却引起了宋明理学家的普遍注意。程颢说："'鸢飞戾天，鱼跃于渊。言其上下察也。'此一节，子思吃紧为人处，活泼泼地，读者其致思焉。"① 自此以后，"活泼泼地"就成为理学家描述圣贤气象时常用的话头，他们希求在自然世界的生意、春意中显示、体会、比拟人世的伦常法规，这是宋明理学的一个重大特征。程颢就经常在诗中表达那种把自然世界的生意与"万物一体之理"融为一体的超越道德之上的审美愉悦："闲来无事不从容，睡觉东窗日已红。万物静观皆自得，四时佳兴与人同。道通天地有形外，思入风云变态中。富贵不淫贫贱乐，男儿到此是豪雄。"②"清溪流过碧山头，空水澄鲜一色秋。隔断红尘三十里，白云红叶两悠悠。"③

由此可见，理学中的"圣贤气象"乃是关乎终极性人生、人格境界的审美，是由道德理念出发，最终又超越道德实践的审美。而"圣贤"纯正、和谐、畅达的生命之气与乾坤造化生生不息的气化流行一起形成了"圣贤气象"的无穷生意。

四 "孔颜乐处"

中国传统文化的一个突出特点是在忧患意识的群体心理背景之下仍然能够开拓出一种生生不息的坚韧而执著的乐观精神，从某种程度上说，这种乐观精神的现实信念支点就是孔、颜审美人格。

孔子反复申言："饭疏食饮水，曲肱而枕之，乐亦在其中矣。"④ 粗食淡饭的简陋生活，于贫贱中自有其乐。孔子曾自述

---

① 《四书章句集注·中庸章句》。
② 《秋日偶成》，《明道文集》卷1。
③ 《秋月》，《明道文集》卷1。
④ 《论语·述而》。

自己是"其为人也,发愤忘食,乐以忘忧,不知老之将至云尔"①。可见,儒门的忧乐依据,在于对道的获得与否,践行与否,而非耳目口腹之欲的满足与否,其忧乐的根本依据在于人对于宇宙、人生真理的追求和对人生价值与意义的寻求,这是忧乐审美精神的内在信念支撑,也就是后世称道的"安贫乐道"。

孔门弟子中,最得乃师精神的当属颜回。"子曰:一箪食,一瓢饮,在陋巷,人不堪其忧,回也不改其乐。贤哉,回也!"②颜回之乐的心理基础并非是现实生活的快感,恰恰相反,他之所乐者,并非乐其乐,而是乐其忧,是乐君子所忧之道,在于处乱世之中、贫贱生活里,仍能忧道、体道、践道,而不忘道,不违道,所获得之人生最高层次的精神超越性的乐(也是美感)。这种乐观精神,正由于有了忧患意识作为对立与背景,才凸显出了其高贵品质与殊异特性。

在宋代以前,"孔颜乐处"始终没有成为哲学的命题,没有被提升到本体论的层次,士大夫对颜回的效法也只是停留在"穷而乐道"这一个人生活实践的层面上。中唐以后所出现的儒学价值危机使理想人格重建问题又提上了日程。在这个历史要求面前,经过了二百余年痛苦而焦灼的等待,在理学的基础上最终重建了孔颜理想人格。这里本来指的是一种安贫乐道、超脱世俗的高洁之志,是由德性的完满所引发的一种超脱功利计较与利害关系的愉悦体验。周敦颐在其著作《通书》中说:"颜子一箪食,一瓢饮,在陋巷,人不堪其忧,而不改其乐。"③

自从周敦颐后,"孔颜乐处"在理学中的地位日益上升,世代相传。程、朱都认为,孔、颜之乐不是对待个人命运本身的问

---

① 《论语·述而》。
② 《论语·雍也》。
③ 《通书·颜子第二十三》。

题,而是"别有乐处",这个"别有乐处"的具体内涵就是理学人格观的核心,也就是"浑然与物同体"的"大乐"。程朱理学中的"孔颜乐处"命题是理学本体论在理想人格建构上的具体应用,理学以高度完善的宇宙论为基础,把孔、颜人格上升到与宇宙本体浑然为一的境界,从而完成了将个人命运与人格意义彻底融入"天人之际"的哲学课题。程颢在《登楼有感》中抒发这样的情怀:"寥寥天气已高秋,更依凌虚百尺楼。世上利名群蠛蠓,古来兴废几浮沤。退安陋巷颜回乐,不见长安李白愁。两事到头须有得,我心处处自优游。"① 这样,"孔颜乐处"就不仅是哲学和伦理学的课题,而且同时也是具体生活方式和审美方式的理想,人们只有在自己生活中发现和谐永恒的宇宙规律,并使自身与之融为一体,"孔颜乐处"才能实现,才能达到"此身此心皆与理为一,从容涵泳于天理之中"。

## 第二节 陆王心学的伦理美思想

几乎在朱熹建起博大精深的理学思想体系的同时,宋理学内部产生了另外一支对立的学派,那就是以陆九渊"心学"为代表的象山学派,该派学说在其后有所发展,明王守仁则成为集大成者,并形成了有名的陆王学派。陆九渊(1139—1193年),字子静,自号存斋,江西抚州人。世称象山先生。著有《象山先生集》,后由中华书局整理出版为《陆九渊集》。王守仁(1472—1529年),字伯安,自号阳明子,世称阳明先生,浙江余姚人。著有《阳明全书》(又称《王文成公全书》)。程朱理学与陆王心学的论争是宋明理学内部最主要的思想张力,它们高扬主体意识,共同丰富、深化了宋明理学的理论内涵,极大地推

---

① 《秋日偶成二首》之一,《二程集·河南程氏文集》卷3。

动了宋明理学自身的历史发展。

一　天地一心

以心为宇宙本体，将主体之心本体化，古往今来的万事万物都以心为最终根源，这是陆氏心学对心所作的基本规定。他说："四方上下曰宇，往古来今曰宙。宇宙便是吾心，吾心即是宇宙。"宇宙指整个时空，陆九渊认为，空间的天地万物，时间的古往今来即是吾心，吾心也即是宇宙。以心为宇宙，便是以心为宇宙万物的本体。他还进一步指出："宇宙内事，是己分内事。己分内事，是宇宙内事。"把心与宇宙等同，心便是宇宙万物的本原，无限的客体被安置在主体之中，冥合了客体与主体的区别，把客体归之于主体。陆九渊看到了朱熹理学体系内部的矛盾，并且坚决否定了外在的"理"，转而提倡"心即理"。这样，抽象的、形而上的"理"便落实到了具体的、形而下的"心"上，在"心"与"理"的关系上，陆九渊论为："盖心，一心也；理，一理也。至当归一，精义无二，此心此理，不容有二。"[①] 陆九渊通过对孟子一系列范畴、命题的阐发，不但强调了"心即理"，而且从孟子的言论中拈出"本心"作为其心学的核心范畴。"仁义者，人之本心也。孟子曰：'存乎人者，岂无仁义之心哉！'又曰：'我固有之，非由外铄我也。'愚不肖者不及焉，则蔽于物欲而失其本心。贤者智者过之，则蔽于意见而失其本心。"[②] 陆九渊所谓的"本心"有三层含义：其一，它是一个形而上的本体范畴，具有"天理"的至善属性，因此"心即理"；其二，"心"的本体范畴并非外在的"天地之心"，而是内在的道德理性，是本体范畴与主体范畴的统一；其三，"本心"

---

①　《与曾宅之》。
②　《与赵监》。

不同于一般知觉、意念的人心，主要是"心"的道德理性内涵，而且不论是外在的物欲还是内在的意见，都可以遮蔽本心，使人"失其本心"。"心"首先是一个本体范畴，然后才是一个主体范畴。

陆九渊的心学思想表现出对主体的高度自信，他十几岁写读书笔记时就写下了"宇宙便是吾心，吾心即是宇宙"的骇俗之笔。此外，他强调"本心"的绝对权威，提出了"六经皆注脚"、"六经著我，我安著六经"的口号，透出内在"本心"强烈的主体意识。

陆九渊之后，将其思想发扬光大的人物是晚他二百七十多年的王守仁。王守仁早期以"心"为最高范畴，以"心外无理"为论学纲领，晚年则以"良知"为其心学之最高范畴，以"致良知"为论学宗旨。在"致良知"的学说中，"良知"范畴取代了"心"的核心地位，成为王守仁心学的本体论依据。王守仁非常看重他的"致良知"学说："我此良知二字，实千古圣圣相传一点滴骨血也。"[1] 另外，他还常常用指南针、试金石等来比喻他的"良知"。"致良知"所体现的主体性原则首先体现在伦理道德的层面。儒家所提倡的一切价值观念和礼乐刑政都源于良知本体的自觉。但是，这种主体性原则又超越了儒家伦理道德观念层面。在王守仁那里，人心之"良知"实际已经取代了朱熹理学中"理"的本体范畴，一个主体性的"我"的"良知"成了万事万物的本原。"盖日用之间，见闻酬酢，虽千头万绪，莫非良知之发用流行。"[2] "天地万物，具在我良知的发用流行中。何尝又有一物超于良知之外，能作用障碍？"[3]

---

[1] 《年谱·辛巳》。
[2] 《答欧阳崇一》。
[3] 《传习录》下。

孔子是儒家传统的"至圣先师",他的言论是被奉为真理的,王守仁的学说注重于求心之是非,将价值判断的主体性原则贯彻到底,其实就意味着他正面挑战孔子的权威,王守仁把这种挑战精神称为"狂者的胸次"。"我今信得这良知真是真非,信手行去,更不着些覆藏。我今才做得个狂者的胸次。"① 从良知本体方面看,"狂者的胸次"体现了它独立自主的特性,不受礼教的束缚,是一种绝对的自由意志。王守仁的论学宗旨不以孔子之是非为标准,确实可以说是对传统儒学的超越。"心体"(良知)的自由决定了"良知本体论"在思想解放方面意义重大,主体性的内在追求不仅是心体之善,也是心体之美。

二 人心自乐

如果说,理学派以"天理流行"为乐;那么,心学派便以"本心"、"良知"之发用为乐,二者都是从本体体验上说明心中之乐。陆九渊重视主体的自我体验,但也是在"心即理"的意义上才有所谓乐。孔子七十而"从心所欲不逾矩",这是孔子之乐。为什么呢?因为"践行到矣",能"洞然融通乎天理",故乐。至于"吾与点也"之乐,也是说,"三子(指子路、冉有、公西华)只是事上著到,曾点却在这里著到"②。"事上"是指事业、事功而言,带有明显的功利性,"这里"则是指本心、天理而言,它是完全超功利的,因此才有所谓乐。由此可见,陆九渊所理解的乐,也是形而上的本体境界。这种境界的实现,也需要自我超越,去掉一切"劳攘",磨去一切"圭角",没有任何滞碍,"浸润着光精,'与天地合其德'云云,岂不乐哉!"③ 这

---

① 《传习录》下。
② 《语录上》,《陆象山全集》卷34。
③ 《语录下》,《陆象山全集》卷35。

也是一种超然物外的美感体验，同时又是道德人格的完全实现。

王守仁更是直接把乐说成心本体，与良知合而为一。不过，所谓本体之乐，并不是离开七情之乐，倒是在七情之中，即"乐是心之本体，虽不同于七情之乐，而亦不外于七情之乐"①。这就是说，"乐"虽然不是绝对的形而上的体验，但是其心理基础——情感愉悦却根植于良知本体之中，既然良知本然是乐事，那么良知之发用流行充塞宇宙，人世就无一不是乐事了。"虽不同于七情之乐，而亦不外于七情之乐。虽则圣贤别有真乐，而亦常人之所同有。"② 本体之乐是"真乐"，七情之乐是感性之乐，但"真乐"虽不同于七情之乐，却又在七情中体现，七情之乐虽不是"真乐"，却又是"真乐"的流行表现，这就是他的"体用一源"说。

王守仁也津津乐道"曾点气象"，认为"圣人何等宽宏包含气象"，他对其弟子说："圣人之学，不是这等捆缚痛苦的，不是装作道学的模样。"③ 在王守仁看来，圣人气象是良知本体扩充流行的最高境界。良知本是内在的道德意识，但是圣人气象中的融融乐意却成为一种超道德、超功利的快感体验，具有浓厚的审美意味。

与历代理学家一样，王守仁的圣人气象中也包含着对自然与生命的审美。王守仁认为良知是主体内在的先验理性，根植于心之本体——个体的心灵之中，这种本体与主体的统一决定了良知本体与个体生命是统一的，而"发用流行"所体现的就是一种个体生命由内向外的扩充与生成。"人孰无根？良知即是天植灵根，自生生不息。"④ "与其为数顷无源之塘水，不若为数尺有源

---

① 《答陆原静书》。
② 同上。
③ 《传习录》下。
④ 同上。

之井水，生意不穷。"① 圣人就是对良知本体生生不息的特性体认得通透的人，圣人气象便是良知本体的勃勃生机最自然充分的发用流行，呈现出无穷的生意。值得一提的是，王守仁认为对儿童的启蒙教育重点在于良知常存，不能戕害圣人气象中的盎然生意，"大抵童子之情，乐嬉游而惮拘检，如草木之始萌芽，舒畅之则条达，摧挠之则衰痿。今教童子，必使其趋向鼓舞，中心喜悦，则其进自不能已。譬之时雨春风，沾被卉木，莫不萌动发越，自然日长月化；若冰霜剥落，则生意萧索，日就枯槁矣"②。这说明，王守仁的良知本体是对个体心灵自由与生命舒展的肯定。

王守仁有一首诗，表达的是"百姓日用即道"的思想。其诗为："绵绵圣学已千年，良知两字是口传。欲识浑沦无斧凿，须从规矩出方圆。不离日用常行内，直造先天未画前。握手临歧更何语？殷勤莫愧别离筵！"③ 在良知本体的实现上，也取消了那些艰难烦琐的工夫过程，良知的发用流行是一个自然的过程，所谓物来顺应、廓然大公，所以"致良知"是刹那间的直觉，不假外求，"随他多少枉思邪念，这里一觉，都自消融，真个是灵丹一粒，点铁成金"④。良知本体是先验存在、浑融一体的，为学与为道就必须注重顿悟心体，直接体认，如王守仁那个著名的"南镇论花"的故事："先生游南镇，一友指岩中花树，问曰：'天下无心外之物，如此花树在深山中自开自落，于我心亦何相关？'先生曰：'你未看此花时，此花与汝心同归于寂；你来看此花时，则此花花颜色一时明白起来，便知此花不在你的

---

① 《与毛古庵宪副》。
② 《训蒙大意示教读刘伯颂等》。
③ 《别诸生》。
④ 《传习录》下。

心外。'"①

王守仁的许多诗都充满禅化了的顿悟心体的美感:"池边一坐即三日,忽见岩头碧树红。"②"花竹日新僧已老,湖山如旧我重来。"③ 对于乐的体验与追求,王守仁有诗云:"十里湖光放小舟,漫寻春事及西畴。江鸥意到忽飞去,野老情深只自留。日暮草香含雨气,九峰晴色散西流。吾侪是处皆行乐,何必兰亭说旧游?"④

## 第三节　陈亮、叶适对伦理美的论述

陈亮(1143—1194年),字同甫,26岁改名为亮,36岁又改名为同,世称龙川先生。陈亮生活在民族矛盾异常尖锐的南宋时代,在青少年时期就有经略四方之志,他以抗金复国为己任,曾五次上书孝宗,提出一系列改革时弊、中兴图强的主张,力主抗金,反对议和。在学要上,他力倡"道在物中",围绕王霸、义利、天理和人欲等重大哲学问题,同程朱理学展开辩论,独树一帜地力倡事功,构建了以"事功"为核心的崭新的思想体系——永康学派。著有《龙川文集》、《龙川词》等。《龙川文集》后由中华书局整理出版为《陈亮集》。

叶适(1150—1223年),字正则,温州永嘉(今浙江温州)人,因晚年在永嘉城外水心村著书讲学,世称水心先生。《宋史·叶适传》称"适志意慷慨,雅以经济自负"。叶适倡导"务实而不务虚"(《水心文集·补遗》),他批评"高谈者远述性命,而以功业为可略"(《水心别集》卷15《上殿札子》),主张

---

① 《传习录》下。
② 《又四绝句》之三。
③ 《南屏》。
④ 《寻春》。

"黜虚从实",修实政、行实德、实事实功。著有《水心先生文集》、《别集》等。1961年中华书局将《水心先生文集》与《别集》合编为《叶适集》。

一　义利双行

陈亮的"义利双行"是基于他对"王霸"的认识展开的,他辨析王霸之道的用意在于完善其事功理论,并在"至公"的前提下混用王霸,进而提出"立心之本,在于功利"的主张,肯定了利欲的合理性。

"王霸"是中国古代两种不同的政治形式或政治主张,在春秋时期首先由孟子对其做出了典范性的界说,孟子说:"以利假仁者霸,霸必大国;以德行仁者王,王不待大。"[①] 其后,王霸并用的思想一直有所发展,至宋代,学者关于王霸并用的思想与处于主流地位的朱熹的思想形成对立。陈亮与朱熹曾经围绕王霸、义利展开争论,即从三代至汉唐的历史演进是体现义、利之分还是义利双行。而其主旨却在论辩现世中人应做一个"实事实功"的英豪,还是一个"醇儒自律"的君子。在这场论辩中,朱熹谈性命而摒功利,陈亮则专言事功。陈亮认为人类社会活动中的王道与霸道、义与利并不是孤立存在的,而是王霸并用、义利双行的。他说:"自孟荀论义理王霸,汉唐诸儒未能深明其说,本朝伊洛诸公辨析天理人欲,而王霸义理之说于是大明。然谓三代以道治天下,汉唐以智力把持天下,其说固以不能使人心服……故亮以为汉唐之君本领非不宏大开廓,故能以其国与天地并立,而人物赖以生息。……诸儒自处者曰义曰王,汉唐做得成者曰利曰霸,一头自如此说,一头自如彼做。说得甚好,做得亦不恶,如此确实义利双行,王霸并用。"(《又甲辰秋书》,《陈亮

---

① 《孟子·公孙丑上》。

集》卷20）陈亮将英豪精神与功利之学有机结合起来了，形成了自己成熟的思想体系，并不顾世俗毁誉，特立独行。他针对"天理存则人欲灭"的论调，大胆提出"事功"思想，即"功到成时便是有德，事到济处便是有理"，把功利与义利结合起来，主张建功立业。

　　针对义利不两立的观点，陈亮以王霸并用为出发点，主张义本身就体现在利上，有利方有义，因而要义利双行，缺一不可。"禹无功，何以成六府？乾无利，何以具四德？"① 陈亮认为，人生而有利欲之心，说三代王道之下无利欲，那不过是孔子美化的结果。而且最可贵的是，陈亮所言之"利"比朱熹所论的"利"要宽泛得多，它不仅指无节制的一己之私利，而且也泛指"生民之利"，它本于人心，进而宽泛到"生民"的一切感性欲望以及获利之心。所以，天理人欲可以并行。

　　陈亮的义利双行理论已经超越了狭隘的个人之域，把目光投向了人与人之间的互动关系的建立。他坚决主张人生的完满在于堂堂正正做人："夫人之所以与天地并立而为三者，仁智勇诸德于一身无遗也。"陈亮的义利双行理论是对义利合理关系的可贵探讨，在对义利均为合理性的认可中迈出了义利统一的第一步。

　　二　以利和义

　　叶适的思想体系是在摆脱了"关学"和"洛学"的束缚，对朱熹、陆九渊等哲学思想的批判基础上形成的。作为永嘉学派之集大成者，事功的价值观是叶适哲学思想最显著的特色，"仁人正谊不谋利，明道不计功，此语初看极好，细看全疏阔。古人以利与人而不自居其功，故道义光明。后世儒者行仲舒之论，既

---

① 《宋元学案》卷56。

无功利，则道义乃无用之虚语尔"①。在这里，叶适批判了董仲舒重义轻利，特别是朱熹脱离事功空谈心性的倾向，明确主张义利统一而以功利作为衡量道义的标准。叶适对当时盛行并成为儒学主流思潮的性命之学的批判，主要表现在两个方面。一是对性命之学的先验超越根据的批判，认为这种学说无法经受实际生活经验的证明，只是后儒的一种臆测和想象，他称之为"影像"。他之所以这样做，正是为了重新建立儒家德性之学的谱系：孔子开创的儒家学说不是后儒所说的先天性命之学，而是重视后天经验的德性之学。二是性命之学无益于事功。朱子说过，永嘉之学"偏重事功"，当时和以后的许多学者都承认叶适（永嘉之学的主要代表）提倡事功。但叶适除了提倡事功，更重视提倡德性，并且主张德性与事功的统一，而不是纯粹个人的功利主义，当然也不是提倡纯粹个人的善。在叶适看来，性命之学既然得不到经验事实的验证，不能产生实际的社会效果，那就只能是个人的内在体验，而缺乏客观有效性。

叶适借孔子之名，表述了他对道物关系这一哲学基本问题的看法，"古诗作者不以一物立义，物之所在道则在焉，物有止，道无止也。非知道者不能该物，非知物者不能至道。道虽广大，理备事足，而终归之于物，不使散流，此圣贤经世之业，非习为文词者所能知也"②。叶适的这一段话，包含着丰富而深刻的内容。第一，说明了只有"物在"才有"道在"，道只能存在于事物之中，"性命道德未在超然遗物而独立者也"③。第二，说明了道与物的区别。所谓"物有止"是说事物都是具体的、有限的，"道无止"是说道是无限的、普遍的。道与物之间存在着普遍和

---

① 《习学记言序目》卷 23。
② 《习学记言序目》卷 47。
③ 《水心文集》卷 11。

个别的差别。第三，对道和物的认识是互相依赖的。不去认识和掌握道，就不能概括具体事物；不去认识具体事物，也就不能达到对于道的真切的把握。

叶适明确地肯定了有形有象的具体事物是天地间最根本的、唯一的存在。他认为，理只是事物的规律和秩序，不能离开物而独立存在，这就与程朱道学处于根本对立的地位。如《水心文集》卷5云："夫形于天地之间者，物也；皆一而有不同者，物之情也。因其不同而听之，不失其所以一者，物之理也。坚凝纷错，逃遁谲伏，无不释然而解，油然而迁者，由其理之不可乱也。"

叶适从"物在"则"道在"的道物观出发，在认识上注重对具体事物的考察。"夫欲折衷天下之义理，必尽考详天下之事物而后不谬"①。"观众器者为良匠，观众方者为良医，尽观而后自为之，故无泥古之失而有合道之。"② 这就是说，要广泛地、直接地观察事物，这是认识的基础。"是故君子不以须臾离物也。夫其若是，则知之至者，皆物格之验也。有一不知，是吾不与物皆至也。"③ 强调认识一刻也离不开对事物的接触和观察。叶适强调"尽观"是认识的基础，但不能停留在"尽观"上，必须"尽观而后自为之"，才能得到真理的认识。所谓"自为之"，即指对经"尽观"得到的认识，还要运用人的理性加以思考。叶适说，"耳目之官不思而为聪明，自外人以成其内也。思曰睿，自内出以成其外也"，"古人未有不内外交相成而至于圣贤。故尧舜皆备诸德，而以聪明为首"④。意思就是说，耳目感官要依靠广见多闻，才能变得聪明，这叫做"自外人以成其

---

① 《水心文集》卷29。
② 《水心文集》卷12。
③ 《水心文集》卷7。
④ 《习学记言序目》卷14。

内"。思是心之官的作用，对耳目见闻取得的认识，运用心之官的作用加以思考，从而达到正确的认识，这叫做"自内出以成其外也"。在叶适看来，人的整个认识过程就是耳目的见闻与心之思两相结合，这就叫做"内外交相成"。其中又以"聪明为首"，是说整个的认识过程是以耳目感官的观察为基础和开端。这就在理论上批判和克服了从孟子到程朱理学"尊心官，贱耳目"和"专以心性为宗主"的错误倾向。因此，叶适在认识论上提出了"弓矢从的"这一光辉的命题。"立论如此，若射之有的也。或百步之外，或五十步之外，的必先立，然后挟弓注矢以从之。故弓矢从的，而的非从弓矢也。"① "弓矢从的"即是有的放矢，其基本思想是强调理论要从实际出发和以实际效果来检验理论的正确与否。叶适说，"物不验不为理"、"无验于事者，其言不合"、"论高而违实，是又不可也"②。所有这些言论都是从不同角度论证"弓矢从的"这一思想的。

叶适的这种事功的价值观表现在政治上，就是主张"务实而不务虚"，以为"空言"误国。他说："善为国者，务实而不务虚"③；程朱理学，"虽有精微深博之论，务使天下之义理不可腧越，然亦空言也。盖一代之好尚既如此矣，岂然尽天下之虑乎？"④ 所以与程朱理学比较，叶适更关心国家、民族的命运。

叶适的道义论不仅容纳了功利，而且以功利为其本位基础，所谓"古人以利和义，不以义抑利"⑤，与以相对沉重的价值观牵引的程朱理学相比，是一种别样的伦理观，像是一股扑面而来的新鲜空气，可以让人从崇义绌利观念的重压下舒展身心，其对

---

① 《习学记言序目》卷15。
② 《习学记言序目》卷24。
③ 《水心文集》卷5。
④ 《水心文集》卷10。
⑤ 《习学记言序目》卷27。

后世的影响也非常深刻。

## 第四节 王安石的"破""立"之美

王安石（1021—1086年），字介甫，抚州临川（今江西抚州）人。庆历二年（1042年）进士及第，神宗朝两度主政，推行新法。晚年退隐南京钟山，号半山老人。他的伦理思想根植于儒学，援法、佛、道相补充，使其实践性进一步彰显，丰富和充实了儒教义理的学术取向。

### 一 美在过程

人性问题历来是伦理学的核心问题，王安石正是把道德性命学作为他的伦理思想的基础。对于孟子的性善论、荀子的性恶论、董仲舒的性三品、扬雄的性善恶混论、韩愈的新性三品，他认为都存在概念性的问题。"诸子之所言，皆吾所谓情也、习也，非性也。"① 在这里，提出了性与情的概念，并以太极与五行为例，对二者关系做了解释，"夫太极生五行，然后利害生焉，而太极不可以利害言也。性生乎情，有情然后善恶形焉，而性不可以善恶言也"②。王安石认为，性与太极一样，是一个原始的完整的统一体，如同太极无利害关系，性本身是无善恶可言的；但是由性而生的情，与由太极生成的五行相仿，则有善恶可言。由此，他提出了"性不可以言善恶"的观点。他又进一步阐释，"喜、怒、哀、乐、爱、恶、欲未发于外而存于心，性也；喜、怒、哀、乐、爱、恶、欲发于外而见于行，情也。性者

---

① 《王安石全集·原性》。
② 同上。

情之本，情者性之用，故吾曰性情一也"①。在王安石看来，"性"与"情"在性质上是相同的，其区别在于前者存于本体，但没有指向任何外物，故无善恶可言；后者是"发于外而见于行"的东西，善恶通过"情"与外界的互动显现出来，即"有情然后善恶形焉"②。所以，诸子的善恶论，是把内在与外现割裂开来讨论人性，这完全是对性与情的片面认识所致。

既然"情之发乎外而为外物之所感而遂入于善者"③，那么，如何实现这一过程，并使人性的成分更符合审美的标准？王安石认为，必须通过内外兼修。他十分看重个人修养的意义，把人性发展过程看作人的生命历程以及生命价值实现的过程。

在自身道德修养方面，王安石借用政治范畴的"敬用五事"来加以阐述，提出"五事成性"。"五事"初见《尚书·洪范》，为箕子向周武王进言治国九种方略之一，即"貌、言、视、听、思"，箕子认为国君要做到"貌曰恭，言曰从，视曰明，听曰聪，思曰睿"，也就是态度要严肃，言论要合理，观察要清晰，听闻要广博，思考要透彻。王安石很推崇箕子对德行修养的审美界定，感慨道："大哉，圣人独见之理、传心之言乎，储精晦思而通神明！"④ 在把"五事"作为外现来评价人的自身品德修养的同时，王安石还将这五个方面以排序来标示道德修养境界的高低。"五事以思为主，而貌最其所后也，而其次之如此，何也？此言修身之序也。"⑤ 在他看来，从态度端正，言辞合理开始，通过学习拓展自己的视野，强化自我的分析能力，有了分析辨别的能力则能够做到善于听取意见，提高自身的判断与决策水平，

---

① 《王安石全集·性情》。
② 《王安石全集·原性》。
③ 《王安石全集·性情》。
④ 《王安石全集·洪范传》。
⑤ 同上。

使自己的思维达到圣明的境界。完成这一过程，则个人的素质完全可以提高到"感而遂通天下"[①]的层次。

在谈到德行的外在修为，即人在社会活动中品德修养的提高问题上，王安石秉承并发展了孔子的思想。首先，他对孔子"性相近也，习相远也"的理解为，"此言相近之性以习而相远，则习不可以不慎，非谓天下之性皆相近而已也"[②]。他一方面强调孔子并非认同人性相一，另一方面也突出了"习"的重要性。这里的"习"包括所处环境的风俗习惯以及个人长期的修身学习的过程。在他看来，人性习于善则善，习于恶则恶，这种"习俗"、"习行"是决定人的道德善恶的根本原因，由此得出的结论为"善恶由习"。为说明"习"的作用，他对孔子的"惟上智与下愚不移"的说法进行了扬弃，"有人于此，未始为不善也，谓之上智可也；其卒也去而为不善，然后谓之中人可也。有人于此，未始为善也，谓之下愚可也；其卒也去而为善，然后谓之中人可也。惟其不移，然后谓之上智……夫非生而不可移也"[③]。意思是说，上智与下愚并非天生不移的，而是要看一个人选择"习"什么，圣人与凡人并非先天固定的，是"习"的选择过程所致。

那么，注重了内在与外在两方面的个人修养，具有较高综合素质的人，就一定会有好的境遇与结果吗？王安石对此是持肯定态度的。他说："吾贤欤，可以位公卿欤，则万钟之禄固有焉；不幸而贫且贱，则时也。吾不贤欤，不可以位公卿欤，则箪食豆羹无欠焉；若幸而富且贵，则咎也。"[④] 也就是说，根据人的贤明或者不肖，可以推知他的境遇是富贵还是贫贱。对于违反这种

---

[①] 《王安石全集·洪范传》。
[②] 《王安石全集·再答王深甫书论孟子书》。
[③] 《王安石全集·性说》。
[④] 《王安石全集·推命对》。

规律的现象，在他看来，是时机或人才选拔标准的问题，是个案。

## 二 博大之美

王安石的性格在历史上多以偏执为定论，一向我行我素，不同流俗，这主要归于他执政的风格。他的伦理思想还是具有相当的宽广度，究其思想丰富历程，能够看出其不断突破自我，向大胸怀、大境界发展的印迹。

王安石生活在北宋社会危机日益显现的时代，他认为社会发展到当前内忧外患的状况，其根本在于法度的不适。从"法"的角度来解释社会现象，王安石作为儒家学者，对社会发展与"法"之间的关系的认识已初见端倪。他又进一步阐述道："夫圣人之为政于天下也，初若无为于天下，而天下卒以无所不治者，其法诚修也。"[1] "盖君子之为政，立善法于天下，则天下治，立善法于一国，则一国治。"[2] 一言以蔽之，"法"是治理国家的根本手段。在谈到为君之道时，王安石提出了著名的"三不欺"，即"君任德，则下不忍欺；君任察，则下不能欺；君任刑，则下不敢欺"[3]，当"德"、"察"、"刑"三种治理方式不能并用时，王安石提出首选"任刑"，任刑有别于惟刑，即在施行刑罚的同时也辅以惠民政策，这就完全是法家思想范畴了。王安石吸收了法家的思想，从而使他的"荆公新学"具有更强的社会实践性。

王安石为推行新法而创立的"荆公新学"，诸多理论，其着眼点都不限一点一面，往往由表及里，由小见大。在论证"义"

---

[1] 《王安石全集·周公》。
[2] 同上。
[3] 《王安石全集·三不欺》。

与"利"的关系上,他批判地继承了儒家学说的精髓,同时更多地吸收了墨子"利天下"的义利观,提出了全新的"以义制利"学说。他先从孟子学说出发,说:"孟子所言利者,为利吾国……是所谓政事。政事所以理财,理财乃所谓义也。"① 寥寥数语,将利国之"利"与"政事"、"理财"及"义"联系到一体,表明自己的求"利"乃是为"天下理财,不为征利"②。在这样的前提下,他又说:"利者义之和,义故所以为利也。"③ 在王安石看来,利国之"利",是国家的公利,而不是以往儒学所倾向的个人私利,以"义"的标准来促进国力增强,社会进步,这正是义的内在要求,二者是统一的。由此批驳了自董仲舒以来的"义利对立说"的片面性,塞封了以司马光为首的保守派以贵义贱利为依据而提出的责难。

王安石在推行变法过程中,树立了较多的政敌,受到诸多激烈的攻击。如苏辙对他的评语为:"王介甫,小丈夫也。不忍贫民而深疾富民,志欲破富民以惠贫民,不知其不可也。"④至晚年,圣意的摇摆,变法的失败,亲信的反目,特别是爱子王雱的早逝,促使王安石决意隐退。但其归隐后并非如部分学者所说的"抑郁落寞",以致"忧愤而死"。王安石最后一次罢相为熙宁九年(1076年),直至元祐元年(1086年)去世,这期间他寄情山水,潜心参禅,把思想境界推向了另一个新的高度。

惠洪曾在《林间录》中以《楞严经解》为例,对王安石的佛学修为给予了较高的评价,他说:"其文简而肆,略诸师之详,而详诸师之略。非识妙者,莫能窥也。"对佛学的较深

---

① 《王安石全集·答曾公立书》。
② 《王安石全集·答司马谏议书》。
③ 《续资治通鉴长编》卷219。
④ 《苏辙集·栾城三集》卷8《诗病五事》,中华书局1999年版。

悟解，引领王安石进入一种荣辱幻灭，随缘自适的精神境界。在写围棋的小诗中，他说道："莫将戏事扰真情，且可随缘道我赢。战罢两奁收黑白，一枰何处有亏成。"诗中满溢看破世事、大彻大悟的超脱之情。在《拟寒山拾得二十首》第四首中云："风吹瓦堕屋，正打破我头。瓦亦自破碎，岂但我血流？我终不嗔渠，此瓦不自由。众生造众恶，亦有一机抽。"① 以打油诗的手法，道出施害者与受害者都"不自由"，芸芸众生都只是在业报轮回中苦苦挣扎罢了，充满了悲天悯人的慈悲情怀。通过参禅，使王安石在心灵上获得解脱，对以往的恩恩怨怨挥之云烟，从更宽广的精神层面对他从前的政敌重新认识与交流。宋蔡絛《西清诗话》记载了王安石在南京与苏东坡的会晤，"元丰中，王文公在金陵，东坡自黄北迁，日与公游尽论古昔文字。公叹息谓人曰：'不知更几百年，方有如此人物。'"② 至此，王安石为对他持有敬意的后生之关怀，画上了一个完美的句号。

## 第五节　李贽的"适己"之美

李贽（1527—1602年），字宏甫，号卓吾，福建泉州人。曾有二十五年与上司"相触"的仕宦生活，辞官后潜心著述，流传下来的有《焚书》、《续焚书》、《藏书》、《续藏书》、《道古录》等。李贽的思想融儒、道、禅、法各家之长，每个阶段的感悟境界各有不同。纵观李贽思想的生成演变历程，其对人性的尊重与不懈追求，对学术探索的独特视角，对学术强权不挠的斗争精神，令人览余掩卷，颇受裨益。

---

① 《临川集》卷3。
② 吴文治：《宋诗话全篇》卷3，江西古籍出版社1997年版。

## 一 美源于"自我"

李贽强调每个人都有自己独立的价值,即"夫天生一人,自有一人之用"①。他批驳"上智下愚不移"的人性等级说,认为"天下无一人不生知"②。"生知"即天赋的素质,也就是说,人与人在天赋素质上是相同的,从而提倡人在本性上的平等性。李贽一再告诫人们不需对圣人盲目崇拜,力图将世人从几千年来的精神桎梏中解放出来。"勿以尊德性之人为异人也,被其所为,亦不过众人之所能为而已"③;"世人但知百姓与夫妇之不肖不能,而岂知圣人亦不能也哉?……自我言之,圣人所能者,夫妇不肖可以与能,夫妇所不能者,则虽圣人亦必不能,勿下视世间之夫妇为也"④;"天下之人,本与仁者一般,圣人不曾高,众人不曾低"⑤。在李贽看来,圣人与凡人都有"能"与"不能",本质上无区别。李贽否定民上者(天子、侯王)与庶民之间的贵贱之别,认为"庶人非下,侯王非高;在庶人可言贵,在侯王可言贱"⑥。既然君主、侯王与庶民没有高下贵贱之分,在人性上是平等的,那么传统意义上的统治关系就不能成立,人们的行为言论就不必以民上者的价值标准和意志趋向为规范。

在人性平等的基础上,李贽更呼唤人格的独立。李贽在诗文《富莫富于常知足》中谈道:"无见识则是非莫晓,贤否不分,黑漆漆之人耳,欲往何适……无骨力则侍人而行,倚势乃立,依

---

① 《焚书·答耿中丞》。
② 《焚书·答周西岩》。
③ 《道古录》卷上。
④ 《道古录》卷下。
⑤ 《焚书·复京中友朋》。
⑥ 《老子解》下篇。

门傍户，真同仆妾。"① 不迷失自我，不做莫知"欲往何适"的"黑漆漆之人"，是李贽一生奋斗的目标。在行动上，提倡具有建立在知足、脱俗、真见识、有骨力基础之上的自强自立精神，主张在学识与行事上皆有骨力，独行自立。"骨力"，可以理解为含有自强进取精神的自我判断与独创观点。在谈到"骨力"的重要性时，他说道："能自立者必有骨也。有骨则可借以行立；苟无骨，虽百师友左提右挈，其奈之何？"② 在他看来，只有具备"骨力"，才可以做到自尊自立，不庇于人。

李贽思想突出和高扬生命的存在和价值，其目的是要承认人的个性所在，提倡人性平等，呼吁人性自信，从而使个人从现实社会的种种人生困境中解脱出来，获得人格的独立和精神的自由。那么"自我"如何能够从纷扰的世事中解放出来，达到心灵上的超脱呢？在《答周而鲁》中，他谈道："士贵为己，务自适，如不自适而适人之适虽伯夷、叔齐同为淫僻；不知为己，惟务为人虽尧舜同为尘垢糠秕。"李贽认为，人的生存首先要达到"自适"状态。所谓自适，即不压制生命的本性，以自己的真实意愿作为立身处世的准则，率性自然，活出自己的生命风采。在他看来，如果人人都压抑本性，只为他人所谋，则没有圣贤之一说了。这是一种独立自主的人格体现，与当时盛行的理学的"存天理，灭人欲"有着明显的对立，从入世的角度，强调应尊重自我，热爱本性，自适然后能够自乐，自乐然后方可活泼洒脱，趋于和谐。李贽对"自我"的热爱远非如此，他为"自我"准备了一个更大的境界。在解释老子"致虚极，守静笃"的思想时，他更是道出了"万物皆备于我"、"道自我出"的思想，他说："如此者，是为明道静极而光生矣；知此者，则能有容万

---

① 《焚书》卷6。
② 《焚书·荀卿李斯吴公》。

物皆备于我矣。由此而公、而王、而天,皆容物者之所必至,而明道者自然之验也。何足怪欤!由此而道自我出,则天且不足言矣,不亦久且安欤!"① 以"自适"为准则,使心灵得以超脱,辅之以"静"、"虚"的出世态度,则可以说具备了"日月之行,若出其中;星汉灿烂,若出其里"的大胸怀,道自我出,对世间事态皆有自我的评价标准,故曰"万物皆备于我矣"。我为万物之主,则个体与天地圣贤无高下之别。

冯友兰先生把人生分为由低到高的四种境界,即自然境界、功利境界、道德境界、天地境界。其中天地境界由于超越了小我,进入了大我,是自我与世界的合一,把握了世界化生之"道",回到了生存本身,因而实际上已与审美境界相通相合。李贽的人性思想,从人类的生存本身出发,超越现实的生活层面,指向自由、率性自为的人生状态,从本质上来看,这是对生存本身价值和意义的一种提升。

二 真率即美

李贽把"真"作为衡量和约束"自我"的一个准绳,在审美上强调真心和真率,倾向于以原生态的方式体现出对生命意义举重若轻的审美姿态。

李贽把"迩言"作为划分善恶的标准,认为"善"存在于"上人所不道,君子所不闻"的"百姓日用迩言"之中。"夫唯以迩言为善,则凡非迩者必不善。"百姓的语言都是善的,而统治者的言论都是恶性,这一思想产生于李贽的儒学反思过程,他发现儒学思想笼罩下的士人存在两种通病:虚伪与庇于权威,这是因为人们经过《六经》、《语》、《孟》的束缚,"反以多读书识义理而反障之也"。于是,他的思想转向任性而行的真率,更

---

① 《老子解》下篇。

注重"百姓日用迩言"。"市井小夫,身履是事,口说便是事,作生意者但说生意,力田者但说力田。凿凿有味,真有德之言,令人听之忘厌倦矣。"① 觉统治者之言,面目可憎;闻百姓"至鄙至俗,极浅极近"之言,顿觉可亲。

一憎一亲,中间原委,则是李贽始终坚持探寻的对真、假问题的思考。李贽以"童心说"来划分人性真假。"夫童心者,真心也……绝假纯真,最初一念之本心也。"② 由此可见,童心(即真心)是人的思想根基,"真"产生于"最初一念"。"最初一念",是指饥则思食,困则思眠的自然本性,是不着一点外力痕迹的自然而然,其性质为直觉的非理性。既然主张人的本性是相同的,为何还有"真人"与"假人"之分呢?李贽认为,依性而行而言,则为"真人";依道德而行而言,则为"假人"。人在发展中,由于"多读书识义理","道理闻见日以益多",往往"为邀道德之美名"来选择言行,在这一过程,人已被异化为"假人",表现为"言语不由衷"、"政事无根柢"、"文辞不能达"的理性状态。人的理性感越强,则其被后天改造得越强,其"童心"被外界价值标准污染得越重,人也变得越假。在他看来,那些满口要求别人"迁善以去恶"、"舍己从人"的人,自身其实并不懂真正的善恶道德,也根本做不到舍己与从人。

在真率而为的内容上,除却"最初一念"外,李贽承认人的个性感情和兴趣取向的差异性,认为"人各有心,不能皆合。喜者自喜,不喜者自然不喜;欲览者览,欲毁者毁,各不相碍,此学之所以为妙也"③。对于这种差异,李贽认为各不冲突,主张自适自由,万不可强求统一。回归于自身实践,他欣然于

---

① 《焚书·答耿司寇》。
② 《焚书·童心说》。
③ 《焚书·复焦弱侯》。

"怕作官便舍官，喜作官便作官；喜讲学便讲学，不喜讲学便不肯讲学。……心身俱泰，手足轻安。既无两头照顾之患，又无掩盖表扬之丑"①的人生历程。这种介于"出世"和"入世"之间的状态，发乎于本性真心，受之适己顺情，应该最接近李贽所追求的生命之本真的精神境界。

李贽，由一个儒学者的身份，从一个千年积淀的儒教统治的思想环境中，对中国传统价值体系进行解构和重建，这一立学态度和精神是极为难能可贵的。但李贽的思想也不可避免地具有历史局限性。如在如何避免因"闻见道理"而失去童心的问题上，他没有提出确实可行的解决办法，因为现实之中没有提供实例支持，所以，他只能感慨："呜呼，吾又安得真正大圣人童心未曾失者而与之一言文哉！"②另外，"童心说"虽具有革命性、启蒙性、近代性，但只是他追求生死大学问的一个过渡成果，仍被包裹在宗教精神解脱的思想框架之中，其思想性与实践性并没得以升华。

---

① 《焚书·复焦弱侯》。
② 《焚书·童心说》。

# 第十一章　明清之际思想家对伦理美的阐释

明清之际在中国历史上是一个时局和世局激烈动荡的时代，社会大变动、大分裂必然导致思想的变化。明清鼎革，一向习惯以民族、王朝和国家思想为立身之道的士大夫们无法接受这一事实，明王朝的覆灭，在他们心中意味着安身立命的文明的灭绝，葛兆光教授曾说："在中国历史上，可能没有哪一个王朝的覆亡会出现这么多的'遗民'，也没有哪一个王朝的更迭会引起如此激烈的文化震撼。"[①] 带着明亡的悲哀与激愤，痛苦与反思，明末清初思想界出现了前所未有的批判和检讨。因此，明清之际也是继先秦以来的又一个文化繁荣时期。随着宋明理学的衰颓及其"空虚之弊"的暴露，在社会上出现了一股由虚返实的实学思潮，涌现出了一大批思想家如黄宗羲、王夫之、顾炎武、戴震、颜元、李塨等。明王朝的衰亡和宋明理学末流空疏之弊的暴露，使站在市民阶层利益之上的实学家，作为思想家和政治家，从学术观点上已清醒地认识到"救弊之道在实学，不在空言"，指出宋明理学特别是王学末流的空疏之弊，是导致明朝衰亡的重要祸根。在由虚返实的实学思潮影响下，他们将儒家的价值观重心由内圣之学转向了外王之道。这一价值观的转变，是明清之际时代精神的集中反映。在明清实学之风的影响下，中国传统伦理思想

---

[①]　葛兆光：《中国思想史》第1卷，复旦大学出版社2002年版，第348页。

和美学思想也演进到一个新的阶段。

## 第一节 黄宗羲的伦理美思想

黄宗羲（1610—1695年），字太冲，号南雷，学者尊称梨洲先生，是中国17世纪一位杰出的人物，被后世誉为思想家、史学家、哲学家、文学家、教育家甚至科学家。他的一生经历了三个重大时期，即反阉党斗争时期；武装抗清时期；著书立说时期。主要著作有《明文集》、《明儒学案》、《明夷待访录》等。

### 一 道无定体

在心学理论中，良知一开始便被赋有本体的意义，致良知则表现为后天的工夫，良知与致良知的关系，逻辑的展开为本体与工夫的辩论。从心学的演进看，黄宗羲伦理思想中较为值得注意的方面，是对工夫与本体关系的阐释和规定。

在对"心"作解释时，黄宗羲指出："心不可见，见之于事。"[①] 其所谓心，泛指道德本体（心体）；"事"则指事亲事兄之事，亦即道德领域的践履工夫。因事而见心，其内在的含义便是本体离不开工夫。黄宗羲对真本体与想象的本体作了区别，以为工夫之外的本体只具有想象的意义："无工夫而言本体，只是想象卜度而已，非真本体也。"王守仁曾以先天本体与后天工夫之分为致良知说的前提，不过，在王守仁那里，致知工夫只是达到本体的手段，而并非是本体形成与存在的条件；相形之下，黄宗羲强调无工夫即无真本体，则把工夫理解为本体所以可能的必要前提。这里已表现出超出心学的趋向。

---

① 《孟子师说》卷2，《黄宗羲全集》（增订版）第1册，浙江古籍出版社2002年版。

无工夫则无真本体，着重于将真实的本体与工夫联系起来。由此出发，黄宗羲进而从更普遍的意义上，对本体与工夫的关系作了解释："心无本体，工夫所至，即是本体。"① 心之本体，是心学的先验预设；心无本体，意味着悬置这种先天的本体。在黄宗羲看来，精神本体并不是先天的预定，它在本质上形成于后天实践与致知过程，并以这一过程为其存在的方式。在黄宗羲以前，从王守仁到王门的后学，心学在其演进过程中始终没有放弃对本体的先天预设；归寂说将良知理解为寂然未发之体，更表现出本体神秘化的趋向。黄宗羲对心之本体的这种解释，则在扬弃本体先天性的同时，也避免了本体的凝固化与神秘化。

心无本体的观点体现在道德意识与道德实践的关系上，便具体化为仁义是虚，事亲从兄是实："盖仁义是虚，事亲从兄是实；仁义不可见，事亲从兄始可见。"② 仁义在广义上既是普遍的规范，又指作为这种规范内化的道德意识及内在德性，这里主要是就后者而言；事亲从兄则是道德实践。人来到世间，便处于一定的人伦关系（如亲子兄弟之间的家庭亲缘关系）中，这是一种基本的本体论事实。所谓"不可解之情"，即言其既定性；"此之谓实"，则言其现实性。在这种现实的关系之上，逐渐形成了事亲从兄等道德实践，这种道德实践最初似乎具有率性而行的形式，但它同时又包含实际的工夫。在道德实践的工夫由比较自发到较为自觉的演化中，仁义礼智等道德意识也随之渐渐萌发和发展，此即所谓"有亲亲，而后有仁之名"，"有敬长，而后有义之名"③。质言之，有事亲从兄之工夫，斯有仁义礼智之本体；作为精神本体的道德意识，形成于道德实践的工夫。

---

① 《明儒学案·序》。
② 《孟子师说》卷4，《黄宗羲全集》（增订版）第1册，浙江古籍出版社2002年版。
③ 同上。

通过事亲从兄的道德实践而形成仁义等道德意识,更多地着眼于个体。黄宗羲再将把握道体及化道体为本体的过程与广义的经世过程联系起来,从而使致知工夫由个体的道德实践进而扩展到社会的实践活动。

二 事功节义,理无二致

众所周知,朋党是明朝亡国的一个重要原因。黄宗羲认为以往的论者只看到朋党"但营门户,无恤国是已尔"①。对于真正亡国的原因,"皆不能指其事实"②。在黄宗羲看来,党争对皇帝造成的影响才是朋党祸害的根源。"逆案虽未翻,而烈皇帝之胸中,已隐然疑东林之败类。由是十余年之行事,亲小人而远君子,以至于不救,然则有明之亡,非逆案之小人亡之乎?"③这并非崇祯帝容易被小人左右,而是由于东林党人本身所作所为让崇祯帝对他们失去了信任。作为东林党的子弟,黄宗羲能看到东林党自身的问题,这确实是难能可贵的。黄宗羲探索历史治乱之道,着重于分析明代衰亡的各种原因,并提出改良社会的措施。《明夷待访录》是对有明一朝各种制度最为直接的剖析,其他存在于《弘光实录钞》、《行朝录》以及所写墓志铭等文章中的诸多议论也都体现了一个乱世史学家解读历史的使命感。

黄宗羲更看到了晚明伦理上的混乱所造成的负面影响。清军占领北京时,不仅"百姓欢迎,明朝在京的两三千名官员自尽的也只有二十人,其他衣冠介胄,哭降如云"④。首席大学士魏德藻被关押在一间小房子里。黄宗羲对这种状况痛心疾首:"是故、尾生孝己之信于盗贼,而施张仪苏秦之诈于君父,破为陷

---

① 《黄梨洲文集·碑志类·大学士机山钱公神道碑铭》。
② 同上。
③ 同上。
④ 顾诚:《南明史》,中国青年出版社1997年版,第5页。

邑，智穷不能自免，则以亡虏降人为究竟，遂使天至毁紊，地纽涸绝，普天相顾，命悬唇刻。嗟乎，故安手事功节义之事，而与一障江河之下乎？古之君子，有天下之心而能成天下之事，有成天下之心而后能死天之事。事功节义，理无二致。今之君子，以偷生之心千尝试之事，安得有不败乎？"（《黄梨洲文集·序类·明臣言行录序》）以偷生之心行尝试之事可以说是对明清之际一大部分官员的最好概括。黄宗羲发出这种感叹，发人深省。

## 三 天下为主，君为客

黄宗羲从主、客关系上来论证君主与天下的关系问题，提出"天下为主，君为客"的思想，这一思想是对中国传统的儒家民本思想的发展和升华。中国传统的民本思想源远流长，在殷商时期就出现了民本思想的萌芽，到孔子时，他提出了"重民、富民"的思想，可以说开了民本思想之先河。孔子的民本思想被孟子继承，并发展为以"民贵君轻"为核心的民本思想，他说"民为贵，社稷次之，君为轻"。荀子则讲得更形象："君者，舟也；庶人者，水也。水则载舟，水则覆舟。"这就是说，民是君的载体，得民则可治民，失民则会导致统治的颠覆。这一思想为后世儒家和统治者所继承和发展，成为中国传统政治哲学的精华。

但是，黄宗羲并不是对民本思想的简单继承，而是以传统民本思想的基本理论为前提，对民本思想有所改造和发展，进而形成了带有近代性质的"天下为主，君为客"思想。

首先，在君民关系问题上，儒家传统的民本思想是建立在维护君主统治的基础上。"以民为本"的目的是为了"得民"进而"治民"。民本思想的提出者认识到民心向背是统治者江山社稷安危与否的关键。因此，为着自身统治稳固，必须得到人民的支持，即所谓"得民"。传统的儒家民本思想是建立在"君主民客"的基础之上。在这种理论基础上,爱民也罢,仁政也罢,都是以不损害专制君主的至高无上的权力为根本原则。而黄宗羲的民本思想则是建立在"民主君客"的基础上。他认为君主正是适应为天下之民兴利除害的需要而产生的,为民兴利除害就是"为君之职分"。为了履行这一职分,君主必须"以千万倍之勤劳,而己又不享其利"。因此,君主是为天下之民服务的公仆,而天下之民则是社会的主人。黄宗羲将千百年来一直占据社会历史舞台中心的至高无上的君主,贬为"客",而视天下民众为社会主人,君主是社会公仆,应当为天下民众服务谋利。这就把传统的君、民关系根本颠倒了过来。此种认识显然有别于正统封建观念,亦有异于封建社会中产生的种种形式的"民本"论,而是以传统民本思想的基本理论作为前提出发,以"万民之忧乐"和生活之平等为标准来考虑问题。

其次,在臣与民、君与臣的关系上,黄宗羲指出,臣并非为君而设,而是协助君治理天下以利于天下之人得其利。因此,为臣的出发点不是为君主一家人的利益,而是为万民。他说:"缘夫天下之大,非一人所能治,而分治之以群工。故我之出而仕也,为天下,非为君也;为万民,非为一姓也。"这就是说,君与臣的本质是一样的,都是为了使天下之人各得其利。既然这样,那么,君臣的关系就是相互协作的友好关系。因此他又说:"夫治天下犹曳大木然,前者唱邪,后者唱许。君与臣,共曳木之人也","以天下为事,则君之师友也"。黄宗羲这种君臣关系论,包含着一种君主平等相待的思想,突破了封建君主专制制度下君臣关系中不可逾越的尊卑界限。毫无疑问,这是向千百年来一直被奉为封建伦理思想的所谓"君为臣纲"、"君要臣死,臣不得不死"等说教的宣战,具有积极的民主启蒙意义。

因此,如果说黄宗羲关于民主的伦理思想同传统的"民本"

论确有联系的话,那么,这种联系只在于前者是在新的社会历史条件下对后者的质的升华和发展,进而使黄宗羲的伦理思想超越了传统而转向近代。

## 第二节 顾炎武对伦理美的思考

顾炎武(1613—1682年),初名绛,字忠清,学名续坤,是明末清初的一位具有坚定的民族气节,终身不懈地进行抗清斗争的杰出的爱国志士,同时又是一位开清朝一代学风且学识渊博的著名学者。在清军攻破南京后,他因仰慕南宋民族英雄文天祥的弟子王炎午并为表示与新王朝的不合作,更名为顾炎武,字宁人。学者称之为亭林先生。当他深知反清复明不是一朝一夕就能完成,必须更加脚踏实地地做长期而艰苦的努力时,便开始了他后半生的游历生活。与中国传统的主流伦理学不同,顾炎武的伦理学说不是从"至善"这一道德理念开始,而是从现实存在的人性的实际和社会生活的实际出发,来探讨切实可行的道德伦理规范。这是顾炎武的道德伦理学说与宋明理学相区别的最显著的特征,也是中国传统伦理学从道德理想主义向着经验主义转型的重要标志。由于顾炎武特别注重社会实际的考察,因而对社会生活中的弊病有更为深刻的认识,对道德与经济发展、道德与政治制度的关系多创特解。顾炎武一生著作甚丰,主要有《天下郡国利病书》、《十一史年表》、《昌平山水记》、《山东考古录》等,《日知录》为其代表作。

一 天下兴亡,匹夫有责

抗清失败后,顾炎武弃家北上,奔走于山东、河北、河南、山西等地,开始了游历治学的生涯。顾炎武是一位以天下为己任的爱国学者,在游历北国的途中,进行实地考察和调查研究。他努力寻求安邦治国的良策，寻求"经世致用"的"实学"，一路上访问当地的山民、猎户、耕夫，了解民间疾苦和风土人情。遇到关隘要冲，就找退伍老兵或守关边卒，详尽深问究竟，考察用兵形势，并查阅资料，反复核对，逐条记录。他的许多学术价值极高的不朽之作都是在旅途中的马背上完成的。他的治学条件是非常艰苦的，没有以天下为己任的爱国救世思想是难以做到的。《天下郡国利病书》、《日知录》等著名巨作都是其花费毕生精力写成的。《天下郡国利病书》是一部典型的"经世致用"之作，此书以"利病"二字命名，反映了顾炎武探求治国利弊，救国救民的爱国赤心。《日知录》也是用了30多年的时间精心写成，可以说是顾炎武一生治学的结晶。"天下兴亡，匹夫有责"这个至理名言就是从这部书中概括出来的。顾炎武在学术上的成就是多方面的，在音韵、经学、史学、天文、地理、兵法军事乃至外国事务各方面都为后人留下了宝贵的学术研究成果。故顾炎武又被称为"百科全书"式的学者。

顾炎武在《日知录》中提出"天下兴亡，匹夫有责"的社会主张。他说："有亡国，有亡天下，亡国与亡天下奚辨？曰：易姓改号谓之亡国，仁义充塞，而至于率兽食人，人将相食，谓之亡天下……是故知保天下，然后知保其国。保国者，其君其臣，肉食者谋之；保天下者，匹夫之贱与有责焉耳矣。"[1] 在以上论述中，顾炎武深刻阐明了"保天下"与"保国"的关系："保国"绝非与匹夫无关，而匹夫只有意识到"保天下"的重要性，才能更为自觉地投身"保国"的民族保卫战争中去。所谓"亡天下"，主要是指丧失民族气节而言。清朝的八旗军队，人数少，语言不通，地理不明，为什么在战争中取胜？这就全靠充当汉奸的明朝士大夫为之出谋划策，充当其助手。这些充当汉奸

---

[1] ［清］顾炎武：《日知录集释》，岳麓书社1994年版，第471页。

的民族败类，正是顾炎武所说的"入于禽兽者"、"率兽食人"者。世道人心坏到了如此的程度，岂非"亡天下"？正是由于"亡天下"，所以才导致了"亡国"。顾炎武坚信，只要"天下"不亡，即爱国之心不亡，民族气节不亡，民族的复兴就有希望。在顾炎武看来，在汉民族遭受民族压迫的时代，对异族统治者屈膝献媚，去帮助异族统治者压迫本民族的同胞，是类似于娼妓的无耻行为。

顾炎武提出的"保天下者，匹夫之贱与有责焉"等观点，突破了封建伦理观念的局限，迸发出民主主义的思想火花，给他的爱国思想带来了新的色彩。他把天下和国家分开，号召人们不必为某个皇室的兴亡而战斗，而要为民族的生死存亡而战斗，这在中国社会思想上具有重要的进步意义。顾炎武的思想后来被概括为"天下兴亡，匹夫有责"这八个字，对于鼓舞中国人为自己民族的生死存亡而战斗，具有强烈的号召力。

## 二 行己有耻

中国传统的道德形上学在程朱理学已被得到广泛的发展。顾炎武接受了宋儒的道德理想主义，因而他对晚明以来的社会风气深为不满，但同时，他也清醒地意识到，适用于个人道德修养的道德理想主义，不一定适用于治理国家。顾炎武要改变这种情形：对于真诚的道德理想主义者，他给予充分肯定；但在社会的普遍教化的层面上，他却不空讲道德理想主义，而只给人们规定了一个"行己有耻"的道德底线。而这一道德底线的立论基础，主要在于以下几个方面：对现实的人性的考察，确认"民生有欲"、"人之有私"。对人性应"顺"之、"养"之、"给"之、"恤"之，不切实际的高标准反而会造成不作为或作伪，因此，必须从社会生活中划分出一个允许人们追求其合理的私人利益的特殊领域。对经济、政治与道德的关系的考察。在经济与道德的关系上,强调"衣食既足,廉耻乃知",只有"财足"才能"化行"。在政治与道德的关系上,顾炎武也有很深刻的见解。他认为,士大夫阶层本应该在道德上对社会起表率作用,同时还负有对民众进行道德教化的责任。

基于上述理性的思考,为了达到"务正人心"的目的,就不能再讲宋儒那一套"最高限度的道德",而只能讲最低限度的道德。他认为礼、义、廉、耻四者之中,耻为尤要。其原因就在于无耻是一切罪恶的根源,而人要有道德,必须从有耻开始。因此,就应该设置一条切实可行的"行己有耻"的道德底线。在最低限度的道德中,妇女不必守寡,忠臣不必死节,一切属于人之常情的行为都是允许的,但"行己有耻"的道德底线却不可逾越。"行己有耻"的道德底线包含以下最基本的道德原则:

一是人道主义的原则,即不要做有违人道主义原则的事。人道主义原则是人类社会最基本的原则,是为人的最低限度的道德底线,但同时也是至高无上的道德原则,是无以复加的最高的道德境界。

二是爱国主义的原则,即不要做有违爱国主义原则、有损国格和人格的事。在顾炎武看来,维护民族利益的爱国主义的原则与人道主义的原则一样,同样是做人的最基本的道德原则;二者是可以在维护民族生存的基础上统一起来的。

三是决不以势利之心待人的原则。要确立这一原则,关键在于破除儒家传统的尊卑贵贱的等级观念。首先是确立"君、臣、民"人格平等和政治平等的观念。其次是要确立不以职业作为衡量人品高低的观念。他认为以势利之心待人、只讲关系而不讲道义的行为是"戎狄之道"[1],不是华夏民族应有的品质,因而是可耻的。顾炎武认为,道德的高下不应与从事何种职业联系在

---

[1] [清]顾炎武:《日知录集释》,岳麓书社1994年版,第159页。

一起，职业只不过是个人实现其私人利益的谋生手段，这对每一个人来说都是一样的。而道德的高下则另有衡量的标准，要看他如何处理个人利益与他人和社会的利益之间的关系。以这一标准来衡量，士的道德水准未必高而"商贾白工技艺食力之流"的道德则未必卑。在《答王山史书》中，顾炎武还明确提出"君子以广大之心而裁物制事"①，不应在家庭中强分贵贱的观点。

四是决不与腐败的社会风气同流合污的原则。他认为一个人要想在腐败的社会风气中保持特立独行的节操，就必须具有"耿介"的品格。耿介，就是特立独行，就是具有自己的独立人格。

五是决不枉道事人的原则。所谓"枉道事人"，是指放弃自己的良知、信念和操守去侍奉权势者，以实现其对于功名利禄的追求。顾炎武认为，这也是一种无耻的行为。要真正做到"行己有耻"，就必须坚持决不枉道事人的原则，"上交不谄"，"上弗援，下弗推"②，无论在任何情况下都必须坚持自己的良知、信念和操守。他认为真正的学者是具有思想的尊严和人格的尊严的人，决不会因为世俗的好恶而改变自己的思想和信念。

六是先义后利的原则。这一原则主要是针对社会政治生活中贿赂公行的严重腐败现象而言。他说："人而不廉而至于悖礼犯义者，其源皆始于无耻。"不廉始于无耻，则廉洁方为有耻。他在讲"今日之务正人心，甚于抑洪水"时，把确立"先义而后利"的原则看作是正人心的关键。当然，顾炎武并不认为仅仅靠画出一条"行己有耻"的道德底线就能解决道德文明的重建问题。他认为要解决道德文明的重建问题，还必须有经济和政治条件的配合。

---

① ［清］顾炎武：《顾亭林诗文集》，中华书局1959年版，第486页。
② ［清］顾炎武：《日知录集释》，岳麓书社1994年版，第255、256页。

## 第三节 王夫之对伦理美的论说

王夫之（1619—1692年），字而农，号薑斋，晚年隐居于衡阳之石船山，故人称船山先生。王夫之的生平可以分为四个时期：青年时期，在这段时期内他主要是读书，科考求仕；中年时期，他投身于激流，历尽忧患；第三时期是政治流亡时期，王夫之开始浪迹湘西，从事著书立说；第四时期是归隐时期，他归隐于衡阳，依然笔耕不辍。王夫之生活在中国封建社会的末期。随着商品经济的发展和资本主义萌芽的出现，封建制度开始解体，而明朝的灭亡和清兵的入关，更使民族矛盾和阶级矛盾错综交织，整个社会出现了"天崩地解"的局面。在这种特定历史条件的推动下，尽管新的阶级意识尚未形成，一部分地主阶级反对派却深以明亡为沉痛教训，"哀其所败，原其所剧"①，力图"推故而别致其新"，因而在政治思想和文化思想某些方面成为反映历史进步要求的新思潮的承担者。王夫之便是这一思潮的杰出代表，他的伦理思想也反映了这一思潮的特点。

### 一 合阴阳之美而首出于天

清朝初期的思想，是一种历史的反省，是一种综合的批评。清兵入主中原的历史变故，使王夫之深深思考着"救国运于水火，解民生于倒悬"的光复路径，并把它同理想人格的探寻紧密地结合起来，得出了救国必先救人，革故鼎新必先陶铸民魂、锤炼人格的历史性结论。这一结论来自于他对天人关系的思考。由形而上、下的道器、理气、物器等人与对象世界的

---

① ［清］王夫之：《黄书·后序》。

关系，进而到"诚者，天之道"与"诚之者，人之道"的天人关系的思考，这并不是说道器、理气、物器不涉及天人问题，其实探讨这些问题的宗旨，亦是为了天人贯通或和合。诚者与诚之者的天道与人道，便直接探索天人关系。王夫之认为天道与人道是道的两个层面或两极，就其来源而言："乾道成男，坤道成女，则形而上之道与形而下之器，莫非乾坤之道所成也。天之乾与父之乾，地之坤与母之坤，其理一也。"① "乾坤之道"换言之为阴阳之道。阴阳二气凝聚成物，离散反归于气；当其成器物，即寓器物之所以为器物的道理、原则在。所以说，合阴阳之美而首出于天。

道不是两个道，"道一也，在天则为天道，在人则有人道"②。天道与人道对于道来说只是所在之环境、场所的区别，这种区别非道本身本质有什么差异，而是道在适应不同环境情况下所呈现的不同形态或表现。王夫之所说的"在天"、"在人"并非仅蕴涵主体人与客体天，而是蕴涵着人之所以为人，人的本性（先天的还是后天的），人的善恶，道德情操，心性修养等；客体天亦不仅指自然现象，而是蕴涵着自然现象背后的法则、原理以及天命之性等。王夫之说："《集注》说性兼说形，方是彻上彻下，知天知人之语。性之异者，人道也；形之异者，天道也。故曰：'形色，天性也，唯圣人然后可以践形。'"③ 形而上、下的道器，与天道、人道的形性都是会通圆融的，以形色为天性，天性便蕴涵了天人之道。由于人的形体相貌上的差别取决于天道，人的本性情感上的差别取决于人道，人便兼天道、人道形

---

① 《读四书大全说》，《船山全书》第 6 册，岳麓书社 1998 年版，第 974 页。

② 《张子正蒙注》，《船山全书》第 12 册，第 369 页。

③ 《读四书大全说》，《船山全书》第 6 册，岳麓书社 1988 年版，第 1026、1027 页。

性,成为这两者会通圆融的结合点或载体,通过人这个中介来化解形而上与形而下、道与器、天与人、形与性的对峙,使其由冲突而走向融合。

在此形而上与形而下、道与器、天与人、形与性的冲突融合的关系中,凸显了天命与人性的关系。从天道而言命,从人道而言性,天道与人道的冲突融合,构成天命与人性的冲突融合,即性命对待统一范畴。命是一种客体的外在的实在性、必然性;性是一种主体的内在的实在性、本然性。性命相和合之际,即是主体向客体的转化,也是天道到人道的过渡之时。这就是《中庸》所说的"天命之谓性,率性之谓道"的意思。性命与天人对称,是中国哲学中的重要范畴。王夫之所谓的天可区分为"天之天"与"人之天",前者开显为自然世界,后者展现为人类世界。自然世界包含自然界的土地物产、草木禽兽及其所以然之理;人类世界包含人的交往活动、交往活动的规范、道德原则、治国之道等。天人相合,天的秩序即人类社会的秩序,人类社会秩序显现了天的秩序。王夫之说:"人伦之序,天秩之矣。顾天者,生夫人之心者也,非寥廓安排,置一成之刑于前,可弗以心酌之,而但循其轨迹者也。人各以其心而凝天,天生夫人之心而显其序。"[①] 由于天人圆融会通,天人之序相对相关,人心凝天,天生人心,而显现他们的秩序。天无序,人失序,则天会发生灾异,人会出现动乱。人序与天秩的体验者在人,天道无心,以人心为心,唯人有心,能知人知天,参赞天地之化育,于是人便有了自身自主性,而草木禽兽便无这种自主性。由此可见,人性与天命的融合、人序与天秩的和合,就是善与美的结合,即人的自由的实现。

① 《续春秋左氏传博议》,《船山全书》第5册,第543页。

## 二　命日受，性日生

关于人性的成因问题，孔子提出"性相近也，习相远也"的著名命题，认为人性是天生的素质，各人人性基本上是相似的，决不因贫富贵贱而有等级的差别。但由于各人所处的环境包括所受的教育不同，天生的本性随着习染而发生变化，以至出现圣人与小人的差别。孟子主张性善论，但也认为人在后天所处的环境不同，对人固有的善端发掘不同，也会形成人性上的差别。荀子主张性恶论，他也认为后天环境对人性形成有影响。孔子、孟子、荀子等各家提出的伦理观点，都认为人性与人在周围环境中所受习染的影响有密切的关系，这个观点在中国伦理思想史上有很大的影响，"求贤师而事之，择良友而友之"，成为人们的道德戒律。可见古人对伦理道德的教育和环境的作用是估价很高的。王夫之继承前人思想，在《尚书引义·太甲二》中提出：天地之大德曰生，"形日以养，气日以滋，理日以成；方生而受之，一日生而一日受之。……故曰性者生也，日生而日成之也"。还说："性屡移而异"、"新故相推、日生不滞"、"未成可成，已成可革"。"性日生"的观点就是说性不是受命之初而一成不变，而是日生而日成的。这同孔子"习相远"的思想是一致的。

王夫之是通过对《孟子》、《中庸》和佛学的人性学说的批判总结来阐发其人性发展理论的。"命日受，性日生"是王夫之的著名论点。王夫之认同孟子所讲的"平旦之气"与自己的"日受日生"义理符合。但在他看来，圣贤人格的属性是不可以纳入人的初生之性之中的。王夫之说："性也者，岂一受成刑，不受损益也哉？"[①] 即是说人先天所继纯善而尽美之性在后天也

---

[①] 《尚书引义》卷3，《船山全书》第2册，第301页。

有可能损减甚至泯灭而性恶生,所以人的"继"又不同于其他万物的"继"。"二气之运,五行之实,始以为胎孕,后以为长养,取精用物,一受于天产地产之精英,无以异也。形日以养,气日以滋,理日以成;方生而受之,一日生而一日受之……故天日命于人,而人日受命于天。故曰性者生也,日生而日成之也。"①"命日降,性日受,性者生之理,未死以前皆生也,皆降命受性之日也,初生而受性之量,日生而受性之真,为胎元之说者其人如陶器乎!"② 可以看出,在王夫之的人性发展理论中,还进一步否定了某些天赋德性论,而凸显了"继善成性",即人性在实践中自我生成和发展的观念。他强调,人性是后天形成的。如果人的形质形成以后便与太虚断绝,而受天之命、性仅在降生一刻的话,那么人同一次烧制定型就终身不再有变的陶器就没有什么不同了。而且人出生后从幼年到少年,从少年到壮年,再从壮年到老年的自然生命过程中如果间断了受天之命,初生时所受命性就会随着年龄的增长而日渐消损。而人在后天受天命并非被动,还有一个自主择取的能动性介入。王夫之说:"生之初,人未有权也,不能自取而自用也。惟天所授,则皆其纯粹以精者矣。"③ 而在"生以后,人既有权也,能自取而自用也"④。这就是说,人初生时还没有自主选择的能力,只能被动地接受天之纯粹而精的良德,而后天人对天命所授有了自主选择的能力和主动性,自主取天之纯粹而精的东西而继之则性善必著;择取博而杂的东西则性便会生恶。

由上可知,是由于后天生活环境的影响、习俗的熏染和父兄的言传身教等因素的作用使人形成了恶的习性,才最终导致了人

---

① 《尚书引义》卷3,《船山全书》第2册,第300页。
② 《船山思问录·内篇》,第43页。
③ 《尚书引义》卷3,《船山全书》第2册,第300页。
④ 同上。

性之恶的生成。人情事态、风俗习惯等环境因素，还有教育习染等因素对人性的善恶形成起到了重要的作用。在人类的历史实践中，确认人性可变、可改，这在当时的中国，是一种富于启蒙性和革命性的论断。

三　惟性生情，情以显性

性命即天命与人性。"天命"之"命"有"令"的意思。而命令是外在的，必须如此的。换言之，天的命令的天具有发号施令的支配者、主导者的地位；接受命令者便居于被动者、被支配的地位。"人之所性，皆天使令之，人其如傀儡，而天其如提呕者乎？"这样天便具有超自然力量的品格。王夫之认为，这种说法，有其欠缺，其关键在于"何以知天人之际"，实际上是把天人关系割裂了。"天只阴阳五行，流荡出内于两间，何尝屑屑然使令其如此哉？"意思是说，所谓天，便是阴阳五行流荡于天地之间，那有什么命令使之如此？天以阴阳五行化生万物，气以成形而理亦赋焉，犹命令也。所谓命令，就是气化生的过程，理亦寓于其中了。这样，性命范畴便与气理范畴内在地联系在一起了。

性的内涵，王夫之从两个层面上讲："天命之人者为人之性，天命之物者为物之性。今即不可言物无性而非天所命"①，天命之为人、为物，而分人性、物性。这就是说，人有人性、物有物性，都来源于天的阴阳五行化生过程中所赋的理。"人物之生，因各得其所赋之理，以为健顺五常之德，所谓性也"②，物之健顺之性，人之五常之性，都是所赋之理的呈现。

---

① 《读四书大全说》，《船山全书》第6册，岳麓书社1988年版，第455页。
② 《礼记章句》，《船山全书》第4册，第1248页。

"天之命人物也，以理以气，然理不是一物，与气为两，而天之命人，一半用理以为健顺五常，一半用气以为穷通寿夭。理只在气上见，其一阴一阳，多少分合，主持调剂者即理也。凡气皆有理在，则亦凡命皆气而凡命皆理矣，故朱子曰：'命只是一个命。'只此为健顺五常、元亨利贞之命，只此为穷通得失、寿夭吉凶之命。"① 王夫之用理气各"一半"说来诠释人物的健顺五常之命和穷通寿夭之命，这种定量理气价值论较之混沌理气价值论虽明确一些，但亦有机械性之头。其实，在理气冲突融合过程中，人与物不一定依"一半"说来构成，王夫之亦意识到这一点，因此他讲"多少分合"，由理来主持调剂，以取得理气的协调、和谐。

王夫之也重视情在人性中的地位与作用，他认为"惟性生情，情以显性"。还说："是故性情相需者也，始终相成者也，体用相涵者也。性以发情，情以充性，始以肇终，终以集始，体以致用，用以备体。阳动而喜，阴动而怒，故曰性以发情；喜以奖善，怒以止恶，故曰情以充性。"② 总结以上引文的含义即是说，人性发而为情，情发显性，性与情是相需相成、互为作用的。性为体情为用，体发以致用，人性的不断变化发展则靠或喜或怒的情感来显现，而情感的好恶又反过来作用于人的见闻言动，使人自觉向善避恶，也即情感的激发可以促成人性的修养，丰富人性的内涵。所以王夫之又说："情者，性之依也；拂其情，拂其性矣。性者，天之安也；拂其性，拂其天也。"③ 天命人性固有其情，如果违背了情就违背了性，进而违背了天理，所以不能违背天性去压制、禁锢情，而是要顺应天性给予适当、合

---

① 《读四书大全说》，《船山全书》第 6 册，岳麓书社 1988 年版，第 726、727 页。
② 《周义外传·系辞上传（11 章）》卷 5，第 198 页。
③ 《读通鉴论》卷 10，中华书局 1995 年版，第 276 页。

理的满足与发展，以发展人之天性。

他还提出人情所好、人欲所求都是人之常情所在，亦是天理所有，无可非议，不能禁锢，唯有予以发展、调节，使之与人性整体相和谐。因此王夫之提出"王道本乎人情"之说，要求统治者体恤民之情感需求。他说上到王君下至庶民，情感的满足与顺畅均是天理所定、人性必需，人之情感必须给予适当的满足，只有人情顺畅、上下一心才是世道之至。在给予情感满足的同时王夫之还主张给予适当的调节，他曾自诩："不贱气以孤性，而使性托于虚；不宠情以配性，而使性失其节。"就是说始终把人性生成、丰富的来源委之于实有的气，而且不放纵情欲而使性失其协调。片面放纵情、欲会造成感性的泛滥而不利于和谐人性的形成，所以要适当地节制情欲。因为情上受之于性、下授于欲，所以人情感的和谐顺畅也能致使感性欲求适当而和谐，从而最终形成完善和谐的人性。

四　壁立万仞，只争一线

王夫之重视立志和养志。"人苟有志，生死以之，性亦自定。"立志，就是确立坚定的、恒一的价值取向。强调要"仁礼存心"，超越流俗物质生活，超越个人得失祸福，卓立道德自我，创建精神文明，实现真正的人的价值。"壁立万仞，只争一线，可弗惧哉！"思想上划清界限，实践中长期磨炼，经得起各种考验。养志，就是要始终坚持一个稳定的志向，并不断地"荡涤其浊心，震其暮气"，就可以做到"堂堂巍巍，壁立万仞，心气自尔和平"，"孤月之明，炳于长夜"。"有志者其量亦远。""量"，是具有一定历史自觉的承担胸怀。持其志，又充其量，就能够"定体于恒"，"出入于险阻而自靖"，面对"生死、死生、成败、败成，流转于时势，而皆有量以受之"。不惶惑，不动摇，不迷乱，"历忧患而不穷，处生死而不乱"，达到对执著理想的坚贞,在存在的缺陷中自我充实,在必然的境遇中自我超越。

## 第四节 戴震对伦理美的论述

戴震(1724—1777年),字东原,安徽休宁隆阜人。出身小商人家庭,早年曾做过商贩,教过书,后中乡举。晚年被特招为《四库全书》的纂修官。戴震不仅是清朝的考据大师,对经学、语言学很有研究,而且在哲学伦理思想方面也很有建树,是一位反理学的思想家。戴震的哲学思想体系,以从自然宇宙观派生的人学本体论作为逻辑起点,以实现人人各达其情各遂其欲的社会理想为归宿,是个颇为典型的近代人文主义的哲学体系,它代表了18世纪的中国哲人在追求真善美的诸方面所达到的最高水平,洋溢着近代式的人文精神。这一体现着近代人文精神的哲学体系,对于建设中华民族的现代人文精神,仍富有多方面的启迪和借鉴作用。其思想集中体现在《原善》、《孟子字义疏证》等著作中。

一 理存乎欲

戴震在批判宋明理学"存天理,灭人欲"绝对主义天理价值观的过程中,对天理和人欲的内容及其相互关系进行了新的诠释和纠正,从而极大地丰富和发展了中国传统文化道德理性主义价值观的思想体系。戴震的道德理性主义价值观对中国传统儒学价值观的继承和发展,首先表现在其对宋明理学所提出的天理和人欲的内涵作出新的诠释。宋明理学家为论证其理欲之辨的合理性,建立了理本论的哲学思想体系,认为人性(包括人的理性与感性)都来源于"天理"。在此基础上,戴震提出了人性的内容包括欲、情、知。"人生而后有欲、有情、有知。三者,血气心知之自然也。给予欲者，声色臭味也，而因有爱畏；发乎情者，喜怒哀乐也，而因有惨舒；辨于知者，美丑是非也，而因有好恶。有是身，故有声色臭味之欲；有是身，而君臣、父子、夫妇、兄弟、朋友之伦具，故有喜怒哀乐之情；唯有欲有情而又有知，然后欲得遂也，情得达也。"① 在戴震看来，人有肉体，又有思维能力，因而既具有声色臭味之欲望，喜怒哀乐之情感，又具有美丑是非之意志。同时，戴震指出，人的欲望、情感、意志是人具有的自然本质，它们是自然而自然的。"欲者，血气之自然；其好是懿德，心知之自然也。"② 这样，戴震就把人的本性建立在人的感性欲望的基础上，从而与理学家把人性建立在道德本位之上划清了界限。

戴震对"天理"和"人欲"作了解释。他说："天理云者，言乎自然之分理也；自然之分理，以我之情人之情，而无不得其平是也"，"欲者，血气之自然"③。所谓天理就是自然，就是人情；所谓人欲就是人的自然本性。这样戴震就把"天理"和"人欲"的内涵作出了创造性的改变。戴震认为，"人生而后有欲，有情，有知，三者，血气心知之自然也"，这就肯定了"欲"的天然合理性，即认为人欲的存在是血气之属的自然本能。"有是身，故有声色臭味之欲"，"声色臭味之欲，资以养其生"④，意在说明人有生命就有欲，欲与养生相关，进而肯定人欲的存在，反对灭欲。在戴震看来，人是有生命的，有生命则必须养生，养生则有欲。"孔子曰：'少之时，血气未定，戒之在色；及其长也，血气方刚，戒之在斗；及其老也，血气既衰，戒

---

① 《孟子字义疏证》卷下。
② 《孟子字义疏证》卷上。
③ 安正辉选注《戴震哲学著作选注·理》，中华书局1979年版，第63页。
④ 安正辉选注《戴震哲学著作选注·才》，中华书局1979年版，第167页。

之在得.'血气之所为不一，举凡身之嗜欲根于血气明矣，非根于心也。"① 戴震借此说明人体虽有少、壮、老的不同阶段，但人的物质欲望都根源于人体本身需要，肯定人欲就是人的自然欲求。戴震论证了人欲不但不能灭，而且还是人生存的必需。欲出于人的本性，出于自然，因此它的存在是合"理"的。

不仅欲的存在是合理的，而且理的存在也离不开欲，即"理存乎欲"。他说："理者，存乎欲者也。欲，其物；理，其则也。"② 戴震认为天理存在于人欲之中，离开人欲就无所谓天理；欲与理的关系就是物与则的关系。

戴震还进一步地说道："天下必无舍生养之道而得存者，凡事为皆有于欲，无欲则无为矣；有欲而后有为，有为而归于至当不可易之谓理；无欲无为，又焉有理！"③ 如果无人欲，就会无为，那么天下之人"生道穷促"，必然漠视理义，总之，"理寓于欲之中，寓于人类的'以生以养之事'中，寓于'有为'的历史创造活动之中"④，戴震论证了理欲的相互依存关系，建立了"理存乎欲"的系统的理欲统一观。在有关人欲的问题上，戴震并非主张穷人欲，而主张节欲。戴震把"性"和"人欲"比喻为"水"和"水之流"："性，譬则水也；欲，譬则水之流也；节而不过，则为依乎天理，为相生养之道，譬则水由地中行也；穷人欲而至于有悖逆诈伪之心，有浮侈作乱之事，譬则洪水横流，泛滥于中国也。"⑤ 性好比水，人欲好比水的流行，适当

---

① 安正辉选注《戴震哲学著作选注·理》，中华书局1979年版，第77—78页。
② 同上书，第87页。
③ 同上书，第217页。
④ 许书民：《戴震与中国文化》，贵州人民出版社2000年版，第158页。
⑤ 安正辉选注《戴震哲学著作选注·理》，中华书局1979年版，第87页。

节欲,则顺应天理,符合养生之道,如同水在地上的缓缓流动;放纵人欲以至于产生犯上作乱、欺诈虚伪的坏思想和过分贪图物欲、扰乱社会秩序的坏事情,好比洪水泛滥一样。同时,戴震认为,"欲之失为私,私则贪邪随之矣","不私,则其欲皆仁也,皆礼义也"[①]。即欲望是人本性之自然,如果没有原则、规则来加以限制就是"私",贪欲邪念的行为就会出现,如果人没有私,那么他的欲望和行为就合乎仁和礼义了。那么怎样才能做到"欲而不私"?只有"以情絜情",以自己的爱恶推度他人,每个人在满足自己的情感、欲望时都要考虑到其他人的情感、欲望,这才能实现人人遂欲达情之理想生存状态,才是真正的不私。人能够达到不私就是说人"能克己以还其至当不易之则",使"人欲之需求"由"自然"欲求层次而归到"必然"的社会法则层次。

二　归于必然,完其自然

戴震把朱熹哲学中"自然"与"必然"的两个概念加以提升改造,变成他的伦理学说中的一对重要的哲学范畴。"自然"与"必然"是戴震气化流行之自然观在社会历史领域中的具体体现。

戴震所谓的"自然",有两层含义:一是指人或物处于一种自然而然的状态;二是指人或物处于一种自由自在的状态。戴震认为,从人的本性萌发出来的好利恶害之欲,怀生畏死之情,都是人欲的自然体现及合理要求,是与天地间生生不息、气化流行的宇宙规律相协调的。就整个社会群体而论,戴震认为,社会中一切人物庶物,日用人伦,同样也是"自然"的体现。具有本

---

[①] 安正辉选注《戴震哲学著作选注·才》,中华书局1979年版,第167页。

能情欲的生命个体通过一定的"社会关系"结合而成的社会群体,扩展了"自然"的外延,而其质的规定性却保持不变。因此,戴震所阐述的"自然",是个体情欲与社会群体辩证关系的总称,"个体"与"群体"构成了"自然"关系中两个密不可分的侧面,二者之有机结合,恰好构成了"自然"的完整含义。

戴震对"必然"的阐释具有更为重要的理论价值和社会批判意义。他所谓的"必然"与"自然"一样,也包含两层含义:一是指事物当然之条理,"实体实事,罔非自然,而归于必然,天地、人物、事为之理得矣"①。二是指人之行为的当然准则,所谓"尽乎人之理非他,人伦日用尽乎其必然而已矣"②。按照戴震的理解,"必然"对于"自然"的意义,只在于前者是对后者的最为详尽的概括,而不在于将"自然"的本质归于"必然",所以,戴震指出:"归于必然适全其自然,此之谓自然之极致。"③

戴震认为,感性欲望与道德理性的关系既不是先天与后天的关系,也不是本体与作用的关系,它们是自然与必然的关系。自然是必然的基础,必然的法则必须建立在人伦日用的社会生活之上。仁义礼智不是归于静、归于一的超越本体,它就是建立在饮食男女的感性欲望之上而使人的感性欲望不致迷惑的"懿德",即行为准则。这种行为准则,就是人道,就是人伦日用之准则。人伦日用之道就包含在人伦日用的现实生活之中,规范人们的日常现实生活而成为人们日常生活的基本准则。人伦日用是自然,人伦日用而无失就是必然,自然是必然的基础,自然又必须归于

---

① 戴震:《孟子字义疏证·理》,《戴震全书》卷6,黄山书社1995年版,第164页。
② 同上。
③ 戴震:《原善》卷上,《戴震全书》卷6,黄山书社1995年版,第11页。

必然。

"归于必然，完其自然"是戴震的基本价值取向，它表明戴震对中国传统儒家的道德理性主义价值观、对宋明理学的"天理"价值观既有所继承又有所创新，但仍然同属于中国传统文化道德理性主义的价值系统。戴震是现实主义思想家，他的新伦理思想是通过对程朱理学主张的"存天理，灭人欲"的无情批判而得以阐释的。这一方面表现了戴震新伦理观的进步意义，另一方面也显示了戴震新伦理观的现实价值，即为现实的人指明了善的方向和审美的维度，反映了人们对伦理之美的追求。

三 遂己之欲，亦思遂人之欲

当儒家强调"人之所以异于禽兽者几希"时，便突出了作为人的本质的道德理性。儒家以道德价值来揭示、肯定人的价值，表现为道德价值中心论。戴震的哲学批判，是在考察儒家以至理学家讲人之所以为人的理论前提时，揭示人的本有的面貌。指出孟子虽在人性相同方面讲得明确和直截了当，但有些方面没有深入研究。这包括两个方面：一是人为什么与禽兽不同，二是人为什么与狗和牛的性有差异。人性与禽兽的性，这两者之间怎样联系起来，似乎缺少一个中间环节。对于这个理论前提，从孟子乃至程、朱，都没有自觉地进行仔细考察。正是这种没有自觉的专察，恰是中国哲学中所缺少的追根究底的批判的精神，戴震自设宾主的诘难，弥补了中国哲学中这方面的不足。戴震论人之所以为人，其出发点或归结点是把人作为有情感、有欲望、有生命的现实人，就是说，人首先是物质的、感性的存在。每一个具体的、现实的人，都有感情欲望，如果人在与外物的接触中不产生任何情欲，而归于无欲，那么，恻隐、羞恶、辞让、是非的观念也不能产生。因此，所谓仁义礼智，是指存在于怀生畏死、饮食男女等情欲之中的道德理性。"古贤圣所谓仁义礼智，不求于所谓欲之外,不离乎血气心知。"(《孟子字义疏证·性》)就是说,人不能超越自然的情感活动、心理活动和生理活动,但人又是社会的理性动物,与禽兽有异,"人之心知"能"不惑乎所行",这是一种美德,这种美德是禽兽所不具备的,可称"善","孟子言'人无有不善',以人之心知异于禽兽,能不惑乎所行之为善"(《孟子字义疏证·性》),即"懿德"和"善",便是人与禽兽所以区别的标志。论证人伦道德,必须说其对象是活生生的有血有肉的人,而不能把人理念化、僵化。

戴震的道德哲学归根到底是呼唤人性,言情谈性遂欲的,就是有血有肉的活生生的人的哲学。所以戴震哲学体系中的仁、义、礼、智等道德范畴就与程朱派截然不同。程朱派离开人的情欲构建道德范畴,而戴震则不然。戴震反复强调,声色嗅味之欲同然是"根于性"之自然,而欲之本身的"好是懿德"这句话,戴震确实理解成"人欲之好是懿德",所谓"人欲之好",即有节制的正常之欲,而非邪恶之欲,而此乃"懿德",即符合仁、义、礼、智等道德规范的善的行为。"智通礼义,以遂天下之情,备人伦之懿。"[1] 人的心智足以知晓礼义的奥妙,用礼义等道德规范去引导天下人的情欲,也就具备了人与人之间关系方面的美德。只要欲不失之私,觉不失之蔽;仁且智,即可称作有道德的人。"圣人神明其德,是故治天下之民,民莫不育于仁,莫不条贯于礼与义。"[2] 圣人通过思维正确认识天德,因此治理天下的老百姓,老百姓就没有不受仁的化育,没有不贯通礼义的。戴震于此是要统治者学学圣人,懂得仁政的道德,即"一人之欲,天下人之所同欲也",这是最要不得的。因而,欲遂己之欲,亦思遂人之欲。如果只顾自己放纵情欲,就必然会伤害仁义

---

[1] 高亨:《诗经今注》,上海古籍出版社 1980 年版,第 454 页。
[2] 汤志钧:《戴震集》,上海古籍出版社 1980 年版,第 331 页。

礼等道德原则。戴震提出，要使人性沿着正确的方向发展，要使社会达到和谐稳定的局面，统治者就要做到"以情絜情"、"体情遂欲"，以至天下"情得其平"。只有如此，才是符合人道的，才是至善的。戴震直言，"乱之本，鲜不成于上"，盖因为在位者"行暴虐而竞强用力"，"肆其贪，不异寇取"。民众即使有反抗的言行，亦不过是拜在位者所赐。所以，统治者抱怨"民之所为不善"，"用是而雠民"等等，实为大谬。戴震由此提出自己心目中的理想社会：人君"体民之情，遂民之欲"，"与民同乐"，施行仁政，"省刑罚，薄税敛"；从而使人人能够"仰足以事父母，俯足以畜妻子"，使整个社会达到"居者有积仓，行者有裹粮"，"内无怨女，外无旷夫"，开创一个"王道"乐土的美好局面。仁政如是，王道如是而已。

### 第五节　颜元的实学伦理中的美

颜元（1635—1704年），字易直，又字浑然，清直隶博野（今河北博野县）人，因中年后倡导实学，将书屋名曰"习斋"，世人尊称为习斋先生。他年轻时，曾信奉官方正统的以程、朱、陆、王为代表的理学。后来由于在生活实践中感到理学家们"主敬存诚、静坐著书"的说教"虚"而"无用"，特别是在他34岁时，按朱熹的《家礼》办理祖母的丧事，"颇觉违于性情"，便成了当时最激烈的反理学的人物。他十分愤怒地谴责理学为"杀人"之学，并说照理学家的说教去做，就只能"无事袖手谈心性，临危一死报君王"。他认为，宋明两朝就是被理学家的空谈弄到了亡国的地步。颜元一生教书、行医，未涉仕途，终生苦学而勤思，勤思而立言，立言而践履，虽置身清贫却淡漠显赫，通过对理学的批判而逐步形成"实学"之说，后得到其弟子李塨的继承并发展，成为名噪南北的一派显学"颜李学派"。其主要著作有:《四存编》、《四书正误》、《习斋记余》等。

## 一 义中之利,君子所贵

在中国传统文化中,功利主义作为一种伦理道德哲学,关于功利的学说一般演化为"利"的学说。颜元从理学内部出发,力图重新确立功利的地位,使"内圣"与"外王"相结合。颜元的义利观中主张利的存在,求义中之利,提出了要正谊谋利明道计功的观点。"追求幸福的欲望是人生下来就有的,因而应当成为一切道德的基础。"① 颜元意识到正常的逐利行为对社会的发展具有促进作用,可以产生最原始的动力,"好荣恶辱,好利恶害,是君子小人所同也"②。历代推崇的圣贤尧舜也不能除去人之求"利"之心;同样,桀纣不能禁人之向"义"之思。早在荀子就说过人欲利之心不可去之,只须以"义"胜"利",好"利"不过于好"义"则可。好利之心人皆有之,只是看如何对待。颜元充分肯定圣贤与平凡人一样内有欲富之心,"'广土众民,君子欲之';圣贤之欲富贵,与凡民同。古人之言,病在一'浊'耳。人但恐不能善用富也。大舜富有天下,周公富有一国,富何累人。今使路旁忽遇无衣贫老,吾但存不忍人之心耳,兄则能有不忍人之政矣,富何负人?要贵善施,不为守钱房可乎!"③ 在这里他不仅不忌谈论富贵,还断言圣贤与君子同样有欲富欲贵之心,"圣人亦人也,其口鼻耳目与人同,惟能立志用功,则于人异耳。故圣人是肯做工夫之庸人,庸人是不肯做工夫

---

① 《马克思恩格斯全集》第21卷,人民出版社1956年版,第3310页。
② 《荀子集解·荣辱篇第四·诸子集成本》,岳麓书社1996年版,第430页。
③ 钟陵:《习斋先生言行录》,中华书局1987年版,第640页。

之圣人"①。"吾欲富贵",这是一个正常的价值观念,正常的逐利是有助于社会的发展的。富有天下的舜可以以他的"利"来治理天下,让百姓获得更好的生活,社会随之也将发展。只要"取之有节,用之以礼,斯仁行其中"②便可以了。

为了扭转空疏的风气,扶正被颠倒的道德评价标准,颜元认为在道德评价过程中,既要注意言行一致,又要注意动机和效果的统一,必须将"功用"作为道德评价的一部分。在义利关系上,颜元的基本主张就是"以义为利",义利兼重,道功并收。他既不赞同理学家们将义利分割的极端的反利倾向,也憎恨见利忘义之徒的贪鄙,对个人礼的要求极为严格,所谓君子贵可常,不贵矫廉邀誉。

在讲究功利的同时,颜元提出了两个原则,首先无论是致富还是用富都必须遵守仁、义、礼、智、信的道德要求,所谓君子爱财取之有道。在取利方面,他严守"以义为利",从不贪求一分不义之财,"体乎仁则富,行乎礼则贵"。再则,要学会用富,也就是善于达济天下。颜元的义利观简单而有鲜明的特点,他重利却不轻义,他守礼法,非其所有,一介不取,十分洁身自好,且要求为富要仁,正如他所说"要贵善施,不为守钱房"。在他看来,求利只是一种手段,不是唯一目的,为了理想,可以不言利。凡事必要做到先难后获,先事后得,敬事后食,"盖'正谊'便谋利,'明道'便计功,是欲速,是助长"。颜元的功利思想则将功利提上日程,以功利作为评判的手段而不作为最终目的,这在当时对批驳只是空疏地谈义的理论是十分必要的,改观了当时理学王学末流的一些价值取向,重新回归到最初儒家的道德体系。

---

① 钟陵:《习斋先生言行录》,中华书局1987年版,第628页。
② 同上书,第651页。

经世致用本是儒家之本,"中国所有受过教育的人都既想参与国家事务,又想成为学者和哲人。他们都具有一种双重的理想即愿'内圣外王',也即哲学王"①。这样说未必很确切,但它却体现了儒家的一种心态。颜元的功利学就是力图重新为"外王"立命,为儒家经典中的"内圣"、"外王"寻找到一个很好的结合点。

二 身行一理为实

颜元意识到"习行"在认识中的重要作用。他强调:"人之为学,心中思想,口中谈论,尽有千百义理,不如身行一理之为实也。"颜元之所以把实际经验看得比书本知识更重要,这是因为:第一,在颜元看来,书本知识未必都可靠。他说:"书本上所穷之理,十分之七外谬不实。"②颜元这一论断,是在程朱理学盛行情况下,针对程、朱而说的。第二,他认为真正在生活中用得上的,还是从实践中得来的知识,亦即经验的知识。第三,颜元认为,书本知识正确与否,也要通过实践来检验。一个人是否具有某种知识,是否真正掌握某种技能,必须通过实践来考察,而不凭能说会道。颜元说:"读得书来,口会说,笔会做,都不济事,须是身上行出,才算学问。"这表露了颜元含有行重于言,实践高于认识的深刻思想。

具体来说,颜元关于"行"的思想特点,集中体现在以下三个方面:第一,强调"知"来源于"行",强调直接经验在认识过程中的决定地位。颜元认为,真正的知识只有通过亲身"习行"才能获得。他针对理学家"不见梅枣,便自谓穷尽酸甜

---

① [美]弗吉利亚斯·弗姆:《道德百科全书》,湖南人民出版社1988年版,第63页。
② 《习斋记余》卷6。

之理"的说法,举例说:"如此菔蔬,虽上智老圃,不知为可食之物也,虽从形色料为可食之物,亦不知味之如何辛也,必箸取而纳之口,乃知如此味辛。"① 通过亲口尝食而知菜味之例,证明只有接触事物,才能认识事物的道理。第二,通过对传统哲学中争议较大的"格物致知"问题作新的阐述,进一步论证"行"对"知"的决定作用。颜元从理论与实际的结合上说明了"知"与"行"的关系,对"格物致知"作了朴素的唯物主义的阐释。颜元这种强调由行得知,不习行就不能获得有用之知的思想观点,无疑是古代认识论中的真理。第三,反对死读书,提倡"力行"。颜元批判了程、朱提倡的脱离实际的所谓静坐、内省的死读书说教,指出:读书学习"务期实用","体用一致","盖吾儒起手便与禅异者,正在彻始彻终总是体用一致耳"②。只有"身习而实践之","非存性空谈"③,才能明理而致用。

颜元的这些思想特点反映在他关于德的观念上,就是把德行与致事功的价值观相联系。他关心民生,秉人道情怀,寻找利厚天下民生之路径,致力于确立反泛道德主义的价值观,强调社会功利价值实现的道德意义。他不仅肯定了事功的道德价值,而且肯定了各个行业皆有其不同之德,百姓日用处即伦理所在。同时,这实质上显示了没有道德实践能力不能培养美德。这样,也就打破了关于德之观念仅限于三纲五常与道德感培养的士人自我标榜,确立起实践性经验性的美德观。

---

① 《四书正误》卷1。
② 《存学篇》卷2。
③ 《存学篇》卷1。

# 第十二章　近代伦理美思想的变迁

　　中国传统伦理道德之所以能够在近代产生其理论形态的历史转换，是由于中国社会发生了根本性的质变——建立在小农自然经济基础之上的中世纪封建社会已经腐朽并开始瓦解，新的生产方式逐渐生长，并在伦理道德上提出了自己的要求。社会需要一种新的伦理道德体系为这一新的经济因素进行辩护和论证，并打破旧的伦理道德体系对新的生产方式的束缚，以求得自己的生存和发展。西方文化的影响，民族生存的危机和社会发展的要求，反映在近代学者的思想中，就开始了对传统伦理道德的彻底批判，并着手构建新的伦理道德体系。明清之际学者在批判、总结传统文化的理论思潮中，既不满于程朱理学的僵化，又反对王学的任意，力图对传统伦理道德进行新的整合，重构一套合理适用的思想体系。然而，由于历史的局限，使得他们的理论只能是传统道德的自我反省、自我批判，不可能产生根本性的突破。但近代道德的确立，则打乱了传统道德自我发展的逻辑，是中国伦理道德发展的质变。它提出了与传统道德完全不同的道德原则和价值标准，以一种新的思维方式描述和解释道德现象，使中国道德发展由传统道德提升到一个新的道德类型。近代伦理道德与传统伦理道德属于两种不同类型的道德体系，它们之间的本质区别，从总体上说可以概括为：传统伦理道德以天为本，强调道德的绝对性、超越性和整体价值；而近代伦理道德则以人为本，凸显了道德的相对性、现实性和个体价值。中国传统伦理道德在近代的转型，是中国伦理道德发展质的飞跃和理论形态上的历史性转换。

## 第一节 近代思想家对传统伦理美观念的反思

伦理道德作为对现实社会生活的反映，在不同的社会历史时期具有不同的思想性质和理论形态，反映着不同的时代精神。鸦片战争的爆发使闭关自守的清王朝日落西山，19世纪末的中国，进入了一个价值观念和文明传统分崩离析的时代。一方面，晚清政府的昏聩腐败和西方列国洋枪洋炮加鸦片的双重侵蚀，使得传统的社会统治秩序和专制系统如风中之烛摇摇欲灭；另一方面，芸芸众生心目中神圣的天赋王权被剥去其神圣和神秘的外衣，原先一以贯之顺着天命神授延续下来的道德系统、价值祈求和生命意义在西方强势文化的大举入侵面前，似乎不堪一击，失去了曾有的光环和效用。近代中国的伦理思想与信仰世界陷入了空前危机，德性和规范双重破产，存在与意义双重迷失。许多志士仁人对传统文化哀其不幸怒其不强，对现状强烈不满，在讥切时政，呼吁更法的同时开始了探索促使国人觉悟的有效途径。

### 一 康有为博爱大同的理想世界

康有为（1858—1927年），又名祖诒，字广厦，号长素，又号更生，广东南海人。少年时代接受传统的儒家思想教育，1879年，接触到西方资本主义思想和当时的改良思潮，开始合古今中西之学，改良政治，是资产阶级维新派的领袖，中国近代史上著名的启蒙思想家。康有为一生著述甚丰，达139种，台湾蒋贵麟辑成《康南海先生遗著汇刊》、《万木草堂遗稿》、《万木草堂遗稿外编》，其中较著名的是三大"奇书"，即《新学伪经考》、《孔子改制考》和《大同书》。

三大"奇书"围绕晚清的维新变法运动构成了一个相对完

整的思想体系。如果说,《新学伪经考》是否定因循守旧的过往经学,《孔子改制考》是为现实政治的改良喝道张目,那么,《大同书》则是着眼于未来社会的终极关怀,主要体现了他愤世嫉俗的社会现实批判思想和空灵玄妙的"大同"世界理想。康有为的大同思想是乌托邦式的空想,但又是超越时代的文化结晶。

(一)大同思想的旨趣

国家和民族的内忧外患使饱读经书的康有为开始走出传统社会,利用自己掌握的西学,去探索救国救民的出路。"感国难,哀民生,长夜坐,弥月不睡,所悟日深,著大同书。"[①] 康有为对"大同"社会的设计和探索,选择了一种迂回的策略,那就是根据西学对传统的经典——公羊三世说、礼记大同说进行了重新的整合,编织了一幅浪漫虚幻的"大同世界"的美好图景,作为人们奋斗的理想目标。

在康有为的"大同"社会里,经济高度发达,一切都实现高度的机械化、电气化和自动化。劳动者都是受过高等教育、掌握专门科学技术、有较高文化素养的人。他们没有城乡之别,无工农之别,无脑体劳动之别,每日工作时间仅三四个小时足矣,此外都是游乐读书的业余时间。同时,"大同"之世具有高度发达的物质文明和精神文明,每个基层政府均设有博物馆、图书馆、音乐馆、美术馆、公游园、动物园、植物园、讲道馆、测候台、公报馆等供人们参观、学习、游乐。人们"忧虑绝无",可以过着无苦极乐的生活,人们甚至可以"乘光、骑电、御气而出吾地,而入他星,到太空作'天游'"。

一般说来,社会政治理想总是与审美理想互融互渗的,正像伊格尔顿所说:"这只是由于我们的审美存在其实也是蕴含某种

---

① [清]康有为:《大同书》,北京古籍出版社1957年版,第3页。

真理性的人类社会价值取向的生动体现；无非是由于审美实践和社会实践一样，都源自于人类生命的存在之根，体现着我们的生命理想。"① 正是在这样的意义上，康有为的"大同"理想有别于传统儒家以"求善"为本的大同思想，因为它在本质上乃是"蕴含某种真理性的人类社会价值取向"的审美存在。

（二）去苦求乐

《大同书》在猛烈攻击旧社会苦难的基础上，展开了美满的大同社会的设计蓝图。这蓝图的理论基础，就是"人生之道，去苦求乐而已，无他道矣"。② 这种以"求乐"为尚的思想正是典型的审美追求和审美理想的表现，而"求乐"思想的透视、反观"旧社会苦难"的功用，又显示出鲜明的社会政治色彩。众所周知，"美"之起源和功用，简言之，实皆"求乐"二字。作为晚清政治改良主张的倡导者，康有为思想的一个重要方面，便是重"乐"，梁启超冠之以"主乐主义"。梁氏在《南海康先生传》第七章"康南海之哲学"中说，康氏哲学"质而言之，则其博爱、主乐、进化之三大主义也"，并就其"主乐主义"作了如是阐释："先生之哲学，主乐派哲学也。凡仁必相爱，相爱必使人人得其所欲，而去其所恶。人之所欲者何？曰乐是也。先生以为快乐者众生究竟之目的，凡为乐者固以求乐，凡为苦者亦以求乐也。耶教之杀身流血，可为极苦，然其目的在天国之乐也。佛教之苦行绝俗，可谓极苦，然其目的在涅槃之乐也。"

康有为的"主乐主义"在他本人关于墨学性质、命运的评说中也有明确的表现。他很推重墨学，说"墨子传教最勇悍，其弟子死于传教者百余人"；"墨子颇似耶稣，能死，能救人，

---

① 徐岱：《美学新概念》，学林出版社2001年版，第184页。
② 李泽厚：《中国近代思想史论》，人民出版社1979年版，第132、133页。

能俭"、"墨子之道，与佛相类"；"墨子之学，与泰西之学相似"、"墨子之学胜于老子"①。但是，尽管有如许优长，墨学却自汉以来即趋于寂灭，康氏推其因曰："墨子难行，由于非乐。"②《大同书》甲部绪言中也说："昔者有墨子者，大教主也。其为教也尚同，兼爱，善矣；而其为术，非乐，节用，生不歌，死无服，裘葛以为衣。庄子曰：'其道大觳'；'反天下之心，天下不堪'。"这些都表明，在康有为的思想观念中，"求乐"意识，也即审美意识，是占有重要位置的。他甚至认为，人因"苦"、"乐"二觉交感而生出的"求乐免苦之计"，乃是社会"进化"的动力，"其乐之益进无量，其苦之益觉亦无量，二者交觉而日益思为求乐免苦之计，是为进化"③。

因此，在他构建大同世界时，可以说，终极理想就是围绕"求乐"而展开的，也就是说，归根结底，他的社会理想是由审美理念所牵引的，就是一种特殊的审美理想。他的"求乐"思想的终极关怀，在"精神"之乐，即"迎善气"，"养魂梦"，"怡神魄而畅心灵"，所以在他描述的"十乐"中居于最高阶位的乃是"灵魂之乐"。这样的"大同"世界，其实质就是"极乐"世界、"极美"世界。梁启超在《南海康先生传》中阐释康有为的大同思想时说："于是推进化之运，以为必有极乐世界在于他日，而思想所极，遂衍为大同学说。"也指出了大同学说熔审美理想与社会理想、政治理想于一炉的特征。《大同书》关于社会政治理想的其他各部分主要讨论了对应于人生各个阶段建立完善的社会关怀体制，对应于社会生活的各个方面建立合理的社会管理机构等，也是以"求乐"为潜在理念的。张竞生先生在

---

① 朱维铮：《求索真文明——晚清学术史论》，上海古籍出版社1996年版，第254页。
② 同上书，第255页。
③ 康有为：《大同书》，北京古籍出版社1957年版，第293页。

解释自己的《从人类生命、历史及社会进化上看出美的实现之步骤》、《美的社会组织法》等著作时说:"美之一字,在此做广义解,凡历史进化,社会组织,人生观创造,皆以这个广义的美为目的、为根据、为依归。"① 这话完全可以移用来评说康有为的《大同书》。又有论者评张竞生说:"在他那里,美就成为人类的最高理想了。"②

康有为在进行维新变法的同时,也高扬起了他的"主乐主义"大旗,将"大同"的社会理想、政治理想依托于审美追求、审美理念。在《大同书》中,审美意义上的"求乐"与社会政治意义上的"大同"始终是携手并行,彼此顾盼,互相因依的。这种结盟,一方面,改变了传统儒家大同思想以"仁"和"礼"也即"求善"为本位的思想路向;另一方面,也使"求乐"也即"满足欲望"的审美追求承接并发扬了晚明以来肯定"人欲"的思想潮流,染上了浓厚的时代色彩,获得了特定的社会政治内涵。

二　梁启超新民学说的道德审美

梁启超(1873—1929年),字卓如,号任公,别号饮冰子、哀时客、饮冰室主人、自由斋主人等,广东新会人。中国近代著名的政治活动家、启蒙思想家、资产阶级宣传家、教育家、史学家和文学家。17岁中举,后随其师康有为参与维新变法,事败后流亡日本,在当地创办《新小说》杂志,并与孙中山等革命人士来往密切;回国后又曾组织进步党争取宪政。1920年后,脱离政界,先后在清华、南开任教授,并专心著述。他的学术研究,学贯中西,囊括古今,在多个学科领域均有建树,以史学研

---

① 张竞生:《张竞生文集》上卷,广州出版社1998年版,第28页。
② 陈望衡:《20世纪中国美学本体论问题》,湖南教育出版社2001年版,第140页。

究成绩最著。一生著述宏富,总计千万余字,有多种作品集行世,以《饮冰室合集》较称完备。

(一) 维民为先

梁启超的新民思想缘起于其对国家富强、民族振兴之道的探寻。梁启超认为,要想拯救、改造中国,首先必须对中国的"病源"有正确的认识。他说:"善医者必先审病源,医一国之疾更是如此。"① 正确认断中国的"病源",乃是改造中国的第一步。戊戌变法以前,梁启超就分析了洋务运动失败的根本原因,指出洋务派"知有兵事而不知有民权,知有外交而不知有内治,知有朝廷而不知有国民,知有洋务而不知有国务"②。梁启超认为光有"变事"不能变革现实社会,关键要"变法",从"体"上变革中国不合理的政治体制乃至整个社会管理体制。这一时期,他还进一步提出一个著名的论断:"兴民权"乃是振兴中华的关键。随后他又提出一个"权生于智"的观点来作补充,认为"伸民权以广民智为第一义"。应该说这时梁启超就已经开始从中国文化的深层结构来探讨中国落后的原因了。

戊戌变法失败后,梁启超只身流亡日本。在此期间,他开始接触大量的西方资产阶级思想家有关政治、经济、历史社会及思想文化方面的著作,眼界大开,使他有可能在更广阔的范围内进行思考与探索。梁启超认识到,"凡一国强弱兴废,全系于国民之智识与能力。而智识、能力之进退增减,全系于国民之思想。思想之高下通塞,全系国民之习惯与所信仰"③。这里所谓"习惯"、"信仰",就是文化的心理结构,是塑造"国民性"的重要因素。这说明梁启超已经开始从中国的国民性来找寻中国的积弱

---

① [清] 梁启超:《中国积弱溯源论》,《饮冰室合集》专集之五。
② [清] 梁启超:《李鸿章》,新民丛报社 1902 年版。
③ [清] 梁启超:《保教非所以尊孔论》,《梁启超全集》,第 766 页。

的原因了。

1901年，梁启超发表了著名的《中国积弱溯源论》，作为他给中国开出的"病源"诊断书。在这篇文章中，梁启超转向了对中国传统儒学体制的批判，发出了"中国积弱之敌，盖导源于数千年以前"的惊人议论。他说："吾国之受病，盖政府与人民各皆有罪焉。其驯致之也非一时，其酿成之也非一人，其败坏之也非一事。"在各种复杂的原因中，"其总因之重大者在国民全体，其分因之重大者在那拉一人，其远因在数千年之上"①。在这篇文章中，他把两千年来封建文化的熏染、影响，把中国人"爱国心薄弱"、"人心风俗"和道德品格上的缺陷断定为中国积弱的"总因"、"最大根源"、"病源之源"。正是基于他对中国衰微之原因的这种认识，梁启超开始呼吁：中国欲图振兴，就必须先从改造国民性、提高全民素质入手。1902年2月，他创办《新民丛报》，并从创刊号上开始以"中国之新民"笔名连续发表《新民说》，提出"欲维新吾国，当先维新吾民"，"新民为今日中国第一急务"，"舍此一事，别无善图"②，从而形成了他的新民思想。而且在《新民说》中，梁启超始终贯穿了一种道义论的伦理关怀，对德育与智育的不平衡发展深表忧思，极富现实意义。

（二）论公德私德

与旧式人格相比，新民的第一个特点就是具有公德意识。他试图用"淬厉其所本有而新之"，"采补其所本无而新之"③的办法，既立足民族文化的特质，又融合西学，对传统文化进行一

---

① ［清］梁启超：《中国积弱溯源论》，《饮冰室合集》专集之五。
② ［清］梁启超：《新民说·论新民为今日中国第一急务》，《饮冰室合集》专集之四。
③ 李兴华、吴嘉勋编：《梁启超选集》，上海人民出版社1984年版，第211页。

番廓清,培育中国人的公德意识。

梁启超为公德所下的定义是:"人人相善其群者,谓之公德。"① 在他看来,能否做到利群,乃是区别善恶的公德标准。所谓公德,是指个人与社会、群体、国家之间的关系,是讲个人对于社会、群体、国家应尽的义务,是个人对于"群"体而言的。"是故公德者,诸国之源也。有益于群者为善,无益于群者为恶,此放诸四海而皆准。"② 梁启超认为,利群的公德意识是新民必须具备的道德素质,"知有公德,而新道德出焉矣,而新民出焉矣"。他把公德视为新道德的核心,视为维系"群"与"国"的必不可少的黏合剂。"公德者何,群之所以为群,国之所以为国,赖此德焉以成立者也。"梁启超强调,新民的诸多品质,都可以利群二字为总领。具有公德意识的新民能够处理好利群己、公私、人我关系,懂得个人利益总是同群体利益紧密联系在一起的。梁启超认为,"合群人性"是天赋予人的本性,一方面,"处竞争之世,惟群之大且固者,则优胜而独适于生存";另一方面,"以物竞天择之公理衡之,则其合群之力愈坚而大者,愈能占优胜权于世界上,此稍学哲理者所能知也"。"求如何而后能真利己,如何而后能保己之利使永不失,则非养成国家思想不能为功也。"只要国民坚持"先利其群"的原则,"以一身对于一群常肯挺身而就群;从小群对于大群,常肯小群而就大群"③。这样,国民自然就会推己及人,爱集体、爱民族、爱国家,团结一致,共御外侮。梁启超呼吁人们应当树立国家思想培养爱国意识,而"言爱国必自兴民权始",这是由于"我国国民,习为奴隶于专制政体之下,视国家为帝王之私产,非吾侪所

---

① [清]梁启超:《饮冰室合集》专集之四,第2页。
② 同上书,第15页。
③ 李兴华、吴嘉勋:《梁启超选集》,上海人民出版社1984年版,第5页。

与有，故于国家之盛衰兴败，如秦人视越人之肥瘠，漠然不少动于心"①。可见，只有兴民权，使人民真正成为国家的主体，才能培养出利群爱国的公德。

梁启超指出，当个人利益与群体利益发生冲突时，小我应当服从大我。公德是个人对于群体而言，而"凡群者皆一之积也，所以为群之德，自其一之德而已定"②。个体的道德水平直接关系到群体的道德水准。因而作为新国民，起码应当做到"人人独善其身"，讲究私德，即注重个人的自我修养，养成正直、诚实、热情的品德，富有同情心，抛弃"束身寡过"意识，经常地反省自己，纯洁爱国心，在此基础上进一步养成公德意识。

梁启超认为，公德和私德都是新民不可缺少的品德，二者处于同等重要的地位，相辅相成，相得益彰。一方面，"无私德则不能立，合无量数卑污虚伪残忍愚懦之人，无以为国也"③；另一方面，"无公德则不能团，虽有无量数洁身自好廉谨良愿之人，仍无以为国也"④。道德起于人与人的交往，无论是与少数人交涉，还是与多数人交涉，无论是与私人交涉，还是与公众交涉，其客体虽然不同，但其主体都是相同的。只是由于所交涉的客体不同，才有公德与私德的差异。无论公德还是私德，道德判断的标准只有一个："有赞于公安公益者"，就可以称为合乎道德的行为；凡是"有戕于公安公益者"，就可以称为不合乎道德的行为。但鉴于近代中国的社会现状，梁启超强调培养国民的公德意识是最为迫切的任务。他认为，在中国文化中，对私德比较

---

① 王德峰：《国性与民族》，见《梁启超文选》，上海远东出版社1995年版，第58页。

② 李兴华、吴嘉勋：《梁启超选集》，上海人民出版社1984年版，第211页。

③ ［清］梁启超：《饮冰室合集》专集之四，第2页。

④ 同上。

重视，而对公德重视不够。"我国民所最缺者，公德其一端也。"① 在他看来，中国之"积弱"，理想、风俗、政书、近事四方面的问题，不过是分因，国民缺乏公德，才是总因。他指出："今世未去，爱群、爱国、爱真理之心为诚也。"② 把"爱群、爱国、爱真理"作为最高的道德境界提出来，应该说是梁启超伦理思想的一个特色。梁启超对公私二德的认识固然算不得高明，但对于激励国民树立爱群、爱国、爱真理的观念，对于提升"报群报国"的责任感，无疑具有积极的意义。

三　严复的进化伦理与美

严复（1854—1921 年），原名宗光，字又陵，福建侯官（今福州）人，近代资产阶级启蒙思想家，翻译家。甲午战争后，先后发表《论世变之亟》、《原强》、《辟韩》、《救亡决论》等文，抨击封建专制，主张向西方学习。1895—1898 年翻译赫胥黎的《天演论》，以"物竞天择，适者生存"的进化论观点唤起国人救亡图存，"自强保种"，比较系统地把西方资产阶级的政治、经济、文化等思想介绍到中国，在中国的思想界产生了巨大影响。

（一）进化论的自然法则与人类社会的历史发展

赫胥黎的《进化论与伦理学》是一部关于进化论思想的代表作。严复根据这本书翻译完成了《天演论》，这是严复进化论伦理思想形成的标志。在《进化论与伦理学》一书中，赫胥黎根据达尔文的生物进化论，揭示了自然历史演变的一个重要法则：物竞天择，适者生存。然而赫胥黎却认为这一法则仅适用于自然历史领域，人类社会发展遵循的是人类自身所特有的伦理法

---

① 丁文江、赵丰田：《梁启超年谱长编》，第 237 页。
② ［清］梁启超：《梁启超文集·论公德》，第 118 页。

则。严复却不这样认为,他认为"物竞天择,适者生存"不仅是自然界所遵循的普遍规律,也是人类社会历史发展所遵循的普遍规律。这正是严复进化论伦理思想的理论基础。

严复的进化论伦理思想是同当时中国特定的社会历史环境分不开的,他希望通过介绍进化论"物竞天择"、"优胜劣汰"的自然法则来告诫国人:如果再不奋发图强,改变落后、被动挨打的劣势,那么中国就很有可能成为这一自然法则的验证者。因此,要究其翻译这本书的思想本质,乃是出自严复深厚的民族情感、忧患意识和爱国思想。那么中国到底"劣"在何处,西方到底"优"在何处?这是严复进化论伦理思想中首先涉及的问题,其实质是对西方的重新认识和对中国自身的沉重反思,尤其是对中国国民性的反思。在这方面,他接受了斯宾塞的思想。1861年,斯宾塞出版了《教育论——智育、德育和体育》一书,提出了一个国家的强弱存亡是由这个国家的国民素质所决定的,其主要包括"血气体力"、"聪明智慧"、"德行仁义",即力、智、德三个方面。严复认为中国国民素质低下,关键在于力、智、德之不如人,而这三个方面的强胜劣败,决定了一个国家和民族的命运。他说:"是以西洋观化言治之家莫不以民力、民智、民德三者断民种之高下,未有三者备而民不优,亦未有三者备而国威不奋者也","人欲图存,必用才力心思,以与是妨生者为斗,负者日退而胜者日昌,胜者非他,智德力三者皆大是耳"①。

严复由此提出了改造中国人的国民性,重塑国民人格和提高国民素质的"三民"主张,即"鼓民力、开民智、新民德"。这样严复就将进化论的自然法则运用到了人类社会历史发展领域,并形成了其独特的以"三民"主张为核心,以倡导西学、道德重建、人格重塑为实质内容,以功利主义为特征的进化论伦理思想。

---

① 王栻编:《严复集》第5册,中华书局1986年版,第1351—1352页。

(二) 剖析国民人格，批判封建道德

严复在剖析国民人格时，对中国国民劣根性进行了反思，对造成国民劣根性的封建专制制度和封建道德进行了尖锐批判。

他认为，中国国民劣根性首先表现在国民的"奴性"上。中国人奴性之缘由，出自于中国封建社会千百年来的宗法等级观念。"中国自秦以来，大抵皆以奴虏待吾民。"然而，可悲的是不仅统治者"以奴待民"，而且"民亦以奴虏自待"。中国封建宗法等级制度，是中国人"奴性"形成的罪魁祸首。劣根之二在于"民愚"。民愚的根源在于中国封建专制制度整个都奉行愚民政策。严复认为中国当前之急，在于"治贫、治弱、治愚"，而三者之中尤以治愚为最急。1902 年，严复在《外交报》撰文指出："有一道于此，致吾于愚矣，且由愚而得贫弱虽出父祖之辈，君师之严，犹将弃之。"表现出了强烈的反叛精神和大无畏的气概。劣根之三在于"德败"。严复沉痛地指出，中国之道德风气，已堕落到足以亡国灭种的地步。最突出地表现在"顾私而忘公"。他写道："善夫！姚郎中之言曰：'也固有宁视其国之危亡，不以易其一身一瞬之富贵。故推鄙夫之心固若曰：危亡危亡，尚不可知；即或危亡，天下共之……'故其端起于士大夫之怙私，而其祸可至于亡国灭种，四分五裂而不可收拾。"[①]严复直接将"德败"的原因归结于封建宗法制度，他指出："民所恤私之恤者，法制教化使之然也。"对于当时社会道德沦丧，严复忧心忡忡地指出："夫社会之所以社会者，正恃有天理耳！正恃有人伦耳！天理亡，人伦堕，则社会将散教则他族得以压御之，虽有健者，不能自脱也。"[②]劣根之四在于"尚权"。严复认为中国封建统治所奉行的"八股取士"的科举制度，是"锢智

---

① 王栻编：《严复集》第 1 册，中华书局 1986 年版，第 94 页。
② 同上书，第 168 页。

慧、坏心术、滋游手"的腐朽制度。他说:"中国自古至今所谓教育者,一语尽之曰:学古入官已耳!一夫使一国之民,二千余年,非志功名则不必学,而学者不过词章,词章极功,不逾中式,揣摩迎合以得为二则何怪学成之后,尽成妇隶之才。"① 因而,在中国,求学已不是为了获取知识和真理,而在于入仕为官。为了做官可以不择手段,如在考场上"通关节、顶替、请枪、联号诸寡廉鲜耻之尤"。一旦做官之后,便以"巧宦为宗风,以趋时为秘诀"。因此,严复认为八股取士的教育制度,不仅导致了整个社会道德堕落,而且也是中国科学不兴、国弱民衰的直接原因。劣根之五在于"崇古"。中华民族生息繁衍数千年,形成了独特的民族文化和民族心理,具有强大的内聚力。然而千百年的历史积淀,也使中国人养成了因循守旧,喜好"以古为宗",普遍恪守"数千年前人所定之章程的传统"。尤其是封建伦理道德、纲常名教观念在中国人思想中根深蒂固,使得中国长期以来妄自尊大、因循守旧、盲目排外,这是中国在近代落伍的直接原因。严复尖锐地指出,封建统治者所极力维护的"礼"和他们大肆宣扬的"纲纪"是"忠信之薄而乱之首"的道德学说;孔孟的"诗书礼乐之教"是使中国不能自存的"亡国之教"。因而严复主张弃古从今,以西方的新学代替封建旧学,以新道德代替旧道德,对中国人的国民性进行彻底的改造。

(三)严复进化论伦理思想中几个重要的道德命题

严复的进化论伦理思想涉及几个重要的道德命题:

首先,关于道德的起源问题。严复对道德起源的认识,完全是从"物竞天择"的进化论思想来加以理解的。他不同意赫胥黎认为自然进化与社会发展所遵循的是不同的发展规律,他认为进化论不仅是自然界演变所遵循的规律,同样也是人类社会发展

---

① 王栻编:《严复集》第2册,中华书局1986年版,第281—282页。

所遵循的规律。赫胥黎认为人类社会发展所遵循的是人类自身所特有的伦理法则，严复则认为，赫胥黎把本末倒置了，人类道德的产生仍然是"物竞天择，适者生存"的结果。早期的人类为了生存，不得不"由散入群"以增强自己抵御灾祸和生存的能力，而人类伦理道德观念的产生正是人类群体化的结果。因此，严复提出了道德"乃是天择以后之事"[①]的重要命题。这一命题揭示了人类生存除自然属性之外的社会属性特征，说明道德的起源乃是源于人类自身的一种本质需要。

其次，关于人性的善恶问题。严复从第一个命题"道德乃是天择之后事"出发，进一步提出了他的第二个道德命题，即既然道德是人类为了生存合群的结果，那么，道德中的善、恶观念就不是先验地存在于人的本性之中，人类的伦理道德观念乃是后天社会化的结果。人性之初除了拥有与动物一样的各种本能以外，人性本无善恶。因而，严复对孟子的"性善论"和荀子的"性恶论"分别予以了批判。在批判"性善论"时，他说："被谓，善者，人性也。其好善恶不本然，固无所待于报应之居何等。借令其人歆天堂之极乐而后为善，畏地狱之苦趣而后不为恶，此其人因己为喻利之小人，而所行不足贵矣。"[②]这个评论不仅揭示了"性善论"的虚伪性，同时也说明了人类的善恶观念是后天产生的。相对于荀子的"性恶论"，这就克服了人性道德善恶观上的唯心主义先验论，说明了人类善恶观念形成的后天决定性。

再次，关于善恶的标准问题。在善恶的标准问题上，严复根据人们"趋乐避苦"的心理，提出了"人道以苦乐为究竟"的判断善恶标准的道德命题。这一思想源于西方快乐主义伦理思

---

① 王栻编：《严复集》第5册，中华书局1986年版，第1347页。
② 王栻编：《严复集》第4册，中华书局1986年版，第1013页。

潮，是西方新兴资产阶级反封建、反宗教禁欲主义思想的反映。严复主张在以"苦"、"乐"判断善恶的问题上，要"论人道务通其全而观之，不得以一曲论也"。有些事情虽"苦吾身"而令"天下乐者"是至善的行为。比若母亲对于子女不辞辛劳，然则是"母苦而子乐也"，"母即苦以为乐"。严复认为在世道不昌的情况下，"必彼苦而后此乐，抑己苦而后人乐"，他十分推崇苦己而"摩顶放踵以利天下的人"。可见严复的"人道以苦乐为究竟"的判断善恶标准，虽是建立在感觉论的基础上的，然而在苦与乐的关系上却有丰富的辩证法思想，其思想与其功利主义伦理观主张"义利合一"是一脉相承的。

最后，关于道德与自由的关系问题。严复在倡导自由、平等观念时，提出了"欲善必须自由"的道德命题，即认为自由乃是个人道德行为之前提。然而人之自由并不是为所欲为，须以"他人之自由为界"，也就是说以不能妨碍损害他人自由权利为界。严复这一思想在当时具有深远意义，其矛头直指封建专制制度对民众自由权利的剥夺，同时，也具有极其重要的理论价值。它说明了个人在道德行为选择过程中必须具备的基本特征：一是主体性，任何道德行为在本质上都是个体主体性的行为；二是自由性，所谓为善与为恶都是行为主体自觉自愿选择的结果；三是责任性，既然个人的道德行为是主体在意志自由的基础上自觉选择的结果，那么行为主体就应该对其行为承担道德责任。正如严复引用斯宾塞《论公》中的话所说的那样："言人道所以必得自由者，盖不自由则善恶功罪，皆非己出。"

## 第二节　西方伦理美观念的传入

中国封建社会道德在中世纪基本上是封闭的发展，形成了深厚的文化传统和文明的优越感。近代社会打破了文化发展民族和地域的隔阂，在全世界范围内极大地促进了物质和文化的交流。面对世界文化发展一体化的趋势，封建势力的顽固代表仍在高唱"天不变道亦不变"的老调，而新生势力的代表则在时代的巨变中开始觉悟，提倡向西方学习，吸收西方先进的伦理道德文化改造中国传统的伦理道德。近代学者在接受西方近代道德思想，批判中国传统道德的过程中建立了一个新的道德体系，在一定程度上改变了人们的道德观念，促进了近代社会的变革与发展。尽管近代资产阶级思想家忙于政治斗争，没有来得及用新道德对民众进行普及教育，没有从根本上改变人们的道德观念，但是，他们对传统道德特别是对其核心三纲五常的猛烈批判不同于明清之际学者在传统道德范围内所作的自我批判，他们在批判的同时提出了体系比较完整的、与传统道德相对立的新的道德观念和价值标准，为人们的道德思想和道德行为提供了一个新的选择对象，在一定程度上改变了人们的道德观念，为推翻君主专制王朝、促进近代工商业的发展，奠定了理论的基础，扫清了思想障碍。所以，戊戌以后一大批志士能够以民主共和为理想并献身于推翻君主专制制度的事业。

一　王国维的悲剧精神与道德意境

王国维（1877—1927年），字静安，号观堂，浙江海宁人，清末秀才。青年时代受维新变法运动影响，1916年留日归国后曾任废帝溥仪的南书房行走，官阶五品，后任清华大学研究院教授，1927年自沉于颐和园昆明湖。王国维的学术著作，以史学为最多，文学为最深，文字学为最基本，并涉及其他许多方面，主要作品有《静安文集》、《王观堂先生全集》、《人间词话》、《红楼梦评论》等。王国维受康德、叔本华的思想影响较深，他的《红楼梦评论》就是运用叔本华哲学阐释的一篇论文，主要论述人生—欲望—痛苦的关系及两种不同的解脱方式，并强调了第三种悲剧,反对自欺欺人的乐观主义,在客观上促成了王国维悲剧观的形成。

(一)人生苦痛说及解脱之道

王国维把悲剧看成由生活的欲望而造成的一种人生的苦痛。他引用了老庄的话:"人之大患,在我有身","大块载我以形,劳我以生"。在西方有原罪的说法,意思是说"一个人最大的罪,就在他被生了出来"[①]。为什么生下来就是罪过呢?因为生命和意志是一起降临的,而意志就是人们追求生活的意志,它的本质就是欲。王国维依据叔本华的观点,认为人生的痛苦在于有欲,人们的欲望很多,欲望得不到满足,便是痛苦。欲不是外物强加给人的,而是人自造的。当人们没有欲望,就会产生厌倦的情绪。于是人生总是为意志的永无休止的欲求所统治,而不可能获得持久的欢乐与安宁。"心病仍需心药医,解铃还须系铃人。"既然痛苦由我们自身引起,其解脱之道还需要我们从自身去寻求。王国维在《红楼梦评论》里谈到有两种解脱方式:一是我们沉浸于艺术作品而得到暂时的解脱;另一种方式是从根本上拒绝一切生活的欲望,从而达到根本的解脱。王国维说解脱之道在于出世而不在于自杀,出世的意思就是拒绝一切生活之欲。王国维指出"根本解脱"的两种途径:"一存于观他人之苦痛,一存于觉自己之苦痛。然前者之解脱,唯非常之人为能……非常之人有非常之知力,而洞观宇宙人生之本质,始知生活与苦痛之不能相离,由是求绝生活之欲,而得到解脱之道……"[②] 他认为《红楼梦》中实现了真正解脱的仅惜春、紫鹃、宝玉三人,惜春、紫鹃看透了人生,进而选择拒绝生活的种种欲望,属于第一种解

---

① 佛雏:《王国维诗学研究》,北京大学出版社1999年版,第55页。
② 周锡山:《王国维文学美学论著集》,北岳文艺出版社1987年版,第8页。

脱。而宝玉通过遭受的各种苦难来使自身加以磨炼,从而抵制生活中各方面的诱惑而得到解脱。《红楼梦》突出了这种解脱之道,而被他称为"宇宙之大著述,悲剧中之悲剧"[1]。王国维没有走上"宝玉式"的解脱,而选择了自杀,本身就是一个悲剧。王国维的解脱说强调了文艺作品对人的心灵的调节作用,这样人们便在艺术中找到栖息地,因此这种解脱说依然具有强烈的现实意义。

(二)第三种悲剧说

王国维在《红楼梦评论》中根据叔本华的说法将悲剧分为三类:第一种悲剧是由恶人造成的;第二种是由命运造成的;第三种是由人物之位置及关系不得不造成的。第三种悲剧常常发生在面前,而我们又无能为力,甚至使事情更棘手,不得不在伤害自己的同时也伤害别人。所以"躬丁其酷,而无平之可鸣,此所谓天下之至惨也"[2]。王国维认为,三种悲剧中第三种最有价值。《红楼梦》就属于这种悲剧。他认为,贾宝玉、林黛玉爱情之悲剧,不是哪一位存心破坏造成的,而是各种因素之使然。叔本华这种理论的提出,明显受到了黑格尔悲剧观的影响。黑格尔认为:悲剧的本质是两种对立的理想和伦理力量的代表者。就这些伦理力量本身来说,都是正确的,都带有理性或伦理性上的普遍性,但它们又是片面性的。它们都坚持自己的片面要求而否定对方的同样是合理的要求。因此它们是有罪过的。一切苦难和不幸都是由主人公本身的罪过造成的。主人公因受惩罚而遭到毁灭,而这种毁灭又抛弃了片面性,于是冲突得到"和解",永恒正义得到伸张。王国维受叔本华理论的影响,把悲剧之因转到

---

[1] 周锡山:《王国维文学美学论著集》,北岳文艺出版社1987年版,第19页。

[2] 同上书,第12页。

宝、黛本人身上去,转到宝玉那块"衔玉而生"的玉即原罪上去。没有认清宝、黛悲剧是由当时封建社会、宗法家庭及其种种摧残人的法制造成的,而归之于受难者本人。如王国维所说:"躬丁其酷,而无平之可鸣的'酷',则是自犯罪,自加罚的结果,倘要鸣不平,就只要向这两个自开刀。"这种理论本身也实在非常残酷。如同车尔尼雪夫斯基所说:"以为每一个死亡的人都是罪有应得的这种思想是牵强的残忍的。"① 所以第三种悲剧不能让人信服的原因在于它否认悲剧冲突中的正义和非正义的区别,否认悲剧冲突本身反映着新旧两种不同的社会力量和两种不同的价值观念的斗争,而仅仅把主人公的命运归咎于他们自己。

(三) 王国维的悲剧观

王国维出身于一个破落的封建家庭,体弱多病,母亲又过早地去世,这是他性格忧郁的一个因素。父亲的教诲和文艺熏陶对他影响很大,他自幼就痴迷于文学。王国维的家乡海宁虽偏处海隅,学术风气却并不闭塞。这在客观上有利于王国维从旧学转向新学,从传统诗学转向西方美学,接触到叔氏的悲剧哲学,促成王国维悲剧观的形成。

王国维的悲剧观念,有其身世性格和社会环境的影响,但主要受到叔本华悲观主义哲学的影响。他认为悲剧是人生命运的一种"自感"的表露。因此王国维的悲剧观念是"人生悲剧"。王国维把生活中的苦痛,看成是先天的,是人为从母胎里带来的"欲"所折磨的一种表现,因此悲剧并不是现实生活悲剧性冲突的反映,而是先天的欲与现实的矛盾的产物。王国维从主观愿望上去解释悲剧之源,说明悲剧的本质,结果把悲剧变成一种与现实无关的个人的命运的不幸,这当然无法说明悲剧的真谛。王国维这种厌世解脱的悲剧观,导致了他在昆明湖的自沉。但在自杀

---

① 佛雏:《王国维诗学研究》,北京大学出版社1999年版,第67页。

前一天，王国维仍在继续批改学生试卷，与朋友闲谈以及商议研究院招生等事务，丝毫没有自杀的迹象。他能够平静地走向死亡，说明他在某种程度上已经解脱了。怎样来评价王国维的悲剧观呢？正如英国经验主义学家博克所说："一个人只要肯深入到事物表面以下去探索，哪怕是他自己也许看得不对，却为旁人扫清了道路，甚至能使他的错误为真理的事业服务。"

二 蔡元培的"美育代宗教"说

蔡元培（1868—1940年），字鹤卿，号子民，浙江绍兴人，中国现代著名的学者、教育家。22岁中进士，曾任中华民国教育总长。1916年出任北京大学校长。蔡元培学贯中西，博览群书，涉猎甚广，在诸多学科中，对美学情有独钟，其著作辑有《蔡元培选集》。蔡元培最早提出"美育"这一名词，并对其作出阐释。他说："美育的名词，是民国元年我从德文 Asthetische Ercie－hung 译出，为前所未有。""美育者，应用美学之理论于教育，以陶养感情为目的者也。"[①] 蔡元培作为我国近代美育的奠基人，毕生倡导美育，提出"以美育代宗教"，同时，他认为"文化运动不要忘了美育"，他的美育思想对我国的教育和社会都产生了深远的影响。

（一）蔡元培美育思想的哲学基础

蔡元培的美育思想主要受两个方面的影响，一个是受德国康德的哲学、美学思想的影响，另一个是受我国传统文化的影响。在哲学观点上，蔡元培深受康德二元论哲学思想的影响。他说："盖世界有二方面，一如纸之有表里：一为现象，一为实体。现象世界之事为政治，故以造成现世幸福为鹄的；实体世界之事为宗教，故以摆脱现世幸福为作用。而美育者，则立于现象世界，

---

[①] 高叔平：《蔡元培美育论集》，湖南教育出版社1987年版。

而有事于实体世界也。""教育这欲由现象世界而引以到达于实体世界之观念,不可不用美感之教育。"① 从这段话可以看出他受康德哲学二元论观点的影响及其美学思想的熏染。当然,他虽然受康德的影响但又不拘泥于康德的束缚,如康德认为,"鉴赏是凭借完全无利害观念的快感和不快感对某一对象或其表现方法的一种判断力"②。但是,蔡元培认为,"美感者,合美丽与尊严而言之,介乎现象世界与实体世界之间,而为津梁"③,很显然是有别于康德的美学观点的。另外,我国古代美育思想和文化思想对蔡元培的美育思想有着深远的影响。我国古代对美感教育就非常重视。在古代教育的"六艺"(礼、乐、射、御、书、数)中就有丰富的美育内容。孔子非常重视"诗"和"乐"的教育,他说过:"兴于诗,立于礼,成于乐。"这三者的有机结合,便是美育的手段了。特别值得一提的还有荀子的美学思想,他写的《乐论》,对音乐的教育作了系统的论述,他认为"乐行而志清,礼修而行成,耳目聪明,血气和平,移风易俗,天下皆宁,美善相乐"④。蔡元培吸收了我国古代美育理论的精华,并发扬光大,提出了自己独特的美育思想。他指出:"吾国古代教育,用礼、乐、射、御、书、数之六艺。乐为纯粹美育;书以记述,亦尚美观;射御在技术之熟练,而亦尚态度之娴雅;礼之本义在守规则,而其作用又在远鄙俗;盖自数以外,无不含有美育成分者。其后若汉魏之文苑、晋之清谈、南北朝之后之书画与雕刻、唐之诗、五代以后之词、元以后小说及剧本,以及历代著名之建筑与各种美术工艺品,殆无不于非正式教育中行其美育

---

① 蔡元培:《蔡元培全集》第2卷,中华书局1984年版。
② [德]康德:《判断力批判》,商务印书馆1965年版,第47页。
③ 蔡元培:《蔡元培美学文选》,北京大学出版社1983年版,第4页。
④ 黄济:《教育哲学通论》,山西教育出版社2003年版,第151页。

之作用。"① 蔡元培的美育思想是在他吸收德国康德哲学、美学精华和我国古代美育思想以及文化传统的精华基础上形成的独具特色的美育思想,是中西文化合璧的结晶。

(二)"以美育代宗教"说

"以美育代宗教"说是蔡元培美育思想的核心内容,是蔡元培于1917年4月8日在北京神州学会讲演时提出的。它的提出有其深刻的理论内涵。

1. "以美育代宗教"说提出的背景

1912年,蔡元培就把美育作为新教育宗旨的内容之一,当时由于辛亥革命的失败,政治上的复辟,在教育界掀起一股"尊孔读经"、鼓吹封建教育思想,极力主张"一切归功于宗教观,遂欲以基督教导国人"的迷信宗教的思想浪潮,随之而来的是在教育上有废弃美育内容的主张。对此,蔡元培提出了"以美育代宗教"说,大力提倡美育,把美育从宗教的桎梏中解放出来,使社会上掀起一股学习美育的浪潮,美育得到空前的重视。

2. "以美育代宗教"说的理论内涵

通过对蔡元培关于美育的论述以及他关于"美育代宗教"的论述,我们可以看出,他的"以美育代宗教"具有深刻而重要的内涵,即"以美育代宗教"的必要性。关于"以美育代宗教"的必要性问题,蔡元培从以下几个方面进行论述:首先,他通过对宗教本质的欺骗性进行揭露,使人们认清宗教的本质,进而改变了宗教不可动摇的、神圣不可侵犯的地位。他认为宗教排斥现象世界和现世幸福,企图把人们"引到另外一个世界上去,而把具体世界忘掉。这样,一切困苦便可以暂时去掉"②。

---

① 蔡元培:《蔡元培美学文选》,北京大学出版社1983年版,第174页。
② 同上书,第162页。

这样引导人们把现实的困苦暂时忘掉,但是忘掉并不代表它没有了,困苦依然存在,这就是回避的态度,不能积极地去面对,实际上就是一种精神上的欺骗。同时他指出:"现今各种宗教都是拘泥着陈腐主义,用诡诞的仪式,引起无知识人盲从的信仰,来维持传教人的生活,可算是侵犯人的。"[①] 他通过分析一针见血地指出了宗教的欺骗性,揭开了它的神秘面纱,在此基础上提出了自己的主张"以美育代宗教"。其次,他通过批判"美育之附丽于宗教者,常受宗教之累",揭示了宗教的局限性,进一步阐明了"以美育代宗教"的必要性。随着人类文明的发展进步,在对待美育与宗教的问题上出现了截然对立的两派:一派主张美育要继续和宗教在一起,另一派主张美育和宗教相分离,并且美育要独立发展。蔡元培明确地反对前者而主张后者。他指出,"盖无论何等宗教,无不有扩张己教攻击异教之条件","以次两派相较,美育之附丽于宗教者,常受宗教之累,失其陶养之作用,而转以刺激感情"[②]。因此,与美育相比宗教具有明显的局限性:"一、美育是自由的,而宗教是强制的;二、美育是进步的,而宗教是保守的;三、美育是普及的,而宗教是有界的。""鉴刺激情感之弊,而专尚陶养感情之术,则莫如舍宗教而易以纯粹之美育。"[③] 至此,他明确提出了"以美育代宗教"的主张。

蔡元培的"以美育代宗教"空想的成分很重。蔡元培也仅仅是提出这个口号,在理论上并没有深入地论述,至于实践就更谈不上了,但是这个口号无疑具有进步的意义。蔡元培看到了科学技术发展的负面影响,对科学理性、技术理性进行了批判,明确指出,机器本是人制造的,而人却成为机器的奴隶。为了消除

---

① 蔡元培:《蔡元培全集》第 14 卷,浙江教育出版社 1997 年版,第 591 页。

② 蔡元培:《蔡元培美学文选》,北京大学出版社 1983 年版,第 70 页。

③ 同上。

科学理性与技术理性的负面影响，蔡元培提出弘扬人文精神，美育就是其中之一。这个时候他对美育的认识远远超过了前期"以美育代宗教"的思想。蔡元培在这里提出美育有三种作用：热爱人生、享受人生、创造人生，这三大作用可以加强人们的情感交流，协调社会关系，有助于消泯灾祸，实现人类的和平。

## 三、孙中山以"自由、平等、博爱"为核心的伦理思想体系

孙中山（1866—1925年），广东省香山县（今名中山市）人，名文，号逸仙，字德明，在日本曾化名中山樵，辛亥革命后，则常以中山为名。是中国近代民主革命的伟大先行者，他的思想是中华民族的一份宝贵的精神遗产。他的伦理思想是在反帝反封建的革命斗争实践中形成的，是他的整个思想体系中的一个极其重要的组成部分。在孙中山的思想中，经过改造的自由、平等、博爱的思想具有举足轻重的地位。它不仅涵盖了孙中山思想的全部内容，非常贴切地体现了孙中山三民主义思想的主要精神，而且较之以往传统伦理思想有更加具体、更加丰富的现实内涵。孙中山在很大程度上突破了康有为、谭嗣同乃至章太炎等人所受的传统思想的束缚，比较典型地表达了中国民族资产阶级的阶级利益和道德要求。因此，"孙中山的伦理思想是中国资产阶级伦理思想发展的最高成就，它标志着中国资产阶级伦理思想的成熟和完成"[①]。

（一）对中国传统伦理思想的继承与发展

"五四"前后，中国思想界、文化界对封建伦理纲常进行了猛烈抨击，起到了思想解放的作用。但当时的两种截然不同的态

---

① 陈瑛、唐凯麟等：《中国伦理思想史》，贵州人民出版社1985年版，第791页。

度显然都有欠科学：一是彻底否定中国传统道德，变成了民族文化虚无主义；二是坚决肯定，极力褒扬，鼓吹文化复古主义。孙中山先生则与之不同，他采取批判、改造、继承的态度。

孙中山对中国传统伦理道德予以了充分的肯定和高度的评价。在他看来，中国是一个文明古国，中华民族是一个道德高尚的民族，充分肯定中国传统道德的存在价值。他说："中国之文明已著于五千年前，此为西人所不及。""我们中国四万万人不但是很和平的民族，并且是很文明的民族。"孙中山认为，中国古代的文明，在伦理道德方面，远远高于欧美西方国家。可近百年来，由于腐朽的满清王朝的黑暗统治，不但科学技术落后了，就连伦理道德方面也面临危机。一批批为寻求救国救民真理的仁人志士，开始把目光投向西方，两相对照，他们更感觉到中华传统文化（含伦理道德）积病已深，非加以彻底改造不可，尤其是到了五四新文化运动时期，出现了钱玄同、胡适之的全盘西化论。如果把我们的传统伦理道德统统丢弃了，我们的立足点在哪里？对此孙中山先生有着高瞻远瞩的认识。他说："我们现在要恢复民族的地位，除了大家联合起来做成一个民族团体以外，就要把固有的道德先恢复起来，有了固有道德，然后固有的民族地位才可以恢复。"在这里，孙中山有一个逻辑前提，即中国固有道德有精华，也有糟粕，但精华部分不能丢，"我们固有的东西，如果是好的，当然要保存，不好的才可以放弃"。那么哪些东西是好的，哪些东西是精华的呢？一是儒家伦理"大道之存也，天下为公"的观念；二是儒家用以调解人际关系的"仁"的重要思想；三是儒家十分有效的道德修养方法，即《大学》中所说的"格物、致知、诚意、正心、修身、齐家、治国、平天下"；四是儒家传统道德中关于"忠"、"孝"、"信"、"义"、"礼"等道德范畴的合理内涵；等等。对固有道德的继承与发展，他的基本态度是："能用古人而不为古人所惑，能役古人而不为古人所奴。"强调古为今用，推陈出新。

孙中山的道德理念是传统的，但他的道德实践又是现代的，主要体现在对传统的"忠孝"、"仁爱"、"信义"等作了新的阐释，注入了新的内容。从中国传统伦理看，封建统治者提倡的"孝"是愚孝，以不惜牺牲年青一代的青春、理想、思想为代价，从而达到对帝王的愚忠。孙中山也讲"忠孝"，但他认为"现在说忠于君固然是不可以，但可以说'忠于民'、'忠于事'，为四万万人效忠，比较为一人效忠，自然是高尚得多"。"孝"的道德是孝敬老人，孝敬师长，而不是"父为子纲"。孙中山十分称赞孔子的"仁爱"思想，视之为"中国的好道德"，认为把仁爱恢复起来，再去发扬光大，便是中国固有的精神，而革命者的"仁"不仅包含孔子与人之间互爱互敬的人道关怀，还应为匡扶大厦之将倒，拯救斯民于水火而努力，为实现三民主义抛头颅、洒热血、杀身以成仁。对于"信义"，孙中山说，中国对邻国和对朋友，历来"都是讲信的"，"比外国人要好得多"。进而谴责帝国主义不守"信义"，对弱小民族极尽欺凌掠夺之能事。此外，孙中山还从传统的"修身"与"人格"论中汲取了有益的营养，加以发挥拓展，提出"修身"不光是"慎独"功夫，还应将人生的价值与国家的兴旺、民族的振兴联系起来。孙中山同时认为，传统的"人格"与"国格"观念是中华民族文化心理素质的结晶，应当加以发扬光大，为重铸中华民族之魂服务。可见，将国民个体道德的完善与国家的繁荣富强统一起来，又是孙中山对传统道德的一大发展。

（二）对西方伦理的吸收与改造

东西方文化是截然不同的两个体系。以伦理思想而论，中国伦理重群体，西方伦理重个人。中国伦理以群体为目的，以个体为手段；反之，西方伦理以实现个体价值为目的，以他人或群体为手段。这两种文化体系很容易让人产生误解，似乎是中国伦理讲大公无私，西方伦理尚自私自利。可近代以来中国固有伦理道德存在着不少的弊端，非加以改造不可。孙中山出过洋，受过西方文化的熏陶，视野开阔，目光敏锐，深感向西方文化学习的重要性与迫切性。他说，我们应"对欧洲文明采取开放态度"，"取西人的文明而用之"。但他深知东西方文化（包括伦理思想）的差异性，决不是照搬照抄，生吞活剥西方的伦理思想，而是把西方的某些伦理思想引进之后，加以中国化本土化，使之融汇到中国传统伦理道德中去，重铸中华民族崭新的伦理道德。

"博爱"是西方资产阶级的重要伦理观，即提倡爱一切人，一切人互爱，是一种超越时代、阶级、阶层的广泛之爱。这种博爱思想具有深刻的基督教文化背景。爱一切人，就是连仇人、敌人也得爱。"博爱"与中国的"仁爱"既有相通之处，又有不同的地方。人与人之间应当互爱，这是相通的，但所谓连仇人、敌人也爱则不符合中国传统。所以孙中山认为，革命党人的"仁爱"是有条件的，应表现为爱人民、爱国、救国，与中国社会现实的要求紧密地结合起来，其博爱的目的是为中国人民谋福利，为祖国争取独立和自由。当然，孙中山的"博爱"观既为其实现三民主义政治思想，建立中华民国起过积极的作用，又给他的革命事业带来了消极影响。主要体现在他仁慈宽厚的"博爱"品格，泯灭了严肃的政治理性与伦理规范的区别。这种伦理思想的缺陷，也可以认为是辛亥革命软弱性、不彻底性的思想根源之一。

民主、自由、平等是西方资产阶级核心的政治观，又是十分重要的伦理观。自卢梭《契约论》问世以来，西方资产阶级构筑了立法、司法、行政"三权分立"的政治体系。这个体系突出的特点就是宣称民主自由是"天赋人权"，人人在社会生活中享有平等的权力。自工业革命以来，欧洲各国不论是共和制，还是君主立宪制，均以"三权分立"为政治蓝本，从而促使欧美资本主义的迅速发展。这个"蓝本"对孙中山来说是很有吸引力的,他推崇三民主义的根本目的就是建立民主共和国。因而他积极引进西方的"民主"、"自由"、"平等"等概念,为改造中国新道德服务。但他所倡导的自由不是西方的个体自由,而主要是国家、民族的独立、自由、自主。他极力反对那种不要纪律、不要集中、不讲服从的极端自由,强调牺牲个人自由,以求得团体、国家的自由。他要求革命党人要遵守革命团体和革命政党的法规,言行举止不可放纵。唯独"平等"一条,与西方的平等一致,即提倡政治权力的平等,主张男女的平等,并且通过"民权"革命来"打破人为的不平等",并希望通过发扬为他人服务的道德心把资本主义制度下的实际不平等变为平等。

(三)自由、平等、博爱的思想境界

"自由、平等、博爱"是资产阶级民主革命时提出的政治口号和道德原则,是抨击封建专制的有力武器。孙中山把这个口号和原则,赋予了新的含义,并融合进自己的政治思想和伦理思想之中。他明确宣布国民革命其一贯之精神,则为"自由、平等、博爱"。他认为,"自由、平等、博爱,乃公众之幸福,人心之所同向"[①]。因此,自由、平等、博爱作为道德范畴是孙中山伦理思想的重要组成部分。

关于"自由"。孙中山说:"对自由的解释,简单言之,在一个团体中能够活动,来往自由,便是自由。"他认为,个人的自由应有一定的范围和限制,"以不侵犯他人的自由为范围,才是真自由;如果侵犯他人的范围,便不是自由"。"自由"有哪些具体内容呢?孙中山认为主要是指人民的人身自由、思想自由、政治自由、经济自由和宗教自由。孙中山尤为看重思想自由和政治自由。他认为民权是自由的保证,"有了民权,平等自由

---

① 孙中山:《孙中山全集》第5卷,中华书局1986年版,第628页。

才能够存在；如果没有民权，平等自由不过是一种空名词"。在个人自由与团体自由的关系上，孙中山认为，只有国家和民族自由了，个人的真正自由才能得到保障。他反对"放荡不羁"的自由，认为极端的自由，就是无政府主义。

关于"平等"，孙中山虽不赞成有什么天赋的平等，但坚决主张打破人为的不平等，实现政治地位上的平等，即人为的或人造的平等。他说："我们讲民权平等，又要社会有进步，是要人民在政治上的地位平等。因为平等是人为的，不是天生的；人造的平等，只有做到政治上的地位平等。"① 如何实现政治上的平等呢？孙中山认为通过民权革命，实现各人在政治上都是平等。因此，他要大家"为民权去奋斗。民权发达了，便有真正的平等，如果民权不发达，我们便永远不平等"。

关于"博爱"，孙中山把"博爱"与"仁"视为同义。他说："能博爱，即可谓之仁。"他把仁分为三类，"有救世、救人、救国三者，其性质则皆为博爱"。在他看来，救国之仁是博爱的最高层次。"何谓救国？即志士爱国之仁……专为国家出死力，牺牲生命，在所不计。故爱国心重者，其国必强，反是则弱。"由此可见，孙中山"博爱"观的核心是救国救民。孙中山的博爱观不仅远远超过了中国古代"仁爱"、"兼爱"思想的封建局限性，而且也高于西方资产阶级革命时的"博爱"思想，具有了民主的人道的社会主义性质。

可以说，经过改造的自由、平等、博爱观完全地体现了孙中山的全部思想，是孙中山伦理思想的精义。通过与中国文化的结合，自由、平等、博爱本身的解释也被进一步推向深入，勾勒了一幅善与审美相结合的世界图景。

---

① 孙中山：《孙中山全集》，人民出版社1981年版，第68页。

# 第十三章　新儒家对伦理美的现代诠释

　　五四新文化运动提出"打倒孔家店"的口号,很快便为青年知识界所接受,发展成为一种具有文化革命性质的社会运动,无论是欧美自由派的胡适,还是以俄为师的李大钊、陈独秀,抑或是民主主义者的鲁迅,均成为批儒反孔的勇将。他们是当时青年的思想库和新文化运动的倡导者,他们对儒学的批判使儒学的声誉一落千丈,影响了整整一代人,形成了反传统的强大思潮,对儒学的打击是极为沉重的,儒学后来的长期沉沦主要是这次运动冲击所造成的。儒学衰落的主要原因有三:一是传统帝制宗法社会崩溃,二是西方文化成为主流,三是社会革命运动高涨。儒学失去了政权的支持,同时也在丧失家族社会的基础,它还能够甚至有必要继续存在吗?儒学是否就等于封建主义文化?它是否有超越封建时代而转向现在和未来的内容?正像尼采宣布"上帝死了"一样,中国的激进派不止一次地断言,儒学已经过时,正在被历史淘汰,它的生命即将结束。然而儒学并没有消亡,因为它的根基还存在,它的思想体系还是有许多具有普遍意义与未来价值的内容。批儒运动只能冲掉它的陈腐僵化部分,而使它的合理内核显现出来,并推动它的转化和创新。重新审视儒学,给予它一个合乎时代精神的解释,关系到中华民族文化的存亡。而当前中国社会最迫切需要的是要强调继承和发扬中华民族的传统美德,并且认真地研究和汲取儒家传统伦理观念中那些合理的内容，建立起符合时代精神所需要的伦理观念、道德规范和社会伦序。新儒家的伦理思想对当代中国建立这一秩序的影响无疑是巨大的。

## 第一节　新儒家及其发展阶段

在新文化运动"打倒孔家店"的一片呼声中，走出一批坚定地维护传统文化和儒学声誉的思想家——现代新儒家。面对滚滚的西化大潮，现代新儒家以非凡的德性与智力，坚定守护中国文化的精神价值，创立了各有特色的理论体系，尝试儒学的现代转换，使儒家道德与学说薪火相续。

### 一　新儒家的界定

新儒家是指民国新文化运动以来，全盘西化的思潮在中国的影响力扩大，一批学者坚信中国传统文化对中国仍有价值，认为中国本土固有的儒家文化和人文思想存在永恒的价值，谋求中国文化和社会现代化的一个学术思想流派。1921年学衡社的成立及1922年《学衡》杂志的创刊，以纯学术的形式融合新知昌明中国文化的精粹，同时也引发了新儒家哲学思辨的兴起。新儒家之所以"新"，如方东美所说："返宗儒家，融合中西哲学，以建立新儒学。"牟宗三说："凡是愿意以平正的心怀，承认人类理性的价值，以抵抗一切非理性的东西（包括哲学思想、观念系统、主义学说、政经活动……），他就是儒家，就是新儒家。"当代新儒家的共通点是：一方面致力对儒、释、道三家作出新的诠释及应用；另一方面把西方哲学思想融会在中国传统智慧之内，从而肯定中国传统哲学也可发展出民主与科学等现代思想。新儒家的学说被称为"新儒学"，它是与马克思主义派、自由主义西化派并称的中国现代三大思潮之一，是中国现代文化"保守主义"的主要代表思想。

新儒家的理论体系有梁漱溟的新孔学、张君劢的新玄学、熊十力的新唯识学、钱穆的新史学、方东美的生命精神学以及唐君毅、牟宗三、徐复观等人的文化哲学。特别是1949年以后，现代新儒家中的一些学者从大陆流落到港台，易地发展。虽然花果飘零，但他们执著于中国文化的灵根再植，以丰厚的著作、精深的思想，蔚成一大学派，影响及于海内外。20世纪的中国，繁复多变。现代历史的画廊推出了一大批风格迥异、各具智慧风姿的中国文人形象。新儒家可以说是中国现代学术史上独具一格的文人群体。

## 二 新儒家的发展阶段

从五四新文化运动至今，新儒家经历了七八十年的发展历程，涌现出了一批著名的思想家。有关新儒家的发展阶段、代表人物等问题，目前学术界有许多不同说法，比较通行的看法是：从19世纪20年代至40年代，有梁漱溟、熊十力、张君劢、冯友兰、贺麟等为代表的第一代新儒家；从50年代至70年代，在港台有牟宗三、唐君毅、徐复观、方东美等为代表的第二代新儒家；从80年代开始，有杜维明、刘述先等为代表第三代新儒家。

从理论发展阶段来看，新儒家的学说大致又可分为四个理论阶段：

第一阶段：以梁漱溟、熊十力为代表，他们援佛入儒，融合陆王心学、佛教唯识宗名相学说和西方哲学中柏格森生命哲学等，建立了生命哲学的"体用不二"的心性本体论，在比较中、印、西思想文化差别的基础上，力求发扬传统儒学中的心性理论，适应科学与民主的新潮流，以创立新的儒家思想体系。

第二阶段：以冯友兰、贺麟、张君劢为代表，认为中国的现代化不等于西化，但也不同意中国文化本位论，他们要接着宋明理学讲，贯通中西哲学，试图建立所谓的"新理学"和"新心学"或"心物平行"的心性理论。

第三阶段：以牟宗三、唐君毅为代表，他们继承熊十力、梁漱溟援佛入儒的方法，又重新引进康德的道德哲学和黑格尔的精神现象学，建立起了以"良知"价值主体为核心的道德形上学的心性学说。

第四阶段：以杜维明、刘述先为代表，他们利用现代西方哲学的新思潮诠释中国传统哲学。提出"对话"理论，在超越的层面上与基督教对话，在社会经济层面上与马克思主义对话，在深度心理学层面上与弗洛伊德对话，力图谋求人文价值与科技成果的平衡。主张发展儒家资本主义，认为儒学有第三期发展的可能性。

## 第二节 新儒家的代表人物及其伦理学说

在新儒家学说发展的四个阶段中，新儒家对儒家道德进行了新的阐述。梁漱溟、冯友兰、贺麟、唐君毅、牟宗三、徐复观、杜维明等人从不同的角度提出了自己的儒家道德观。现代新儒家道德观是历史的产物，是对时代需要的一种特殊反映形式。它唤醒了人们对于中国传统美德的向往，把中华传统伦理美学推向了前所未有的高度。

### 一 梁漱溟以"人心"为基础的道德观

梁漱溟（1893—1988年），祖籍广西桂林，生于北京。梁漱溟自小入中西小学堂、顺天中学堂等，学习理化英文，接受新式教育。《东西文化及其哲学》是梁漱溟奠立其当代新儒家先驱地位的重要著作。五四时期，"全盘西化派"和"东方文化派"拘泥于东西方文化孰优孰劣、孰舍孰取的简单模式，陷入了片面的传统主义或反传统主义。梁漱溟则另辟蹊径,独树一帜。他明确指出:"一家民族的文化不是孤立绝缘的,是处于一个总关系中的。譬如一幅画里面的一山一石,是在全画上占一个位置的,不是四无关系的。从已往到未来,人类全体的文化是一个整东西,现在一家民族的文化,便是这全文化中占一个位置的。"[1] 伦理道德作为文化的一个方面也是这样。梁漱溟作为第一代新儒家的代表人物,他用柏格森的生命哲学印证和充实儒家伦理,并以意欲、直觉、生命等重要概念来诠释儒家的伦理学说,开创了"以洋释儒"的学风。

梁漱溟在探讨人生价值和中国出路问题的过程中,建立了一套以"人心"为基础的道德观。在他看来,人类心理的发展具有本能、理智、理性三个层次。本能是人心理的欲望。人人都有趋利避害、去苦就乐的功利意识,这种功利意识是本能的直接表现。人的本能分为个体本能和社会本能,二者紧密联系,不可分离。随着人类的演进,人具有了思维能力、认识能力和判断能力,能够用大脑去观察和认识世界,于是出现了人的理智。理智帮助人们认识和把握世界万物的内在规律,克服本能冲动和主观的好恶,采取静以观物的方法发展出科学知识创造社会文明。人类用静观的方法观察世界,进一步开启出理性。理性是人的情意,它所标志的是人的道德感情和道德精神,是一种"无私的感情"[2]。这种"无私的感情"在人心的实践就成为了道德,它是宇宙生命的本体。理智是人心的妙用,理性是人心之美德。理智为科学之本,理性为道德之本。理性为体,理智为用。以理性为本的道德是克服"他心"的障碍,实现人生精神追求的途径。

---

[1] 梁漱溟:《东西文化及其哲学》,《梁漱溟集》,群言出版社1993年版,第122、123页。

[2] 梁漱溟:《梁漱溟全集》,山东人民出版社1990年版,第125页。

道德让人们互以对方为重,彼此礼让,创造出有利于人类生存发展的社会环境。道德的本质体现出人类生命的本性,启发人的自觉自律主动上进,使人达到心灵的纯净和精神的提升。如果人人都讲道德,那么社会风尚将会蒸蒸日上,人类生存发展的环境也会大为改善。

如果将道德具体实践于人的行为上,那么每个人都应该重义轻利,即"尚情而无我"[①]。这样每个人都能不计较利害得失,注重自身的内在品性修养,顺天理而无私欲,能够面对纷繁的物质世界不为所动,安贫乐道,实现一种极高明而道中庸的伦理境界,赢得人生的充实与幸福。反之,重利轻义、以我为中心并不一定能获得人生的快乐与幸福。物质生活的享受并不一定能带来精神生活的充实与健康,而健康的精神生活亦不会在意物质生活的贫乏与缺失。道德是一种自愿的善行,是人自主的选择。梁漱溟为求完整地贯彻道德实践上自觉原则和自愿原则结合的思想,认为只有人内心有强烈的道德自觉,心主宰身,不局限于发之身体本能的需求之中,才可能有道德追求。所以他极力倡导人们进行"道德自觉"修养。

## 二 冯友兰以"新理学"为核心的道德体系

冯友兰(1895—1990年),字芝生,河南南阳唐河人。与梁漱溟尊崇陆王心学不同,冯友兰继承和发展了程朱理学,他兼采西方新实在论和中国名、道、玄、释诸家思想的有关因素,建立起以"新理学"为核心的思想道德体系。

冯友兰沿袭了朱熹理在事先的思想,认为道德作为社会之理和人之理的一个组成部分,是独立于社会之外的超时空的绝对存在。道德根源于先天地万物而生的"理","理"内在地包容和

---

[①] 梁漱溟:《东西文化及其哲学》,商务印书馆1922年版,第152页。

涵摄着道德。[①] 道德是一个社会、组织之理所规定的基本规律,"是一个社会组织的存在所必须的底"[②]。冯友兰以理性思维作为体认和把握理本体的手段,认为人有了心性就有了知觉灵明,有了知觉灵明就能够体认理和太极。人们的知觉灵明之心可以产生觉解,觉解让人产生道德。觉即自觉,指人对自己理性活动的省察;解即了解,指人对事物之理的认识,觉解是人的一种自觉对宇宙人生的认识和了解。当人的觉解程度达到一定高度时,人便进入了道德境界。在这一境界中,人的行为是义的。人们会认识到"社会是一个全,个人是全的一部分",道德规律属于"人之所以为人之理中",从而不再追求自己的私利,而追求社会的公利。因为有了道德,人们自觉地将自己与社会联系起来,不计较成败、顺逆、贵贱、利害,只知遵照道义而行,从而为自身达到最高的人生境界——天地境界奠定坚实的基础。

冯友兰认为,道德是分层次的,不同层次,道德标准各不相同;相同层次,因社会制度不同,道德标准亦各异,由此产生了可变的道德。中国传统的"孝"道、"忠"道,是农业经济的产物,中国进入工业化经济后,这两种道德观念都将发生改变。除了这些可变的道德外,人类社会还存在"具有更远价值者"的不变道德。仁、义、礼、智、信等,是各种社会都需要的,而且各个社会之所以得以生存发展,实际上都是由这种不变的道德维系的。需要指出的是,冯友兰所谓不变的道德,实际上只是形式不变,而道德具体的内容是随着时代的变化而不断变化的。

冯友兰把道德界定为人的本体论结构之一,即人之所以异于禽兽的重要方面。就哲学与道德的关系而言,二者在相互联结中

---

① 唐凯麟、王泽应:《20世纪中国伦理思潮》,高等教育出版社2003年版,第163页。

② 冯友兰:《三松堂全集》第5卷,河南人民出版社2000年版,第392页。

又有分别。第一，二者同属于一个领域，是人类存在不可或缺的精神和价值根基。冯友兰把道德定义为"社会所以存在的规律"，而哲学则"满足了人们对超乎现世的追求。人们也在哲学里表达、欣赏了超道德价值。而按照哲学去生活，也就体验了这些超道德价值"①。第二，二者是包含关系，研究道德的伦理学是哲学的组成部分。在冯友兰所理解的哲学内容中有宇宙论、知识论、人生论三大块，而伦理学是人生论中的内容之一，理所当然地被包含在哲学之中。第三，哲学统领道德。这首先表现在道德和伦理学以哲学的任务为任务。哲学的任务就是使人成为圣人，"圣人的人格即是内圣外王的人格，那么哲学的任务，就是使人有这种人格。所以哲学所讲的就是中国哲学家所谓内圣外王之道"②。而道德和伦理学是实现或保持这种人格的手段之一，冯友兰为此还重点阐释了"敬"和"集义"等修养方法。其次，道德以哲学的目的为目的。哲学的目的是在"诸好"之中求唯一的好，在实际的人生之外求理想人生。而一套好的道德制度的确立，可以实现"最丰富最美满的人生"。最后，哲学中的人生境界决定了道德主体行为的性质。比如，自然境界中的人的道德行为出于"天然底倾向"，而不得不然；功利境界中的人将道德行为作为求私利的方法；道德境界中的人以道德行为本身为目的；天地境界中的人的合乎道德的行为具有超道德的意义。

### 三　贺麟以"新心学"为核心的道德体系

贺麟（1902—1992年），字自昭，四川金堂人。他建立的"新心学"以陆王直指本心的反省方法宣扬黑格尔主义，通过理智与直觉的统一，实现知行合一论的动态组合，提出了一系

---

① 冯友兰：《中国哲学简史》，北京大学出版社1985年版，第8页。
② 同上书，第12页。

列主观唯心主义的命题与范畴，建构了"新心学"的儒家道德观。

首先，贺麟从现代社会的实际出发，运用西方哲学、基督教精华和艺术，阐发改造儒家道德，重建儒家的道德形上学：将道德艺术化，从艺术中寻求具体美化的道德；将道德宗教化，从宗教中去寻求社会化、平民化的道德；将道德学术化，从学术知识中去寻求开明的道德。其次，贺麟提出"道德决定经济"的道德学说。从道德与经济关系的二律背反出发，贺麟得出了经济不能决定道德，经济离不开道德的结论。通过考察社会现实，贺麟认为经济的贫富与道德好坏没有必然的函数关系。在社会中经济富足可以提升道德，如"衣食足知荣辱，仓廪实知礼节"；但处于经济困境中的人也可以有好的道德操守，如"家贫出孝子，士穷见节义"。同时，经济富足也有可能使人道德败坏，如"饱暖思淫欲"；同样，经济贫乏亦可以引发人道德沦丧，如"饥寒起盗心"。所以，不是经济决定道德，而是道德决定经济，经济只不过是道德的表现而已，道德是体，经济是用。经济始终是工具，上层生活是目的，工具是重要的，但人更应注意目的的重要。最后，贺麟建立了自己的"三纲五伦"论。贺麟认为五四新文化运动批判"吃人的礼教"，实在有些过分，没有抓住儒学的基本精神。"我们不能说五伦观念是吃人的礼教，因为吃人的东西多着呢！自由平等观念何尝不吃人？许多宗教上的信仰，政治上的主义或学说，何尝不吃人？"[①] 贺麟指出"五伦"观念是中国几千年来在道德领域中最具有支配力量的传统观念之一，是礼教的核心，是维系社会的纲纪。人们应当从检讨这些传统观念中，去发现最新的近代精神。"五伦"注重人以及人与人的关系，"五伦"在社会中是永恒存在的。就实践层面来看，"五伦"

---

① 贺麟：《文化与人生》，上海商务印书馆1947年版，第52页。

提倡等差之爱，即以亲属关系为准的等差爱。爱有等差基于普通的心理事实，无须道德礼教的强制。"五伦"观念的最基本意义和最高最后发展是"三纲"说。在贺麟看来"三纲五伦"不是什么封建道德，而是中华民族道德意识坚不可摧的基石。"三纲五伦"观念不仅适用于古代社会，而且适用于现代社会。现代社会要求人们不应规避政治的责任，放弃君一伦，不应脱离社会，不尽对朋友的义务，不应抛弃家庭，不尽父子、兄弟、夫妇应尽之道。"三纲五伦"中包含着永恒不变的真道德，人们可以通过新的解释与发挥使之成为儒家新道德的基础，人们应当把"三纲五伦"中的真道德、真精神挖掘出来，进一步发扬光大。

在《宋儒的新评价》一文中，贺麟对一些关于宋儒的流行看法进行了反驳，提出了很多肯定性的评价。与此相关，贺麟还对程颐"饿死事小，失节事大"的道德格言提出了自己的看法。他认为这句格言包含着一条放之四海而皆准的伦理原则，即人应当保持自己的节操。他说："程颐的'饿死事小，失节事大'一语只不过为当时的礼俗加一层护符，奠一个理论基础罢了。至于他所提出的'饿死事小，失节事大'这个有普遍性的原则，并不仅限于节操一事，若单就其伦理原则而论，恐怕是四海皆准、百世不惑的原则，我们似乎仍不能根本否认。盖人人都有其立身处世而不可夺的大节，大节一亏，人格扫地。故凡忠臣义士，烈女贞夫，英雄豪杰，矢志不贰的学者，大都愿牺牲性命以保持节操，亦即所以保持其人格。伊川此语之意，亦不过是孟子'舍生取义，贫贱不能移'的另一说法，因为舍生取义实即'舍生守节'，贫贱不能移即'贫贱或饿死不能移其节操'之意。今日许多爱国之士，宁饿死甚至宁被敌人逼害死而不失其爱国之节，今日许多穷教授，宁贫病致死，而不失其忠于教育和学术之节，可以说是都在有意无意间遵循着伊川'饿死事小，失节事大'的遗训。当然凡事以两全为最好，不饿死，亦不失节，最为美满。但当二者不可得兼之时，当然宁饿死而不失节，宁牺牲性命而不愿失掉人格，这亦是舍鱼而取熊掌之道义。"

四　唐君毅的"道德自我"说

20世纪40年代末，原在大陆的一批新儒家精英陆续到达香港和台湾，因为这些学者在一定的时间及地域范围内形成了一股较强的学术力量，故有学者将之称为"港台新儒家"。港台新儒家们继承了第一代新儒家未竟的事业，动心忍性地研究和发展儒学，在五六十年代掀起了一场大规模的复兴儒学运动。儒家伦理道德得到了极大弘扬，儒家美德思想在当代社会中的价值得到了人们的认可。

唐君毅（1909—1978年），四川宜宾人。青年时代颇受梁启超、梁漱溟、熊十力学术的影响。旅居港台的他是一位对人生问题极其关注的思想家。他认为，对人而言世界可以分为外部世界和内部世界。外部世界是不真实、虚幻的，内部世界才是真实、圆满的。所以人们不应向外求索人生的意义，而应求之于人的心灵，找到那个真正的"内部自己"。唐君毅认为道德生活的本质是自觉的自己支配自己和超越现实自我的人格完善，以建立"道德自我"为其儒家道德修养的出发点。"道德自我"又称精神自我，实即康德所讲的实践理性精神，它以内在于人心的本体存在为根源，又超越地涵盖自然与人生，在完成精神的自我超越时、实现于自然与人生中而成为人文。道德自我不仅是真实的生命存在，亦是人类精神活动善与美的根源。道德的本质要求人们是在实践中自觉地自己支配自己，但人要真正自觉地自己支配自己十分艰难。人活在世上免不了要受各种各样的诱惑与影响，人自身也会产生各种各样的情感与欲求。"人要自觉地自己支配自己,必须将奔驰的态度收回来用之于自身"[1],为了更好地自己支配自己,实现和占有有道德生活的真正本质,人就必须同自己的各种原欲、本能及其他非分之想法进行斗争。为此必须体认和发扬孟子义利之辨精神,吸收和继承康德辨"应"与"要"之精神,见利而思义,遇事讲求"当为"与"不当为",不因富贵贫贱、生死祸福而易其道。

唐君毅强调,道德的真正价值体现在摆脱物欲的束缚和功名权势的牵萦,超越现实自我的限制而达理想自我的境界。道德的自我建立归结为自己超越现实的自我限制,从形而下之我的拘束和纠缠中解放出来,反求本心,明心见性,居仁由义,尊道崇德。当人们认清当下自己之责任,坚持自觉地自己支配自己的价值导向,就会领悟道德自我或本心之体,使道德精神日进无疆、人格完善。儒家伦理道德是儒家思想中的核心价值和能超越古代而走向近现代的合理因素,这是因为,儒家始终把作为人类关系中心的自我修养看作是一个不断发展的体系,一个全面的义务,一种整体性的探索,并把实现自我同自我中心或自私自利区别开来,从而获得了超越和普遍意义。

五 牟宗三的"道德形上学"说

牟宗三(1909—1995年),字离中,山东栖霞县人。他毕生致力于弘扬民族文化,为中国文化的现代化与世界化作出巨大贡献。牟宗三哲学的精神,就是陆王心学的精神。当然,它是当代的陆王学(或者叫"陆王心学的当代形态"),是吸收西方哲学主要是康德哲学加以改造和重构的陆王学。牟宗三用"道德的形上学"来概括这一精神。牟宗三说:"'道德形上学'云者,由道德意识所显露的道德实体以说明万物之存在也。因此,道德

---

[1] 唐君毅:《道德之自我建立》,上海商务印书馆1946年版,第77页。

的实体同时即是形而上的实体。"① 这里道德意识是道德形上学的核心,其理论进路是:道德意识—道德实体—万物存在。进一步,牟宗三把康德的"道德的形上学"与他的"道德的形上学"做了区分,"前者是关于'道德'的一种形而上学的研究,以形上地讨论道德本身之基础原理为主,其所研究的题材是道德,而不是'形上学'本身,形上学是借用。后者则是以形上学本身为主(包含宇宙论和本体论),而从'道德的进路'入,以由'道德性当身'所见的本源(心性)渗透至宇宙之本源,此就是由道德而进至形上学了,但却是由'道德的进路'入,故曰'道德的形上学。"②

为了论证自己的观点,牟宗三借鉴并改造了康德有关区分"现象和物自身"的理论。在康德那里,"物自身"是一个虽然存在但又不可知的客观实在。和康德不同,牟宗三拒绝承认物自身是一个事实概念,也拒绝承认物自身的不可知;而是认为,物自身乃是一种有着高度价值意味的概念,也就是一个伦理实体、道德实体,因而人们完全可以凭借"智的直觉"来认识它。这样一来,作为伦理实体、道德实体的物自身就不再仅仅具有消极的意义,而是积极的、真实的,能够"呈现"的,由此开显的则是一个价值世界、意义世界,同时也是一个睿智的世界、生命的世界。牟宗三认为,这个世界与感性的现象世界相对待、相区别,而又在终极的意义上影响、统摄和决定后者。换句话说,正是通过"道德良知"或者"智的直觉",这个世界才呈现出一个真、善统一的形上实体,天与人也由此达于一体。但牟宗三并不是只讲良知呈现、智的直觉,他还讲"良知坎陷"、"识心之

---

① 牟宗三:《心体与性体》第 1 册,上海古籍出版社 1996 年版,第 436 页。

② 同上书,第 199 页。

知"。他认为,道德的形上学包括"无执的存有论"和"执的存有论"两个层次:由"无执的存有论",我们可获得一超越的形上世界,以此说明道德实践、价值创造及成贤成圣的根据;由"执的存有论",我们可获得一感性的现象世界,以此说明科学知识及其对象如何可能的问题。就两者的关系来说,牟宗三主张"从上面说下来",也就是先由"智的直觉"而成立"无执的存有论",再经过"良知坎陷"而成立"执的存有论"。把科学问题提升到存有论的层面来加以探讨,这表明了牟宗三哲学确有高于传统儒学之处。

牟宗三之道德形上学是对万物之存有作一说明,是本体论与宇宙论合一的形上学形态,这一点与传统儒学有关。传统儒学即以为"道德秩序即宇宙秩序","满心而发,无非此理"、"此理塞宇宙"。牟宗三承接此点而指出良知亦是存在界的基础,但牟宗三之道德形上学却明显不同于传统儒学之宇宙论与本体论。他以本体论代宇宙论,又以价值本体论代替本体论,其基本的逻辑就是物自体=存在=价值。道德形上学对存有的说明,其实只是对世界之意义与价值的说明而不是对实存的说明,所以宇宙论在牟宗三的论述中是缺失的,从而使良知的本体论意义被大打折扣。牟宗三认为,没有人及其良知的存在,世界将变得没有意义。此即王守仁所说:"天没有我的灵明,谁去仰他高?地没有我的灵明,谁去俯他深?"① 天、地没有我的灵明,将无人去仰其高、俯其深,但天地仍可在而不亡。牟宗三道德形上学建构的重要目的之一是为了现实地证成康德的圆善。康德认为圆善之实现乃遥远未来之事,黑格尔在绝对精神中满足了自己,马克思以社会革命的形式要求在共产主义社会中实现人类之大同,牟宗三顺传统儒学之理路指出圆善可以在现世中达至,存在与德之一致

---

① 王守仁:《传习录》,花城出版社1998年版,第520页。

即是圆善。

六　徐复观的"中国道德精神"说

徐复观（1903—1982年），原名秉常，字佛观，后由熊十力更名为复观。湖北浠水人。徐复观在抗战时期曾师事熊十力，接受熊十力"欲救中国，必须先救学术"的思想，从此下决心去政从学。徐复观创造性地建立了中国道德精神说。他认为"忧患意识"概念可以概括出中国道德精神的建立。在他看来，"忧患意识不同于作为原始宗教动机的恐怖、绝望"[①]，它蕴蓄着一种坚强的意志和奋发的精神，使中国人由原来的对于神的依赖，转向对自己的依赖，表现出一种人的精神的自觉，它是一种不同于传统宗教精神的新精神。正是在"忧患意识"影响下，中国人开始走出以往以神为中心的宗教观念，建立了一个由"敬"、"明德"、"敬德"组成的新的观念世界，创立出自己的"道德精神"。

徐复观认为，西方文化中的道德精神，是知识型和宗教型的。中国的道德精神既不是知识型也不是宗教型的。虽然中国道德精神也讲向外向客观求知，但求知是为了了解自己、开辟自己、建立自己，从而向自身生命、生活上回转，达到合主客观为一，贯通知识与道德为一。因而，在中国道德精神中占主导地位的不是追求自然界的纯知识的"逐物之学"，而是立足于人自身生命、生活的重道德的"为己之学"。如果说西方道德精神开辟的是一个"客观人文世界"，那么中国道德精神开辟的则是一个"内在人文世界"。在中国儒家传统伦理道德思想中"礼"是"客观人文世界"的代表，"仁"是"内在人文世界"的代表。经过孔子的改造，"礼"安放在内心的"仁"之上，由此"客观

---

[①] 徐复观：《中国人性论史》，台湾商务印书馆1984年版，第51页。

人文世界"转变为"内在人文世界"。徐复观同时指出,在现代社会中,以西方近代现代文化为标志的全球性现代化运动带来了现代性困境,它成为现代人自身最大的矛盾和社会运行危机。这种矛盾与危机,依靠西方道德精神是难以解决的,但中国道德精神却在这方面显示出独特的智慧、意义与价值。面对现代化过程中的"科学"与"民主",以儒家美德为核心的中国道德精神不仅没有成为过时的死东西,反而呈现出旺盛的生机与活力。由于西方近现代文化过分重视了知识,导致其道德精神也成为了知识型,从而忽视了仁爱,失落了道德。道德的没落引起了知识的混乱,使得科技文明成为人类异化的力量。如何解决这一问题?徐复观认为弘扬中国道德精神是解决现代科技文明困境的一剂良方。中国的道德精神凸显道德的自觉,这又为现代民主政治提供一个安稳的根基。中国道德精神与民主政治制度结合,完全可行。

徐复观对于中国道德精神所作的阐释,深刻地揭示了中国道德精神的性格、内涵与意义,对于建设中华民族的现代精神文明,对于帮助人类走出现代性困境,无疑是富有启发性的。更重要的意义是,其对于儒家美德在中国社会中地位的恢复奠定了坚实的理论基础。

### 七 杜维明以"人性自我修养"为核心的道德观

杜维明(1940—),生于云南省昆明市,祖籍广东南海。1976年加入美国籍,1988年获选美国人文社会科学院院士。杜维明的研究以中国儒家传统的现代转化为中心,被称为当代新儒家的代表。作为现代新儒家学派的新生代学人,杜维明把自己"看作一个五四精神的继承者",将儒家文化置于世界思潮的背景中来进行研究,直接关切如何使传统文化与中国的现代化接轨问题。

杜维明分梳了"儒教中国"和"儒学传统"两个概念。前者是"以政治化的儒家伦理为主导思想的中国传统封建社会的意识形态及其在现代文化中各种曲折的表现",人们通常所说的封建遗毒是指儒教中国而言;而儒家传统则是"使得中华民族'苟日新、日日新、又日新'的泉源活水;它是塑造中国知识分子那种涵盖天地的气度和胸襟的价值渊源;也是培育中国农民那种坚韧强毅的性格和素质的精神财富"。前者的主体是"政权化的儒家",后者的主体是"以人文理想转化政权的儒家",两者"既不属于同一类型的历史现象,又不属于同一层次的价值系统",后者代表了儒家之道的"自觉反省,主动地批判地创造人文价值"的真精神。"儒家传统和儒教中国既不属于同一类型的历史现象,又不属于同一层次的价值系统。"近现代中国文化的悲惨命运是由儒教中国所导致的"文化全面政治化和政治过程的一体化"的必然恶果。因而,儒学的现代转化应是儒家传统的创造性转化。

"儒家传统"是一个体现"终极关切"的精神文明:在最坏的客观条件下表现出最好的人性光辉;具有可贵的抗议精神——超越性与现实性的结合;儒家文化不是超越而外在,而是超越而内在。因此,儒学基本的精神方向,是以人为主的,它所代表的是一种涵盖性很强的人文主义。这种人文主义,和西方那种反自然、反神学的人文主义有很大不同,它提倡"天人合一、万物一体"。这种人文主义,是入世的,要参与现实政治,但又不是现实政权势力的一个环节,它"有着相当深刻的批判精神,即力图通过道德理想来转化现实政治,这就是所谓'圣王'的思想。从圣到王是儒学的真精神",儒家思想的核心体现在"百姓日用而不知"。杜维明认为,儒家伦理道德已经铸成了一种新的资本主义精神即现代资本主义或儒家资本主义,东亚资本主义的现代化崛起的奥秘就源于其背后千百年来深受儒家伦理道德思想影响的精神文化。长期以来，儒家伦理道德精神鼓舞和启迪了东亚一代又一代人的心灵，使其产生深厚的责任感和社会团结性，致使第二次世界大战后东亚经济迅速地起飞。杜维明强调，儒家伦理道德是一种具有成熟的道德理性、浓厚人文关切和强烈入世精神的世俗伦理道德，它的活力在于仁与礼的创造性张力。"仁"是一个内在做决定的自觉过程，它是内在的精神原则，也是自我实现的道德心灵，是人生固有的人心。"礼"是"仁"在特殊社会条件下的外在表现，从原则上说明了"仁"的自我实现过程是怎样发生的。"仁"的内在精神与"礼"的外在要求之间存在着一种创造性的张力，个人只有在动态过程中寻求"仁"与"礼"之间的统一平衡，才能实现真正的人性。由此他建立了以"人性自我修养"为核心的道德观，这也成为第三代新儒家最具代表性的儒家道德观。

## 第三节　生活美德建构与道德理想主义

回顾现代新儒家产生、发展的数十年历史，可以看到，他们营建的儒家"新"道德观基本思路是阐扬传统儒家义理之学中的"心性之学"。经过他们的诠释，这种新的儒家道德观成为一种以"心性学"为"枢纽"，建构在道德形上学基础之上的、由天道而人道而现实的规范律令，从而成为能够贯通社会之伦理礼法、内心修养、宗教精神及形上学的系统理论。

一　生活美德建构

现代新儒家建立了一整套的实际生活道德规范：第一，关于人与家庭及家庭外其他社会成员的关系。他们认为一个人在与家庭及家庭外其他社会成员的联系中，以一定的准则规范自己的行为，以尽父、母、子、女、兄、弟、姐、妹以及一个社会成员的本分,是他从事道德实践的第一步。人与家庭及家庭外其他社会成员关系中的德行,目标是使一个人的行为举止合乎规矩,即所谓"礼化"。根据儒家道德要求,在父子、夫妇、朋友关系中,双方首要特点是"齐"、"平等",在父子关系中,父亲应该慈,儿子才能孝。第二,关于人与社会政治的关系。现代新儒家倡导传统儒家的"天下为公,人格平等"之说,认为儒家道德中包含的潜在价值能成为现代社会中处理人与社会政治关系问题应有道德的基础。传统中由尊卑、上下之礼所约束的臣民所遵循的"忠"、"任"等德目,与现代的独立、平等要求并不矛盾①。个人应发扬"公"、"忠"、"任"、"恕"等德目。第三,关于人与自然的关系。现代新儒家认为,作为一个人除去必须和家庭成员、邻里、整个社团以及国家相联系外,还应将其道德实践行为伸展于人类世界之外,与自然和整个宇宙建立有意义的联系。具体行为要求即是"重德、利用、厚生"。个人应能够自觉地"爱物",以个人无私之仁心,运及于万物。

二 道德理想主义

现代新儒家重建的儒家道德理论是历史的产物,是对时代需要的一种特殊反映形式。他们为了挽救道德危机,树立民族自信心,肯定和倡导儒家道德理想和精神。他们开辟了新的"内圣外王"说,强调现代化建设中道德的重要意义。然而也必须承认,现代新儒家所塑造的儒家道德观对于现代社会普通民众的影响并非十分广泛,他们的道德主张只局限在少数知识分子之中,他们的道德修养缺少具体可操作性。但不能否定的是,他们的"道德理想主义"有着积极的现实意义。他们的道德观唤醒了人

---

① 熊十力:《十力要语》,湖北十力丛书印本1947年版,第27页。

们对于中国传统美德的向往，儒家美德在现代化进程中找到了与现实社会生活的结合点，使一度在工业化过程中失去方向的儒家美德获得了新生。

# 第十四章　马克思主义伦理学说在中国的传播与发展

中国传统伦理道德在近代的转型是不彻底的，特别是在现实生活中没有为大多数社会成员所接受，成为人们行为的基本道德原则和行为规范，还只是停留在思想家的理论层面，远未贯彻到现实的社会生活之中。也就是说，它还不是一种现实的社会道德。中国传统道德转型的"初步完成"，是指它在理论形态的转换上已经基本完成（不是彻底完成），而在社会实践上的转换虽然已经开始，但远远没有完成，以至于它至今仍然在一定程度上对中国现代社会生活的各个方面产生着一定影响。所以，"五四"以来中国社会仍然面临着传统伦理道德现代转换的任务。马克思主义伦理学说在中国的传播为中国传统伦理道德的现代转换提供了理论支持和实践条件。

伦理思想总是在一定哲学世界观基础上，对社会道德生活现象的概括，它必将受哲学道德传统观念、理论思潮的影响，也必然受时代经济政治的制约，对任何伦理道德都必须从时代背景中去寻求它的发展源泉。1840年鸦片战争中中国战败，迫使中国人开始学习西方。在当时的中国人看来，"西方"及其体制都是美好的，是中国人学习的榜样。然而，第一次世界大战爆发前多次出现的资本主义经济危机，特别是第一次世界大战，空前的惨烈，战争所带来的疯狂的破坏以及战争所表现出来的恐怖、非理性和非人道，使人们产生了一种对西方文化的怀疑与不安。在中国人心目中，西方不再是一个十全十美的"美好世界"。正如毛泽东后来总结中国共产党的历史时所说：自鸦片战争后，"先进的中国人，一直在向西方国家寻求真理"。但是，"先生总是欺负学生"，这一事实，"打破了中国人学西方的迷梦"。直到俄国十月革命之后，几代先进的中国人学西方得出的最后结论是"走俄国人的路"。中国思想界对西方国家的幻灭感，是由巴黎和会这一事件最终促成的。在第一次世界大战后，帝国主义召开的巴黎和会，置中国人民收回山东主权的正当要求于不顾，使中国先进分子认清了帝国主义本质。苏联政府两次发表对华宣言，所体现的支持被压迫民族的国际主义精神，同巴黎和会上帝国主义大国联合欺压与羞辱中国的行为形成鲜明的对照，中国人开始把学习的视野由西方转向东方，由资产阶级民主主义转向无产阶级社会主义，从而推动了人们对马克思主义的学习和研究。

马克思、恩格斯的名字最早为中国人所知道是19世纪末的最后几年。1898年，李提摩泰在《万国公报》上发表了用中文节译的英国资产阶级社会学家企德（又译颉德）著的《社会的进化》，译名为《大同学》，文中曾提到马克思、恩格斯的名字。从此以后直到民国初年，马克思主义在中国的传播渐渐扩大。当时，资产阶级革命派孙中山、朱执信、马君武、刘师培、江亢虎等均热情地鼓吹和宣传过马克思主义。但是，这种宣传基本上是把马克思主义作为欧洲众多社会主义学说中的一个流派来介绍的。以陈独秀为代表的激进民主主义者所发起的新文化运动，为马克思主义的传播扫清了障碍；俄国十月革命的胜利，为马克思主义在中国的传播起了重要的推动作用；而马克思主义在中国的广泛传播，则是在五四运动后。马克思主义之所以能为中国人接受、广泛传播和发展是与中国传统文化精神有很大关系的。

马克思主义以西方实证科学为基础，但又超越了实证科学，达到了自然辩证法和历史辩证法的高度统一。马克思主义有三个基本原则,即为绝大多数人谋利益的价值原则、实事求是的认识原则和改造世界的目的原则,这三条在马克思主义理论体系中的内在有机统一,使马克思主义具有了超越西方文化传统的显著特点:真理与价值的统一,理论与实践的统一。由于马克思主义在价值观上突破了西方文化传统而且带有强烈的革命精神,使马克思主义在西方文化背景中很难为西方人所接受。然而,马克思主义与中国传统文化却有相容性和相似性,在许多方面甚至达到了神奇的契合。马克思主义对人类社会发展规律与自然界发展规律的一致性、客观规律性与主观能动性的一致性、实践与理论的一致性、在历史发展领域真理与价值的统一性的认识,在一定程度上恰好体现了中国文化天人合一,真善统一,知行合一,中庸之道的价值追求。

## 第一节 李大钊的伦理美学思想

李大钊(1889—1927年),字守常,直隶乐亭(今属河北)人。1905年入永平中学就读,1907年考入天津北洋政法专科学校,1913年秋毕业后入日本早稻田大学攻读政治法本科。1916年回国后曾任北京《晨钟报》总编辑。俄国十月革命后,开始接受和传播马克思主义,创办《每周评论》,在新文化运动中和陈独秀等人成为著名的代表人物。后为中国共产党的创始者和领导人之一。1927年4月6日被军阀张作霖逮捕,28日在北京就义。李大钊是中国传播马克思主义和新文化运动的先驱。他对中国现代文化的贡献是多方面的,其中对美学的贡献尤为突出。他虽然没有写过体系完整的美学专著,但他写过不少蕴涵着鲜明的时代色彩、深刻的人生哲学、美好的社会理想和浓郁的美学意味的文字。他站在新时代的制高点,紧密结合社会与人生来谈美的学问、美的哲理,而不是将视野与心灵封闭禁锢起来,在书斋里构造抽象、空洞、玄而又玄的所谓美学体系。其论著颇丰，主要收入《守常文集》、《李大钊选集》、《李大钊文集》。

## 一　重视美与丑的界限的区分

李大钊重视美与丑的界限的区分，但并不抽象地界定何为丑、何为美，而是将美丑问题放到现实生活和具体人生中去探讨。中外美学史上，对美与丑的探讨有两种态度或两种传统：一种是在哲学上作抽象的、纯思辨的探讨，以期获得学理上的建树；另一种是结合社会和人生进行探讨，力图对人生实践有所启迪。后一种态度或传统是中国古典美学所固有的、积极的方面，得到李大钊的认同。李大钊正是从社会与人生的角度"切入"，来区分美与丑两个范畴。

首先，他认为光明与黑暗的区分，也就是美与丑的区分。那些好逸恶劳，不劳而获，作威作福的剥削者和寄生虫，都是不生产只消费的恶魔，"把人世界变成鬼世界"；而那些满身汗污、辛勤劳作的工人和劳动者，不但不失"清白的趣味"，而且"都能靠着工作发挥人生之美"。这是黑暗与光明两界的区分，当然也是丑恶与美好两界的区分。其次，他认为人之美和人生之美，就在于劳动和创造。在社会生活中，美总是和劳动、工作、创造不可分割地联系在一起的。离开劳动创造，人生无所依托，生命无所附丽，美也无从表现。只有劳动和创造，才是真正的人的活动，才是真正的人的生活，才能真正发挥人生之美。李大钊上述思想很接近马克思主义经典作家所阐述的重要观点：劳动是人的本质力量的确证，劳动创造了人，也创造了美。当然，李大钊尚未接触到马克思、恩格斯有关美学问题的著作，也未对"何为美"的问题进行更深入的理论探讨。不过，从李大钊大量著述来看，他已经揭示：人在改造客观世界的社会实践活动中，自觉去认识客观规律，并按照客观规律进行创造，取得了成功，这样，人就获得了自由，也就创造了美。

## 二 对壮美与优美进行了界说

李大钊对壮美与优美进行了界说，旨在倡导一种壮美的人生、高尚的生活和无畏的革命精神，激起人们为实现崇高理想而献身的热情与意志。

西方美学中有美和崇高的区分，中国美学中则有优美和壮美之分。优美是"阴柔"之美，而壮美是"阳刚"之美。李大钊指出"美非一类，有秀丽之美，有壮伟之美。前者即所谓美，后者即所谓高也"[①]。

那么，"美"与"高"这两个范畴如何区分呢，或者说它们各自的特点是什么呢？"所谓美者，即系美丽之谓；高者，即有非常之强力。假如描写新月之光，题诗以形容其景致，如日月如何之明，云如何之清，风又如何之静。夫如是始能传出真精神，而有无穷乐趣，并不知此外之尚有可忧可惧之事。此即美之作用。又如驶船于大海之风浪中，或如火山之崩裂，最为危险之事，然形容于电影之中，或绘之于油画，亦有极为可观之处；而船中人之惊怖，火山崩裂焚烧房屋之情形，亦足露于图中，令人望之生怖。此即所谓高。"[②] 上述对优美与崇高的分析和界说是科学的。它从主客体关系的角度，揭示了"美"与"高"各自的审美特点。优美的特点是：美处于主客体的矛盾相对统一和平衡状态。它在形式上的特征表现为柔媚、和谐、秀雅与安静，能给人以轻松、愉悦和心旷神怡的审美感受。崇高的特点是：美处于主客体的矛盾激化中，它具有不可遏制、压倒一切的气势与力

---

① 李大钊：《美和高》，《言治》（第一册），1917年4月1日。
② 同上。

量。它在形式上表现为一种粗犷、激荡、雄浑与刚健的特征,给人以气势磅礴、惊心动魄的审美感受。李大钊并不排斥优美,但更为喜爱壮美。他非常喜爱自然界的壮美景象,更加崇尚人生中的壮美(或崇高)境界。他说:"人生的目的,在发展自己的生命,可是也有发展生命必须牺牲生命的时候,因为平凡的发展,有时不如壮烈的牺牲足以延长生命的音响和光华。绝美的风景,多在奇险的山川。绝壮的音乐,多是悲凉的韵调。高尚的生活,常在壮烈的牺牲中。"① 在李大钊看来,优美和壮美同样值得赞赏,但壮美的人生境界更值得珍视,因为它蕴涵着更丰富的社会伦理内容,显示了更博大的自由创造精神,表现出更震撼人心的人类精神力量。一句话,崇高壮丽的人生境界更值得人们追求。因此,李大钊竭力倡导一种壮美或崇高的人生境界。

### 三 中华民族是"美且高"的民族

李大钊从美学的角度对中华民族的特性进行透视和概括,认为中华民族是"美且高"的民族,应该并且可以避免沦丧而走向振兴。蔡元培曾从美学的角度,对西方一些国家的民族性进行过论述,指出:"现今世界各国如希腊民族,即近于美;日耳曼民族,多偏于高。"② 他这种对民族特性进行分析和论述的思路是独特的,也是可取的,但他没有联系中国的传统与现实,对中华民族的民族特性作深入的理论探讨。在蔡元培止步的地方,李大钊开始了新的探索。他以唯物辩证的态度,对中华民族的自然、历史、文化和社会现实进行考察,得出了这样的结论:中华民族"不惟有美,抑且有高",是"美且高"的优秀民族。那么,这种"美且高"的民族特性是如何形成的呢?李大钊认为,

---

① 李大钊:《牺牲》,《新生活》1919 年第 12 期。
② 蔡元培:《在政学会的演说》,《中华新报》1917 年 1 月 10 日。

是"境遇与教育"造成的。就地域自然而言，中国有气象雄浑、气势夺人的巍巍雪山，莽莽峻岭，滚滚长江，滔滔黄河，茫茫大漠和漫漫平原；有意象秀丽、意趣迷人的山川、湖泊和田园风物。确是"衡以地灵人杰之说，以如此灵淑之山川，雄浑之气象，栖息其间民族，当必受自然之影响，将兼含美与高而并有之，宜也"。就先民历史而言，中华民族创造了灿烂而悠久的文化，文学美术名作辈出，万里长城举世推崇。然而到了近代，中华民族落后了，究其原因，是文化教育的落后所导致的民族精神的沦丧。"纵有其境遇而无教育，焉以涵育感化之，使其民族尽量发挥其天秉之灵能？则其特性必将湮没而不彰，久且沦丧以尽矣。"中华民族"美且高"的秉性，"今而湮没下彰者，殆教育感化之力有未及，非江山之负吾人，实吾人之负江山耳"。李大钊认为，中华民族曾在历史上表现出"不惟有美，抑且有高"，今后仍然可以成为"美而高"的民族。要做到这一点，当务之急在于发展文化教育，广大教育家、文学家、艺术家要尽感化诱育之责，不容有半点怠荒。这是李大钊根据历史与现实提出的热切希望，其中也包含着他极其重要的美学见解：（1）优美与崇高、阴柔之美与阳刚之美，可表现于自然，亦可表现于社会，还可从民族特性上表现出来；（2）在一个事物上可分别见出优美或崇高，亦可同时见出优美和崇高，"美"与"高"可分离亦可结合；（3）一个社会或一个民族能否表现出"美"与"高"，固然离不开自然环境，更离不开文化教育，因此，光大民族精神、升华民族秉性与弘扬民族文化、发展教育事业须臾不可分离。

## 第二节　毛泽东的伦理美思想

毛泽东（1893—1976年），字润之，湖南湘潭韶山冲（今属韶山市）人。中国共产党、中国人民解放军和中华人民共和国的主要领导人。他在湖南第一师范读书时，曾一度产生过从哲学、伦理学入手的"从根本上变换全国之思想"的想法。为此，精心研读了蔡元培翻译的德国哲学家泡尔生著的《伦理学原理》一书，并写下了一万二千多字的批语。毛泽东伦理思想是马克思主义伦理思想的中国化，它的形成和发展实现了在中国土地上马克思主义时代伦理观的精华与中国优秀的传统伦理思想的有机结合，这不仅是马克思主义伦理思想发展史上的一种新的提升，也是中国伦理思想史上拔地而起的一座高峰。

一　全心全意为人民服务——共产主义道德表现

"全心全意为人民服务"是毛泽东伦理思想的核心，是共产主义道德的最高表现，是毛泽东伦理观最富有特色的部分。1945年在《论联合政府》一文中，毛泽东指出："全心全意为人民服务，一刻也不脱离群众，一切从人民的利益出发，而不是从个人或小集团的利益出发；向人民负责和向党的领导机关负责的一致性；这些就是我们的出发点。"① 这一论述具有十分重要的意义，在毛泽东伦理思想中居核心地位。首先，一切从人民的利益出发，是从人民的根本利益出发，从反映绝大多数人的共同愿望和要求出发。其次，密切联系群众，走群众路线。毛泽东在领导全党为人民谋利益的长期斗争中，形成了一整套密切联系群众的路线、方针、政策，概括起来，就是"一切为了群众，一切依靠群众，从群众中来，到群众中去"。最后，坚持全心全意为人民服务的精神，还要反对以权谋私。毛泽东要求每一个共产党员都要十分廉洁，多做工作，少取报酬，要求党的干部在利益的分配、奖励和惩罚中做到正派公道，不徇私情，在选拔任用人才

---

① 《毛泽东选集》第3卷，人民出版社1991年版，第1094、1095页。

时，任人唯贤，不唯亲是举。

集体主义是毛泽东伦理思想所倡导的共产主义道德的基本原则。毛泽东对集体主义原则做了深刻的论述，他指出：占人口绝大多数的人民群众的根本利益是至高无上的；社会主义集体代表了每个劳动者的共同利益，集体利益与个人利益是根本一致的；如果遇到集体利益和个人利益发生矛盾时，个人利益应该无条件地服从集体利益。毛泽东不止一次地告诫我们说："共产党员无论何时何地都不应以个人利益放在第一位，而应以个人利益服从于民族的和人民群众的利益。"① 集体主义的实质是革命功利主义。它是以社会共同利益——最大多数人民群众的根本利益为出发点和归宿点，判断行为善恶的标准是人民群众根本利益的实现程度，是为人民的动机和为人民的效果的辩证统一。毛泽东说："我们是无产阶级的革命的功利主义者，我们是以占全人口百分之九十以上的最广大群众的目前利益和将来利益的统一为出发点的，所以，我们是以最广和最远为目标的革命功利主义者，而不是只看到局部和目前的狭隘利益的功利主义者。"②

二 "五爱"——共产主义道德规范

"五爱"是毛泽东对共产主义道德一般规范的概括，他早在1949年9月就向全国人民提出了社会主义道德的基本要求，写下了"爱祖国、爱人民、爱劳动、爱科学、爱护公共财物为全国国民公德"的题词。"五爱"的提出使社会生活的领域有了可遵循的准则。

爱祖国就是培养爱国主义的道德观念和情感。毛泽东继承并发扬了中华民族爱国主义的光荣传统，为爱祖国的道德规范注入

---

① 《毛泽东选集》第2卷，人民出版社1991年版，第488页。
② 《毛泽东选集》第3卷，人民出版社1991年版，第864页。

了新的内容。就是要为建设新中国贡献力量,要爱社会主义,要维护各民族的团结统一,要与国际主义相结合。

爱人民就是对人民深沉的爱,对压迫人民、剥削人民的敌人的刻骨的恨,这是毛泽东伦理思想的源泉。他所提倡的"爱人民"的道德规范要求无产阶级一心为人民谋利益,不应该有任何私利可图。他表示"和全党同志共同一起向群众学习,继续当一个小学生,这就是我的志愿"①。

爱劳动。毛泽东认为爱劳动是光荣豪迈的事情,是一种有道德的行为,而好逸恶劳,不劳而获是可耻的不道德行为。热爱劳动就要热爱劳动人民,尊重各种社会有益劳动,倡导正确的劳动观和劳动态度,树立"爱劳动"的社会风尚,从而形成共产主义道德所独有的特征。

爱科学。毛泽东指出,爱科学,学科学,用科学是"最好的革命者"必须具备的道德品质。他所提倡的"爱科学"这一道德规范的基本要求是:尊重知识,尊重人才;重视发展科学技术,提高全民族的科学文化水平。

爱护公共财物是共产主义道德规范在对待社会财富上的具体表现。毛泽东反复强调爱护公共财物,保护环境和资源,使其不受毁坏和破损。具体来说,就是要求人民关心、珍惜和维护社会的公共财产,树立勤俭节约的良好风尚,同一切贪污、损害和浪费公共财物的现象作斗争。

### 三 毛泽东的道德观——共产主义道德境界

一是生死观。毛泽东立足于共产主义的道德境界,提倡"生为人民而生,死为人民而死"的无产阶级生死观。他认为评价一个人生与死的意义和价值的标准只有一个,即是否有利于人

---

① 《毛泽东选集》第 3 卷,人民出版社 1991 年版,第 791、792 页。

民的利益。无论生与死，凡是为人民的利益，为了人类的解放事业，就有价值。他在《为人民服务》一文中指出："为人民利益而死，就比泰山还重；替法西斯卖力，替剥削人民和压迫人民的人去死，就比鸿毛还轻。"①

二是荣辱观。毛泽东结合中国革命实践的实际，论述了无产阶级的荣辱标准。他说："共产党员无论何时何地都不应以个人利益放在第一位，而应以个人利益服从于民族的和人民群众的利益。因此，自私自利，消极怠工，贪污腐化，风头主义等等，是最可鄙的；而大公无私，积极努力，克己奉公，埋头苦干的精神，才是可尊敬的。"② 无产阶级要树立正确的荣辱观，以全心全意为人民服务，促进社会的进步为最高荣誉，以祖国和人民的荣誉为最大荣誉；把为个人或少数集团的私利损害了大多数人的利益、损害了集体的利益、损害社会主义、共产主义事业，视为最大的耻辱。

三是善恶观。毛泽东首先声明，善与恶是一对历史范畴，随着历史的发展变化而变化，不同的阶级，甚至于不同的民族之间对善与恶的理解都有或多或少的差异。其次，毛泽东根据马克思主义原理明确地阐述了评判善恶的三条重要标准。一是历史标准：凡是符合社会发展规律，促进历史进步的是善的；反之，就是恶的。二是利益标准：凡是符合最广大人民群众的最大利益，为最广大人民群众所拥护的是善的；反之，就是恶的。三是现实的标准，即社会主义时期判断善恶是非的具体标准：凡是有利于团结全国各族人民，有利于社会主义改造和社会主义建设，有利于巩固人民民主专政，有利于巩固民主集中制，有利于巩固共产党的领导，有利于社会主义的国际团结和全世界爱好和平人民的

---

① 《毛泽东选集》第3卷，人民出版社1991年版，第1004页。
② 《毛泽东选集》第2卷，人民出版社1991年版，第522页。

国际团结的都是善的；反之，就是恶的。

四是幸福观。无产阶级的幸福观，是以集体主义为核心，把人民群众的利益作为出发点，坚持个人幸福和集体幸福的辩证统一。毛泽东认为幸福的主体是人民，个人幸福与社会整体幸福是不可分割的。在艰苦的革命战争年代，他经常教育共产党员，要推翻剥削阶级的统治，改造社会，为"人民自由幸福"而战斗，要真心实意为人民谋幸福。在社会主义时期，他号召全国人民团结起来，为建设伟大的社会主义国家而进行艰苦奋斗，为人民创造更美好的"幸福生活"。毛泽东的一生，是为民族解放、国家的富强、人民的幸福无私奋斗的一生。他本人不愧是实践无产阶级幸福观的典范。

## 第三节 刘少奇的集体主义伦理道德思想

刘少奇（1898—1969年），湖南宁乡人，中国共产党和中华人民共和国主要领导人之一。他在马克思列宁主义与中国共产党建设实践相结合的基础上写了《论共产党员的修养》、《论党》等一系列党的建设理论著作，深刻地论述了研究马克思主义伦理学的根本方法，共产主义的道德原则和规范、共产主义的道德修养问题。集体主义伦理道德思想是刘少奇哲学思想的一个重要组成部分，集中体现在他于1939年所写的《论共产党员的修养》一文中。这篇文章着重论述了集体主义伦理道德的基本准则，以及党内同志之间关系的道德调适和道德修养方法等内容，丰富和发展了马克思主义的伦理思想。

一　集体主义伦理道德思想的主要内容

刘少奇继承和发扬了中国传统文化中的优秀传统，丰富和发展了马克思主义的伦理道德观，系统地阐发了以集体主义为核心内容的共产主义道德的基本原则。

第一，坚持党的利益高于一切，这是集体主义的最高原则和最高道德标准。刘少奇认为，集体主义道德原则不仅反映了无产阶级和劳动人民的根本利益，而且也是正确处理个人利益和社会整体利益两者关系的标准。因此，刘少奇要求每一个共产党员"在任何时候、任何问题上，都应该首先想到党的整体利益，都要把党的利益摆在前面，把个人问题、个人利益摆在服从的地位。党的利益高于一切，这是我们党员的思想和行动的最高原则。根据这个原则，在每个党员的思想和行动中，都要使自己的个人利益和党的利益完全一致。在个人利益和党的利益不一致的时候，能够毫不踌躇、毫不勉强地服从党的利益，牺牲个人利益。为了党的无产阶级的、民族解放和人类解放的事业，能够毫不犹豫地牺牲个人利益，甚至牺牲自己的生命"[1]。我们无数的革命先烈为了全人类的解放事业，不惜抛头颅，洒热血，他们永远是我们学习的榜样。当然，我们强调无产阶级的集体主义道德原则，并不是一概否定个人利益，而只是要求个人利益的实现必须以不损害集体利益为前提条件。对此，刘少奇指出："在我们党内，党员的个人利益要服从党的利益，为了党的利益，还要求党员在必要的时候牺牲自己的个人利益。但是，这并不是说在我们党内，不承认党员的个人利益，要抹煞党员的个人利益，要消灭党员的个性。"[2] 而恰恰相反，党在可能的条件下将会顾全和保护党员个人不可缺少的利益，给他创造适当的工作条件；允许党员在不违背党的利益的范围内，去发展他的个性和特长；并注意"保障党员必要的生活条件、工作条件和教育条件，使他们

---

[1] 《刘少奇选集》上卷，人民出版社1981年版，第130、131页。
[2] 同上书，第135页。

安心地热情地工作"①，更好地完成党交给的任务。

第二，坚持保障无产阶级和广大劳动人民的利益，这是集体主义道德原则的根本要求。刘少奇认为，自从阶级社会产生以来，"剥削者总是以损害别人、使别人破产作为发展自己的必要条件，把自己的幸福建立在使别人受苦的基础上"②。因此，剥削者之间不可能有坚固的团结，不可能有真正的互助，不可能有人类真正的同情心，他们必然要玩弄阴谋诡计，进行暗害活动，使别人倒台破产。可见，剥削阶级的道德完全是一种摧残人性的道德，是一种虚伪的道德。而无产阶级的道德是一种伟大的道德，"我们的道德之所以伟大，正因为它是无产阶级的共产主义的道德。这种道德，不是建筑在保护个人和少数剥削者的利益的基础上，而是建筑在无产阶级和广大劳动人民的利益的基础上，建筑在最后解放全人类、拯救世界脱离资本主义灾难、建设幸福美丽的共产主义世界的利益的基础上，建筑在马克思列宁主义的科学共产主义的理论基础上"③。因此，无产阶级与广大劳动人民之间没有根本的利害冲突，"无产阶级解放的利益同一切劳动人民解放的利益，同一切被压迫民族解放的利益，同全人类解放的利益，是一致的，分不开的"④。无产阶级要发展自己，求得自身的解放，不但不需要损害其他劳动人民的利益，而且还必须和其他劳动人民团结一致，共同奋斗。可见，坚持保障无产阶级和广大劳动人民的利益，是集体主义原则的根本要求，建立在劳动人民根本利益基础上即集体主义基础上的共产主义道德，是一种伟大、崇高而完美的道德。

第三，坚持党的铁的纪律性与发挥党员的主动性、积极性、

---

① 《刘少奇选集》上卷，人民出版社1981年版，第136页。
② 同上书，第144页。
③ 同上书，第133页。
④ 同上书，第130页。

创造性之间的一致性,这是集体主义原则的具体体现。历史事实表明,党的自觉的铁的纪律是保证党和无产阶级的意志和行动的统一,取得新民主主义革命和社会主义革命与建设事业胜利的最基本的条件之一。刘少奇强调指出,党的铁的纪律是靠共产党人对革命事业的无限忠诚来维持的,它"要求党员无条件地服从党的利益,牺牲个人利益,而不能在任何形式的掩盖和借口之下,企图牺牲党的利益去坚持个人利益。我们的党员在任何时候、任何情况下,都应该全心全意地为党的利益和党的发展而奋斗,并且应该把党的、阶级的成功和胜利,看作自己的成功和胜利"[①]。同时,"为着适应共产主义事业前进的需要,我们必须大大提高党员在革命事业中的前进心,大大发扬他们的朝气"[②],充分发挥他们在革命和建设中的主观能动性。只有这样,才能坚持党的铁的纪律与发挥党员的主动性、积极性和创造性的一致性,真正做到党员的个人利益和党的利益的完全统一。

由此可见,刘少奇对集体主义伦理道德本质的阐述是从无产阶级和广大人民群众的根本利益出发的,他所弘扬的伦理道德观,是辩证唯物主义和历史唯物主义的伦理道德观。他所强调的"党的利益高于一切","个人利益应无条件地服从党的利益和人民的利益",以及"为了革命,共产党员应该把一切献给党"的观点,都是符合时代要求和现实需要的。

二 正确处理同志之间关系的伦理道德准则

刘少奇认为,强调集体主义的伦理道德原则,必然牵涉如何正确处理好同志之间的关系问题。这个问题既是我们每一个人在工作和社会生活中经常遇到的问题,也是伦理学要探讨的基本问

---

① 《刘少奇选集》上卷,人民出版社1981年版,第134页。
② 同上书,第141页。

题。刘少奇从集体主义的伦理道德原则出发,从党的利益和人民的利益的高度,对如何处理好同志之间的关系,进行了系统的论述,提出了一系列的伦理道德准则。

第一,共产党员对自己的同志应该怀有忠诚的热爱和深厚的无产阶级感情。刘少奇指出,共产党员对待自己同志的正确态度,应该:"表示他的忠诚热爱,无条件地帮助他们,平等地看待他们,不肯为着自己的利益去损害他们中间的任何人"①;"为了党和革命的利益,他对待同志最能宽大、容忍和'委曲求全',甚至在必要的时候能够忍受各种误解和屈辱而毫无怨恨之心"②;他处处爱护自己的同志,对同志的缺点和错误能够坦诚地提出批评,绝不在原则问题上敷衍和迁就,更不去助长别人的错误;他对自己的同志能够做到"以德报怨",帮助同志改正错误,毫无报复之心;他不允许别人对党的利益有任何损害,也不会为了个人利益而搞小集团和小宗派;他反对一切无原则的斗争,更不会使自己牵涉到无原则的斗争中去。刘少奇认为,共产党员就应该用这些方式来正确处理党内同志之间的关系。

第二,共产党员对自己的同志要"将心比心",设身处地为他人着想,对同志应体贴入微。刘少奇认为,共产党员应做到"先天下之忧而忧,后天下之乐而乐","在党内,在人民中,他吃苦在前,享受在后,不同别人计较享受的优劣,而同别人比较革命工作的多少和艰苦奋斗的精神。他能够在患难时挺身而出,在困难时尽自己最大的责任"③。同时,能够正确对待别人的批评,勇于改正自己的缺点和错误,处事襟怀坦白,为人光明磊落。

---

① 《刘少奇选集》上卷,人民出版社1981年版,第131页。
② 同上书,第133页。
③ 同上书,第132页。

第三，共产党员要善于团结自己的同志，能够抱着善意的态度正确对待犯错误的同志。早在延安整风时期，毛泽东在全党就曾提出，对犯错误的同志，要采取"惩前毖后，治病救人"和"团结—批评—团结"的方针，而不能采取讽刺、挖苦、打击、歧视的态度；或乘人之危，落井下石；更不能无限上纲上线，戴帽子，打棍子，试图把人整死。相反，我们对待犯错误的同志，应耐心诚恳地进行帮助，坚持不懈地做团结工作，这正如刘少奇所说：把原则上的不调和性和明确性，同斗争方法上的灵活性和耐心的说服精神很好地结合起来，在长期斗争中去教育、批评、锻炼和改造那些犯了错误但不是不可救药的同志。同时，刘少奇还认为，要正确处理好同志之间的关系，除了做到以上几点之外，还要正确处理以下三个方面的关系：

其一，正确处理"公共"与"自己"的关系。刘少奇认为，共产党人为了全人类的解放事业，为了大众的切身利益和长远幸福，有时不得不暂时牺牲自己的利益。他强调我们共产党人及一切觉悟的劳动者，应该把属于党的公共事物，当做自己的事物，应把公家的东西当做自己的东西一样来爱惜它，把党的公共的工作当做自己的工作一样，尽心、努力、负责地去做。只有这样，我们才能有为公共事业而牺牲奋斗的高尚精神，才能成为可靠的党的工作者与负责者，才能成为好的党员。同时，他对那些持有本位主义思想的同志提出批评，指出只顾自己，不顾别人，不顾整体的本位主义思想，如果任其发展，对党的工作是十分有害的。

其二，正确处理"值得"与"不值得"的关系。刘少奇指出，在我们中间有一些这样的共产党员，他们平常不怕困难，不畏艰险，埋头苦干，不计报酬，吃苦在前，享受在后，一心一意为了党和人民的事业而工作。虽然他们在某些个人享受上暂时要吃一点亏，但是他们却赢得了党和人民群众的信任和尊敬，从这个意义上来说,他们是最值得的。相反,而那些平常害怕困难,畏惧艰险,好出风头,不愿埋头苦干,贪图安逸和享受,不愿忠心为党和人民的事业而努力工作的共产党员,虽然他们在某些个人享受上占得了一些便宜,得到了一些好处,但是他们却不为党和人民群众所信任,而结果是最不值得的。

其三,正确处理"不变"与"变动"的关系。刘少奇认为,根据辩证唯物主义的原理,世界是不断运动、变化和发展的,世界上没有一成不变的东西,因此,我们在制定方针、政策和策略时,就应根据实际情况的发展变化而变化。当然,对于共产党员来说,有一件事是终生不变的,这就是为党和人民的利益尽职尽责,为实现共产主义的理想而奋斗终生。因此,作为一个共产党员,应正确处理这种"不变"与"变动"的关系,在纷繁复杂的国际国内形势下,做一个终身奋发向上的好党员。

刘少奇批判地继承了中国传统文化的精华,运用马克思主义的基本原理、观点和方法,系统地阐述了集体主义伦理道德的主要内容,以及如何正确处理同志之间关系的伦理道德准则,为实现党风和社会风气的根本好转指明了前进的方向。

# 第十五章　中国传统伦理美思想的当代价值

改革开放 30 多年来，中国取得了举世瞩目的伟大成就：生产力飞速发展，综合国力显著增强，人民生活水平不断提高……中国成为世界上发展最快的国家之一。然而，当人们凝神静思今日之丰硕成果时，难免生茫然若有所思之感。中国到底在大力推进市场经济的同时疏忽了什么？又如何去找寻？

## 第一节　社会转型期伦理美的缺失——"实然"[①]

福禄贝尔指出："在处理自然界的事物时，我们走的路是对的，可是在处理人时，我们却迷了路。"

纵观历史发展，每一种制度都有相应的道德观念与法制基础。毫无疑问，从开始改革至今，中国的非公有制发展迅速。但从伦理审美的观念上看，中国的市场还缺乏相应的规范。一方面是企业经营困难，失业人员增多，群众生活困难；另一方面不正之风在很大程度上损害了广大人民群众的根本利益。由此引发的

---

[①] 所谓"实然"，一般指实际存在的事实、行为，即休谟所谓的"是"。"是"或"实然"本身在性质上是客观的，无善恶之分，人们不能对此进行道德分析与评价，但"是"或"实然"却是道德分析与评价的前提与基础，因为"道德是行为事实如何对于道德目的效用，因而由'行为事实'与'道德目的'两方面构成"（王海明：《新伦理学》，商务印书馆 2001 年版，第 113 页）。

各种社会问题,使社会稳定与正在进行的社会主义改革事业受到威胁。

一 家庭伦理美的缺失

市场经济以利益的最大化为总目标,对利益的追逐既是市场经济的巨大动力,也是市场经济的本性与重要特征。不言利、贬斥利是对市场经济的嘲弄。市场经济对利益的追逐不可避免地会影响与渗透到家庭领域。这必然使传统的家庭伦理发生变化。当然,社会并不是完全由市场经济所充盈的,还有很多社会价值如道德、精神乃至亲情等是超越于利益之上的。

(一)家庭代际关系的利益(或功利)化

家庭中父母抚养子女、子女赡养父母不仅是一种义务行为与代际利他行为,在一定意义上还是一种血缘关系所决定的自然行为,不可忽略的是,这种行为也是一种利益行为,不排除利益上的考量,抚养与赡养的行为用经济学和社会学的观点看实际上就是一种投资与回报的行为,如"驱使父母为子女奉献的动力,除了普遍存在的父母对子女的舐犊之情以及责任感外,同时也包含了一些功利的因素",因为"父母希望在自己年老时能够得到子女的帮助",可见,"父母对子女的投资与子女赡养父母的行为之间存在着因果关系"。[①] 即二者存在着正相关系。另外,在现代市场经济条件下,父母与子女之间在家庭财产(包括在带有家族性质的经济组织中的财产)的获取与分配上的代际冲突日益凸显,某些极端的情况已使双方对簿公堂,甚至发生暴力冲突。这种现象表明,在市场经济的大潮中,家庭代际关系已经出现了义利错位,甚至出现了以"利在义先"乃至"利字当头"

---

① 陈皆明:《投资与赡养——关于城市居民代际交换的因果分析》,《中国社会科学》1998年第6期。

的观念来处理家庭代际关系,从而严重地侵蚀着家庭的亲情与温馨,无情地撕开了家庭代际关系中原有的温情脉脉的面纱,消解着传统家庭代际伦理的基础结构与基本观念。

(二)家庭亲情的断裂危机

现代社会是法制社会,市场经济与法制精神是一币两面。这意味着法律所干预的范围越来越广,对社会生活各个领域的渗透越来越深[①],人们的法律意识随之也越来越强。法律意识的增强一方面意味着对法律和义务的自觉遵守,另一方面则意味着以法律作为强有力的武器来维护自身的权益。相对于中国传统社会只讲义务讳言权利而言,这毫无疑问是一大进步,对实现社会的真正稳定也具有不可忽视的意义。但是,众所周知,法律的作用是有限的,它并不能解决社会的所有问题,尤其是家庭事务如家庭代际关系的纠纷和矛盾、代际感情的疏离等问题。因此,不能也不可能使家庭代际关系中的一切问题都诉诸法律去解决。在一定意义上可以认为,西方法律对包括家庭生活领域在内的私人生活领域的强力渗透与家庭亲情的相对淡漠之间存在着一定的互为因果关系。而中国传统家庭伦理是羞于和耻于将家庭代际矛盾诉诸法律的(当然,中国传统社会本来就不是法制社会,而社会往往又从制度上反对将家庭事务诉诸法律),而一旦对簿公堂,事实上也就意味着亲子之间恩断情绝。

---

[①] 现在人们在强调私人生活领域如家庭领域与公共生活领域的分离,二者的分离无疑是社会进步的表现,也是文明社会的一个基本特征。然而,私人生活领域同时却又越来越被干预,如原来作为私人领域的家庭教育和家庭养老逐渐为社会教育与社会养老所取代,原来作为私人生活事务来看的家庭暴力也越来越诉求公共权力的途径来解决。由此可见,企图划定一个"纯粹的"私人生活领域是困难的,也是不现实的。私人生活领域与公共生活领域的界限是动态的,相互渗透的,甚至也是相互转化的,如上述私人事务转化为公共事务,公共权力对私人生活领域及其事务的必要干预等。

（三）家庭代际关系的"逆倾斜"

与传统社会家庭代际关系的极端不平等不同，现代社会中家庭代际关系日趋平等，代际成员间子女一方的平等（平权）意识也越来越增强。在一项关于中日家庭代际关系的对比调查中，中日两国青年都表达了强烈的平等意识，而中国青年的代际平等意识尤甚。如中国青年认为父亲或母亲对子女应该"像好朋友一样相处"和"相信孩子、不干涉"的比例，分别超过了50%和70%；日本青年的这一比例也分别达到了33%和40%。[①] 家庭代际关系双方平等意识的增强，是市场经济和现代家庭结构变迁的必然结果，也是社会和家庭民主化、文明化的重要标志。然而，在中国，市场经济、家庭结构变迁和独生子女政策等的综合效应，使家庭代际关系出现了"逆倾斜"的现象，即由原来的"老年本位"向"青年（和少年、儿童）本位"、由"长者中心"向"少者中心"、由"尊老抑少"价值取向向"重少轻老"价值取向的逆转，其重要表现就是尊老不足、爱幼有余。这样，一种新的"重少轻老"的代际不平等始露端倪，传统"孝"的真义开始蜕化。

（四）家庭教育中"重智轻德"的倾向

市场经济需要能力型的人才（包括科学知识、技能、学历等的组合），以适应市场经济使一切都市场化、物质化和工具化的要求。正是市场经济的这种需要和要求使人才培养目标"实用化"和"工具化"，按照这一目标培养出来的人才才会"适销对路"。这种教育的市场目标反映在家庭教育中，就是父母对子女采取"重智轻德"的教育策略。但是，事实表明，这种策略往往导致了家庭教育的失败，由此常常导致亲子关系的紧张，如

---

[①] 吴鲁平：《中日青年社会意识比较研究》，《中国青年研究》2001年第3期。

当前不时表现出来的父母对子女的精神虐待（另一方面则是溺爱）、子女对父母则报以反抗等事例即是显证，甚至弑父杀母事件亦非绝无仅有。

二　职业道德伦理美的缺失

改革开放以来，中国社会经济有了巨大的发展，道德水平也有很大提高。但是，由于中国社会主义市场经济体制正处于完善过程，职业道德建设面临着新的问题。

（一）职业态度消极

在某些部门和行业，由于观念落后，职能转变不到位，仍然存在人们常说的"门难进，脸难看，话难说，事难办"的现象；一些人对老百姓反映的问题，态度漠然，不关心、不重视。据报道，曾有二十多名来自全国各地，或失去右臂、或拄着单拐的农民工，在北京参加由国家安全生产监督管理局等部门主办的首届"全国农民工职业安全与健康权益研讨会"。当这些感受最直接、最有发言权的农民工代表开始发言时，官员和专家竟然走了一大半。由此可见，这些官员、专家连最基本的文明礼貌和道德感都没有，职业态度可见一斑。

（二）职业信誉不高

在某些地方和行业，一些人不能正确看待自己工作的性质和职能，忘记了自己的职业使命，脱离人民群众，自以为是，心浮气躁，法纪观念淡漠，在职业信誉方面存在一定的问题。例如，在医疗卫生行业，出现收受红包、回扣，"开单提成"，乱收费，接受礼品吃请，草率误诊，小病大治，服务质量滑坡等不良现象。在演艺界，从假唱拒演到各种晚会上的"条子演员"，从酗酒吸毒到偷税漏税，从违反交通法规到打人骂人，近几年来不断曝光的"赵安事件"、"黄定宇事件"、"音乐排行榜事件"、"慈善演出索取报酬事件"等丑闻使演艺明星们在公众中的形象大

371

打折扣，其艺术才能和道德品质受到公众强烈质疑。

（三）职业责任不强

某些人过多地考虑本地区、本部门、本行业和本人的利益，缺乏大局意识、公益心、责任心。例如，一些地方干部为了显示政绩，捏造数字，报喜不报忧，甚至非法挪用专项资金、失职渎职、滥用职权、损害群众利益；有些企业，虚报注册资本、生产的产品或提供的服务达不到规定的标准，假冒伪劣商品充斥市场，价格欺诈、恶意偷税欠税；在体育比赛中，裁判拿了人家钱，吹"黑哨"；某些广告商急功近利，为获取最大限度的利润，设计制作误导广告、欺诈广告、违法广告；等等。

（四）职业作风不实

某些地方或部门的领导不是立足本地实际，而是"唯上"、"唯书"、"跟风"，热衷于提新口号、出新思路、出政绩，"玩民主程序"，弄虚作假，编造谎言，大搞形式主义；或脱离群众，独断专行，一人说了算，官僚主义时有发生。一些领导干部习惯听汇报，且爱听"甜言蜜语"，喜欢听自己满意的各种数据，不深入群众，不调查研究，他们在被欺骗以后，又去欺骗上一级领导。往往是决策的事项多、执行的少，执行后达到预定目标的少、群众满意的少，造成严重的不良后果。例如，投资22.79亿元的国家重点建设项目河南省煤气化工程，从立项到2001年竣工投产历时16年，其间燃气市场供求发生重大变化，但项目决策者和建设单位仍坚持按原定规划进行建设，致使项目建成后只能按设计供气能力的一半运行，经营陷入严重困境，仅2002年度就亏损2亿多元。

三　社会公德伦理美的缺失

社会公德是人类在不同社会形态下形成的为了维护人类社会公共生活的一种道德准则。它是人们必须遵守的最起码的行为规范,是最基本的道德要求。尽管社会公德在转型期产生着一系列的变化,公德建设有了新发展,但社会公德在转型期仍存在一些问题。

(一) 人际友善意识淡化

其一,表现在人际交往中的亲情、温情在淡化。一些人以利为中心,片面追求物质利益最大化,导致极端功利主义、拜金主义思想膨胀,为人为事唯利是图,甚至不惜牺牲人格,见利忘义。现实生活中见危而逃,见死不救;救人论价,问路要钱;不给钱不办事,给了钱乱办事,就是这类人的具体写照。其二,表现在人际交往中应有的文明礼让、以诚待人的美德在减弱。当今社会已发展到工业文明社会,社会化大生产拓展了人们交往的范围,密切了人们的联系。这种时代特征,更要求人们共处于一种友善、和睦和文明的社会环境之中。然而,现实社会中也屡屡出现一些不文明的行为:常为一点小小的摩擦、碰撞而恶语相向,甚至拳脚相加;公共场合大声喧哗,旁若无人;言谈中满口粗话、脏话;举止粗俗,不拘"小节";不尊重他人的人格,不尊重他人的劳动,甚至戏弄伤残人员;等等。

(二) 集体公益意识淡化

一些人处处以自我为中心,单纯强调自我价值的实现,只讲个人,不讲集体,只图一己私利,不管国家和人民的利益,走向极端的个人主义、利己主义。在这种"自我中心"意识的驱使下,他们无视社会准则,逃避社会责任。这种思想一旦渗透到社会生活中,就会出现诸如损坏公物,采取种种手段侵占或浪费、挥霍国家财物,在文物古迹上乱涂乱画,公共场所随地吐痰、乱扔废物,开着高音喇叭只顾自己取乐,不顾他人休息等种种现象的发生。

(三) 遵纪守法意识淡化

准则、纪律、规章同法律一样是对人们行为的一种约束,生活中恰恰就有一些人藐视这些行为约束，嘲弄和破坏公共秩序：乘车不买票，买票不排队；对交通规则置若罔闻，随意践踏。种种现象，并不鲜见。

可见，转型期，中国的伦理审美存在着缺失。显然，这并不是新时期所追求的应然状态。

## 第二节 新时期党的伦理美思想——"应然"①

始于30多年前的社会转型使中国社会发生了巨大变化。社会物质财富大量增加，人民生活水平普遍显著提高。作为题中应有之义，与社会转型联系在一起的价值观念的多元化也随之凸显，并由此形成一定程度的无序状态。随着市场关系的不断扩大和泛化，日益泛滥的"极端个人主义"、"拜金主义"和"享乐主义"正严重地影响着人们的价值取向，"唯富为荣"、"唯势为贵"，甚至"唯利无义"；不少人混淆了"所欲"与"可欲"的界限，丧失了是非、善恶、美丑的鉴别能力，荣辱不分，甚至以耻为荣。对于这种现象，邓小平同志早在20世纪80年代就告诫全党，如果风气坏下去，经济搞上去又有什么用？可谓深刻之至。社会主义市场经济就是要让市场经济的好东西尽情地在社会主义社会发展，同时决不给市场经济坏的东西抬头机会。因此，就需要加强党的执政能力建设。加强党的执政能力建设是中国共产党与时俱进的政治纲领，是永远保持党的先进性的政治法宝。"党的执政能力，就是党提出和运用正确的理论、路线、方针、政策和策略，领导制定和实施宪法和法律，采取科学的领导制度

---

① "应然"即"应该"或"应当"，作为伦理学的重要概念，它来源于人们的社会实践，但不是对社会实践直接的、机械的反映，而是一种价值认识，它既具有客观性、现实性，又具有对世俗生活的超越性、理想性，它既包括实际生活所汇合的道德价值，又包括道德标准、规范、价值目标等。

和领导方式,动员和组织人民依法管理国家和社会事务、经济和文化事业,有效治党治国治军,建设社会主义现代化国家的本领。"① 提高党的执政能力,理应包括增强党协调各种利益关系的能力,而协调各种利益关系需要道德的调节和辩护;提高党的执政能力,自然包括提高党员干部的领导能力,而党员干部的领导能力受其道德素质和道德修养的影响或制约;提高党的执政能力,需要提高党拒腐防变的能力,而拒腐防变需要构筑预防和惩治腐败的思想道德防线。由此可见,加强党的执政能力建设闪烁着璀璨的伦理美光辉,饱含着深刻的伦理美底蕴。

一 邓小平的伦理美思想

邓小平伦理思想,是马克思主义伦理思想的基本理论与中国改革开放的社会主义道德建设的具体实际相结合的产物。如果说毛泽东伦理思想实现了马克思主义伦理观念与中国革命的道德实践的有机结合,那么邓小平伦理思想则实现了马克思主义伦理学的基本原理与社会主义建设的道德实践的有机结合。邓小平有中国特色社会主义伦理学说是党和人民实践经验和集体智慧的结晶。邓小平伦理思想从宏观上揭示了中国社会主义初级阶段伦理活动和伦理建设的发展规律,它为马克思主义伦理思想的发展注入了新的活力,已经成为并将继续成为中国社会主义伦理文化建设的理论指南。

由毛泽东伦理思想发展到邓小平伦理思想,是从政治化革命性的伦理思想向经济型建设性的伦理思想的转换,后者继承了前者的精华并在新的基础有所创新。与此相适应,中国学术化的伦理思想也经历了由神圣伦理向俗世伦理或由理想主义伦理向现实

---

① 《中共中央关于加强党的执政能力建设的决定》(2004年9月19日中国共产党第十六届中央委员会第四次全体会议通过)。

主义伦理的转换。神圣伦理是指赋予共产主义道德以极崇高极神圣的意蕴,并与现实的道德水平加以对照,要求人们超越现实的道德状况努力去追求共产主义道德的伦理类型。这种伦理的先进性在于强调或凸显了共产主义道德的道义性,有助于激励人们为崇高的道德理想而献身,其不足在于它往往容易忽视共产主义道德的物质利益基础和忽视共产主义道德的层次性。俗世伦理是对神圣伦理缺失的某种矫正,它试图把共产主义道德同现实生活联系起来,肯定人们正当物质利益和个人需要的合理性,并在对共产主义道德层次性的理解中将共产主义道德现实化。这种伦理的合理性在于强调或凸显了共产主义道德的物质利益基础和把共产主义道德同现实生活联系起来,其需要提升的则是对道义的向往和追求。

(一)改革创新的道德价值视野

作为中国改革开放的总设计师,邓小平比其他人更了解中国特别是传统计划经济模式对中国经济文化发展所造成的弊端,他身受几次"左"倾错误的冲击,这更使他比其他人更能深刻认识"左"倾错误路线所造成的危害。因此,1977年他再度复出后不失时机地向全党全国人民提出了改革的任务,将发展社会生产力,建设现代化强国的目标提到了全党全国人民面前。在邓小平看来,改革是解放生产力,是对社会主义的完善,不是对社会主义制度的否定。新中国成立后30年正反两方面的经验教训使邓小平意识到贫穷不是社会主义;相反,社会主义就是要消灭贫穷,取得比资本主义更快更高的劳动生产率和社会效益。邓小平指出:不坚持改革开放,不发展经济,不改善人民生活,是没有出路的。一个真正的马克思主义政党在执政后的根本任务即是要改变同生产力发展不相适应的生产关系和上层建筑,改变一切阻碍生产力发展的管理方式、活动方式和思想方式,解放和发展社会生产力。改革是社会发展的必然结果,改革包括经济体制和政治体制及其他思想文化观念的改革。在邓小平看来，从某种程度上说，要不要改革，敢不敢改革，本身不仅是一个经济问题、政治问题，而且也是一个伦理道德问题。处在社会主义初级阶段的中国人民应主动投身于改革的时代洪流，向一切妨碍社会生产力发展的旧体制、旧方式、旧观念勇敢地挑战。中国改革开放是在解放思想、实事求是和拨乱反正中起程的，同时也是在解放思想、更新观念中进行的。解放思想，更新观念贯穿中国改革开放的全过程，制约和影响着改革的方方面面。它是一种崭新的道德观念，也是一种非凡的道德行为和道德实践。

邓小平的改革创新性道德观从其具体内容来看大致包含以下几个方面：（1）贫穷不是社会主义。邓小平认为，社会主义如果长期贫穷而且贫穷日益普遍化，那么它不仅没有优越性，而且一切死灰复燃的东西如旧的习俗、旧的道德就会把社会主义毁灭掉。社会主义的首要任务是发展生产力，逐步提高人民的物质和文化生活水平。邓小平的"贫穷不是社会主义"完整地论述了贫穷与社会主义的本质不相容，世界上没有贫穷的社会主义；社会主义虽然诞生在相对贫穷、落后的国家，但社会主义本身并不包含贫穷，因此社会主义必须尽快摆脱贫穷，加大发展生产力的步伐。（2）反对平均主义，主张一部分地区、一部分人通过合法经营、诚实劳动先富起来。平均主义是中国传统的道德观念。邓小平认为，改革就是要破除平均主义的束缚，不打破平均主义，就不能解放生产力，调动起人们的生产积极性、主动性和创造性。在现实生活中，我们要打破平均，鼓励冒尖，不能为了照顾上下左右平衡，人才与非人才、贡献大的与贡献小的一样拉平，毫无区别。为了打破平均主义，邓小平多次强调指出，"要允许一部分地区、一部分企业、一部分工人农民先富裕起来"，并认为，一部分地区和一部分人先富起来，"就必然产生极大的示范力量，影响左邻右舍，带动其他地区、其他单位的人们向他们学习"①。如果硬要大家一同富,那只能压抑一部分人的生产积极性,助长大多数人的依赖思想和懒惰思想,最后导致普遍的贫穷。(3)提倡竞争和敢冒风险、奋力开拓、勇于创造的精神。在邓小平看来,竞争和敢冒风险是具有民族自尊心、自信心和自强不息精神的体现,中国人应当满怀信心地参与世界范围内的经济文化竞争,自立于世界民族之林,把自己的国家建设成世界经济文化强国;竞争和敢冒风险也是推动社会向富强、民主、文明方向发展的动力,通过竞争可以促使人们努力降低成本、革新技术、改革创新、创造出充裕的物质财富和新鲜活泼的社会风尚;竞争和敢冒风险还能促使国家、社会和个人的智力开发,促使人们形成以事业为中心的新型关系,产生和诱发出进取开拓的文明道德。邓小平要求当代中国人"勇于思考、勇于探索、勇于创新",在激烈的国际经济文化竞争中大显身手,充分发挥自己的聪明才智和独创性,用自己的竞争意识和敢冒风险的精神结出有益于社会和人民的丰硕之果。

(二)"三个有利于"的道德价值取向

长期以来,在对待社会主义与资本主义本质的界定上,人们有过无数的争论,甚至把本不属于社会主义本质的东西一律视为社会主义的本质,把本不属于资本主义本质的东西一律视为资本主义的本质,陷入了姓"社"姓"资"的"戈尔迪之结"中,"剪不断,理还乱"。姓"社"姓"资"的争论使中国人民浪费了许多宝贵的时间,丧失了许多绝好的机会。人们谈资色变,畏首畏尾,以致长期处于落后状况,被时代大潮远远地抛在后边。正是在历史的关节点上,邓小平以他非凡的马克思主义理论气概和无产阶级革命家、战略家的勇气和胆识,解开了姓"社"姓"资"的"戈尔迪之结",捅破了市场经济

---

① 《邓小平文选》第2卷,人民出版社1993年版,第152页。

与计划经济之间隔着的一层"窗户纸",指出市场不等于资本主义,计划经济不等于社会主义,资本主义也有计划经济,社会主义理应有市场经济。计划和市场都只是经济运行的手段,是资源配置、组合的方式。在邓小平看来,判断姓"社"姓"资"的标准是看是否有利于发展生产力,是否有利于提高综合国力,是否有利于人民生活水平的提高,即"三个有利于"。

邓小平指出我国还处在社会主义初级阶段,生产力不发达,经济文化较为落后。如果说社会主义初级阶段还存在着以公有制为主体的多种经济成分,以按劳分配为主要形式的多种分配形式,那么反映在人们的精神生活和道德生活中就必然出现一个多层次、多形式、多取向的复杂的状态,形成一种多种道德并存、社会主义道德在斗争中逐步取代其他旧道德观的多元动态的网络型社会道德结构。因此社会主义初级阶段的伦理道德建设一定要从实际出发,鼓励先进,照顾多数,把先进性的要求同广泛性的要求结合起来,形成凝聚亿万人民的强大精神力量。邓小平指出,社会主义的伦理道德建设,既要注意针对不同道德觉悟的人们提出不同的行为要求,又要注意鼓励他们向更高的道德层次努力攀登;既要肯定人们在分配方面的合理差别,反对小生产者的平均主义道德观念,又要鼓励人们发扬国家利益、集体利益、个人利益相结合的社会主义集体主义精神,发扬顾全大局、诚实守信、互助友爱和扶贫济困的精神,在全社会形成一个以共产主义道德为指导,以社会主义道德为主体,坚持抵制和清除封建主义道德、资本主义道德影响,强调社会主义道德教育和道德修养的体系。

邓小平发展了毛泽东无产阶级革命的功利主义思想,结合社会主义现代化建设的道德实践,创造性地提出了社会主义功利主义理论。邓小平指出:"革命精神是非常宝贵的,没有革命精神就没有革命行动。但是,革命是在物质利益的基础上产生的,如果只讲牺牲精神，不讲物质利益，那就是唯心论。"① 邓小平直截了当地肯定了社会主义的物质利益原则，明确地指出了在社会主义历史时期，国家要讲物质利益，追求国富，人民群众要讲物质利益，追求民富。因此，"不讲多劳多得，不重视物质利益，对少数先进分子可以，对广大群众不行"②。1980年8月，邓小平在回答意大利记者奥琳埃娜·法拉奇关于共产主义是否也承认个人利益时，作了肯定的回答："承认"，并且认为共产主义"将更多地承认个人利益，满足个人的需要"③。同时，邓小平又主张克服狭隘的功利主义，反对任何形式的利己主义和个人主义。邓小平指出："我们提倡按劳分配，承认物质利益，是要为全体人民的物质利益奋斗。每个人都应该有他一定的物质利益，但是这决不是提倡各人抛开国家、集体和别人，专门为自己的物质利益而奋斗，绝不是提倡各人都向'钱'看。"④ 社会主义功利主义要兼顾全中国人民的物质利益，着眼于绝大多数人的最大幸福。邓小平要求中国人民正确认识和解决社会整体利益与个人利益的关系，指出："在社会主义制度下，个人利益要服从集体利益，局部利益要服从整体利益，暂时利益要服从长远利益，或者叫做小局服从大局，小道理服从大道理。我们提倡和实行这些原则，决不是说可以不注意个人利益，不注意局部利益，不注意暂时利益，而是因为在社会主义制度下，归根结底，个人利益和集体利益是统一的，局部利益和整体利益是统一的，暂时利益和长远利益是统一的。我们必须按照统筹兼顾的原则来调节各种利益的相互关系。如果相反，违反集体利益而追求个人利益，违反整体利益而追求局部利益，违反长远利益而追求暂时利益，那

---

① 《邓小平文选》第2卷，人民出版社1993年版，第146页。
② 同上。
③ 同上书，第352页。
④ 同上书，第337页。

么,结果势必两头都受损失。"①

邓小平的社会主义功利主义伦理学说,内容十分丰富深刻,是我们建设有中国特色的社会主义精神文明和伦理文明的重要理论指南,同时也是对马克思主义、毛泽东思想的一个大发展。

(三)"共同富裕"的道德价值目标

在邓小平伦理思想中,发展社会生产力,提高综合国力,提高人民群众的物质文化生活水平,最终达到共同富裕成了最高的价值目标或至善。

自1917年俄国十月革命成功起,社会主义经历了七十多年的实践,然而,究竟什么是社会主义,如何建设社会主义,这些问题,长期以来并没有得到很好解决。邓小平在总结国际共产主义运动与中国社会主义建设正反两方面经验时指出:我们以往的失误,其根本原因是对"什么是社会主义、如何建设社会主义"没有搞清楚。因此,他在许多重要讲话中,用相当大的篇幅,首先科学地回答了这一问题。

邓小平反复强调,在认识什么是社会主义的问题上,要把发展生产力、提高人民的物质文化生活水平放在首位。他说:"马克思主义的基本原则就是发展生产力。马克思主义的最高目的就是要实现共产主义,而共产主义是建立在生产力高度发展的基础上的。社会主义是共产主义的第一阶段,是一个很长的历史阶段。社会主义的首要任务是发展生产力,逐步提高人民的物质和文化生活水平。"② 他尖锐地指出:"贫穷不是社会主义,社会主义要消灭贫穷。不发展生产力,不提高人民的生活水平,不能说是符合社会主义要求的。"坚持社会主义的发展方向,就要肯定社会主义的根本任务是发展生产力,逐步摆脱贫穷,使国家富强

---

① 《邓小平文选》第2卷,人民出版社1993年版,第175、176页。
② 《邓小平文选》第3卷,人民出版社1993年版,第116页。

起来，使人民生活得到改善。邓小平强调发展生产力、提高人民物质文化生活水平的重要地位，但他并不认为仅有这些就是社会主义。他指出："社会主义财富属于人民，社会主义的致富是全民共同致富。社会主义原则，第一是发展生产，第二是共同致富。""社会主义与资本主义不同的特点就是共同富裕，不搞两极分化。创造的财富，第一归国家，第二归人民，不会产生新的资产阶级。"[①] 与此同时，他也反复强调了公有制和按劳分配的重要性。1992年春，邓小平在视察南方时的重要讲话中，对上述思想进一步加以展开和系统化。他说："社会主义的本质，是解放生产力，发展生产力，消灭剥削，消除两极分化，最终达到共同富裕。"[②] 这就是说，要在不断解放和发展生产力的基础上逐步实现共同富裕。这种对社会主义本质的规定，阐明了社会主义的总目标，既能解决效率问题，又能解决贫富差别的问题，亦即既能实现经济公平，又能实现社会公平。所谓经济公平，指的是经济学意义上的公平，强调的是经济活动的起点和规则的公平，而不追求结果的均等。[③] 社会公平作为道德哲学、政治哲学和社会哲学的核心，它是用来调整个人、群体、社会、国家之间各种复杂社会关系的规范和准则，是指社会不同的利益主体在社会交往活动中按双方都能接受的规则和标准采取行动和处理他们之间的关系。社会公平是以全社会的稳定、共同富裕与和谐发展为目标的。社会主义最大的优越性就是共同富裕，这也是社会主义本质的一个体现。

邓小平的"共同富裕"思想有利于调节各利益主体间的矛盾冲突，有助于实现公平与效率、公平与发展、公平与稳定的统

---

① 《邓小平文选》第3卷，人民出版社1993年版，第172、173页。
② 同上书，第373页。
③ 李权时：《邓小平伦理思想研究》，广东人民出版社1998年版，第149页。

一，凸显各利益主体间生存与发展的共同利益，从而调动各阶层、群体、个人的主动性和创造性，进一步发展生产力。可见，"共同富裕"思想注重个人利益与集体、国家利益根本上的一致，既重视个人利益，又反对平均主义，倡导先富带动后富的思想，使"富"与"仁"在公有制基础上，在共同富裕的价值目标下，很好地结合起来，实现了社会主义"义"和"利"的辩证统一。以"共同富裕"思想指导中国伦理共同体的创建，要求中国社会各利益主体以共同利益为出发点和归宿，并形成一定的伦理规范和原则，兼顾效率与公平，最终实现个人利益与集体、国家利益的统一。

邓小平伦理价值观奠定了当代中国先进文化的道德根基，为当代中国先进文化的发展提供了科学的理论武器，保证了代表中国先进文化前进的正确发展方向。

二　以江泽民为代表的党的伦理美思想

以江泽民为核心的第三代领导集体在党的十三届四中全会以来的十三年时间里，将马克思主义普遍真理与中国实际紧密结合起来，把邓小平理论发展到了一个新的高度。江泽民的伦理美思想集中体现在"三个代表"学说中。"三个代表"重要思想有着丰富的思想内涵，它不仅是对马克思主义建党学说的新的伟大理论创造，是对中国特色社会主义理论的继承和发展，而且它本身还是新时代先进伦理精神的集中体现，处处闪烁着先进伦理精神的光辉，有着深厚的伦理美意蕴。

（一）党代表先进生产力发展要求的伦理美内涵

首先，马克思主义认为，生产力是社会发展的最终决定力量。一切代表先进生产力发展要求的言论和行为自然具有伦理的价值和意义。其次，先进生产力本身内含和凝结着先进伦理的因素。人是生产力的主体，是生产力中最活跃的因素，生产力的发展水平在很大程度上取决于人的素质。由于人的素质包括科学文化素质和思想道德素质两个方面,因而发展先进生产力就不仅需要提高人的科学文化素质,而且需要提高人的思想道德素质。先进生产力的发展要求将先进的思想道德如科学的世界观、人生观、价值观渗透于生产力的主体要素中,使其成为生产力主体的内在素质。

(二) 党代表先进文化前进方向的伦理美要求

江泽民指出:"我们党要始终代表中国先进文化的前进方向,就是党的理论、路线、纲领、方针、政策和各项工作,必须努力体现发展面向现代化、面向世界、面向未来的,民族的科学的大众的社会主义文化的要求,促进全民族思想道德素质和科学文化素质的不断提高,为我国经济发展和社会进步提供精神动力和智力支持。"① 江泽民的这段话非常精辟地阐述了党代表先进文化前进方向所蕴涵的伦理意义与要求。第一,必须加强社会主义精神文明建设,把加强社会主义思想道德建设作为发展先进文化的重要内容和中心环节抓紧抓好,大力提高全民族的思想道德素质和科学文化素质,培养一代又一代有理想、有道德、有文化、有纪律的公民。第二,必须使文化建设为社会主义服务,为人民群众服务,不断满足人民群众日益增长的精神文化需求。第三,必须使文化建设反映和体现中华民族的根本利益,充分发挥先进文化的价值导向作用。

(三) 党代表最广大人民根本利益的伦理美本质

利益问题从来就是全部社会生活中的核心问题。马克思主义指出,人们奋斗所争取的一切都同他们的实际利益直接相关。这就是说,人们无论是从事政治活动,还是从事经济活动或者文化活动,其目的都是为了维护、获得以及发展自己的政治、经济和

---

① 江泽民:《论"三个代表"》,中央文献出版社2001年版,第157页。

文化利益。利益也是道德生活的基本问题。道德作为调节人与人、人与社会之间关系的行为规范,一个重要的职能是要处理和调节好社会各个阶级、阶层之间的利益关系;处理和调节好个人利益与集体利益、眼前利益与长远利益的关系。代表谁的利益,为了谁的利益,这不仅是根本的政治问题,而且是根本的伦理问题。马克思主义认为,人民群众是历史活动的主体,是社会物质财富和精神财富的创造者,是推动历史前进的真正动力。同时,人民群众也是社会历史的价值主体,社会发展进步的成果、社会的物质财富和精神财富也应当由人民群众享有。最大多数人的利益是最紧要和最具有决定性的因素。马克思、恩格斯在《共产党宣言》中公开宣布:"过去的一切运动都是少数人的或者为少数人谋利益的运动。无产阶级的运动是绝大数人的、为绝大数人谋利益的独立的运动。"[①] 始终代表最广大人民的根本利益,既是中国共产党突出的政治本色,又是中国共产党鲜明的伦理品质,是中国共产党崇高的政治品格与优秀的伦理精神达到完美结合的突出表现。

总之,以江泽民为代表的党的"三个代表"重要思想深刻地揭示了社会道德形成的基础条件、主要特征及本质内容,包含着丰富的伦理美内涵。认真实践"三个代表"重要思想是社会主义道德的本质要求与具体体现,也是党增强执政能力、抵御各种风险考验的根本所在。因此,中国共产党把"三个代表"重要思想同马列主义、毛泽东思想、邓小平理论一起确定为党的指导思想,不仅具有政治上的合法性,更具有道德上的合理性。

三　以胡锦涛为代表的党的伦理美思想

以胡锦涛同志为总书记的党中央在中共十六届三中全会提出

---

[①] 《马克思恩格斯选集》第1卷,人民出版社1972年版,第262页。

了以人为本,全面、协调、可持续的发展观。这是党继承借鉴中国传统文明与西方文明的优秀成果,总结近几十年来国内外发展方面的经验教训,从新世纪新阶段党和国家事业发展的全局出发提出的重要战略思想,是党的执政理念的又一次飞跃。科学发展观内容丰富,含意深刻,它所蕴涵的伦理美精神就是其中重要的方面。科学发展观中的伦理美精神主要包括以人为本的人文价值取向、公正平等的道德伦理诉求、人与自然和谐共生的生态文明理念。深刻理解与准确把握科学发展观中的伦理美精神,对于全面认识科学发展观的精神实质,自觉贯彻落实科学发展观,具有重大的理论与现实意义。

(一) 以人为本:科学发展观的伦理美基点

一种伦理观,首先总是需要解决一个基点问题,即以什么作为进行伦理价值选择的重心与基础。科学发展观的核心是以人为本。以人为本作为科学发展观的核心,回答了靠什么发展和为什么发展这样两个最具根本性的问题,这就解决了科学发展观的伦理基点问题,即在解决社会发展过程中的种种矛盾与冲突的时候必须始终坚持以人的全面发展作为根本的价值目标。以人为本的思想包含有极为丰厚的思想内涵,具有极强的针对性。如果说西方在向近代转型过程中提出的人本主义思想主要是相对于中世纪"以神为本"思想而言的话,那么中国现在作为科学发展观的伦理基点而提出的以人为本的思想,则主要是相对于以下三种伦理价值观而言的。

首先,以人为本是相对于以物为本而言的。社会物质生产的发展,物质产品的丰富,无疑是社会发展的重要目标。但物质生产的发展与物质产品的丰富,本身并不是目的,而是实现目的的手段。这个目的,就是人,就是人的全面发展。但是在传统发展观中,却存在着重物不重人的倾向。商品拜物教、货币拜物教、资本拜物教等等,就是这种伦理价值观的典型表现。在少数人的下意识中，人只是生产物的工具、手段，为了生产的发展可以污染人们所赖以生活的土地、水域和空气；为了生产的发展可以不顾劳动者的尊严、健康和安危。在少数人那里，人的价值就在于他所获得的财富和金钱的多少。当然，持此态度者也会对某些人表示尊重甚至崇拜，但他们所尊重甚至崇拜的并不是人本身，而是这些人所拥有的财富或金钱。有些人对投资者趋之若鹜，对打工者冷若冰霜，就充分地说明了这一点。科学发展观强调以人为本，就是要改变这种以物为本的伦理价值取向，既要看到人的手段价值，更要看到人的目的价值，把人看成是目的本身而不仅仅是实现其他目的的手段。

其次，以人为本是相对于以官为本而言的。中国是一个具有浓厚"官本位"传统的国家，而且这种传统至今仍有一定的市场。在发展目标上片面追求官员的"政绩"，在发展规划上完全听凭官员的意志，在实施发展规划时以官员的权力为指挥棒⋯⋯这些都体现了在发展问题上的官本位倾向。当然，官员也是"人"，以人为本突出的是公民权利的平等性，而以官为本突出的则是官员权力的垄断性。因此，强调以人为本而不是以官为本，并不是要把官排除在"人"之外，更不是要把官和民抽象地对立起来，而是强调要用公民的权利至上代替官员的权力至上。政治价值的重心由权力转向权利，是政治文明进步的表现，因而也是社会发展的重要目标。以人为本，就是要坚持公民权利的平等性和法定性，就是要坚持权利对于权力的优先性、制约性与权力对于权利的依赖性、派生性。只有这样，人的尊严才能得到充分的维护，人的自由才能得到真正的保障，人的利益才能得到完整的实现，人的全面发展才能得到有效的推进。

最后，以人为本是相对于以群为本而言的。"群"即各种社会集团乃至整个社会。"群"本来就是个人的集合，因此并不与个人相分离。但"以群为本"的价值观却把"群"抬高到与个人相脱离的至高无上的地位，使它作为一种异化的力量而与"人"相对立，从而成了马克思所说的"冒充的集体"、"虚幻的集体"①。以人为本所指的"人"，当然仍然包含两个层次，既是指个体的人，又是指群体的人，是个体的人与群体的人的有机结合和辩证统一。与以群为本不同的是，以人为本不允许用抽象的、虚假的群体来忽略甚至否定个体的独立价值。从最终意义上说，社会、民族、国家、集体，都是为个人服务的。群体的存在就是为维护与协调个体利益。离开了个体，群体不仅失去了依托，更失去了意义。在马克思看来，理想的社会境界就是以"每个人的自由发展是一切人的自由发展的条件"②为特征的联合体。这种理想境界所代表的把个体意义上的"每个人"置于整体意义上的"一切人"之上的价值取向，是值得充分重视的，也是理解科学发展观"以人为本"之伦理基点的重要线索。

（二）社会正义：科学发展观的伦理美原则

伦理美原则是指一种根本性、指导性的伦理规则，它所要解决的是用什么样的根本规则来指导伦理选择，规范伦理行为。解读科学发展观，可以发现其中贯穿着一种内在精神，那就是社会正义。社会正义是科学发展观的伦理美原则。

正义，就其一般含义来说，是指人与人之间的一种合理的关系。那么什么样的关系才是合理的关系？对此，历史上不同的思想家有不同的回答。在西方伦理文化开端处的古希腊，柏拉图把正义理解为社会各个等级各守其位，各尽其职；亚里士多德认为正义就是给人以应得的东西。综合这两位思想大师的论述，可以把社会正义理解为两个方面：一是各个社会成员和社会群体各守其位，各尽其职；二是根据他们的"位"和"职"给予应得的

---

① 《马克思恩格斯选集》第 1 卷，人民出版社 1972 年版，第 82 页。
② 同上书，第 273 页。

权利和利益。这两个方面合起来,也就是做该做的事情,得应得的东西。这体现了正义的基本含义。不过,这种正义观毕竟产生于古代奴隶社会,反映的是古代社会以固定的身份来确定人们的职责和地位的社会状况。把这种正义观运用到现代民主社会中来,还需要解决两个问题:第一,这种"位"和"职"是根据什么确定的?个人对此有没有选择的自由?第二,这里的"应得"该如何确定?为了回答这两个问题,后来很多的思想家贡献了自己的智慧,如罗尔斯在其《正义论》中提出的"作为公平的正义"的两个基本原则,可以看作是对这两个问题的回答。第一个正义原则是:"每个人对与其他人所拥有的最广泛的基本自由体系相容的类似自由体系都应有一种平等的权利。"[①] 第二个原则是: "社会的和经济的不平等应这样安排,使它们:(1)适合于最少受惠者的最大利益;(2)依系于在机会公平平等的条件下职务和地位向所有人开放。"[②] 可以看出,这两个正义原则,首先,肯定了人的平等自由以及职务和地位的开放,这就使人们的"位"和"职"成为人们自由选择与努力争取的结果;其次,它们分别肯定了机会平等("依系于在机会公平平等的条件下职务和地位向所有人开放")与一定程度上的结果平等("适合于最少受惠者的最大利益"),从而为如何确定"应得"提供了标准。参照这些关于正义的思想,结合中国传统文化中的和谐思想和当前社会发展对和谐的要求,可以把中国特色社会主义的正义观念的基本内涵表述为:在保障公民平等的自由权利的前提下实现以机会平等为主、一定程度上的结果平等为辅、机会平等与结果平等的有机统一以及在此基础上的全体人民和谐相处。根据这一原则调节的社会关系,既是动态的、开放的,又是

---

① [美] 罗尔斯:《正义论》,中国社会科学出版社1988年版,第56页。
② 同上书,第79页。

平衡的、和谐的,因而是一种合理的关系。江泽民同志关于"努力形成全体人民各尽其能,各得其所而又和谐相处的局面"①的要求,就是对这种正义的社会关系的简明表述。

伦理美原则与伦理美基点有着直接的关联性。如果在伦理美基点上以物为本,那么在伦理美原则上就应该坚持功利原则,根据创造财富的多少来评价社会制度与人们行为的伦理意义;如果在伦理美基点上以官为本,那么在伦理美原则上就应该采用强权原则,根据权力的大小来确定对社会制度和人的行为的伦理评价;如果在伦理美基点上以群为本,那么在伦理美原则上就应该奉行奉献原则,要求个人把自己的一切毫无保留地奉献给社会和集体。科学发展观在伦理美基点上坚持的是以人为本,它所要求的伦理美原则必然是正义原则。因为"人"是由不同的个体、不同的集团、不同的阶层构成的。以人为本,就必须正确地处理好各个个体之间、各个集团之间、各个阶层之间的关系以及个体、集团、阶层与整个社会之间的关系,兼顾社会利益与各个个体、集团、阶层的利益。而要处理好这些利益关系,就必须坚持用正义的原则来分配各种社会资源。当然,这并不是说要摒弃功利原则和奉献原则(强权原则是必须要摒弃的),但功利原则和奉献原则都必须服从于正义原则,而不能损害正义原则。尤其是其中的奉献原则,作为个人的道德自觉,是需要大力提倡的;但如果把它作为社会发展观的主导性伦理原则,那就包含着强制人们放弃个人合法权益的危险性。

科学发展观的根本内容,是全面、协调、可持续发展。这就主要涉及了三个方面的关系:一是经济与政治、文化、社会的关系,二是城乡之间、区域之间的关系,三是人与自然的关系。要处理好这三种类型的关系,都必须坚持社会正义。首

---

① 江泽民:《江泽民文选》第3卷,人民出版社2006年版,第540页。

先，要实现经济、政治、文化、社会的全面发展，必须恪守各个领域各自的活动规则与社会职责，使之符合"各守其位，各尽其职"的正义要求，而不能用一个领域的活动规则来干扰其他领域的活动规则，不能用一个领域的社会职责来代替其他领域的社会职责。其次，要实现城乡之间、区域之间的协调发展，必须要有正义的原则来调节它们之间的关系，使人们不论是生活在农村还是城市、不论是生活在东部地区还是西部地区，都具有追求和实现自己的幸福、自由与全面发展的同等权利与同等机会。最后，要实现人与自然的和谐，必须把代际正义放在一个十分重要的位置上，每一代人既必须保证本代人健康生存和发展的需要，又必须为后代人的健康生存和持续发展保留足够的资源与良好的环境。

（三）崇尚和谐：科学发展观的伦理美特征

和谐，是社会发展的重要目标。当前，中国的社会主义现代化建设进入一个新的发展阶段。在这个阶段上，各种利益关系更加复杂，利益矛盾和冲突更加明显。这就更加需要构建社会主义和谐社会。崇尚和谐，是科学发展观的伦理美特征。

伦理美特征，是指伦理思维的逻辑特征。和谐式思维是相对于对立式思维与整体式思维而言的。对立式思维片面地用对立的眼光看待人际之间、群际之间、区际之间、国际之间以及人与自然之间的伦理关系，从而更多地用征服、斗争的方式来处理这些关系。在传统发展观中，包含着较多的对立式伦理思维的特征。在人与自然的关系上，强调"战天斗地"、"征服自然"；在中国与外国的关系上，突出了不同民族、不同文明、不同社会制度与不同意识形态之间的对立，而忽略了它们之间的共同性和互补性；在人与人的关系上，过分注重人的阶级属性，即使在改革开放以后，也还长期存在着姓"社"姓"资"、姓"公"姓"私"等争论。与此不同，整体式思维把人际之间、群际之间、区际之间、国际之间以及人与自然之间的伦理关系看成是无差别的同一关系，看成是一种无分化的模糊的整体。传统发展观同样存在着比较浓厚的整体式思维的痕迹。如在确定发展目标、制定发展规划以及实施发展规划时，追求绝对的同一，存在着听不进不同意见，不经过充分的论证，甚至不允许存在不同声音等情况。又如在发挥人民群众在社会发展中的动力作用的时候，把"人民群众"看成是不存在利益差别的整体，从而不注意调节人民内部各阶层之间的利益关系。这两种伦理思维方式表面上看似截然不同，实际上却是两极相通，即都缺乏在明确各方差别的基础上协调各方关系的意识与方法。而在社会结构复杂的现代社会，这两种伦理思维方式都必然带来社会发展中的混乱和冲突。

与对立式、整体式伦理思维不同，和谐式伦理思维把各种伦理关系看成是既有差异又有同一的辩证关系，追求的是包含着差异和斗争的和谐。孔子说："君子和而不同，小人同而不和。"（《论语·子路》）他提倡的就是包含有"不同"的"和"。有一句西方谚语说得好："好篱笆带来好邻居。"这就说明缺乏明确分界的模糊状态只能带来社会的矛盾和混乱。真正的和谐关系是建立在利益分殊和功能分殊的基础之上的。要实现这种和谐关系，需要有"不偏不倚"的正义精神，以此作为分配各方的权利与义务、利益和功能的标准和原则；需要有"无过不及"的实践智慧，在社会发展过程中保持各个方面的平衡，避免因某些方面的过度或不及而导致社会的失衡，甚至引起社会的矛盾和冲突；需要有"海纳百川"的包容意识，使人们在社会发展过程中得以综合各个方面的愿望和要求，也得以汲取国际国内的优秀文明成果；需要有"民胞物与"的博爱理想，把他人看成是自己的同胞，把万物看成是自己的伙伴。当然，要实现这种和谐关系，更需要把上述德性伦理固化为制度伦理。这就要求建构起一种富于弹性的社会体制和机制。在这种机制与体制下,各方可以充分地追求各自的利益,表达各自的要求,又能够化解各方之间的矛盾和冲突,把各自对利益的追求和对要求的表达整合成有利于社会发展的因素,使之成为社会发展的不懈动力。

作为科学发展观的伦理美特征,崇尚和谐应该包括三个层次:一是国内各阶层之间的和谐。这是和谐伦理的根本内容。提出科学发展观的前提是对抗性的阶级矛盾已经基本上得到解决,占人口极大多数的人民群众在根本利益上是完全一致的,但又存在着不同利益主体之间的利益差别。因此,要实现全国人民的共同富裕,推进人的全面发展,就必须兼顾并协调好各方面的利益关系。二是与世界各国人民之间的和谐。在和平与发展成为时代主题的历史条件下,应尊重各国的历史文化、社会制度和发展模式,承认世界多样性的现实,使世界各种文明和社会制度长期共存,"在竞争比较中取长补短,在求同存异中共同发展"。[①] 三是人与自然之间的和谐。在改造自然的物质生产活动中必须努力追求人与自然的和谐共处,争取经济社会的可持续发展。从这三个方面都可以看出,这种和谐是包含着差异和斗争的动态的和谐。只有这种包含着差异与斗争的动态的和谐,才能吸纳各种思想和观点,协调各种立场与利益,应对各种挑战和困难,化解各种矛盾与危机,才能使社会发展保持蓬勃的生机和活力。

(四)关注生态:科学发展观的伦理美视野

关于伦理美视野,可以把它理解为两个方面的综合。一是伦理视阈,即人们在思考伦理问题时的思维广度;二是伦理视角,即人们在思考伦理问题时的思维角度。

---

① 江泽民:《江泽民文选》第 3 卷,人民出版社 2006 年版,第 298 页。

从伦理视阈方面来说,中国在改革开放以来在伦理视野上实现了两次重要的突破:一次是把伦理视野从国内扩展到国际,二是把伦理视野从人类社会扩展到包括人类在内的生态系统。这第二次突破就是以科学发展观的提出为其标志的。科学发展观把可持续发展作为社会发展的重要内容,把统筹人与自然和谐发展作为社会发展的重要原则,这就在伦理视野上突破了传统发展观的局限,把生态环境问题纳入到伦理思考的范围中来了。

把生态环境问题纳入到伦理思考的范围中来,还有一个从什么角度来思考的问题,这就属于伦理视角方面的问题。有学者认为生态环境危机滥觞于人类中心主义,因此要从自然物具有与人类平等的权利这一角度出发考虑人与自然的关系。然而,对于人类中心主义,要区分是世界观意义上的还是价值观意义上的。世界观意义上的人类中心主义是必须抛弃的,而价值观意义上的人类中心主义则是无可避免的。人类作为一种自然存在物,只能以人类自身的需要来评价自然物的价值;而人类作为一种社会存在物,又必须从整个人类社会的角度来评价自然物的价值。造成生态环境危机的思想根源,不是价值观意义上的人类中心主义,而是世界观意义上的人类中心主义与价值观意义上的自我中心主义。人类中心主义世界观使人们无所顾忌地利用自然、开发自然、征服自然、主宰自然;而自我中心主义的价值观则使人们将从自然界获得的财富供自己或少数人、少数群体、少数国家享用,而把出现的生态环境方面的代价转嫁给其他人、其他群体和其他国家。人类中心主义世界观与自我中心主义价值观的结合,使生态环境的恶化成为不可避免的逻辑结论与历史必然。科学发展观是把自然环境作为人类社会发展的自然条件来进行思考的,是在以人为本的思想指导下进行思考的,其思考问题的重心是人类社会的发展。这说明,从伦理视角来说,科学发展观是从人类这个中心出发对待自然界和自然物的。科学发展观明确提出"以人为本",就是说明了人是价值主体。在科学发展观的这种伦理视野中,自然物及其整体自然界的价值表现为手段价值而不是目的价值,表现为作为客体的价值而不是作为主体的价值;而人与自然的关系并不是两个平等主体之间的关系,而是主体与客体、目的与手段的关系。当然,不承认自然物的伦理主体资格,并不影响把自然物纳入到伦理视野中来,因为主体对待客体的态度也可以具有伦理意义。

科学发展观把生态环境问题纳入到伦理思考的范围中来,就是要调整好围绕生态环境问题而产生的人与人之间的伦理关系。肯定价值观上的人类中心主义,并不意味着人可以随心所欲地对待自然。保护自然环境,是为了人类自身的利益,不过这不是哪一个人或哪一些人的利益,而是整个人类的利益,是出于对人类自身命运的关切。因此,要反对的并不是价值观上的人类中心主义,而是价值观上的各种形式、各种层次的自我中心主义。这就要求人们正确处理人与人之间的价值关系,使之体现出正义的要求:必须坚决反对个人中心主义,实现人际正义;反对团体中心主义,实现群际正义;反对民族中心主义,实现国际正义;反对世代中心主义,实现代际正义。这些问题解决好了,才能为人类社会的持续发展提供稳固的自然基础。

综合上述四个方面,可以看出,以胡锦涛为代表的党的科学发展观的伦理美在于:从人这个伦理基点出发,在生态系这个宏大的伦理视野中,用正义的伦理原则和和谐的伦理精神进行伦理选择,以追求社会的全面进步与人的全面发展。

那么如何去达到上述目标呢?许多人把目光投向了中国,投向了中国的传统伦理美思想,到那里去寻找智慧。

## 第三节　中国传统伦理美的现代启示——"适然"①

中国传统伦理美思想是以儒、道、墨、法等各家伦理道德传统为主要内容的伦理美思想与行为规范的总和。它不仅影响着中国历朝历代人们的价值观念与行为方式，同时也成为人们行动的准则与辨别人们德性的标志。当前，在构建社会主义和谐社会的过程中，如何适应中国社会的深刻变化，以马克思主义为指导，批判地吸收和运用中国伦理文化的宝贵资源，是一个具有重要理论意义与现实意义的课题。

纵观当前社会道德生活的现状，存在着一些不尽如人意的地方：一方面是传统美德以及20世纪50年代确立的社会主义、共产主义道德规范的失范；另一方面随着市场经济的建立，等价原则演绎为权钱交易、权权交易等腐败现象，严重影响了社会风气，阻碍着和谐社会的构建。弘扬中华传统伦理美思想，对于重建价值观念、匡正社会风气具有积极意义。

### 一　修身内省、完善人格、重视情操的伦理美思想，是构建和谐社会，提升人们自我价值的要求

重视道德内省自律和完善人格是中国传统道德的基本内

---

① "任何一门科学或理论，既教我们去认识事物，也教我们行动的艺术。在我们发现原理或规律以后，我们就应用它们，将这些原理或规律付诸实践，制订出一些必须遵守的分析规则，以达到某种目的。"（费兰克、梯利：《伦理学概论》，中国人民大学出版社1997年版，第14—15页）在对传统伦理精神的"生产力代表性"的"实然"与"应然"进行分析后，我们应该去应用它们，将这些认识付诸实践，为此，我们必须寻找到联系"实然"与"应然"的中介环节，操作系统，即"适然"。何谓"适然"？"适然"之"适"可解释为"适合"、"适应"、"适宜"。"适然"属于"实然"与"应然"之间，是两者的中介，因此，它承担两种职能：一方面要适合"实然"的本性，另一方面又要适应"应然"的要求，它要求将"实然"与"应然"结合起来，一致起来。

容,这种道德观产生的前提是认为人和其他动物的区别在于人讲道德教化。所谓"道",是人们日常生活中应当遵循的规则,所谓"德",是人们认识了"道"以后自觉地按要求去践履。《礼记·大学》把"修身"视为"齐家、治国、平天下"的基础与前提,断言"王之欲明明德于天下者,先治其国;欲治其国,先齐其家;欲齐其家者先修其身;欲修其身者,先正其心;欲正其心者,先诚其意"。只有通过努力提高个人道德修养,才能有良好的道德行为,才能体现出人生的价值,实现自身人格的完美。

古人既强调自省、修身,又特别强调人格、崇尚气节。孔子说:"三军可夺帅也,匹夫不可夺志也。"孔子阐扬"圣人"与"大丈夫"的理想人格及"杀身成仁"、"舍生取义"的崇高精神境界。

古人在长期践行这种修身内省的道德观的过程中,形成了修身内省的方法。孔子说"三人行,必有我师焉",曾参说"吾日三省吾身……"朱熹也主张"日省其身,有则改之,无则加勉"。这些论述都强调要严格要求自己,"勿因善小而不为,勿以恶小而为之","君子耻其言而过其行"。

这种修身养性的道德自律观,对今天构建和谐社会仍具有积极的作用,要培养的"四有"新人,最基本的一条就是要有道德。胡锦涛总书记2005年2月在省部级主要领导干部提高构建社会主义和谐社会能力专题研讨班上指出:"一个社会是否和谐,一个国家能否实现长治久安,很大程度上取决于全体社会成员的思想道德素质。"提高公民道德素质,一靠内省,二靠教育,教育是外因,内省是内因,外因只有通过内因才能起作用。今天提倡内省与克己,是在充分肯定人的社会价值与自我价值的基础上,去追求省身律己,既不要伤害公民的个人利益,又要使公民具备较高的思想道德境界,将个人自我价值的追求、人格的完善与社会发展融为一体。

二　追求人际关系的和谐，强调人伦关系中的"美"，是构建和谐社会的道德基础

孔子多次强调"仁者爱人"、"义以为上"……"仁"作为一种道德意识，首先是指"爱亲"之心，强调"孝悌"是"仁"的基础。孔子说："今之孝者，是谓能养，至于犬马，皆能有养，不敬，何以别乎"？意思是说，对父母不但要"养"而且要"敬"。从一个人对待自己父母的态度，可以推断他对他人、对国家、对社会的态度。这种"孝悌"之德的弘扬及其所形成的稳固的家庭关系是社会和谐的基石。一般来说，只有对父母能够孝顺的人，才能对国家尽"忠"。在忠恕之德的基础上，形成了"四海之内皆兄弟"，"老吾老以及人之老，幼吾幼以及人之幼"，"不独亲其亲，不独子其子"的宽广情怀和安老怀少的社会风尚，形成了中华民族大家庭的和睦融洽的人际关系。

要保持一种融洽的人际关系，传统道德强调人伦关系中的道德责任。"己所不欲，勿施于人"；"己欲立而立人，己欲达而达人"；"我不欲人之加诸我也，吾亦欲无加诸人"。这是传统道德处理人际关系的准则。在与人交往中，孔子主张"恭则不侮，宽则得众，信则人任焉，敏则有功惠则足以使人"。

传统道德中的"仁爱"、"忠恕"、"恭"、"宽"、"信"、"敏"、"惠"的儒家思想，对于调节今天的人际关系，构建和谐社会具有积极作用。在市场经济条件下，一方面要肯定人的个性，鼓励独立自主的奋斗精神；另一方面仍然要坚持个人与社会的协调发展，强调个人对他人和社会的责任感，仍然需要关心他人、尊重他人。市场经济是高度发达的商品经济，是法制经济，也是诚信经济。如果全体公民都讲"诚信"，都具有道德责任感

和道德义务感，都自觉遵守市场规则，自觉遵守公共道德和行为规范，那么和谐的人际关系就会发展到一个新阶段，市场经济就会有序发展。

三 "天人合一"的伦理美思想是保持人与自然和谐共存的基本道德准则

在古代农业社会里，人们按照天地变化，四时运行的自然规律制定节气，依据节气安排农耕活动。自然环境的变化，既给人们带来风调雨顺的丰收喜悦，也给人们带来洪涝、旱灾的悲伤。那应怎样协调人与自然的关系呢？如何协调人伦关系，提高群体智慧以对付天灾，达到"天人合一"，成了人们要面对的首要问题。

《老子·第二十五章》云："人法地，地法天，天法道，道法自然。"强调人要以遵循自然规律为最高准则。《易传·文言》提出"夫大人者，与天地合其德，与日月合其明，与四时合其序，与鬼神合其吉凶，先天而天弗违，后天而奉天时"的天人合一思想。董仲舒强调"天人之际，合而为一"。张载提出"民吾同胞，物吾与也"的命题，这就是认为人与自然宇宙的生命情感具有同人类一样的诚明之德，天地自然把自己至善至美的道德价值赋予人类，人类又可以通过善性的道德修养去领悟自然宇宙之真谛，从而达到"天人合一"的至高境界。

"天人合一"的观点，对今天协调人与自然的关系有着积极的作用，在近现代，"人类中心论"占支配地位，发展生产，破坏生态。生产发展了，环境污染了，不能再生的资源被人类大肆掠夺，这种环境危机也威胁到人类的生存，人们越来越清醒地认识到要从根本上解决环境危机，首先就要改变人与自然对立的观念。因此，"天人合一"的观点对构建和谐社会，协调人与自然的关系具有十分积极的作用。

四 "贵中尚和"、"协和万邦"的伦理美思想是构建和谐社会，处理好内外关系的道德原则

"贵中尚和"是中国传统伦理道德的精髓，它表现为中庸和谐的理论倾向。"和"即多样性的统一，"中"指中正、中和，"庸"指平常或经常，即处事要合情合理，反对"过"与"不及"。孔子曰："礼之用，和为贵。"孟子曰："天时不如地利，地利不如人和。"对君子来说"中道而立，能者从之"，即只要统治者站在正道上，贤能的人就会跟随他，百姓就会拥护他。因此，"得道者多助，失道者寡助"。

"贵中尚和"的观念典型地反映了封建政治与伦理的基本要求。自宋儒开始便把《中庸》同《大学》一起从《礼记》中抽出来，与《论语》、《孟子》并列为"四书"而成为中国近代史上封建社会的官方教科书，并进一步强化了它的作用与影响。

"贵中尚和"的思想是处理人伦关系的原则，这一原则运用到处理各民族之间、国家之间的关系时表现为"协和万邦"的思想，这就是反对战争，热爱和平。《孙子兵法谋攻篇》有"上兵伐谋，其次伐交，其次伐兵，其下攻城，攻城之法为不得已"。这就是主张国家之间互相团结，和睦共处，用兵打仗是不得已的事。在处理民族关系时，唐太宗就是一个典范。他制定了"偃武修文，中国既安，四夷自服"（《资治通鉴·卷一九三》）的方针，从而形成"大唐盛世"的局面，这实质就是"贵中尚和"、"协和万邦"思想的具体运用。

"贵中尚和"、"协和万邦"的思想，有助于今天处理人民内部矛盾，有利于搞好民族团结，有利于维护祖国的统一，有利于协调好国际关系，争得发展经济所需要的和谐外部环境。

五、"志存高远"、"自强不息"、"为公利"、"为社会"、"为民族"、"为国家"的伦理美观念是构建和谐社会的强大精神支柱

中国传统伦理道德思想讲求以"治国、平天下"为人生最高目标,在国家、社会整体利益与个人利益相冲突时,"以义为上,先义后利",把国家、民族的利益放在首位。

从《书经·周官》中提出的"以公灭私,民其允怀"到贾谊《治安策》提出的"国耳亡家,公耳亡私",从孔、孟的"天下为公",到康有为、梁启超的"大同世界",体现了仁人志士对理想社会的追求,为民族利益而献身的精神,从范仲淹的"先天下之忧而忧,后天下之乐而乐",到文天祥的"人生自古谁无死,留取丹心照汗青",从顾宪成的"风声、雨声、读书声,声声入耳;家事、国事、天下事,事事关心",到顾炎武的"天下兴亡,匹夫有责",从林则徐的"苟利国家生死以,岂因祸福避趋之",到鲁迅的"我以我血荐轩辕"的格言……都体现了强烈的为社会、为民族、为国家的献身精神。

为了实现人生的最高价值,孔子、孟子明确而积极地提倡发奋向上的人生追求。孔子认为人应当"发愤忘食,乐以忘忧"地去奋斗。孟子倡导"富贵不能淫,贫贱不能移,威武不能屈"的做人原则。《周易·乾·象传》提倡:"天行健,君子以自强不息"的进取精神。

这种为公、为社会、为民族、为国家利益奋斗而自强不息的精神是中华民族最深厚的精神传统,它感染着千千万万的仁人志士,是中国今天构建和谐社会的强大精神支柱。

# 结束语

改革开放 30 多年来，我国取得了举世瞩目的伟大成就：生产力飞速发展，综合国力显著增强，人民生活水平不断提高……中国成为世界上发展最快的国家之一。然而，当我们凝神静思今日之丰硕成果时，难免生茫然若有所思之感：一些人道德理想与精神家园丧失；一些人家庭亲情观淡化；一些人社会职业道德问题严重；一些人缺乏、轻视社会公德……我们到底在大力推进市场经济的同时疏忽了什么，又如何去找寻？这似乎是一个深层次的、带有文化意义的追问。从某种意义上说，这些问题与矛盾是伴随全球化的进程而来的，在很大程度上也是全球性的问题。然而，无论基督教思想、伊斯兰教思想、佛教思想抑或美国的价值观都没能解决这些问题与矛盾。那么，有没有解决这些问题与矛盾的良方？许多人开始把目光投向古老的东方文化，投向中国的传统伦理美思想，到那里去寻找智慧。

回顾扑朔迷离的历史，不能不令人深切地意识到，伦理美思想并不是记忆长河中的孤岛，而恰恰是长河本身。"江河流日夜，代谢成古今。"伦理美思想是活生生的民族精神，是沉甸甸的智慧结晶，是中华民族"与天地合其德，与日月合其明，与四时合其序，与鬼神合其吉凶"的意境。

放眼未来，必将更是致力于有序、协调、稳定而和谐的时代。挖掘中国传统伦理美思想中有价值的观念，对解决现代化进程中的种种困惑，有着重大的借鉴价值与作用，进而会为实现和谐社会的伟大理想提供历史的智慧、现实的参照。中国传统伦理美思想定会在新时期焕发新的光芒！

# 主要参考书目

卡西尔:《人论》,上海译文出版社 1988 年版。
苏珊·朗格:《情感与形式》,中国社会科学出版社 1986 年版。
马克思:《1844 年经济学哲学手稿》,人民出版社 1979 年版。
康德:《判断力批判》上卷,商务印书馆 1987 年版。
熊十力:《十力要语》,湖北十力丛书印本 1947 年版。
牟宗三:《心体与性体》第 1 册,上海古籍出版社 1996 年版。
冯友兰:《三松堂全集》第 5 卷,河南人民出版社 2000 年版。
冯友兰:《新原人》,《贞元六书》(下),华东师范大学出版社 1996 年版。
冯友兰:《中国哲学简史》,北京大学出版社 1985 年版。
贺麟:《文化与人生》,上海商务印书馆 1947 年版。
徐复观:《中国人性论史》,台湾商务印书馆 1984 年版。
唐君毅:《道德之自我建立》,上海商务印书馆 1946 年版。
朱光潜、黄药眠、常任侠:《美学和中国美术史》,知识出版社 1984 年版。
宗白华:《美学与意境》,人民出版社 1987 年版。
李泽厚、刘纲纪:《中国美学史》第 1 卷,中国社会科学出版社1984年版。

李泽厚、刘纲纪：《中国美学史》第2卷，中国社会科学出版社1987年版。

李泽厚：《美学四讲》，三联书店1989年版。

李泽厚：《李泽厚哲学美学文选》，湖南人民出版社1985年版。

李泽厚：《美学三书》，天津社会科学院出版社2003年版。

李泽厚：《美的历程》，文物出版社1981年版。

李泽厚：《中国近代思想史论》，人民出版社1979年版。

叶　朗：《中国美学史大纲》，上海人民出版社1985年版。

叶秀山：《美的哲学》，人民出版社1991年版。

朱　狄：《艺术的起源》，中国社会科学出版社1982年版。

蒋孔阳：《美学新论》，人民文学出版社2006年版。

林同华：《中华美学大词典》，安徽教育出版社2000年版。

陈寅恪：《金明馆丛稿初编》，上海古籍出版社1980年版。

杜道明：《中国古代审美文化考论》，学苑出版社2003年版。

郁　沅：《中国古典美学初编》，长江文艺出版社1986年版。

冯达文、郭齐勇：《新编中国哲学史》（上、下册），人民出版社2004年版。

陈望衡：《中国美学史》，人民出版社2005年版。

朱贻庭：《中国传统伦理思想史》，华东师范大学出版社1989年版。

张法：《中国美学史》，上海人民出版社2000年版。

杨国荣：《善的历程——儒家价值体系研究》，上海人民出版社2006年版。

宋志明、吴潜涛：《中华民族精神论纲》，中国人民大学出版社2006年版。

张玉能：《新实践美学论》，人民出版社 2007 年版。

胡郁青：《中国古代音乐美学简论》，西南师范大学出版社 2006 年版。

马叙伦：《说文解字六书疏证（第二册）》，上海书店出版社 1985 年版。

康殷：《古文字形发微》，北京出版社 1990 年版。

臧克和：《汉语文字与审美心理》，学林出版社 1990 年版。

笠原仲二：《古代中国人的美意识》，北京大学出版社 1987 年版。

廖群：《中国审美文化史·先秦卷》，山东画报出版社 2000 年版。

杨恩寰：《美学引论》，辽宁大学出版社 2002 年版。

常任侠：《中国舞蹈史话》，上海文艺出版社 1983 年版。

陈来：《古代宗教与伦理》，三联书店 1996 年版。

陈戍国：《中国礼制史·先秦卷》，湖南教育出版社 2002 年版。

张永桃：《儒学源流》，中国青年出版社 2002 年版。

吕世伦：《法的真善美》，法律出版社 2004 年版。

周来祥：《古代的美　近代的美　现代的美》，东北师范大学出版社 1996 年版。

李建中、高华平：《玄学与魏晋社会》，河北人民出版社 2003 年版。

陈来：《宋明理学》，辽宁教育出版社 1991 年版。

葛兆光：《中国思想史》第 1 卷，复旦大学出版社 2002 年版。

朱维铮：《求索真文明——晚清学术史论》，上海古籍出版社 1996 年版。

佛雏：《王国维诗学研究》，北京大学出版社 1999 年版。

陈瑛等:《中国伦理思想史》,贵州人民出版社1985年版。

唐凯麟、王泽应:《20世纪中国伦理思潮》,高等教育出版社2003年版。

李权时:《邓小平伦理思想研究》,广东人民出版社1998年版。

# 后　记

接到本书的写作任务编写者感到压力很大，因为中华伦理范畴"美"的研究是一个跨学科的课题，既涉及对中华传统文化的主旨、中国古典哲学总体特征、中国传统思想的基本线索的把握，又要在对"美"的语义分析与哲学思考的基础上，从伦理学与美学视阈互补的角度来辨析、梳理作为伦理学与美学共同视阈中的伦理美，而且，体现着中华伦理范畴"美"的伦理美思想源远流长、博大精深。尽管经过编写者的共同努力完成了写作任务，但由于时间较短，特别是能力水平所限，缺点、疏漏在所难免，因此，在完成书稿时也颇感忐忑不安，恳请读者和学界批评指正。

特别要提到的是，沈阳师范大学刘兆伟教授不仅对本书写作的基本框架体系提出了指导性意见，而且自始至终关切、指导本书的编写工作，给编写者以极大的鼓励与信心；曲阜师范大学和中国社会科学出版社诸位未曾谋面的相关专家和审稿编辑对本书也给予了斧正，付出了大量的心血，在这里一并表示衷心的感谢。

本书由朱爱军担任主编，负责本书基框架体系、写作提纲的拟定。具体分工如下：第一章由朱爱军撰稿；第二章由李印召撰稿；第三章由苏明飞、郑欣撰稿；第四章由苏明飞、罗宝旭撰稿；第五章由耿立卿、李永年撰稿；第六章由李印召撰稿；第七章由苏明飞、罗宝旭撰稿；第八章由宋成伟撰稿；第九章由宋成伟撰稿；第十章由宋成伟、李永年撰稿；第十一章由杨岚撰稿；第十二章由蒋春洋、李印召撰稿；第十三章由李印召、蒋春洋撰稿；第十四章由蒋春洋撰稿；第十五章由苏明飞、罗宝旭撰稿。郑欣参与了写作提纲的撰写工作，苏明飞、李印召、李永年、罗宝旭参与了对初稿的修改工作，苏明飞、李印召参与了统稿工作，最后由朱爱军统编订稿。本书存在不当和错误之处由主编负责。

编者<br>2007 年 8 月 13 日于沈阳师范大学